农业农村工程标准化战略研究

NONGYE NONGCUN GONGCHENG BIAOZHUNHUA
ZHANLÜE YANJIU

王　莉　张秋玲　吴政文　著

U0350919

中国农业出版社
北京

内 容 简 介

农业农村工程标准化战略是一项复杂的系统工程，本书致力于从学术角度研究、探索标准化战略的制定方法。全书共分为五部分：第一部分重点论述了标准化理论基础和战略理论基础，探究开展标准化战略研究的方法论问题；第二部分回顾了中国标准化与农业工程标准化的历史和发展现状，以研究、分析现实与历史的联系，探究现实问题的根源，找出改进工作的方法和路径；第三部分从研究"农业工程"概念出发，以标准化的视角给出"农业农村工程"定义，剖析了农业农村工程中的标准化问题，并分析了农业工程建设相关国外标准；第四部分提出并阐释了农业农村工程标准化战略框架应涵盖的 9 方面内容，为农业农村工程标准化战略制定提供理论依据和基础性材料；第五部分从多个视角分析了农业农村工程，针对新时期任务进行了农业农村工程分类探索，详细阐释了农业农村工程的建设内容构成，并以案例分析了相关标准化对象。

第一部分至第四部分作者：王莉；第五部作者：张秋玲、吴政文。

本书由农业农村部规划设计研究院自主研发项目任务"农业农村工程标准化战略研究（SC202107）"支持。

图书在版编目（CIP）数据

农业农村工程标准化战略研究 / 王莉，张秋玲，吴政文著. —北京：中国农业出版社，2023.3
　　ISBN 978-7-109-30502-1

　　Ⅰ.①农⋯　Ⅱ.①王⋯ ②张⋯ ③吴⋯　Ⅲ.①农业工程－建设－标准化－研究－中国　Ⅳ.①S2-65

中国国家版本馆 CIP 数据核字（2023）第 037597 号

中国农业出版社出版
地址：北京市朝阳区麦子店街 18 号楼
邮编：100125
责任编辑：闫保荣
版式设计：王 晨　责任校对：吴丽婷
印刷：北京中兴印刷有限公司
版次：2023 年 3 月第 1 版
印次：2023 年 3 月北京第 1 次印刷
发行：新华书店北京发行所
开本：700mm×1000mm　1/16
印张：26.75
字数：424 千字
定价：98.00 元

第一次接触到标准是 40 多年之前，在"互换性与公差配合"的大学课堂上，任课老师刚刚参加了某公差配合国家标准制定会议归来，他激昂地讲述，仿佛标准是解决机械制造难题的法宝，当时还弄不清老师在制定这项标准中的角色，但标准以及互换性的神奇力量已经深深吸引了我。工作之后，这种神奇力量总是引导我从标准化的角度去思考农业工程技术问题，渐渐地开始参加到标准制定以及标准体系制定工作中，之后作为首席专家陆续主持起草了 20 多项标准，2018 年、2020 年又作为科技部邀请的专家，参加了"国家质量基础的共性技术研究与应用"重点专项的立项评审和中期检查工作。随着对标准了解得越多、越深入，发现的问题也越多，似乎已经形成了长期的困扰，总希望能够找到解决问题的办法。

通常，针对某一领域的标准化进行全局考虑时，直接指向的就是制定标准体系。那么标准体系是什么呢？它是一定范围内的标准按其内在联系形成的科学的有机整体，核心是标准体系结构和标准明细表，作为未来 5~10 年的标准制定指南。但结果往往是，5 年过去了，10 年又过去了，体系表中的一些标准始终没有被制定出来，而有些制定出来的标准也并没有发挥其应有的作用。我们说，标准化工作，缺少了前期的战略研究。2021 年 6 月，笔者向农业农村部规划设计研究院提出，要开展农业农村工程领域的标准化战略研究。

2021 年 10 月 10 日，中共中央、国务院印发了《国家标准化发展纲要》（以下简称《纲要》），并发出通知，要求各地区各部门结合实际认真贯彻落实。这是一部具有重大里程碑意义的纲要，《纲要》指出，

"标准是经济活动和社会发展的技术支撑，是国家基础性制度的重要方面。标准化在推进国家治理体系和治理能力现代化中发挥着基础性、引领性作用。新时代推动高质量发展、全面建设社会主义现代化国家，迫切需要进一步加强标准化工作"。2021 年底，"农业农村工程标准化战略研究"被批准立项。

农业农村工程标准化战略是农业农村工程战略的组成部分，是确保农业农村工程战略重点得到相关行业、国家甚至国际标准支持的政策路线图，但目前农业农村工程的标准化工作还没有其独立的地位，更是缺乏战略研究。通过标准化战略规划以及相关标准的按序制定和实施，是为了实现农业农村现代化目标而对生产力与资源合理、有效配置的技术基础，有助于农业农村工程战略目标的实现。

农业农村工程属于自然科学研究范畴，标准化和战略都属于社会科学研究范畴，笔者认为，沉浸于自然科学的方法论中，是无法解决农业农村工程领域标准化工作中长期存在的问题的。人与人的知识状态并不相通，遮蔽我们视线的可能是信息、概念、认知、常识、观点、信念、逻辑、规律、技能、能力、经历、经验、习惯，等等，傲慢与偏见无处不在，达成共识很重要，在共识前提之下方可有效沟通，共识甚至是推动事业发展的先决条件。所以，解决问题需要从认识论和方法论着手，社会科学的理论方法与农业农村工程结合才是开启本研究议题的金钥匙。笔者长期从事农业工程技术研究，标准化研究也局限在自然科学方法论的视角，对于战略研究更是陌生。面对社会科学庞大的知识体系，哪些已有理论观点有助于回答我们所研究的问题？哪些方法论对于我们的研究议题具有指导和借鉴意义？就像学生解答数学问题时需要寻找公式一样，探寻、研究标准化和战略研究方法论的过程，成为笔者研究工作的组成部分。

笔者认为，农业农村工程标准体系制定前的标准化战略研究可以分为两个阶段：战略方法、规划研究阶段和战略思想、计划形成阶段。世界著名战略理论家亨利·明茨伯格曾经说过，"战略规划不应该制定战略，但可以提供数据，帮助管理者进行战略思考，并推动愿景的实现"，"战略规划不是战略思想，前者是分析，后者是综合"，"规划者应该围绕战略制定过程最大程度地做出贡献，而不是制定战略"。本研究定位于最前端的战略方法、规划研究，仅从学术角度探究农业农村工程标准化战略的制定方法，而非完成标准化战略的制定，不针对不同类型工程的具体标准化对象开展深入分析及具体目标确定，各领域具体内容的确定是需要战略制定管理者协同各领域社会经济活动相关方共同参与方可完成的。战略方法、规划研究与战略思想、计划形成还是方法论与实践论的关系。

　　标准化战略研究是一项复杂的系统工程，要制定一个科学、合理、完整的标准化战略，首先需要对标准化自身理论问题以及标准化外在环境进行深入研究，必须跟踪研究国际、国内以及所关注领域标准化活动的历史和趋势，必须全面分析现有基础和存在问题。结合理论研究和现状分析的成果，确定标准化战略的最终目标和制定方法。本研究也力求对这些问题进行较为全面和深入的研究、梳理。

　　本研究是一次尝试，还停留在方法论的理论探索阶段，由于时间受限，一些在方法论指导下的具体问题剖析并没有深入展开。截至目前，项目所研究内容已经可以自成体系，共分为五个部分，第一至第四部分由笔者王莉完成，第五部分由张秋玲和吴政文完成。第一部分重点论述了标准化理论基础和战略理论基础，探究开展标准化战略研究的方法论问题；第二部分回顾了中国标准化与农业工程标准化的历史和发展现状，以研究、分析现实与历史的联系，探究现实问题的根源，找出改进工作的方法和路径；第三部分从研究"农业工程"概念出发，以标准化的视角给出"农业农村工程"的定义，剖析了农业农村工程中的标准化问题，并分析了农业工程建设相关国外标准；第四部分提出并阐释了农业农村工程标准化战略框架应涵盖的 9 方面内容，为农业农村工程标准化战略制定提供理论依据和基础性材料；第五部分从多个视角分析了农业农村工程，针对新时期任务进行了农业农村工程分类探索，详细阐释了农业农村工程的建设内容构成，并以案例的形式分析了相关标准化对象。

　　本研究得到农业农村部规划设计研究院的大力支持，在此表示诚挚感谢！现将项目研究成果通过成书出版的方式奉献于社会，抛砖引玉，希望与关注农业农村工程标准化的学者、管理者及相关人员共同研究和探索。

王　莉

2022 年 10 月

CONTENTS **目　录**

第一部分 标准化战略理论基础

2017年11月4日第十二届全国人民代表大会常务委员会第三十次会议修订的《中华人民共和国标准化法》中第八条规定："国家积极推动参与国际标准化活动，开展标准化对外合作与交流，参与制定国际标准，结合国情采用国际标准，推进中国标准与国外标准之间的转化运用。国家鼓励企业、社会团体和教育、科研机构等参与国际标准化活动。"国际标准化组织（the International Organization for Standardization），简称ISO，是一个独立的、非政府国际组织，拥有167个国家标准机构成员，ISO标准是制定国家标准、行业标准、团体标准时优先采用的国际标准。

借鉴国际标准理念，是开展本项目研究的前提。在ISO国际标准中，对"标准（standard）"、"标准化（standardization）"、"战略（strategy）"均给出了定义。"标准"被定义为"以协商一致的方式制定并由一个公认机构批准的文件，为活动或其结果提供共同且重复使用的规则、指南或特性，旨在实现特定情况下的最佳秩序"，标准应以科学、技术和经验的综合成果为基础，并以提升最佳的群体利益为目标。"标准化"被定义为"为在一定范围实现最佳秩序，对现实或潜在问题制定共同使用和重复使用条款的活动"，这项活动包括制定、发布和实施标准的过程，标准化的重大效益是改善产品、过程和服务对其预期目的的适用性，防止贸易壁垒和促进技术合作。"战略"被定义为"组织实现其目标的方法"和"实现长期或整体目标的计划"。

然而，仅从定义了解其概念还远远不够，本部分着重探究"标准化"和"战略"的方法论问题。

一、"标准化与标准"溯源

虽然在国际标准中给出了"标准化"和"标准"的定义，但如果要做到充分理解其意义，真正将其应用于实践，尚需弄清两个概念的内涵和外延，了解其历史渊源和发展动态，了解标准化的目的和社会、经济价值，了解标准的特性、功能、作用、基本类别、限定范围等。基于中国标准体系构建与欧美发达国家间存在差异，而 ISO 标准体系是以欧洲标准为基础逐步发展形成的，所以在研究国际标准的同时，还需要对中国标准化工作以及标准体系特点有所认识。

（一）标准化与标准的历史渊源

标准化活动体现在人类生产、生活的方方面面，其历史可以追溯到远古时代，虽然无法判断古人在进行标准化活动时是否已经形成了标准和标准化概念，但可以断定标准化活动是与人类的社会化活动相伴相随的。早期文明中的标准化不仅是人类活动社会化的必然产物，更多的是体现在区域性统治和治理的需要上，甚至被统治者作为加强权力的工具。

中国古代文献《周易·系辞·上》中记载，"上古结绳而治，后世圣人易之以书契"；李鼎祚辑《周易集解》中云"九家易曰，古者无文字，其有约誓之事，事大大其绳，事小小其绳，结之多少，随物众寡，各执以相考，亦足以相治也"。这不但说明文字发明前的人类活动有摆脱时空限制记录事件、传播信息的需要，也说明有事先约定规则的需要，以相互领会，不至误解。可见，有社会化活动，就有标准化的需求。

中国古代最早的科技文献《考工记》更是记载了先民在生产中的标准化活动，可以说是一部涉及手工业生产标准化的专著。其中，记录了 30 个专业分工的生产标准，内容涵盖产品设计、产品规格、品质要求、制造技术、生产工具、检验和测试，涉及车辆、武器、乐器、舟船、玉器、皮革、建筑等类产品。书中对当时及前代的手工业生产作了系统汇整，更进一步图文并茂地注释了相关条文的依据及合理性，例如，"故兵车之轮，六尺有六寸；田车之轮，六尺有三寸；乘车之轮，六尺有六寸（注：此以马大小为节也，兵车，革路也；田车，木路也；乘车，玉路、金路、象路也。兵车、乘车驾国马，田车驾田马）"。条文对车轮尺寸起到了引导和限制的作用，"注"则进一步阐释是以马的大小为依据，并限定了车的五路规制。

度量衡的约定可算作中国最早的计量标准。"度"指计量长度的器具，"量"指测算容积的器皿，"衡"指称量重量的工具。度量衡关系国计民生，是维持社会正常运转的技术保障，舆地大小、产量高低、赋税轻重、俸禄多少、货物贵贱、钱币铸造发行等诸多治理国家要素均依赖于度量衡的完善。虽然"度量衡"一词最早出现在《尚书》，"虞书·舜典"篇记载"协时月正日，同律度量衡"，但从《孔子家语》所载的"布手知尺，布指知寸"判断，之前的更早期已有计量长度的标准，虽然有因人而异的弊病，现在的说法就是存在误差大的问题，但仍不失为当时社会环境下丈量尺寸的依据。其后的《汉书·律历志》则是涉及了标准的经典著作。其中不仅记述了长度单位"分""寸""尺""丈""引"、容量单位"龠""合""升""斗""斛"和重量单位"铢""两""斤""钧""石"，还阐释了单位的换算关系，"十分为寸，十寸为尺，十尺为丈，十丈为引""十合为升，十升为斗，十斗为斛""二十四铢为两，十六两为斤，三十斤为钧，四钧为石"。更为重要的是，规定了"黄钟"作为度量衡的依据——复现的标准物，"黍"则作为佐证的材料。度"本起黄钟之长，以子谷秬黍中者，一黍之广，度之九十分，黄钟之长"；量"本起于黄钟之龠，用度数审其容，以子谷秬黍中者千有二百实其龠，以井水准其概"；"衡所以任权而均物平轻重也"，权"本起于黄钟之重，一龠容千二百黍，重十二铢，两之为两"。丘光明（2012）认为，"古代律管可简称为'律'或'管'。声是无形的，要发声就必须制器，律管就是用来发声的器。有器就必有形，能发出黄钟宫声的律管，它的长度、口径都是固定的，否则音的高低就会发生变化，这种变化人的耳朵一般都能感觉得到。要把有形之器定量化，就需要通过测量把发出固定音高的黄钟律管的长度和口径记录下来，这样就可以确定一个可视的客观标准了。反过来这支有固定量的律管也可以作为度量衡的标准。刘歆等人正是对律与度量衡之间的关系有着深入的理解，才把黄钟律管通过度量衡定量化了"。正因为标准器物有明确的规制，才使这些度量衡标准被之后的历代沿用，直至唐代都没有改变。秦始皇（公元前259—前210年）通过对度量衡单位、货币和车轴的长度进行标准化，为市场贸易提供了方便，使公路系统运输更为便捷，促进经济效益在全国范围最大化，同时也实现了国家治理目标，对统一中国起到了举足轻重的作用。

北宋时期李诫创作的建筑学著作《营造法式》就是一部标准化规范书籍[始编于北宋熙宁年间（1068—1077 年），成书于元祐六年（1091 年）]，由北宋官方颁布，为建筑设计和施工提供了范式。北宋建国以后百余年间，大兴土木，宫殿、衙署、庙宇、园囿的建造此起彼伏，造型豪华精美，负责工程的大小官吏贪污成风，致使国库无法应付浩大的开支。因而，需要制定建筑的各种设计标准、规范和有关材料、施工定额、指标等，以明确房屋建筑的等级制度、建筑的艺术形式及严格的料例工限，以杜防贪污盗窃。《营造法式》包括了统一的建筑标准，供官吏、建筑师和工匠使用。该书反映出宋朝在建筑设计标准化方面的高度成就，从总体的宫、殿、亭、城，到主体结构的拱、梁、柱、椽，再到更为细部的方方面面等，都相应制定了一系列的做法、测量方法和要求，从而保证了建筑的经济性和耐久性。书中大部分内容由工匠和建筑师口口相传才得以传承下来。

在古巴比伦卡尔迪亚王国国王古达（Gouda）的雕像上，人们发现了涉及标准化的记载，颂扬文字中提到这位统治者将标准引入了建筑业。在公元前 1450 年埃及底比斯建筑的门楣上也记载了关于建筑砖块和测量的标准。在罗马第一任皇帝奥古斯都统治时期（公元前 27 年至公元 14 年），罗马人出版的《建筑十书》中，则更多地涉及了标准，如书中提出的城市选址、街道方向、公共建筑选址原则，砖、砂、石灰等材料要求以及墙体砌筑方法，神殿分类与纵横比例以及基座、柱头、门廊比例等，书中还提出了举世闻名的"建筑三原则"——坚固、实用、美观。尤其，在书中还阐释了一些测试仪器和测评方法，如日晷、水钟、水平测量仪、行程记录仪等。我们可以看一下书中对好水的评判标准：①泉水应事先以下列方式进行测试并证明。对于自由开放的水源，在引水之前，检查并观察居住在附近的人的体质，如果他们的身体强壮，肤色清新，腿部健全，眼睛清澈，那么泉水就值得认可。对于刚挖出来的泉水，如果洒在科林斯式花瓶或任何其他上好青铜制品中不留任何污渍，则是极好的。再测，如果将水在青铜大锅中煮沸，然后放置一段时间，再倒掉，在大锅底部没有发现泥沙，那么可以证明水质优。②如果把绿色蔬菜放入装有水的容器中并放在火上，很快就能煮熟，就证明了这种水是好的，卫生的。同样，如果泉水本身是清澈透明的，如果在它蔓延和流动的地方没有苔藓或芦苇生长，如果它的床体没有被任何形式的污垢污染，而显示出干净的外观，这些迹象表明，水是最高程度的明澈与卫生（Vitruvius，1914）。

在英国，威廉一世时代创建了英制度量衡体系，帝国时期的海外扩张中使其广泛推广，不仅促进了海外贸易发展，同样对于政治统治也发挥了重要作用，虽然如今被公制计量体系取代，但在美国等国家仍被广泛使用。

关于公制的起源，许多历史学家认为其创始人是法国牧师 Gabriel Mouton，他在 1670 年提出了以 10 为倍数的简单逻辑体系命名计量单位的想法。120 年后，法国国民议会要求法国科学院为长度、体积和重量单位制定一个新的标准化体系，新体系就是基于了这种简单逻辑单位命名法，其结果是不断呈现出了广泛的吸引力和使用中的优势，不仅取代了整个法兰西共和国使用的数千种不同的计量方法，而且还彰显了统治者的权力，在建立欧洲贸易秩序中发挥了重要作用，最终由 1875 年建立的国际公约——《米制公约》确立为度量衡的国际标准体系。现如今，米制公约下的公制体系不断发展，又有更多的计量单位被逐步纳入。

（二）科学体系的标准化与标准兴起

标准化作为一门科学登上历史舞台，屹立于科学丛林之中不断壮大，是工业革命的产物，工业革命为标准化的发展提供了真正的推动力。随着社会、经济的发展，技术进步速度加快和国际格局的形成都推动了标准化的进程，时至今日，社会政治也在推动标准化的发展。通常认为，近代标准化从 1901 年英国工程标准委员会成立算起。

第一次工业革命的主要特征就是机器代替手工生产，机器零件的生产制造是构成机器的基础，而机器零件制成品的多样化导致出现了互换性问题，不仅种类繁多使生产成本高，而且不利于使用、维护。例如，螺纹紧固件是构成机器必不可少的零件，1797 年亨利·莫德斯雷（Henry Maudsley）发明了能够精确切削螺纹的车床后，制造螺纹紧固件变得容易，各自都按照自己的模式进行制造，不具有互换性，如果机器上丢失一个螺母，而制造者已经倒闭，那么就必须定做一个螺母来匹配现有螺栓。因此，1841 年英国发明家、工程师和企业家约瑟夫·惠特沃斯（Joseph Whitworth）提出了一个标准化的螺纹体系，许多铁路公司随后采用了这个体系，最终成为英国标准。1870 年，英国建立了"公差制"。在美国，早期铁路轨距没有标准，城市之间的轨道轨距不同，火车行驶路线受到限制，城际间的火车运输不得不频繁地卸货和重新装载。美国南北战争期间，政府认识到建立标准化轨距的军事和经济优势，于是与铁路公司合作，推广使用当时美国最常见的铁路轨距［4ft8.5in（1 435mm）轨距］。1864 年，横贯美洲大陆的铁路均强制采用这个轨距，到 1886 年，这一轨距成了美国标准。1900 年，美国的 F. 泰勒首创了时间和方法管理标准，成为"科学管理之父"。1906 年英国颁布了国家公差标准。

这次工业革命期间，德国远落后于英、法、美三国，直到 19 世纪 50—60 年代才搭上末班车加快发展，到了 1870 年在世界工业总产量中的比重上升到 13.2%，超越了法国，成为工业开发国。虽然产量大幅提升，但品质却没跟上，产品无论从材料、工艺到质量都很差，与现在代表着高要求、高品质的"德国制造"金字招牌相去甚远，连德国人自己也不喜欢。在 1876 年美国费城世界博览会上，一位德国机械制造专家鲁洛（Franz Reuleaux）痛斥德国产品的廉价和劣质，这一举动引起当时德国舆论哗然，欧洲各列强也把德国当成笑柄。"德国制造"的说法起源于 1887 年，当时英国人要求德国人必须把销往英国的产品打上"德国制造"字样，那是低品质的代名词，让德国人蒙羞多年。然而自此以后德国人痛定思痛，借 1890 年威廉二世登基、德国正式进入"威廉时代"的天时、地利、人和之机，奋起直追，成功实现了产业升级，在许多工业领域都取得了技术性突破，靠上乘的质量赢得了世界对"德国制造"的青睐。"德国制造"能在全球范围成为优质产品的标志，与德国对标准化的重视密不可分。

自 19 世纪 40 年代开始，各种学术团体、行业协会等民间组织纷纷成立，致力于解决行业技术的统一问题，制定和发布各种行业标准和团体标准，在英国有机械、土木、造船、钢铁、电气工程协会，在美国有机械工程师、土木、锅炉商协会、材料试验学会等。

1901 年，英国工程标准委员会（the Engineering Standards Committee）

成立〔创始人约翰·沃尔夫·巴里爵士（Sir John Wolfe Barry）〕，是世界上第一个国家标准化组织，该组织于1931年更名为英国标准协会（the British Standards Institution，缩写BSI），是一个非营利性的分管式组织。之后，先后有25个国家成立了国家标准化组织。荷兰标准化协会（the Nederlands Normalisatie Institut，缩写NEN）于1916年成立，是一个私营的非营利组织，与荷兰工业与贸易协会和皇家工程师协会合作；德国工业标准协会（Normenausschuss der Deutschen Industrie，缩写NADI）于1917年成立，9年后改名为德国标准协会（the Deutscher Normenausschuss），1975年又改名为德国标准化协会（Deutsches Institut für Normung，缩写DIN），是一个注册为非营利协会的自愿性私人组织；美国国家标准协会（the American National Standards Institute，缩写ANSI）成立于1919年，是一个私营的、非营利组织；瑞士标准化协会（the Swiss Association for Standardization，缩写SNV）成立于1919年，是私法下的非营利组织；奥地利标准化组织，即奥地利标准国际——标准化和创新（Austrian Standards International‐Standardization and Innovation，缩写ASI）成立于1920年，是一个非营利性的非政府组织；意大利标准化协会成立于1921年，由全国机械制造商协会创建（UNIM），并于1928年取名为UNI；日本工程标准委员会（JESC）成立于1921年；瑞典标准协会（Swedish Standards Institute，缩写SIS）成立于1922年，是一个成员来自私营和公共领域的、非营利性的独立组织；芬兰标准化协会（Suomen Standardisoimisliitto，SFS）成立于1924年，是一个私营协会；法国标准化协会（Association Française de Normalisation，缩写AFNOR）成立于1926年，是一个受1901年法律约束的协会。

德国工业标准协会从1918年出台第一部"锥形销"标准开始，迄今已有超过3万个标准，涉及从工业生产到民用产品的各个领域，其中80%以上的"DIN Norm"标准已被欧洲各国采用。德国企业有组织地保持产品制造的高质量和工程的高精度，在研究机构的技术支持下，组织实施和严格执行各项技术标准。技术监督协会（TÜV）则定期对安全和质量标准进行最严格的审查，并负责监督、检验产品质量和安全，确保从汽车到水龙头的所有产品都符合安全、质量、环境标准的要求以及政府部门和行业的法规、规章。

蒸汽机发明后，压力容器使用中出现故障，造成人员伤亡，健康和安全问题开始对工业产生影响。标准和立法则成为解决这些问题的主要手段，压力容器相关的标准开始出现，而安全和健康则逐渐成为标准化的主题。

20 世纪初，全世界每家电力公司都使用自己的电气化标准，这意味着电压单位和符号在各公司间是完全不同的。英国工程师、发明家和工业家 Rookes Evelyn Bell Crompton 认识到这种混乱的内在危险，因此他努力去建立统一的标准，最终促成了国际电工委员会（IEC）在 1906 年成立。

当各技术领域在实践中开展标准化工作并通过标准推动产品、工程有序、高质量进行的时候，学术研究并未缺席，甚至说起到了引领作用。研究标准并推动制定和实施标准一直以来是技术开发、理论研究从业人员的使命，学界的争鸣、探讨确保了出台的标准更具有持久的生命力和广泛的应用价值。

目前可以检索到的最早涉及标准或标准化的文献是 1841 年发表的《关于螺纹的统一体系（On an uniform system of screw threads）》（Joseph Whitworth，1841）。作者从英国各地收集螺栓，找出最有效的尺寸和螺纹形式，设计出标准螺纹（55°角、圆角半径等于 0.137 3 倍螺距），并指出了螺纹紧固中所有螺栓在给定直径下具有统一恒定螺纹的重要性。

关于铁路问题，Braithwaite Poole（1852）发表的文章指出，英国的客运量已经达到全部人口的 4 倍，运输速度是以前马车或邮车的 3 倍，而票价则是以前的 1/3，商品、矿物和农产品的运输成本与 15 年前运河和公路收费相比已经降低了 50%，如果立法机构首先控制整个英国的铁路系统线路将是经济、明智之举，可以避免破坏性竞争。作者分析了 16 个方面的经济因素，提出将所有铁路合并为四大部门，并实施管理统一，包括道路和机车车辆等的维护，在全国范围对列车进行总体分类，将每个等级列车区分开，以不同速度运行，将有利于所有各方获得最大利益。而 Harding W 在同期发表的文章（May C 等，1852）中则指出，他不赞成 Braithwaite Poole 将铁路合并为四大部门以及一些统一性的提议，尝试通过统一管理而实现经济性是不可能达到预期目标的，唯一需要统一的是在全国范围保持一种轨距，也就是 4 英尺 8.5 英寸的轨距。

19 世纪中到 20 世纪中的百年间，标准化已经渗透到了各个领域，从现代经济活动划分的门类及人们衣食住行的方方面面需求，回望早期文献中记载的相关标准化活动，可以看到所创建的许多规制，如今在我们周围习以为常、司空见惯，历经了百年仍持续在为人类服务，可见标准化对整个社会经济以及各行业的有序发展起到了不可替代的作用。例如，Brown W 等（1854）涉及度量衡，E. H. Griffiths（1895）涉及温度测量，R. E. Crompton（1900）等涉及电力工程发电厂，Alfred C 等（1902）涉及酿酒材料分析方法，Rideal Samuel 等（1903）涉及消毒剂，Colonel R. E 等（1903）涉及电压与频率，等等。《自然（Nature)》等文献中还记载了药品（1905）、药店（1905）、人体测量（1934）、电力供应（1934）、维生素（1934）等的标准化。

（三）早期的标准化理论研究

学界认为，最早将标准化作为一门学科开展研究的是美国的盖拉德（John Gaillard，1934），他在《工业标准化——原理与应用（Industrial standardization：Its principles and application)》一书中分 7 章，论述了标准化的演变、工业标准化的基本功能（作用）、标准的定义和特点、公称值和极限、标准化实际应用的发展、制造业中的标准化、标准化工作的组织。认为"标准是以口头、书面或任何其他图形方法，或通过模型、样品及其他物理表示方法建立的一种构想，在一定时期内用于界定、指称或说明测量单位或基准、实物、行动、过程、方法、做法、能力、功能、性能、措施、安排、条件、任务、权利、责任、行为、态度、概念或构想的某些特征"，并在书中一一详述了所枚举的这些概念。

1972 年英国标准化学者桑德斯（T. R. B Sanders）出版了《标准化的目的与原理》一书，该书共分 10 章，探讨了标准化的目的与理念、术语与定义、计量、产品标准化、国际层级的标准化作为管理手段的标准化、国际标准化、国家标准化与公司标准化、消费者与标准化、质量管理、趋势等方面的内容。

1972 年日本学者松浦四郎出版了《工业标准化原理》，全书共分 8 章，主要讨论工业标准化，同时也讨论到广义的标准化活动，包括基本概念的定义、标准化的性质、标准化的目的、制定标准的过程、标准化的方法，标准化效果的评价和基础标准等内容。

1973 年印度标准学会的魏尔曼（Lal C. Verman）博士首次将标准化作为一门学科提出，著有《标准化是一门新学科》（魏尔曼，1980）一书。全书分为历史背景、语义学与术语学、标准化的目的和作用、标准化的领域、标准化的内容、特定级标准、企业标准化、行业级标准化、国家标准化——组织、国家标准化——程序与做法、国际标准化、地区级标准化活动、计量制度和单位、标准的贯彻、质量检定标志、说明性标签、装船前的检查、消费者与标准、发展中国家的问题、标准化计划、标准化的经济效果、标准的提出、标准化的数理手段、一些有趣的情况和解决方法、教育与训练、标准化的未来，共 26 章，较全面地论述了标准化所涉及的各个方面。

中国最早开展标准化理论研究的学者当属李春田。他早年的研究生毕业论文（1964）以"标准化与生产专业化"为题，从标准化与专业化生产中的技术统一性问题、标准化与专业化生产的技术基础问题、标准化与专业化生产中的产品品种问题、积极开展标准化工作为发展专业化生产创造前提等方面进行了探讨，得出标准化与生产专业化的关系的基本结论。

综上，标准化过程是事或物从无序到有序发展的过程，是自然现象和自然发展规律，也是人类社会现象和社会发展规律。标准化作为一门科学，也同其他门类科学一样，适应生产发展的需要而产生，随生产的发展而发展。标准化源自社会化大生产、社会分工的细化、质量管控、环境和生存安全的需要，产业部门是推动标准化实施的核心动力，学术界的研究起到科学指引作用，随着人类对科学和社会认知的逐渐深入，标准化与标准的科学体系建立是其必然结果。

（四）标准化的多学科研究

在社会经济发展中，标准和标准化是提高绩效的关键因素，对标准的掌控也是权力的来源。在标准化学科发展的同时，经济学、社会学、数学等学科也都针对标准化问题开展了研究。

经济学界关注标准化研究始于 20 世纪 70 年代，随着信息与通讯技术（ICT）的发展，兼容性、互操作性问题尤为突出，而标准化是解决这些问题的最优方案，制定标准成为平台竞争的战略手段，由标准化带来的实体经济效益非常显著，这也激发了经济学界对标准化研究的热情。经济学家认为标准化是一种经济活动，研究标准以及标准化对经济发展的影响，研究标准化的成本与收益关系，研究标准化的经济效益评价方法，关注如何通过市场竞争形成标准以及与标准相关的产权、贸易、市场等问题，在统一性和多样性之间找到适当的平衡关系，等等。从技术经济史、技术管理、经济法、经济学、进化博弈论等方法论层面均开展研究。相关的研究专著和文献有很多。

社会学研究的一个核心话题是理性与非理性之间的矛盾冲突，标准的制定、选择和应用被社会学家视为社会过程来研究，研究人们的行为、反应、合作与竞争。普遍认为，制度本身就是一种技术标准行为，技术标准又逐渐渗透到社会的每一个角落、每一个系统以及系统的各个层面，并演变为一种普遍的社会逻辑。在研究标准化问题时呈现出多个视角。例如，从文化的视角有研究认为，"现实世界"中各种力量相互作用和互动构成了"文化"的真实面貌，技术标准就是一种文化现象，技术本身是依附人与文化的联系而存在的，技术转移的成功与否与"文化迁移"的成败直接相关。文化研究的视角是一个开放的动态理论框架，它打破了科学技术与文学、艺术等文化形式的界限，将阶级、种族、政治、性别等因素都纳入到自己的视野，同时也将文化内涵进行扩展，囊括了更广泛的生活与实践社会内容，并强调社会实践与制度的联系。将文化研究置于技术标准领域，不仅可以把握技术标准的通用、客观、公正的一面，更重要的是可以揭示技术标准的不合理性或单方霸权主义的一面。标准制定者的"权威"会影响弱势群体行为的"权力"，需要有批判意识去理解标准的价值。"文化"本身具有地域特性，主张差异化和多样性，反对普适性和简单化。技术标准对于发达国家、欠发达国家以及发展中国家所呈现的面貌并不一样，可能是一种消极的利益分配模式，也可能是通过高价获得的技术游戏规则许可，还可能是无法逾越的技术壁垒和产业壁垒。文化视角研究往往还通过对技术标准的形成、演变、发展直至消亡的生命周期进行分析，把握影响演变的各种因素和程度，为技术标准化提供思维方式、行动策略和抵抗资源，有效提升技术标准存在与演变的"合理性"和"合法性"空间。

数学界研究标准化的课题也是丰富多样的，标准化涉及的计算方法、统计技术、尺寸及其公差等都离不开数学。邦格尔斯（C. Bongers，1980）则是研究标准化中种类确定的数学方法，建立数学模型，并通过实例说明其应用。研究认为，标准化限制了消费者的选择自由，损失了产品的适用性，在选择尺寸数量和尺寸数值方面可以通过数学模型找到经济上的最佳解决方案，而不建议推荐根据首选数列（或雷纳德数列）来选择尺寸。

事实上，标准化主题已经渗透到几乎所有学科的研究，正是各种科学在为标准化活动提供支撑，从标准本身所依赖的专业知识，到标准制定过程中离不开的科学方法，再到标准推广应用中所需要的技术与手段，都与科学、技术、理论、方法等息息相关。语言学会研究标准术语定义的逻辑与方法，以及标准条款的表述方式与功能关系；心理学会对理性与非理性行为进行区分，研究标准被采纳和接受的理论依据与方法手段；逻辑学能够帮助标准化活动构建出各种体系，如标准体系、标准化的专业管理体系等；史学界关注标准化的发生、发展动因；美学界可能在谈论个人情感与个性表达重要性时将艺术与标准化对立起来，也可能认为标准化的格局是大众审美的结晶；法学研究认为标准化是自我监管的一种手段，探讨形式上的标准化与事实上的标准化之间的区别，研究其合法性、标准版权、标准制定者责任、产品责任、竞争与反垄断法以及与标准有关的贸易壁垒等；伦理学可能更关注行为准则为商业道德所作的贡献、职业健康与安全以及实力较弱方进入标准化领域的伦理问题等；商学界研究标准化在企业战略管理、技术与创新管理、信息管理、物流管理、服务管理、质量管理、营销管理、商业与社会管理以及人力资源管理中的价值与应用问题；公共管理学研究利用标准化来提高行政管理绩效，利用标准化来实现健康、安全、环境保护，为标准化创建法律基础并通过在法律中提及标准，用标准化补充、简化或改进法律体系。

二、标准化"原理"相关理论

农业农村工程领域开展标准化工作较其他领域相对落后，系统了解标准化理论的发展，了解国内外学者研究阐释的标准化观点以及不同领域开展标准化工作的过程，有助于帮助我们理清问题与思路，找准农业农村工程标准化工作的着眼点与推进方法。

在各类标准化相关的书籍、文献、教材以及译著中，都会提到"标准化原理"一词，但各自对其概念的阐释却不尽相同。从早期盖拉德（John Gaillard）出版的论著《工业标准化——原理与应用》，到两部译作——桑德斯的《标准化的目的与原理》和松浦四郎的《工业标准化原理》的原名"Aims and principles of standardization"和"Principles of industrial standardization"可以看出，中文的"标准化原理"来自对"principles"的翻译，几部论著都是以标准化的"principles"为主题。事实上，"principles"虽有原理之意，但也有原则、法则、理念、观念等多重含义，与中文"原理"概念并不对等。中文中，"原理"指的是带有普遍性、最基本的、可以作为其他规律基础的规律，是具有普遍意义的道理；"原则"指的是说话或行事所依据的法则或准则；"观念"指客观事物在人脑里留下的概括的形象；"理念"指思想、观念。随着中国学者对标准化理论研究的不断深入，对"标准化原理"这一概念的争议也越来越多。本章将介绍国内外学者关于"标准化原理"的研究、观点，并在此基础上阐释笔者对这方面内容的理解和认识。

（一）国外早期关于标准化"原理"的论述

在《标准化的目的与原理》一书中，T. R. B Sanders（1972）总结了标准化的宗旨包括 6 个方面：①简化人类生活中产品或程序的日益增长的多样化；②表达与交流；③整体经济性；④安全、健康和生命保护；⑤保护消费者和社会群体利益；⑥消除贸易壁垒。对"principles"的阐释包括 7 个方面。①标准化本质上是一种简化行为，是社会有意识地努力结果。它要求减少一些事物的数量。它不仅使当前复杂性减少，而且旨在防止未来不必要的复杂性（Standardization is essentially an act of simplification as a result of the conscious effort of society. It calls for a reduction in the number of some things. It not only results in a reduction of present complexity but aims at the prevention of unnecessary complexity in the future）。②标准化是一项经济活动，也是一项社会活动，应通过有关各方的相互合作来推动。标准的制定应建立在普遍共识的基础之上（Standardization is a social as well as an economic activity and should be promoted by mutual cooperation of all concerned. The establishment of a standard should be based on a general consensus)。③如果标准仅仅是公布而不实施，是没有任何价值的。实施可能需要少数人为了多数人的利益而做出牺牲（The mere publication of a standard is of little value unless it can be implemented. Implementation may necessitated sacrifices by the few for the benefit of the many)。④制定标准的行动基本上是选择，然后将其确定下来（The action to be taken in establishing standards is essentially one of selection followed by fixing)。⑤应定期审查标准，并在必要时进行修订。修订的时间间隔视具体情况而定（Standards should be reviewed at regular intervals and revised as necessary. The interval between revisions will depend on the particular circumstances)。⑥当规定了产品的性能或其他特性时，说明书必须包括判定物品是否符合技术参数而采用的方法和测试的描述。当采用抽样时，应规定抽样的方法，如有必要，还应规定抽样的大小和频率（When performance or other characteristics of a product are specified, the specification must include a description of the methods and tests to be applied in order to determine whether or not a given article complies with the specification. When sampling is to be adopted the method, and if necessary the size and frequency of the samples, should be specified)。⑦应慎重考虑国家标准作为法律实施的必要性，准备实施时，应考虑到标准的性质、工业化水平以及社会现存法律和条件等情况（The necessity for legal enforcement of national standards should deliberately be considered, having regard to the nature of the standard, the level of industrialization and the laws and conditions prevailing in the society for whom the standard has been prepared)。

日本学者松浦四郎在 1972 年出版的《工业标准化原理》中，阐释了 19 条"principles"：①标准化本质上是一种简化，是社会自觉努力的结果；②简化就是减少某些事物的数量；③标准化不仅能简化目前的复杂性，而且还能预防将来产生不必要的复杂性；④标准化是一项社会活动，各有关方面应相互协作来推动它；⑤当简化有效果时，它就是最好的；⑥标准化活动是克服过去形成的社会习惯的一种行动；⑦必须根据各种不同观点仔细选定标准化主题和内容，优先顺序应从具体情况出发来考虑；⑧对"整体经济性"的含义，由于立场的不同会有不同的看法；⑨必须从长远观点来评价整体经济性；⑩当生产者的经济和消费者的经济彼此冲突时，应该优先照顾后者，简单的理由是生产商品的目的在于消费和使用；⑪使用简便最重要的一条是"互换性"；⑫互换性不仅适用于物质的东西，而且也适用于抽象概念或思想；⑬制定标准的活动基本上就是选择然后保持固定；⑭标准必须定期评议，必要时修订，修订时间间隔长短将视具体情况而定；⑮制定标准的方法，应以全体一致同意为基础；⑯标准采取法律强制实施的必要性，必须参照标准的性质和社会工业化的水平审慎考虑；⑰对于有关人身安全和健康的标准，法制强制实施通常是必要的；⑱用精确的数值定量地评价经济效果，仅仅对于使用范围狭窄的具体产品才有可能；⑲在拟标准化的许多项目中确定优先顺序，实际上是评价的第一步。

（二）国内关于标准化原理的研究

著名标准化学者、中国标准化奠基人李春田先生从 1964 年开始陆续发表了关于标准化研究的论文、论著。1964 年的论文主要关注的是标准化与生产专业化问题，针对当时的机械工业发展处于以对象专业化向以零件及工艺专业化为主的过渡阶段，面临实践中提出的诸如产品或零件是先行专业化生产还是先行标准化、标准化工作与生产组织工作应如何结合等问题，以及存在的专业化生产与技术统一性矛盾、专业化生产与工业技术基础的矛盾和专业化生产与品种多样性的矛盾，从多视角分析认为标准化是组织专业化生产的前提条件，标准化与生产专业化要相互结合、相互促进、共同发展。在 1981 年发表的《标准化原理》文章中，提出并阐释了简化原理、统一原理、协调原理、最优化原理。在 1986 年发表的《标准系统的宏观管理原理》中认为，标准同样具有系统属性，并且已经存在着各种各样的标准系统，标准系统具有目标性、集合性、层次性、开放性、阶段性（相对稳定性）等属性，标准系统的管理符合系统效应原理、结构优化原理、有序原理和反馈控制原理。2008 年重提"综合标准化"概念，针对"标准化的理论建树不多，方法变化不大，并且已经出现了诸如标准制定周期过长、速度过慢、修订不及时、标准老化、跟不上科技发展的步伐、满足不了个性化需求等一系列问题"，在分析了综合标准化的由来、现实意义、特点、方法等的基础上，他认为，"综合标准化是现代标准化的科学方法论"，"它同传统标准化比较起来，更能反映当今时代的特点和要求"，"传统标准化除了它对技术进步缺乏敏感之外，传统的标准化活动通常以制定标准为目的，并以标准数量增长为目标；不断地积累标准是它的主要特征，而对标准的实施则较少关注；对于标准的制定，基本上是单个、分散、孤立地进行，较少考虑从整体上解决问题"，而"综合标准化不仅是一项有组织有计划的标准化活动，而且须遵照必要的程序有步骤地推进，对于规模较大的综合标准化项目，通常包括准备阶段、规划阶段、制定标准阶段和实施阶段"，准备阶段包括确定综合标准化对象、建立协调机构，规划阶段包括确定目标、编制标准综合体规划，制定标准阶段包括制定工作计划、建立标准综合体，实施阶段包括组织实施、评价和验收。

王德言等（2006）在《标准化学引论》一文中，将"标准学的原理"归结为从无序到有序原理、依存性原理、主导性原理、系统性原理、开放性原理、信息特性原理、重复性原理、阻力原理、动力原理、统一简化原理10个方面。

舒辉（2016）在《标准化管理》中，将"标准化的基本原理"阐释为"标准化的实质——统一；统一的基础——协调；标准化的目的——建立最佳统一"。

中国兵器工业标准化研究所研究员麦绿波在30年对标准化的大量感性积累和理性思考的基础上，出版了《标准化学——标准化的科学理论》专著，书中认为"标准化学科原理"与"标准化学科核心原理"在范围上有所区别，标准化原理需要重建，并将标准化核心原理归结为统一化原理、互换性原理、通用化原理、系列化原理、模块化原理、互联互通原理、协同互操作性原理。"统一化原理（第一原理）为：约定对象需统一的目标元素，使所有对象的目标元素结果符合同一约定关系，将成为约定范畴的等价对象"；"互换性原理（第二原理）为：使配合对象的实际偏差保持在偏离基准的规律范围内，它们将实现预定精度关系的非选择性配合"；"通用化原理（第三原理）为：使一种对象拥有多种对象的使用要求因素，将有对多种对象广泛的适用性范围"；"系列化原理（第四原理）为：将对象参数的选择范围进行规律性的离散聚焦，可实现用少量的离散数值，合理覆盖大的应用范围"；"模块化（组合化）原理（第五原理）为：将系统按独立功能和结构关系分解成能并行设计和制造的功能分立体，且分立体集成的系统能复制和还原一体化系统的能力，系统将成为易变形、易扩展的分立体式统一化系统"；"互联互通原理（第六原理）为：系统间建立统一化的传输链路、收发体制机制、传输对象规格、处理基础，可使系统间具备有效传输和交换的能力"；"协同互操作原理（第七原理）为：在系统内和系统间建立物理相、信息相、能相统一的技术体制、结构、交换关系，将形成系统内和系统间一体化的相互协同、交换、共享和联合工作的能力"（麦绿波，2017）。书中还认为，这7 个原理的规律尽管是独立的，但标准化形态间彼此不孤立，"统一化原理是标准化学科的第一原理，是标准化的顶层原理或根本原理"，其他 6 个原理都是统一化不同形式的反映，包含在统一化之中。

白殿一等（2020）在《标准化基础》中指出，"原理是揭示基本规律的，它的本质规律性决定了在某一学科或领域中不存在众多的原理。在原理基础上，可以推演、总结出具体的原则、规则和方法等。人类从事标准化活动是为了'促进共同效益'这一根本目的。标准化原理就是要揭示人类发挥标准化作用，获得共同效益的普遍的基本规律。有序化是标准化活动巨大效益产生的根本原理。标准化的'有序化原理'可以表述为：标准化活动确立并应用了公认的技术规则，建立了人类活动的最佳技术秩序，包括概念秩序、行为秩序、结果秩序，达到了人类行为及行为结果的有序化，从而促进了人类的共同效益。"

刘欣、张朋越等（2021）在《标准化原理》中阐释的标准化原理与李春田所述的一致，即统一原理、简化原理、协调原理、最优化原理。

（三）"原理"相关的标准化理论

从国外早期关于标准化"原理"的论述可以看到，"principles"更接近"理念"所表达的概念，告诉人们标准化的本质是什么，怎样才能实现标准的价值，标准化的原则是什么，方法是什么，应注意哪些方面。而标准化的"principles"进入中国被译成"原理"之后，许多学者都去围绕"原理"做文章，想探究那个能揭示其基本规律的东西究竟是什么或者有哪几条，并将其术语化，时至今日仍存在一些分歧和争议，但所归纳出的条款却无法脱离"理念"这一概念，有的属于原则范畴，有的属于价值范畴，有的属于方法范畴，有的属于性质范畴，有的属于规律范畴，有的属于标准化所解决的问题，有的是对标准或标准化概念的进一步阐释，有的则是针对具体标准化领域甚至标准化对象总结的规律，可以理解为都属于标准化理论的组成部分，也代表了不同时期、不同领域对标准化的认知。对于这些术语化的理念，如果使其能更好地指导实践，还是有必要将其归属范畴加以区分的，也有必要将"标准化"概念与"标准"概念区分开。

之所以存在对"标准化原理"的多种阐释，一方面有翻译的原因，另一方面也有历史发展的原因。语言文化的差异，导致一种语言的某词与另一语言的译词在概念上并不完全对等，无论从构词逻辑还是使用习惯上看都存在差异。历史发展的原因，主要因为标准化科学诞生于工业革命蓬勃发展的时期，早期的工业革命是以机器制造及广泛应用为特征的，机器由零件构成，零件的设计、制造、装配决定了机器所拥有的功能和性能，而具备相同功能的机器可以有各式各样的设计方案，具有同一工作原理的机器构造也可以有各种各样的零件结构，多样化是必然的，但存在不经济的问题，也带来零件损坏更换时的互换匹配问题，所以"简化"和"互换性"也就成了早期标准化最关注的两项内容，而中国早期标准化最活跃的领域也是以机器制造为代表的工业领域。随着社会、经济的不断发展，标准化领域不断扩大，不同领域所面临的标准化问题不尽相同，如果局限于早期标准化的关注重点来理解现代标准化问题，缺乏普遍性意义或导致理解偏差。以"简化"和"互换性"为例，在李春田的标准化理论中"简化"属于标准化原理范畴，后者不是；在麦绿波的标准化理论中，"互换性"属于标准化原理范畴，前者不是；但在 T. R. B Sanders（1972）的阐释中则认为，"限制制成品和部件的种类是简化的一个重要方面。种类削减推定了互换性（interchangeability）理念，即制造商所生产的大批量零、部件，在尺寸、形状和性能上要足够一致，使得任何一个都能被另一个代替"。可见，互换性是类似零部件这样的标准化对象经过标准化后所具备的特性或能力，这是一种简化的结果。

本书的宗旨虽不是探究"标准化原理"问题，但将前人归结为"标准化原理"的这些概念梳理清楚，更有助于本项目的研究，有助于战略逻辑构建。为使问题简单化而不是复杂化，我们从"标准化原理"的原始出处"principles"着手，借用 ISO 构建标准或标准体系的逻辑手段，去认识标准化的"原理"。

在标准化语境中，如果某一术语在不同领域所表达的概念不同，则需要在特定领域加以定义。因为，术语是用于描述客体的，客体是能感知到或构思出的任何事物，可以是物质的，也可以是非物质的，客体是需要抽象和概念化才能被人们用以进行交流和沟通的，客体与术语（或词汇、指称）或定义之间的联系是通过概念来实现的，概念被视为特定语境中客体的心理表征。现实世界中的客体是通过其性质（本质）来分辨的，那么客体要被抽象为概念，则是通过性质被抽象为特征（特性）来构建概念。

早期引入中国的论著《标准化的目的与原理》和《工业标准化原理》是在同年出版的，两位作者中，英国的桑德斯是当时 ISO/STACO（国际标准化组织负责研究标准化"principles"的委员会）的在任主席，日本的松浦四郎自 1961 年起是 ISO/STACO 的成员，两书中关于标准化的观点也是一致的，可见代表的是当时 ISO 的观点。那么可以看一下 ISO 标准中对"principles"是如何定义的，如果仍将"principles"译为"原理"的话，那么这个"原理"的概念究竟是什么。

在 2021 年发布的《ISO 37000：2021 组织治理——指南（Governance of organizations — Guidance)》标准中，"principle"定义为"fundamental truth, proposition or assumption that serves as foundation for a set of beliefs or behaviours or for a chain of reasoning"，即"原理"的定义是"基本真理（真实的道理，即客观事物及其规律在人的意识中的正确反映）、观点或设想，是一套信念或行为的根据，或是一系列推理的依据"。更早些的《ISO 26000：2010 社会责任指南（Guidance on social responsibility)》标准中，定义为"决策或行为的根本依据（fundamental basis for decision making or behaviour)"。这都与《现代汉语词典》中的解释"带有普遍性的、最基本的、可以作为其他规律的基础的规律；具有普遍意义的道理"有一定差距，除有客观规律的含义，也有理念的含义。

按照"原理"的"基本真理、观点或设想"定义，"标准化原理"可以理解为"是标准化活动应遵循的客观规律、理念及依据"。那么，借鉴 ISO 体系对标准化的定义以及分析逻辑，标准化原理可以归纳为以下几个方面：

（1）标准化的核心是建立秩序。在标准化背景和语境中，秩序是通过标准来表达的。标准是标准化的结果，是维系社会中事与物相对稳定的基础，可以为产品、服务或过程所共同预期的具体特征提供可靠的依据，以文件或实物等信息载体形式呈现。标准中载有大量相对稳定的信息，包括物与事的组织结构形态信息，物与事的周围环境以及与其进行信息、能量、物质交换的条件、方式、方法的信息，物与事自身发生、发展、变化规律的信息，可以供人们传播和交流。

（2）标准化的目的是通过建立秩序实现人类共同的最大化效益。可以表现在多个方面，如：①促进贸易，减少国际或地区间贸易的技术壁垒或人为障碍；②支持公共政策目标，在适当情况下为其提供有效的规章制度；③为实现经济、效率和互通互用提供准则；④增强消费者保护、安全和信任；⑤明确和推行环境保护、节约能源、社会治理等的良好做法；⑥应对全球气候变化以及人类所面临的问题和危机；⑦为技术创新提供支撑，推行先进技术，淘汰落后技术；⑧通过建立秩序实现平等和包容。

（3）标准化的本质是简化。是人们有意识地对事物（物质的或抽象的）进行简化，减少事物的数量，降低其复杂程度，并防止事物向趋于复杂的方向发展。

（4）标准化活动规律是有组织地开展的。标准化是一项活动，需要有组织地开展，需要成立专业化机构，需要与国家相关管理机构协调。

（5）标准化既是经济活动，也是社会活动，应通过有关各方的相互合作来推动。标准的制定应建立在普遍共识的基础之上，只有在所有相关方达成共识的前提下，才有可能获得成功。共识意味着绝大多数意见一致，而非毫无异议，标准的实施可能会牺牲一些人的利益。

（6）标准化还是科技活动。标准化与科技进步同步发展，稳固先进技术、传播科学知识、推动人类文明是标准化的一项使命。

（7）标准化的效应只有在标准得以实施时才能表现出来，标准发布后，不应束之高阁，而是要实施。制定、发布标准是为了达到标准化目的而采取的手段，如果标准不实施就没有存在的价值。

（8）标准化领域、标准化对象以及标准化内容的选择，应慎重考虑各方的意见和观点，应考虑在不同情况下进行优先排序，在多选方案中合理选择最适合的选项，优选的方案需要在一定时间内固定不变。制定标准的过程基本上就是选择最佳选项，然后将其确定下来。制定产品标准时，要规定产品的主要特性。对于各方产品是否符合标准所规定的特性，必须规定明确的检测方法和判定方法。

（9）标准化对象以及标准化内容是随着社会发展而发展的，应当时社会解决现实问题需要而生，所制定标准为当时人类社会实践服务，具有生命周期时限。不同标准的生命周期不同，甚至有很大差距，有些标准内容的生命可持续几十年甚至更长，有些则随着科技进步的步伐在持续更新。

（10）制定强制性标准需要慎重，要考虑到标准的性质、工业化水平以及社会现存法律和条件等情况。

（11）标准需要定期审查，必要时修订。修订的时间间隔视具体情况而定，过长或过短都无益。

三、标准特性及标准化社会经济价值

（一）标准的特性

从定义可以看到，标准化是一项活动，标准是在标准化活动中诞生的文件，活动的特征表现为过程，而标准既是活动的目标，也是活动的结果，更是活动持续进行的核心，是对事物的一种构想，属于脑力劳动产出物（有人认为属于产品范畴，本研究中不探讨该问题），可作为客体存在。既然是客体，就可以通过性质来描述和辨识。研究总结标准的固有特性，了解其本质，恰如其分地认识"标准"这一概念，有助于在后续研究中认清农业农村工程领域中应该从哪些方面以及对哪些事物制定标准。

1. 约定性

约定性是标准的一个最基本属性。从人类早期形成的文字、度量衡，到现代各标准化组织制定的标准都具有约定的属性。具有约定性的客体并不局限于通过一群人的会议或讨论形式形成，更广义来讲是在社会实践活动过程中由大众（个人形成的群体，或组织形成的群体）的认同和应用来形成，这些广泛应用于大众中而尚未达成标准的规范文件或具有约定性的客体往往是标准的来源。（注：ISO 国际标准将规范性文件（normative document）定义为，为活动或其结果提供规则、准则或特征的文件，是一个通用术语，包括标准、技术规范、业务守则和条例等文件，"文件"应理解为在其上或其中记录了信息的任何媒介。）

2. 依存性

依存性指标准依附于客体而存在（客体被定义为感知或构思的任何事物），标准内容随依附客体的不同而不同，随依附客体的变化而变化，随依附客体的发展而发展。所谓依附客体既指标准化的对象或主题元素，也指标准的使用对象或范围等所标志的标准生存环境，生存环境可以表现为多维度、多层次结构。例如，《GB 37487—2019 公共场所卫生管理规范》是强制性国家标准，规定了公共场所基本卫生要求、卫生管理和从业人员等管理环节的基本要求和准则，适用于宾馆、旅店、招待所、公共浴室、理发店、美容店、影剧院、录像厅（室）、游艺厅（室）、舞厅、音乐厅、体育场（馆）、游泳场（馆）、展览馆、博物馆、美术馆、图书馆、商场（店）、书店、候诊室、候车（机、船）室与公共交通工具等公共场所。以往这些公共场所只出现在城镇，通常也不会将该标准与乡村联系起来。随着乡村产业发展，乡村所承载的功能在扩大，旅游业的发展促使出现了乡村民宿等经营活动，这些场所与 GB 37487—2019 所说的公共场所还不能完全等同，有些尚属于半经营半自用性质，但事实上又构成了公共场所的存在。那么，是否应执行该标准、在什么情况下需要执行其中的哪些条款以及如何执行成为乡村产业发展时需要考虑的标准化问题。这个例子说明，标准所依附的客体不同，标准的适用性也会有所改变；换言之，为更好地实现卫生管理目标，标准内容需要针对变化的客体有所改变，只有这样才便于使用和具有可操作性。

3. 科学性

科学是人类为了认识社会、解释自然而以各类形式构建的知识体系，是人类智慧的结晶。标准的科学性表现为应符合已被公认的各类科学规律，符合客观实际，符合推演逻辑，符合可实证检验原则。

4. 统一性

统一性指的是对标准化对象实施的统一。例如，将度量衡统一为十进制，将产品统一到几种规格，将试验持续时间统一到一定时段，将试验条件中的温度、湿度统一为定值或一定范围，等等。统一的内容可以是多方面的，如时间、空间、动态、静态、性能、参数、文字、术语、货币、公式、等等。

5. 简化性

标准内容的建立过程就是对事物以及事物间关系进行筛选和优化的过程，相对于复杂事物或事物的复杂状态，标准通常以归类、优选、特征提取等手段加以规定，呈现出的是类别、档次、有限特征或事物的某些状态。

6. 系统性

标准载有组织结构、形态信息，与周围环境进行信息、能量、物质交换的条件、方式、方法信息，事与物发生、发展、运动变化信息，所有这些信息要素之间有着相互联系、相互影响和相互制约，自身就构成了一个基本系统。另外，随着人类活动内容复杂性的增加，单一标准通常已经很难发挥作用。标准与周围环境还构成一个更大的系统，一个标准往往与多个标准有联系，需要引用已有标准内容，呈现出标准间的关联状态；而针对某一标准化对象可能由多项标准加以规范，呈现出标准的系列状态，例如关于金属材料硬度试验，制定有洛氏硬度、布氏硬度、肖氏硬度、韦氏硬度、里氏硬度、努氏硬度、维氏硬度等多种试验方法标准。标准之所以构成为系统，是因为它们有统一目标，系统内部标准之间并非简单集合，而是有机联系，通过个体效应可以构建出远超出加和的整体效应，构成要素组合方式的不同、结构形式的不同，所产生的效应也不同。

7. 结构性

结构性指的是事物构成的逻辑。人类社会对事物的认知过程是由简单到复杂进行的，后续认知需要通过以往认知来描述，复杂事物通过简单事物来描述。对事物的定义通常是由多个已知元素以及元素之间的相互关系组成结构，通过逐个描述已知元素以及元素间的逻辑关系即可明确该事物。标准内部，从定义术语起就开始了结构的构建，章与章之间、章与节之间都存在结构关系。标准外部，同一系统的标准之间也都存在结构关系。结构关系决定了标准或标准系统所具备的功能，如果结构关系不合理，则产生不出好的标准效应或标准系统效应。

8. 地域性

由于自然环境、历史文化、政治制度、科技水平、经济规模等在国家或地区间存在差异，国家或地区所形成的标准以及某项标准在其范围内的适用性必然也有差异。

9. 时限性

任何标准都有生命周期，因为人类进化是不断持续进行的，自然环境在发生改变，科技在不断进步，衣、食、住、行以及劳动工具都在不断推新，所使用能源类型以及社会、经济活动内容也在发生改变，那么随着时间的推延，已有的标准可能不再适用。

10. 准法律性

所谓准法律性，是指标准本身并不具备法律效应，而在法律文件规定应执行的（如国家强制性标准）以及纳入到涉法程序中的标准则具有了法律效应。例如，某企业销售某某产品时宣称符合某某推荐性标准，如果消费者因该标准中规定的某项指标的符合性诉之于法律时，则该标准就具有了法律效应。

11. 阻力性

所谓阻力性，指阻碍事物发生改变的特性，即使事与物在发生、发展运动变化中保持不变的惯性特征。标准是维系事物结构形态以及事物发生发展的路线、方式、方法相对稳定的基础，保持事物在一定时期不发生变化，这也是标准阻力性的表征。标准被使用得越多，推行得越广泛，所形成的阻力也越大。例如，米制单位度量衡标准，是人类社会活动最为基础的标准，被世界许多国家的各行各业都推行使用，要使其变化就会难上加难；又如，虽然米制单位比英制单位有诸多优点，但美国更多使用的是"英制"而不是"米制"，就是因为长期已经形成的习惯及英制在美国应用得广泛。

（二）标准化的社会经济价值

标准化的社会价值可以从社会事务、国民经济、科学技术、行政与企业管理等方面加以认识；标准化的经济价值可以从价值链和经济贡献两个方面认识。

1. 社会事务方面

在现代社会经济活动中，标准已经渗入到国际事务、地方贸易以及日常生活的方方面面，对重复性问题可提供最佳解决方案，为法规和合同提供技术基础，可促进沟通与信息交流，可对更具生命力的技术以及新技术进行传播，可减少产品品种，确保互换性和互操作性，便于市场准入和贸易，保证产品质量，提供市场透明度，减少信息不对称性，利于技术转让和知识共享，可保证安全、保护生命健康、保护环境，为网络效应和互联设备提供支撑。

2. 国民经济方面

标准化对于国民经济发展有着十分重要的作用。现代化生产建立在严密分工与广泛协作基础之上，许多产品或工程往往涉及多个甚至几十、几百个企业或部门，上一企业（或工序）的产品（或半成品）往往是下一个企业（或工序）的毛坯或原料，而上下关系通常不是一对一而是一对多或多对一的关系，只有通过技术标准才能够使上下衔接相互协调。专业化生产是提高劳动生产率的重要措施，组织专业化生产要求具备一定生产规模和工艺的同类性，而通过标准化减少产品品种、扩大同品种产品产量则是实现专业化生产的前提。

3. 科学技术方面

标准化与科学技术的发展有着密不可分的联系，它们相互制约、相互促进。标准是建立在生产实践经验和科学研究成果的基础之上的，确立的材料成分标准、性能标准、环境条件标准、测试方法标准、统计标准、仪器设备标准等反过来又是保证科研活动正常进行的基础和必要条件。

4. 行政与企业管理方面

标准化对于行政部门、企业以及消费者都有好处。对于行政部门，标准可为行政事务的诸多方面带来好处。在政府投资决策方面，标准可以提供技术基准；在政府采购时可以明确所依据的标准；在市场监管方面，标准提供了产品应符合的健康、卫生、安全要求；在推动社会经济高效发展层面，标准可为政府提供政策指引的方向，使全社会效益最大化；在国际市场方面，可以通过标准规范更容易进入国际市场，也可通过标准监管杜绝不合规产品进入国内市场。对于企业，标准可以通过减少品种和合理化流程来实现规模经济，降低生产、交易成本提高利润；有助于提高产品和服务的质量，通过产品的级次划分，还可以提供不同档次产品的选择；可为企业产品和服务开辟市场，因为许多商品已经标准化，企业可以通过执行特定标准组织产品生产，进入特定的市场，以增加市场机会；参与标准制定可使制造商和供应商预测市场发展，在市场上引领技术发展的企业，其自身企业标准可成为国家标准甚至国际标准的基础，进一步提高其市场上的竞争地位；基于已知、经过验证的标准生产产品，可以降低使用新技术的风险，通过标准可以改善风险管理。对于消费者，标准对保护消费者权益具有意义，可以识别具有危险性或不符合要求的产品，可以放心使用能够确保人身健康与安全的产品。

5. 价值链

价值链指一系列产出产品或服务的生产活动，通过相互间联系构建出的单一顺序价值结构或多分支价值结构，一个环节与另一个环节或多个环节有关，由于受到相关环节的影响，一个环节的价值递增可能导致另一环节或多个环节的价值递增。构成价值链的各环节可能在一个组织内部组织起来，也可能分布在不同的组织中。

从价值链的角度理解标准化的经济价值，呈现出的是附加的效果。例如工程建设活动的规划、设计、施工以及工程使用（利用工程从事生产的活动）各环节联系就构成了经济活动的价值链。如果一项为规划环节带来经济效益的标准，很有可能在设计、施工以及工程使用环节使经济效益进一步扩大。如果一项用于规划的标准虽然在规划阶段还看不到效益产生，也有可能在后续的设计、施工以及工程使用环节获得可观的经济效益。从分支链的角度考虑，也有可能由于规划或设计环节的某一项或某几项标准条款，使得工程材料或设备供应链的某环节效益递增。

所以标准化所带来的经济效益是需要将其置于价值链全局中加以分析和考量的，并不是每一个环节都能创造价值，但每一环节都可能影响到其他环节。一个环节在多大程度上影响其他环节的价值，与其在价值链上的位置有很大关系。换言之，一项能为全局都带来价值的标准更需要得到足够的重视。

6. 经济贡献

标准化的经济贡献可以从两个角度加以分析：宏观经济影响和微观财务效益。

宏观经济影响指标准化对整个相关经济部门的平均生产率增长的影响。生产率等于总产出与总投入的比值，生产率增长意味着生产效率的提高和生产状况的改善，通常以总投入不变情况下的总产出或产值的增加来描述。平均生产率增长可能意味着，得益于标准化而使得生产率增长高的经济部门，抵消掉了低生产率增长甚至负增长的部门的影响。如果高生产率增长的部门往往是标准的密集使用者，那么，标准很可能在整个经济中发挥了维持整体生产率增长的作用。如果标准相关经济实体更广泛地采用标准，整个经济的平均生产率就会提高。从而，可以影响到整个行业，以致影响到整个国民经济。

微观财务效益主要指标准化对经济实体的生产活动所带来的效益。之所以标准化可以为经济实体带来效益，主要是因为标准实现了重要的经济功能，有助于解决企业或行业的基本问题，这些问题可能会阻碍企业或行业最大程度地发挥生产潜力。这些经济功能主要包括：①帮助经济实体提高产品或服务质量，提高工作流程效率；②标准化可以有效减少产品或服务的种类，使生产成本降低到最佳水平；③标准化促进了产品及流程的互操作性，可以有效降低生产及服务的成本；④标准化能够有效地为经济实体提供技术信息，使企业之间、生产者与消费者之间的信息交流更有效，成本更低。

四、"战略"研究理论基础

以往在针对某一领域的标准化进行全局考虑时，直接指向的是建立标准体系，作为未来5～10年国家标准和行业标准编制的指南。标准体系是一定范围内的标准按其内在联系形成的科学的有机整体，核心是标准体系结构和标准明细表。标准体系结构通常以框图形式表达标准体系的范围、内部结构以及意图，表达标准之间的层次关系、功能关系或逻辑序列关系。标准明细表通常列出既有标准和拟制定标准，并赋予编号。由于拟制定标准的存在，标准体系是一个不稳定系统。拟制定标准越多，系统就越不稳定，往往由于未来的不确定性，有些拟制定标准始终没能制定，有些则是不适合制定。究其原因，很大程度上是缺乏前期研究或前期研究不到位，为编制标准明细表而随意拟定标准名称的现象也不无存在。标准化战略研究则是为了解决上述问题，先行于标准体系构建之前开展的研究。开展这项研究需要以战略理论为基础来探讨标准化问题，所以需要首先弄清战略基础理论。

（一）"战略"概念

"战略"的英语对应词汇是"strategy"，有多重含义，也备受争议。学者、行政人员、企业家等在不同语境下使用时，通常所表述的概念和边界并不一致。作为一个研究领域，过去的五六十年中诞生了大量的文献和理论专著，因此也产生了各种各样的定义，并且还在不断演变之中。

首先看一下汉语的用法。在《现代汉语词典》中，"战略"被解释为"泛指决定全局的策略"，"策略"被解释为"根据形势发展而制定的行动方针和斗争方式"。显然，战略有"方针"和"方法"的含义，"战略"比"策略"更为宏观。

在国际标准化组织发布的国际标准中，用于不同标准时，其定义也不同。例如，在《ISO 30400：2016》中，"战略"定义为"组织实现其目标的方法（organization's approach to achieving its objectives）"；在《ISO 9000：2015》中，定义为"实现长期或整体目标的计划（plan to achieve a long-term or overall objective）"。

学术理论界是如何对"战略"给出定义的？

被当今认为是人工智能之父的西方思想家司马贺（Herbert Simon），早在 1957 年在对人类模式进行研究时就提到"战略"，认为"决定某一时期行为的一系列决定可以被称为战略"。

1962 年，哈佛商学院的阿尔弗雷德·钱德勒（Alfred D. Chandler）在管理学理论中，将"战略"定义为"决定事业的长期目标和宗旨，并为实现这些目标采取必要的行动方案和资源分配"。

1978 年，加拿大麦吉尔大学的战略理论大师亨利·明茨伯格（Henry Mintzberg，1978）也论述了战略的定义，指出"在游戏理论中，战略代表了支配玩家行动的一套规则；在军事理论中，战略是指在和平和战争时期全部国家军事力量的利用情况，通过大规模、长时间地规划与发展，确保安全和胜利"，等等，认为"所有这些定义都将战略视为明确的、有意识和有目的地发展的、决定实施之前所作的，通俗讲战略就是计划"，在他的研究中则将战略定义为"一种决策流模式"。

亨利·明茨伯格等在所著专著《战略过程——概念、情境、案例》的几个版本（Henry Mintzberg，1996，2003）中都提到了战略概念。詹姆斯·布莱恩·奎恩（James Brion Quinn）给出的定义和解释是：战略是将一个组织的主要目标、政策和行动顺序整合成一个整体的模式或计划。完善的战略有助于根据组织内部能力，将组织的资源分配到合理、可行的位置，以应对组织内部缺陷、环境预期变化以及睿智对手的突发之举。亨利·明茨伯格则进一步阐释：人类叙事要为每个概念下定义，但长期以来，"战略"一词一直以不同的方式被隐含使用，即使传统意义上只被定义为一种，明确认识它的多种定义可以帮助人们在这个领域中游刃有余，因此这里提出了战略的五个定义——计划（plan）、策略（ploy）、模式（pattern）、定位（position）和观念（perspective），然后考虑它们之间的相互关系。

Gerry Johnson 等探讨战略的专著第 7 版和第 8 版（2005，2008）中，都将"战略"定义为"是一个组织长期的方向和范围，它通过资源和能力的配置在不断变化的环境中取得优势，目的是满足利益相关者的期望"。在第 9 版（2011）中则将"战略"直接定义为"是一个组织的长期方向"，举例说"诺基亚的长期方向是从移动电话到移动计算，迪斯尼公司的长期发展方向是从卡通到多元化的娱乐"。并认为，"将战略定义为一个组织的长期发展方向，意味着其观点比一些有影响力的定义更全面"。同时还展示了其他几位主要战略理论家对"战略"的定义，如哈佛商学院的迈克尔·波特（Michael Porter）的定义，"竞争性战略就是要做到与众不同。它意味着有意识地选择一套具有独特价值组合的行动"。

之所以学者们要去探究"战略"的定义和内涵，是因为它对于所有领域以及各项事务具有重要性。至此，我们也了解到，只有从多视角去认识"战略"，才能充分把握其内涵。无论怎样定义，"战略"都是行动的先驱者，是实现目标的方向、方法、计划，是为行动做决策的前期过程，更是决策流中的模式。因此，战略过程本身显得更为重要，其方法是学者们长期以来不断探究的内容。

（二）关于战略形成过程的理论观点

战略研究最早用于军事。早在 1940 年，《世界知识》杂志就长篇连载了美国军官学校教授 G. J. Fiebeger 所著《战略论》一书的译文，这也是能检索到的国内最早的文献。

对于战略决策过程研究，早在 1976 年，亨利·明茨伯格等（Henry Mintzberg，1976）在研究文献中就提到，战略决策过程是极其复杂和动态的，但它们也是可以被概念性结构化的。他后续的研究在不断探索战略规划方法和模式。

1978 年，亨利·明茨伯格等（Henry Mintzberg，1978）探索性地将战略研究方法分为 4 个步骤：①收集基础数据；②战略及其变化期的推断；③对变化期的深入分析；④理论分析。

1985 年，亨利·明茨伯格等（Henry Mintzberg，1985）在文章中指出，"组织中的战略是如何产生的？研究这一问题必然受到这一术语的基本概念的影响。由于战略几乎不可避免地被认为是一个组织的未来'计划'，因此，毫不奇怪，战略的形成往往被视为是一个为组织建立长期目标和行动计划的分析过程；也就是说，是一个获准实施计划的制定过程。尽管这种观点很重要，但我们认为它有很大的局限性，需要从更广泛的角度来看待这个问题，这样才能关注到战略实际形成的各种方法。"为阐明战略形成过程，在文章中引入了"预想战略"、"谋定战略"、"未实现战略"、"涌现战略"和"实现战略"概念，并以图示（图 1 - 1）说明它们之间的关系。其研究的主题是期望发现谋定战略和涌现战略的趋势，而不是两者的完美形式。认为，这两种战略构成了一个连续流的两个源头，我们希望现实世界的战略能沿着这个连续流持续下去——即亨利·明茨伯格关于战略的决策流模式观点。他还指出，要使一项战略完美无缺，也就是说，要使实现战略（作为行动模式的）完全按照预想形成，要满足三个条件：①明确的目标；②统一的行动；③无外部干扰。

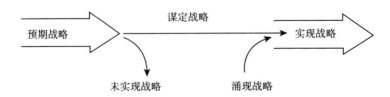

图 1 - 1　亨利·明茨伯格的战略流模式

资料来源：Henry Mintzberg，1985。

依据战略流模式观点，亨利·明茨伯格为探索战略的连续性，将战略划分成 8 种类型，如图 1-2 所示。（a）计划型。预想的意图精准，最大程度按其实施，对于集体行动需要有强大的操控力，对外部环境有足够的预测和应变力。（b）创业型。也称企业家战略，组织意图不明确，但领导者个人意愿的方向观极强，由于制定者是实施者，所以可以对过去的行动或环境中的新机会或威胁的反馈做出快速反应，以至领导者观念完全改变，重新制定愿景。（c）意识形态型。愿景可以是集体的，也可以是个人的。当组织成员强烈认同一个愿景，并将其作为一种意识形态来追求时，其行为必然表现出一定的模式，由此可以确定明确的实现战略。（d）庇护型。制定一定的行为准则，明确边界，行为组织者有意识地创造条件，使行动归于实现愿景的统一方向。同时，环境又决定了组织可以做什么，在怎样的边界下进行运作。（e）进程型。接近于庇护型，但不设立边界。针对环境不可控因素，领导者并不试图通过边界或目标将战略内容控制在一个水平上，而是间接地施加影响。具体来说，就是控制所制定战略的进程，而把战略的内容留给行动者。因此，由此产生的行动在某一方面是谋定的，而在其他方面则是涌现的。是领导者设计一个体系，允许行动者在其中灵活发展的模式。（f）无联系型。组织中具有相当大的自由裁量权的一部分（如一个子单元，甚至一个人），因为它与其他部分只有松散的联系，所以能够在其行动流中实现自己的模式。由于没有联系的一部分可能也是谋定的，而对于整个组织来说是涌现的，也很有可能发展至组织战略之外，甚至与之相抵触。（g）共识型。许多不同行动者自然而然地聚集在同一个主题或模式上，而不需要任何中央指导或控制的模式。与意识形态型不同的是，不需要围绕着一个信念体系，而是不同行为者之间通过相互调整而成长，从彼此之间以及从对环境的各种反应中学习，从而找到一个共同的、可能是意想不到的最适合模式。（h）强制型。外部环境（如对组织有很大影响力的外部个人或团体）通过直接强加或暗中制约或限定边界的方式，使战略表现为外部涌现的强制状态。

亨利·明茨伯格（Henry Mintzberg，1994）指出"战略规划者不应该制定战略，但他们可以提供数据，帮助管理者进行战略思考，并推动愿景的实现"。还进一步阐释，"战略规划不是战略思想，前者是分析，后者是综合"；"规划者应该围绕战略制定过程最大程度地做出贡献，而不是制定战

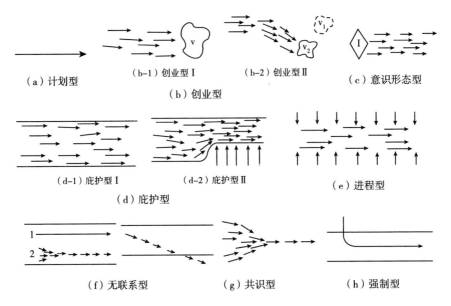

（a）计划型　　　（b-1）创业型 I　　（b-2）创业型 II　　（c）意识形态型

（b）创业型

（d-1）庇护型 I　　（d-2）庇护型 II　　（e）进程型

（d）庇护型

（f）无联系型　　　（g）共识型　　　（h）强制型

图 1-2　亨利·明茨伯格划分的 8 种类型战略

资料来源：Henry Mintzberg，1985。

略"；"真正的战略变革需要开发新的类别，而不是重新安排旧的类别"；"推行战略规划者的目标是减少管理者对战略制定的绝对控制权"；"在规划文献中，哪里有一丝一毫的证据表明有人费力地去了解管理者是如何制定战略的"；"有时，战略必须作为广泛的愿景，而不是精确的阐述，以适应不断变化的环境"。显然，其战略规划理念，与他对战略的定义是一致的。

1988 年，亨利·明茨伯格和詹姆斯·布莱恩·奎恩（Henry Mintzberg，1996）出版了《战略过程——概念、情境、案例》一书。在之后的多个版本以及其他著作中，战略流模式不再是图 1-1 所示的样子，而是如图 1-3 所示。可以看到，随着对战略研究的不断深入，他的决策流战略思想也变得更为充实，实现战略与预想战略已不在一个方向，涌现战略也成了多个源头，这种变化和流动的观点更符合实际。也就是说，理想与现实永远存在偏离，环境不可预见因素会左右战略的走向，而规划和谋定战略时需要分析和预测各种因素。

在亨利·明茨伯格（Henry Mintzberg，1998）的《战略游猎》一书中，对计划（plan）、模式（pattern）、定位（position）、观念（perspective）、

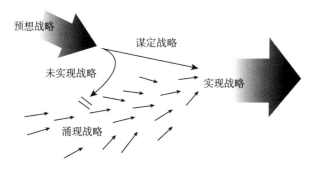

图 1-3 亨利·明茨伯格的战略流模式

资料来源：Henry Mintzberg，1996。

策略（ploy）等作了进一步解释。提到，作为计划的战略就是预想的战略，作为模式的战略就是实现的战略。并以麦当劳经营为例，用图形象地描述了作为定位和观念的战略以及之间的联系，如图 1-4 所示。巨无霸是颇受顾客喜爱的产品，赢得了市场；通过观念的转变，推出的巨无霸桌也很受欢迎；考虑到早餐时顾客更喜爱鸡蛋，则推出了鸡蛋麦满分；有人想吃麦当劳橙吗？新观念又改变了新定位。并指出，改变观念很容易改变定位，而改变观念后试图保持原来的定位却不容易。对于策略，他解释为是应对敌手的一种特殊手段。

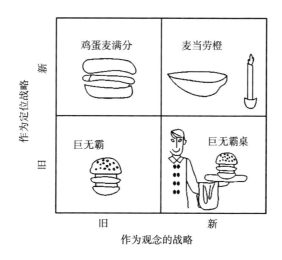

图 1-4 麦当劳的战略定位和观念的转变

资料来源：Henry Mintzberg，1998。

二战之后的战略理论研究，大多数是为企业家谋求企业发展服务的，亨利·明茨伯格的研究也不例外。然而，亨利·明茨伯格所呈现的战略理念和思维逻辑更具有普适性和开放性，对开展我们的研究具有借鉴意义。所以追溯和全面了解他的战略理论思想过程和战略理论观点非常必要。

关于战略的形成，亨利·明茨伯格（Henry Mintzberg，1998）在《战略游猎》一书中，着重介绍了他的战略学派说：设计学派、规划学派、定位学派、创业学派、认知学派、学习学派、权力学派、文化学派、环境学派、配置学派的战略形成分别对应于构思、形式化、分析、憧憬、心理活动、呈现、谈判、集体化、反响、转型。

战略的形成是一种创造性行为。不同学派观点是人们在长期实践中逐步形成的，试图通过某些概念化、形式化的东西来揭示其规律。不同时期有其主导学派，20世纪60年代是设计学派，到70年代是规划学派，80年代是定位。90年代后，人们越来越关注宏观的权力、联盟、集体战略，相应的战略形成方法应运而生，之后有许多实践者迷恋战略转型，对其战略方法也更为重视。而亨利·明茨伯格试图将这些看似不相干的学派整合在一起去认识战略形成过程，他用两张图揭示了它的全貌，如图1-5和图1-6所示。战略形成空间图将各学派置于二维空间中来观察它们的分布，一个维度代表所拟定的内部程序有多大的开放性（从理性到自然），另一个维度代表外部世界的可控性（从可控到混沌），并用一些理论、观点建立起它们之间的联系，如"定位"和"规划"被视为可控环境中的理性过程，通过相关利益者分析，可以与"宏观权力"建立起联系。

图1-6所示的拆分过程图显示了围绕战略形成过程这一条主线，各学派所处的位置。中心的黑箱是战略的实际创建，只有认知学派真正试图进入其中，但并没有取得多大成功，学习学派和权力学派也对此做了尝试，前后左右的其他学派都围绕在它周围。定位学派位于黑箱的后端，看的是既定（历史）数据，它分析这些数据并将其输入战略制定的黑箱；从黑箱里陆续出来是规划、设计和创业学派。规划学派着眼于未来，设计学派着眼于更远的战略视角，创业学派则是超越眼前障碍，对未来独具看法。学习和权力学派是朝下看，并陷入细节之中；文化学派从上往下看，往往被信仰的云雾所笼罩；远在上面的环境学派，可以说是在看着；配置学派则是观察它的周围。

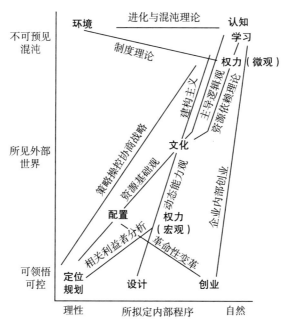

图 1-5 战略形成空间图

资料来源：Henry Mintzberg 等，1998。

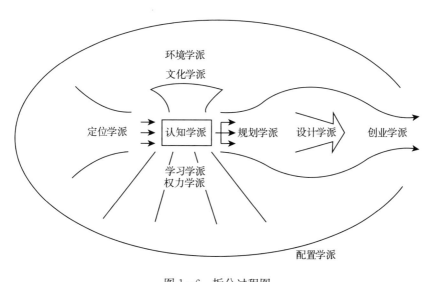

图 1-6 拆分过程图

资料来源：Henry Mintzberg 等，1998。

定位学派将战略形成作为分析过程。告诉我们，定位很重要，也就是立场很重要，它为全局战略提供了基础，要做好所处行业的结构分析和行业内的相对地位分析。战略形成过程是在对既往信息分析的基础上去选择定位，分析的作用是为战略决策者提供信息和分析结果以供其选择。以既往数据说话的局限性会制约对未来的畅想，往往不能把握战略的方向。

设计学派将战略形成作为构思过程，代表了战略形成过程最具影响力的观点，是大量战略管理实践的基础。设计学派认为，行动必须源于理性，有效的战略形成需要经过缜密思考，来自严格受控的思想过程，担当其责任的是战略家，即位于组织顶端的管理者。战略形成可以看作是概念化构思，必须保持简明、易理解，具有一致性、连贯性、优势性、可行性。提出了著名的 SWOT 概念，即依据环境的机遇和威胁，评估组织的优势和劣势。环境因素要考虑社会变化、政府变化、经济变化、需求变化、市场变化等。亨利·明茨伯格构建的基本模型加入了其他元素，如图 1-7 所示。

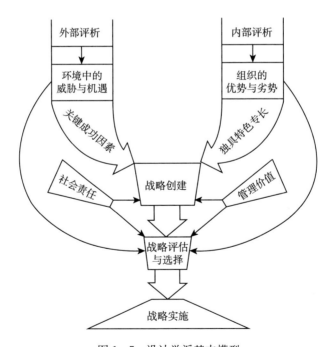

图 1-7　设计学派基本模型

资料来源：Henry Mintzberg 等，1998。

规划学派将战略形成作为形式化过程，战略规划模型有数百种之多，但大多数模型的基本思路是一致的，采用 SWOT 模型，将战略形成过程分为整齐划一的步骤，用大量的检验表和技巧来阐述每一个步骤，并特别关注前端的目标设定和后端的预算与运营计划的制定。例如，斯坦纳模型如图 1-8 所示。目标设置阶段通过开发大量的程序来取代设计学派对战略价值的思考，并尽可能用数字形式量化其目标。接下来的外部和内部核审阶段与设计学派相同。后面的战略评估阶段，各种技术层出不穷，从早期的投资回报技术到后来的"竞争战略评估"、"风险分析"、"价值曲线"及与计算"股东价值"相关的各种方法，大多是面向财务的分析。"价值创造"已经成为规划界特别流行的术语。战略运作阶段就像规划过程突然穿过了风洞的限制性战略制定颈部，加速进入看似开放的实施空间。事实上，这个过程的实际情况可能正好相反：制定必须是一个开放的、发散的过程（在这个过程中，想象力可以得到充分的发挥），而实施应该是封闭的、收敛的（使新战略受到操作性的限制）。但是，由于规划更倾向于形式化，因此，制定变得更加严格，而实施则提供了分解、阐述和合理化的自由，并沿着不断扩大的等级制度进行。因此，规划与控制不可避免地联系在一起。分解显然是这个阶段的首要任务。正如斯坦纳所言，"所有的战略都必须被分解成子战略才能成功实施"。因此，战略的操作化产生了一整套的层次结构，而这个结构是依赖于不同层次和不同时间维度存在的。长期的综合"战略"计划位于首位，其次是中期计划，而中期计划又会产生下一年的短期运营计划。与此平行的是目标的层次、预算的层次、子战略的层次以及行动方案的层次。亨利·明茨伯格将目标、预算、战略、方案均分为组织管理、事业管理、功能管理和运作管理 4 个层级，构建了战略规划模型，预算和目标属于绩效控制的范畴，战略和方案属于行动控制范畴。

创业学派将战略形成作为憧憬的过程。不仅将战略形成过程完全集中在单一的领导者身上，而且还强调最先天的心理状态和过程——直觉、判断、智慧、经验、洞察力，使得将战略视为远谋，并由此获得通达愿景的方向。但战略远谋并不像其他一些流派那样是集体的或文化的，而是个人的，是领导者的灵感和构想。因此，组织对个人指令所做出的反应是服从。

认知学派将战略形成作为心理活动过程。强调思想的作用，从人类认知的角度去探究战略家的思想，所呈现的各种观点带给我们的是对人类认知过

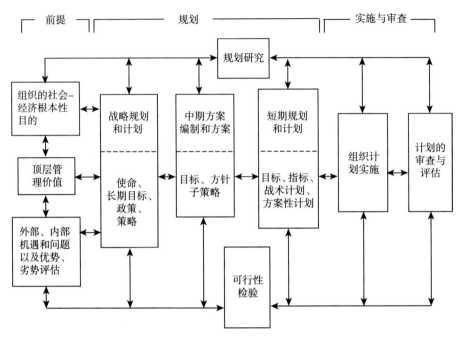

图 1-8　战略规划斯坦纳模型

资料来源：Henry Mintzberg 等，1998。

程的思考和启示。判断力、直觉、创造力、洞察力等都是人类或者人类的特殊群体所具备的能力，有时在决策实践中发挥了积极作用，带来成功，但也可能带来失败。世界庞大而复杂，而人类大脑及其信息处理能力相比之下非常有限，因此与其说决策是理性的，不如说是为了理性而在做出努力。战略家主要通过直接经验来发展自己的知识结构和思维过程，是客观与主观的结合。思考需要建立在思考条件之上，也就是思考者所掌握的信息。受文化影响，接收到的信息是真实的，但不一定是真相。人们往往愿意收集导致某些结论的事实，而忽略有悖于这些结论的其他事实；初始信息错误会导致决策错误，尤其对错误信心赋予更多权重的时候；人们还会由于对未来结果的偏好而影响他们对结果的预测；在做选择时，往往会从自己的背景和经验来看待问题。

学习学派将战略形成作为呈现的过程。认为，战略是随着人们对某种情况以及处理这种情况的能力的了解而出现的，最终汇聚到有效的行为模式上。战略管理不再仅仅是变革的管理，而是通过变革进行管理。政策制定不是整齐划一、有序、受控的过程，而是一个混沌的过程，在这个过程中，政策制定者试图应对的是一个太过复杂的世界，事实上不可能百分之百地实施或获得成功，一旦失败，制定者和实施者相互指责。因而，如果将战略形成看作循序渐进的过程，持续、无止境，但并没有刻意去趋同方向，而伴随过程的是补救措施和协调机制，则可以构成战略形成的一种模式。战略家要推动战略愿景，而战略愿景本身也在不断变化和改进中。进化理论认为变革来自子系统之间的累积性互动，而不是领导力本身，不受全局理性支配，没有统一的指导框架，是"常规"行动和重复性活动模式，是自然选择的结果。战略的呈现模式，指的是通过一个一个地尝试行动和反馈，一直持续下去，直到趋向于成为其战略。林德布洛姆用了形象的比喻：组织不需要胡乱地啃食，每一次啃食都会影响到下一次，最终导致一套相当明确的食谱，从而使这一切最终成为一场巨大的盛宴。

权力学派将战略形成比作谈判过程，分为微观权力和宏观权力。微观权力观点认为，组织是由具有梦想、希望、嫉妒、利益和恐惧的个人组成，而不是长久以来人们所认为的：高级管理人员是理性行为者，制定的战略被他人所接受、服从和忠实执行。相反，战略制定应当看作是一个政治过程，战略本身也应当看作是一个政治过程。微观权力是指组织内的个人和团体。而宏观权力则反映了组织与外部环境之间的相互依存关系。组织必须与战略相关者打交道，战略首先要包括管理这些行为者的需求，其次是有选择地利用这些行为者为战略实施有所贡献。因此，战略形成由权力和政治决定，无论是组织内部的过程还是组织在外部环境中的行为。利益相关者分析包括三个方面，首先要分析利益相关者的行为，一般认为有三种：实际或观察到的有利于目标实现的、潜在的有助于战略目标实现的、阻止或有助于阻止战略目标实现的；其次对利益相关者行为做出解释，这就要求战略制定者设身处地为利益相关者着想，并尝试与利益相关者的立场产生共鸣；最后进行联盟分析，即构建出与利益相关者联盟的切实可行战略方案。

文化学派认为战略形成是集体化过程。认为，文化将个人的集合体编织成一个被称为组织的综合实体，个人主要关注自我利益，集体关注共同利益，战略形成就是根植于文化背后的价值观将各种有益因素进行整合以发挥作用的过程。文化是人类长期形成的衣、食、住、行、思维、认知、信念、交流、行为、相处等的方式，是一个组织与另一个组织、一个行业与另一个行业、一个国家与另一个国家的区别所在。文化的广泛性和独特性也会反映在战略管理之中。文化的力量很强大，其程度可以与它规避思想意识成正比。文化影响着一个组织的思维方式和分析方式，从而影响着战略的形成过程；文化所形成的共同信念的固有性和稳定性会阻碍变革；变革需要克服文化所带来的阻力；以主导价值为核心可以推动战略的形成；制定战略要避免存在文化冲突。文化是一种关键性资源，具有独特性，难于模仿和复制，所以可以发挥其优势和所拥有的力量。

环境学派将战略形成作为反应过程，强调组织在其所处环境里如何获得生存和发展，不过起到的是让人们关注环境因素的作用。环境与领导力和组织一起作为战略形成的三种核心力量，迫使战略管理者考虑到外部环境的力量和要求，考虑可使用的决策权力范围，有助于战略家面对环境的不同维度提出它对战略形成的影响。环境学派最早从权变理论（也称偶然性理论）发展而来，描述的是环境的特定维度与组织的特定属性之间的关系，如外部环境越稳定，内部结构就越正规，用于战略则认为环境是战略制定的制约因素。因此，环境应当作为战略制定过程的核心角色，必须对环境力量做出反应，否则会因为环境资源稀缺或环境条件恶劣导致战略失败。环境可能是稳定的，也可能是动态的，很多因素都可能导致环境不稳定，如快速变化的科学技术、地区政府等。环境是复杂的，取决于战略目标实施所涉及知识的复杂性，通过知识的合理化利用，可以使复杂环境分解为容易理解的组成部分，使其变得简单。

配置学派认为，战略形成就是一个变革和转型的过程。转型由配置决定，是配置的必然结果。首先，如何在特定条件下将组织的不同维度汇聚起来，以决定其"状态"、"模式"或"理想类型"；其次，这些不同状态如何随时间推移而排序，来决定战略的"阶段"、"时期"和"生命周期"。状态意味着根深蒂固的行为模式，战略制定就是将其打破，从而能够过渡到一个新的状态。所谓配置，就是一种结构，是由一系列行为和特征组成的有机体。例如，机器型组织结构就像一台高度程序化运转的机器，存在由上至下的直线等级制度，领导者位于顶端，两翼是技术专家和提供帮助的支持人员，基层是具体实施人员；专业型组织结构中，以专业性为主导，将大量的权力交给训练有素的专业人员，专业人员可以在很大程度上相互独立工作，结构呈扁平状态；多样化组织结构通过各个松散的行政部门结合在一起形成一个综合组织，各部门有自己的结构，处理自己的情况，受制于中央总部的绩效控制体系（图1-9）。

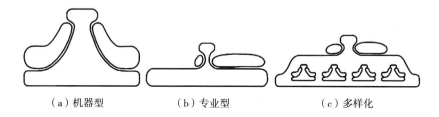

（a）机器型 （b）专业型 （c）多样化

图1-9 组织结构示例

资料来源：Henry Mintzberg 等，1998。

至此，我们对战略形成有了较为充分的认识，了解了各学派所述观点与战略创建之间的关系，但它们开发出的方法或模型都是基于企业发展问题去探索的结果，供我们借鉴的除了有理念外，还有抽出了企业发展目标而以标准化目标替代的模式或方法。事实上，创建战略的普适性理论并不存在，每一学派呈现的是不同学术派别的思想和观点，都是站在某一视角对战略形成方法的构想，是对特定情形做出的分析评估，具有局限性，均不能全方位反映出战略形成的普适性规律，显然也不能被标准化战略直接套用。但是，这些理念为我们提供了关于战略创建过程的思考维度，可以帮助我们理清这些关系，并理解构思、形式化、分析、憧憬、心理活动、呈现、谈判、集体化、反应、转型过程对战略形成的影响，帮助我们去综合这些关系开展我们的命题研究，以及了解战略制定究竟需要包括和考虑哪些方面的内容。

（三）战略管理研究的方法论

战略管理作为一门新兴的独立学科和研究领域，诞生于20世纪七八十年代，年轻、有活力，也代表着青涩，为此大卫·凯琴（David J. Ketchen, Jr.）和唐·伯格（Don D. Bergh）编辑出版了《战略与管理研究方法》丛书，其宗旨是为战略管理领域的关键研究方法问题提供一个讨论、评论和批评的论坛，收录了各种战略管理理论观点和实证范式文章。战略管理既研究在特定情况下最成功的战略类型，也研究在竞争环境中创建、转型和实施战略行动的组织资源、系统、原则和过程。虽然不同学者的研究偏好和重点不同，各种理论在概念、学科知识体系等方面存在差异性，没有统一框架，有许多是关于企业如何在市场上获得和保持竞争优势的研究，但可以帮助我们全方位地了解国际社会与学界重点关注的战略管理研究方法问题以及存在的争议。以下对其中部分理论方法做一概括介绍。

1. 战略研究中的"知识"映射

所谓"知识"映射，就是以知识和智力资产为根基来发展理论观点。人们日益发现自己所处环境的知识密集度越来越高，因此要认识到知识和智力资产在战略框架理论化方面的重要作用。知识可以以不同视角反映在各种战略研究中，例如：在信息处理方面，信息与知识等同，知识是减少不确定性的一种机制；在基于资源方面，知识被视为组织内部常规动态的能力，它是推动竞争优势的关键资源；等等。N. Venkatraman 和 Hüseyin Tanriverdi 将知识归纳为三类：①知识是存量；②知识是流量；③知识是组织能力的驱动力。所谓知识是存量，可以从"拥有"资源的角度来理解，那么它是具有价值、稀有性、不可模仿性和不可替代性的。对于企业而言，它是生产的关键投入、价值的主要来源和决定企业经营范围的关键因素。作为存量的价值，可以通过"投入"和"产出"加以衡量。所谓知识是流量，关注的是知识的流动性，存在分享和转让的机制，如知识创造、知识整合、知识集成、知识利用、知识转移等。寻求衡量知识流动的方法较为困难，主要因为难以界定分析的层次和流动的边界。所谓知识是组织能力的驱动力，是将"能力"与"资源"概念加以区分来认识的。"资源"是一种可观察的资产，如专利、品牌、许可等；"能力"是不可观察的资产，难以估价，属于禀赋范畴，如通过消除过时资源、维护和更新现有资源以及创造和获得新资源来不断更新其资源禀赋的能力。组织所拥有的持续优势是资源和能力的双重功能。

毫无疑问，无论将知识作为"存量"、"流量"、还是"能力的驱动力"来加以认识和理解，都是可以映射到各项事业的推动之中的。

2. 社会网络分析

社会网络是指社会个体成员之间因为互动而形成的相对稳定的关系体

系，是由许多节点构成的一种社会结构，社会网络关注的是人们之间的互动和联系，社会互动和联系会影响人们的社会行为，网络节点通常指个人或组织。社会网络分析方法也称为结构分析法，是一种社会科学研究范式，来自数学和图论，可以对各种关系进行精确的量化分析，从而为某种中层理论的构建和实证命题的检验提供量化工具，甚至可以建立"宏观与微观"之间的桥梁。社会网络分析也为战略研究者提供了一个强有力的研究工具，它从行为者相互间关系的角度研究组织的特性、行动、结果、绩效等，但通常由于组织是大型、复杂和嵌套的实体，这一工具的使用也会带来一些问题和挑战。Akbar Zaheer 和 Alessandro Usai 认为，战略研究中的社会网络分析，存在网络边界如何划定、竞争是一种直接关系还是由组织在网络中的结构定位决定的、什么情况下由分析单元定义的组织部分关系可以被视为整个组织的关系、具有不同关系内容的纽带组成的网络可能有不同的结果和前因、关系和结构存在并不意味着与这些特定结构相关的过程和机制存在、网络关系的效果是否取决于关系之间的紧密程度、对绩效的影响可能来自个人与组织间的多个层面、忽略组织属性而只看结构可能导致模型不够具体化、将结果与网络的前因后果联系起来可能导致归因错误等问题。

3. 有限因变量建模

有限因变量建模是战略管理研究中所采用的数理统计方法。战略管理研究变得越来越复杂，在处理问题的范围、深度以及应用的理论框架方面也更加专业化，然而方法论的严谨性并没有跟上理论发展的步伐，所采用的统计方法仍存在薄弱环节，检验方法的有效性也存在问题。Harry P. Bowen 和 Margarethe F. Wiersema 研究认为，研究人员越来越多的研究可以表现为离散选择或组织结果的战略现象，离散有限因变量模型的使用也越来越多，因此研究人员需要学习正确使用离散型有限因变量技术以及解释所获结果的方法，否则会对所研究的关系做出错误的解释，以致无法全面准确地报告所得结果。强调一下，研究者需要更加认真地对待样本选择问题，特别是自我选择以及它所带来的偏差。

4. 纵向分析

进行纵向分析是为了澄清因果关系，并控制角色异质性以及理论上重要系数估计依赖程度所带来的不利影响。通过收集固定样本数据，可以解析出组织性质、行为特征、时间周期特点以及环境状态衰变效应影响等。纵向分析不但可用于取决于社会系统过去状态、随时间推移的动态效应理论假设的检验，也可用于不涉及过去数据和时间进程的当前静态命题的检验。断面数据和时间序列数据都属于纵向数据。断面数据包含单一时间段的多个角色，时间序列数据包含多个时间段的单一角色。固定样本数据包括多个时间段的多个角色。统计控制通常需要足够"长度"（时间段多少）和"宽度"（角色多少）的数据才能达到一定的精确程度，"短而宽"的数据集对控制角色的异质性有效，但对控制时间效应无效；而"长而窄"的数据集对控制角色的异质性无效，但对控制时间效应有效。战略研究中，使用数据分析不是为了证明变量之间的关联，而是为了阐明一个变量影响另一个变量的因果关系，也就是为理论命题找出强有力的证据。如，增长模型、动量模型、角色效应模型等均运用了纵向分析方法。

5. 定性分析

在以社会为导向、以环境为背景的战略观指引下，战略被视为一种内在的社会创造，一种通过人们（通常是管理者）之间的相互作用以及与环境的相互作用而形成的社会创造。越是面向社会，战略研究就越加需要定性研究，定性研究对战略管理所关心的问题有很大价值。

定性方法是一套数据收集和分析技术，强调精细化、过程导向和经验性，提供了一种从处身其中者的角度逐步深入认识、理解复杂事物的手段。它允许人们发现新的变量和联系，揭示新的过程，并使影响因素浮出水面，对于更好地理解复杂过程以及个人观点对这些过程的影响特别有用。数据收集包括参与、观察、访谈、分析档案信息（文件、照片、视频或音频记录）等，分析技术包括案例研究和基础理论研究。这些技术方法的共同点是强调灵活性而不是标准化，强调基于参与者经验的解释性而不是"客观性"，强调研究本真之中的复杂现象。定性研究是以数据与结果联系起来的方式构成，并提出一个有逻辑说服力的结论，是攻克有效性问题的关键。不受限的数据外加所创立的论据，揭示出研究者的分析逻辑，有助于读者看到数据与结论之间的关系。

虽然定性方法在战略研究中的应用远落后于定量方法，但定性研究对战略理论和实践的贡献却很大，构成战略学科基础的一些基础性工作实际上就是定性研究。何时使用定性方法，取决于所要研究的问题。定性方法最常被用于理论建设，也可以用来检验理论。一些以当地情况为基础的、有实质性深度的、力求纵深探索的、关联人员观点很重要的研究，需要深入了解过程的问题，涉及不太了解的现象，试图了解不明确的变量、联系不完善的结构或不能通过实验研究的变量，等等，比较适合采用定性方法。

6. 用度量联合分析法映现战略思维

一直以来，行为科学家试图通过研究驱动行动的基本认知过程，来捕捉个人的理解、认知和信仰是如何影响他们所做出的决定的。近几十年，基于战略选择是战略家判断的结果，战略管理研究人员开始研究高层管理者的认知过程如何影响他们的战略决策。也就是说，战略家基于一些他们认为是特定环境下重要的变量、对这些变量当前水平的看法以及他们对这些变量之间因果关系的信念，进行判断，做出选择。然而，个人的基本认知过程既不能直接观察也不能直接测量。并且高管们遇到的复杂问题通常有多种属性，在达成决策时必须考虑每一种属性，但任何一种属性的相对影响在决策中都不容易被辨识。此外，决策是由决策者的多种效用、偏好、信念和理解所驱动的，所有这些在最终决策中也并不显现。因此，为了理解、解释或预测行政决策，研究人员必须寻找方法来研究驱动决策的基本认知过程，尽管这些过程是隐蔽的。联合分析方法由此而诞生。联合分析提供了一种技术来捕捉决策者的效用、偏好、理解、感知、信念或判断，并最终确定这些属性对决策者行为的相关贡献及影响水平，它通过高层管理人员实际做出的决策来研究决策过程，而不是依靠高管回顾所说的理论或过程，因此为管理研究者提供了捕捉高管"所使用理论"的能力，而不是他们"所信奉的理论"，代表的是驱动高管战略决策的基本认知过程。在战略形势下，人与人之间的判断可能存在很大的差异，联合分析特别有用，因为它在个人层面以及团体或总体层面的分析中都很有效。对于研究决策背后的认知过程，有两种不同但互补的方法。一种是过程建模方法，重点关注从输入（如提出战略问题）到结果（战略决策）之间发生的干预性心理活动。所使用的技术被称为成分构成法，通过决策者在决策过程中的评论来观察决策前的行为，追踪导致决策的步骤，重点在于认知过程。第二种方法属于结构性方法，涉及统计模型，通过假设实验，输入属性的水平和观察决策结果的变化，研究战略问题与决策之间的关系。所使用的技术被称为分解方法，也就是"拆解"或分解一系列的决策，以确定它们所依据的基本信念或判断，其重点是判断本身（即决策内容），而不是过程的特征。

7. 结构方程模型法

20 世纪 80 年代中期，结构方程建模（SEM）被引入到战略管理研究领域，重点研究战略、环境、领导力/组织、绩效等的结构关系，以图形形式描述时，通常被称为路径模型。结构方程建模旨在对依据理论建立的模型进行评估。依据理论建模即定义一组变量，并依据相关理论对变量间的关系给出假设。进行评估指通过收集模型变量和其关联度的测量值（如相关系数和协方差）的样本数据，对模型参数进行评估。战略研究人员检验理论时，通常使用非实验性数据，以及可能存在误差的测量方法。因此，特别是在大数据应用日益受到重视的当下，潜变量结构方程方法用得越来越广泛。Larry J. Williams 等（2004）在文章中介绍了通用型潜变量结构方程模型及其应用。这里仅对这些模型做一简略介绍，以了解从理论观点到数学模型的基本思路。

基本潜变量模型。如图 1-10 所示，方框代表显性指标变量，为可测量变量，由数据收集过程获得；圆圈代表潜变量，是由研究者提出的、导致可测变量取值变化的变量。此类变量是构念（即人们对生活其中的环境事物的认识、思维、期望、评价等所形成的观念、理论）。潜变量与相应的显性指标变量之间的关系通常被称为"测量"模型，因为它描述了一个假设过程。在这个过程中，构念间的潜在结构反映在指标变量的行为上，在图形中表现为箭头从圆圈到方框。在"测量"模型中，潜变量是自变量，而指标变量是因变量，两者间连接的路径通常被称为"因子载荷"。每个指标变量还可能受到测量误差（用 δ 表示）形式的第二类自变量的影响，通过指向指标变量的箭头表示。图中有两个外生构念 $LV1$ 和 $LV2$（对应的外生潜变量用 ξ 表示），以及两个内生构念 $LV3$ 和 $LV4$（对应的内生潜变量用 η 表示）。两个外生潜变量之间的双向箭头表示二者之间的相关性，用参数 φ 表示；外生潜变量与内生潜变量间、内生潜变量与其他内生潜变量间的单向箭头表示类似于统计回归的结构，用参数 γ 和 β 表示。模型允许两个内生潜变量各自存在未解释方差（ζ）。所有这些关系构成了潜变量模型。

外生潜变量也有方差，但为了实现识别（获得唯一的参数估计），通常被设置为 1.0。外生潜变量之间的相关性变量为 φ，如果通过因子方差设置为 1.0 来实现识别，那么它就是一个相关系数；如果通过将因子载荷设置为 1.0 来实现识别，那么就是一个协方差。外生潜变量与其所对应的指标变量之间的因子载荷用参数 λ_x 表示，相应的误差方差被称为 θ_δ。

内生潜变量与其所对应的指标变量之间由因子载荷 λ_y 关联，相应的误差方差被称为 θ_ε。对内生潜变量的识别通常是通过将潜变量对应的其中一个因子载荷设置为 1.0 来实现的。单箭头代表外生与内生潜变量之间的关系，用于估计这些关系的参数通常被称为结构参数，概念上类似于偏回归系数，表示一个潜变量对另一个潜变量的影响。这些结构参数与传统的 OLS 回归系数不同，因为它们是在考虑到随机测量误差影响下的估计，在线性模型中这 4 条路径被称为 γ。

模型中的两个内生潜变量之间的关系，尽管参数性质与上述参数 γ 相同，但在线性模型中被赋予了不同的名称，即参数 β。此外，该模型反映了这样一个事实，即每个内生变量都有一个误差项，这些误差项用 ζ 表示，而两个内生潜变量中没有被各自的预测计入的残差则用 ψ 矩阵表示。模型的结构部分可以用两个方程来表示，每个内生潜变量一个方程。

图 1-10 模型的分析中涉及 12 个指标的协方差矩阵，最大似然法是最常用的模型参数估计方法，它可以得到一组模型参数的估计值及其标准误差。参数估计完成后，可以通过卡方检验来检验模型的拟合度。

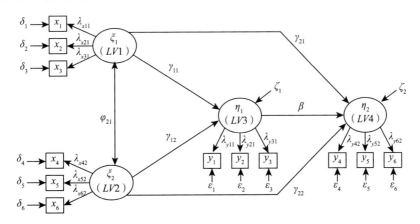

图 1-10 基本潜变量模型

资料来源：Larry J. Williams 等，2004。

形成性指标潜变量。图1-11所示为具有形成性指标的潜变量模型。图1-11与图1-10比较不难发现，外生潜变量与显性指标变量之间的箭头方向发生了改变，潜变量与显变量之间的关系方向相反。这样一来，测量就被当作了构念的原因，这种测量方法被称为形成性测量，例如社会经济地位就是一个典型例子，它被看作是社会和经济指标的综合。还有一个区别是显性指标变量本身没有测量误差，而$LV1$和$LV2$的测量误差由它们的误差项表示，代表潜变量中没有被其指标解释的部分。

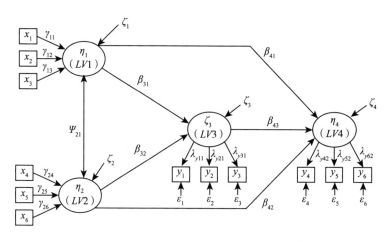

图1-11　具有形成性指标的潜变量模型

资料来源：Larry J. Williams 等，2004。

潜变量与显性指标变量间的关系是反映性还是形成性的，取决于哪一种更适合代表构念的内涵。实践中，许多适用形成性指标模型的场景经常错误地采用反映性指标方法。

多维结构。所谓多维结构，指构念由多个维度框架构成，图1-12就是一个例子。$LV3$是多维构念，反映为两个维度的构念$LV1$和$LV2$，又可称为关于$LV1$和$LV2$的上位构念。同时，$LV3$又是两个构念$LV4$和$LV5$的成因。需要注意的是，在这个模型中，$LV3$没有指标用于直接测量，故而没有与之相关的方框，而$LV1$和$LV2$可以通过显性指标变量反映或体现，意味着$LV3$是多维度构架的复合体。$LV3$的维度构建形式是多种多样的，如果$LV3$与$LV1$和$LV2$之间的连接箭头与图1-12所示方向相反，表明$LV1$和$LV2$是$LV3$的原因。

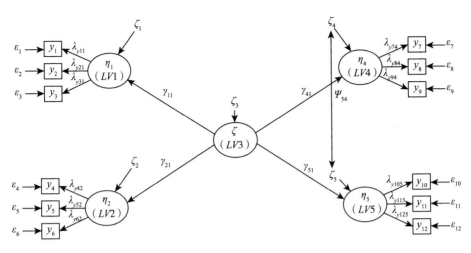

图 1-12　多维结构原因潜变量模型

资料来源：Larry J. Williams 等，2004。

　　潜变量成长模型。该潜变量模型的应用，涉及纵向数据收集的设计，在这种设计中，同一指标可以从多个时间点获得样本数据，关注潜变量随时间变化，但指标本身并不直接定义潜变量如何随时间变化。该模型关注潜变量与初期水平和变化的关联性，如图 1-13 所示。图中 LV1、LV2 和 LV3 分别代表某潜变量在时间 1、时间 2 和时间 3 的状态。显性指标变量则为同一组指标在同一观察单元、3 个等间隔时间点获得的结果。LV4 代表潜变量初始状态和其随时间变化共同影响的结果，两者都被描述为影响潜变量在 3 个时间点状态的二阶因素。最后，由于模型包含对同一指标变量的多次测量，每一次测量所对应的测量误差项之间被假设存在跨时间相关性（例如，ε_{11} 与 ε_{12} 与 ε_{13}，等等）。

　　调节因素与潜变量的关系。战略管理研究常常要对调节因素进行调查，人们对自变量与因变量之间的关系强度是否取决于第三个变量（即调节变量）的水平感兴趣。对此，研究人员开发了具有调节作用的结构方程模型程序，如图 1-14 是一种模型思路。在这个模型中，每个潜变量（LV1 和 LV2）都有一个单一指标。该指标是通过多指标求和、再经标准化方法（如将一组样本转化为平均值为 0，标准差为 1）构成的可反映相应潜变量的指数。同时假设 LV3 代表 LV1 和 LV2 的乘积（即 LV1×LV2），并有一个由

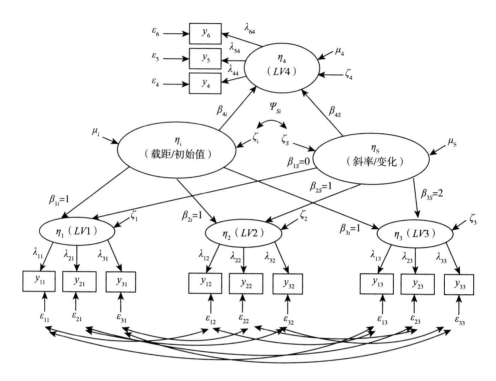

图 1-13　潜变量成长模型

资料来源：Larry J. Williams 等，2004。

$LV1$ 和 $LV2$ 的指标相乘形成的单一指标。由于每个潜变量仅对应一个指标，而测量参数（即因子载荷和误差变量）无法识别确定，必须预先对测量参数

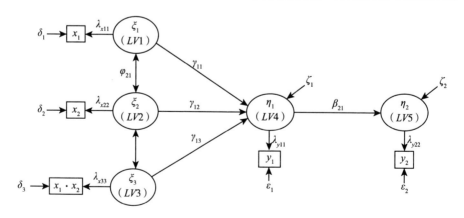

图 1-14　考察和谐关系的单指标潜变量模型

资料来源：Larry J. Williams 等，2004。

赋值。基于经典测量理论，这些值可以从测量误差（如系数 α）的估计中派生出来。对于 $LV3$，乘积的可信度可以从 $LV1$ 和 $LV2$ 的相关性及其指标的可信度计算出来，这个量可以用来确定因子载荷和乘积指标的方差。一旦这些测量参数被固定下来，就可以利用卡方检验比较包括 $LV3$ 到达 $LV4$ 的模型和不包括 $LV3$ 到达 $LV4$ 的模型的差异，从而确定 $LV1$ 与 $LV2$ 的互动机制。

Larry J. Williams 等对战略管理研究人员给出了 10 点建议：①考虑潜在变量与其指标之间关系的方向，并酌情使用形成性方法。②如果处理多维结构，要考虑其与各维度的关系方向，并选择适当的超序数或集合模型。③如果使用纵向数据，考虑使用潜在增长模型来研究变化的动态性质。④如果所研究的调节因素具有天然的连续性，应考虑采用单一指标的方法。⑤当对变量平均值（而不是协方差）感兴趣时，应考虑使用潜变量。⑥在评估潜变量模型的拟合度时，要同时检查其测量和结构部分的拟合度。⑦如果测试调节因素，要注意通常现有 SEM 工具包的检验能力较弱。⑧在决定 SEM 分析所需的样本量时，要考虑模型的复杂程度。⑨检查样本数据是否符合多变量正态性假设，如果不符合该假设，则需调查采用最新研究所推荐的方法。⑩如果缺失数据问题显著，考虑 SEM 软件的最新方法。

（四）战略管理中的公共价值

公共领域的战略管理问题日益成为国际关注的重要研究领域，自 20 世纪 80 年代开始借鉴企业战略管理理论寻求公共管理之道，涌现出丰富的研究成果。与企业所代表的部门战略不同，公共管理的核心问题是公共价值。政府的战略管理，是要创造公共价值。

穆尔的创造公共价值理论。1995 年马克·穆尔（Mark H. Moore）出版了《Creating public value - strategic management in government》一书，该书成为哈佛大学肯尼迪政治学院公共政策硕士和公共管理硕士专业的核心教科书。2016 年商务印书馆将该书翻译成中文出版，中文译名为《创造公共价值——政府战略管理》。中国学者在进行公共领域研究时，往往都会提到穆尔的创造公共价值理论。穆尔理论究竟包括了哪些要点？书中介绍，其"宗旨"是：提出实践推理框架，以引导公共事业管理者，对应该如何思考、如何利用其所处特殊环境来创造公共价值的问题给出了一般性答案。简言之，就是开创了关于公共管理者（而非组织）行为的规范性（而非描述性）理论。穆尔认为，"公共管理者"概念比较模糊，国家或地区行政中的立法、执法、监督等行政人员，国民经济各部门制定政策、执行政策、行政监管的人员，支持公共事业运行等部门的掌握公共权力的工作人员，关系到公共事业生产、公共设施运行的私营企业的管理人员，都可以算作"公共管理者"，但是书中主要针对的是那些对公共事业的业绩负责、对公共资源拥有直接权力、对公共管理者的工作环境及其成功实现目标具有重要影响的人员。穆尔认为，社会需要来自公共管理者的公共价值追求想象力，公共管理者应该力求"产出公共价值"。然而，公共价值是抽象概念，有许多不同标准可以用来衡量，但没有哪种标准可以单独完成。事实上，不断质疑公共事业产生的价值，可以帮助公共管理者在工作中变得有目的性和创造性，对于共同利益是件好事。穆尔设想出一个判断公共价值的概念框架，包括三个方面：①对价值和效力的实在性判断；②对政治期望的判断；③对操作上可行性的判断。简言之就是，公共管理者在设想公共价值时，必须找到一种方法来整合政治性、实效性和可实施性。穆尔称其为战略三角。这样形象比喻，是想让公共管理者检验愿景的充分性时，将注意力集中在三个必须回答的问题上：意图或目标是否有公共价值？是否会得到政治和法律上的支持？在行政和执行上是否可行？战略三角也是提醒公共管理者履行重要职能和任务的一种方法，以帮助他们定义和实现愿景。具体来说，它强调了三个不同方面：①判断他们设想中的目标的价值；②对上，要加以影响并获得政治和法律的支持；③对下，提高组织实现预期目标的行动能力。穆尔在书中分为三部分对其观点进行了全面论述：构想公共价值；政策支持及合法性；实现公共价值。中国也有学者将其归结为：使命管理、政治管理、运营管理。

什么是公共价值？公共价值是与个体或私域价值对应的，指客体满足于主体需要所产生的效用和意义，能够通过政府或社会团体设计、开发、制造、组织、治理，提供或分配给公众进行消费和享用的公共产品和公共服务，存在于公众的共同生产与生活之中。公共价值的内涵通常从三个方面加以理解：客体的公共效用；主体的公共表达；治理的公益导向。三方面含义在逻辑上彼此关联、相互隐含，是从不同侧面对公共价值的写照。政府掌管着社会资源分配的权力，起到治理的作用；社会需要一个安全、和谐、稳定、实效的环境，体现的是客体的效用；民众是主体，是公共价值的利益相关者。

在战略管理层面，管理机构通常会认为其选择的目标和任务反映了公共价值，但事实上，公共价值在多大程度上可以被公共管理者准确识别和传递却很难判断。公共价值需要实质性表达和认识，那么公共表达在这里起到了关键性作用，而公共表达由谁来代表显得尤为重要，代表组成不同，对客体的诉求会存在差异性，精英代表不能完全等同代表普通民众的价值观和利益。Chao Guo 和 Morgan Marietta（2015）研究的美国第二大城市洛杉矶市的案例足以说明这一点。如图 1-15 所示，案例调查比较了区域性管理委员会和城市居民对政策问题的认同，两者对公共安全问题都有强烈的兴趣，管理委员会对土地使用和交通的关注度更高，而城市居民则对教育更感兴趣。

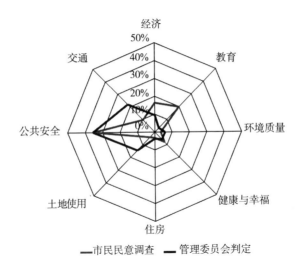

图 1-15 管理委员会和城市居民确定的政策问题

资料来源：Chao Guo 等，2015。

战略管理中需要树立公共价值观。行政机构处于公共价值创造和表达的第一位，所表达的价值观反映了多种观点和声音的平衡，价值观是组织与个人之间建立联系和对话的基础，对未来承诺和优先事项提供洞察力。然而，价值观往往是有冲突的，并且严重依赖于传统。明确且共同的价值观构成了群体的认同感，提供了共同参考的框架。价值观应该是连续而持久的，其表达方式要适应不断变化的优先事项。

社会建构理论认为，所有的集体现实都是基于"客观"和"主观"成分的结合。社会过程塑造并维持着共同的现实，个人可以积极地"重塑和重建"他们的世界，完成这种改变的主要方式是通过话语，将思想观点嵌入被集体视为的真理之中，世界构建过程发生在人们交流之处，不同观点构成了集体现实。而事实上，在集体现实中去识别一个共同的"真理"既困难又复杂。

另一方面，集体现实很难随时间发生改变，集体会构建、维持和加强其本体，因为"遗传密码"或"组织记忆"会起作用，"集体记忆构建"对于创造共同身份非常重要，组织认同是成员赋予组织的核心、持久和独特的特征。

公共价值在不同群体、不同范围以及对于不同管理目标时，所涵盖的方面和内容并不相同，如全社会范围与农业农村工程标准化的领域范围，还可以是多元、多方式和多层面的。组织缜密的公共价值能够确定战略目标的合法性和受欢迎的程度，公共价值在公共行政和政策中位于首要地位。公共战略管理中的公共价值通常包括：①对社会的贡献；②决策中的利益分配；③政策与利益相关者的关系；④决策行为对环境的影响。

公共价值不同于个人或私有集团的直接或间接得利。公共价值与国家、公共事业、公共利益联系在一起。公共利益是国家制定政策和从事公共事业的一个公认目标，许多情境之中的公共价值是通过公共利益而得以对话和加以发展的，公共价值与公共利益之间往往可以建立起清晰的联系。

通过制度设计实现公共价值。制度是社会的游戏规则，是由人类设计出来约束和塑造人类互动的，是技术和规范的综合体，通过服务于集体价值而长期存在，有些具有组织形式，而有些则是以隐蔽的方式产生影响。制度设计就意味着设计制度。制度设计是在实现预期目标或执行特定任务时，为了促成和约束行为或行动，构想并实施的结构、规则、过程和程序，以使其符合特定的价值观。制度设计对于实现公共价值之所以重要，是因为它们既可以体现和强化特定的价值观，又可以使公共价值创造沿着一定的路径得以实现并受到约束。

制度设计是战略实施的重要组成部分，但与战略实施并不完全相同，有些实施不涉及制度设计，有些制度设计与实施无关。制度设计有宏观、中观、微观三个层面。宏观层面的制度设计，是对整个社会和战略的宏观进程进行的制度设计，包括宏观政策和行动方案等。中观层面的制度设计，位于宏观层面之下，涉及政策和行动方案等的结构和过程，是与实质性政策和计划相关的层面，包括建立运行组织网络、激励和约束措施、实施计划与项目等。微观层面的制度设计位于最底层，是现实中可以观察到的层面，更多的是一种分析性结构，是组织网络中的子单元，也是战略中需要具体完成的任务和指标。

在制度设计过程以及制度中与相关利益者建立对话关系，是制度实现公共价值的一种方式。也就是说，公共价值可以通过相关利益者参与和互动作用来实现创造，通过制度制定者与其他利益相关者之间的沟通，发展和形成共识的公共价值，并通过设计适当的制度使公共价值得以实现。制度设计要构建合法性制度框架，考虑利益相关者权力，研究利益相关者代表和参与机制。制度设计还要考虑制度的效力，包括：制度实施的可行性；在一定时期内实现承诺、决定和行动的能力；与相关制度背景和环境的契合度；协调利益和价值观冲突的能力；实现公共价值的能力。

（五）战略检验方法论

"实践是检验真理的唯一标准"是深入中国百姓心中的一句名言，所说的是探究真理的标尺。那么，任何理论，付诸行动的思想，管理者定夺的政策、策略、决策、决定、规章、行动方案，甚至项目工作中的实施方案、操作方法、评价标准，以及任何组织日常管理中推出的各项制度、业务评价、人员评价等，若知其正确与否、合理性如何、优劣程度怎样，也都是需要通过实践来进行检验的。通常我们熟识和习以为常的过程是，管理者制定标准和规章来评价、检查执行者的执行情况，却往往认识不到管理者所制定、推行的东西也是需要检验的。这类检验，就属于战略层面的检验，它比对执行情况的检验更为重要，因为它在实现愿景和目标的所有行动中最具有掌控力，能引领方向和路径，甚至会成为价值判定的标准。

举个浅显易懂的例子。某组织为谋求部门事业发展并为确立其在所处行业的地位，设立了研究专项，包括十多项课题，各课题的复杂程度和研究难度不同，涉及的专业领域不同，分别由若干研究团队承担，执行期都设定为1年，分两批次启动，前后相差了半年时间。距离第一批次课题启动时间一年左右的时候，组织的管理者希望检查专项的执行情况，进行了一次考核评估，制定了打分标准，并邀请了3位组织外部的专家听取各课题汇报和进行评分。看似完美的一套项目管理程序，但是出现了一个状况。其中有一项极具挑战性和难度的课题，为第二批次启动，已经按照任务书要求完成和提交了研究成果，达到并超出了阶段性指标，但是却被给予了低分评价。很显然，这套评价机制存在问题。就像命题证伪一样，出现一例用常识就可以判断出严重偏离真实结果的情况，就足以说明命题的真伪。那么，为了组织愿景得以实现，对这套评价机制的检验就显得很有必要。检验可以从过程环节和行动参与者入手，对这套评价机制来说重点是评分标准和专家行为。首先看一下评分标准，两批项目，按照启动时间和执行期来算，第一批应属于终期评价，第二批应属于阶段性评价，却采用了同一套评分标准进行。评分标准内容的设定是得出分数高低的关键，可见其合理性需要探究。再看参与评分的专家，3位专家不足以囊括研究涉及的所有专业和领域，这个案例中就没有那项课题所属研究领域的同行专家参与。专家判断会受到偏好、信念和理解所驱动，同行评价时对于一项具有挑战性和探索性的研究都会存在不同意见和争议，何况是非同行评价，打分的科学性很值得推敲。再深究，还存在组织管理的问题。组织内部设立专项研究为首次，管理上还缺乏经验，也不够严谨，虽然两批次课题研究相差半年启动，时限均为1年，但任务书中第一批启动的与第二批启动的完成日期均写得一致，第一批启动的在研究执行到半年期时并没有进行中期检查，本次检查中也被定义为阶段性评估，并与第二批次课题同场进行，这些隐藏的情况足以让组织外部专家无法分辨，更何况即时汇报、打分是在短时间完成的。在这个案例中，组织发现问题后如果及时检验和纠错，还有机会进行弥补；如果不予检验和纠错就将结果认定和公布，不但会造成管理上的错误判断，还极有可能伤及该研究团队的积极性和价值观，甚至对其他研究团队也会造成影响，一套有问题的评价机制对其他课题的分数评判也不可能客观公正。不够客观公正的评价结果也会成为后续研究以及研究人员行为的导向，甚至会引导不良习惯的形成，其结果必然与组织初衷相悖。由小及大，战略层面的检验不可忽视，亡羊补牢可以避免更严重的错误和更大的损失。

从不同视角出发，有许多不同方法可用于战略检验，如战略逻辑检验、绩效检验、执行检验等。

战略逻辑检验。社会科学概念与自然科学不同，无法通过直接测量进行检验，但可以援引理论维度与观察维度的逻辑关联性进行间接检验。例如，标准化程度是一个抽象概念，在陶器考古学研究中，陶器的标准化程度被认为可以反映生产强度和专业化程度。标准化的假设指出，生产效率越高，一致性程度越大。生产效率与专业化程度相关，专业化反映了组织生产方式的区别（如个人生产与作坊生产，业余制陶与专职制陶等）。标准化程度也可以通过原料成分、制作技术工艺、器形与尺寸、器表装饰等加以评估。该例中这些衡量标准中就引用了概念化与操作化之间对应关系的不同假设，通过不断的研究论证，可以发现它们之间究竟是相关还是不相关，以及在特定情境中哪种衡量标准更好。那么，各概念之间的关系，就是因果逻辑映射关系。

战略是组织实现其目标所采取的资源分配与环境影响的基本模式，其本质就是"联系"，即两个以上的组成要素之间的因果逻辑——因为 A 导致 B，因为 A 促进 B，如果有 A 就有 B——将两个以上现象和思考等连接成推理，从而在联系、组合和相互影响过程中实现目标。联系是多方面的，如复杂问题通过分解成各个组成部分，组成部分与复杂问题间就建立了联系；综合问题是不同视角要素汇聚一起，相互之间可能没有联系，也可能存在某种隐蔽性联系；战略由人制定和实施，人与活动之间、不同角色之间也建立起了联系。例如，"标准化—规模生产—规模经济—低成本"之间就可建立因果逻辑联系。

基于因果映射分析的方法，将隐性战略概念与直观战略概念通过一定的描述方法表示出来，构建因果关系链，再进行逻辑链的连贯性检验，可以评判战略的优劣。逻辑链的连贯性可以通过强度、广度、长度描述。强度指原因带来结果的可能性大小，A 带来（促成）B 的可能性大，即因果关系的强度就越强，说明逻辑关系越稳固。广度指因果逻辑"一举多得"或"多因一果"的联系，如图 1－16 所示的机电产品标准化与持续盈利效益的联系。产品标准化，促使可实行专业化制造，可以使零、部件规模生产，可以基于功能模块化组合设计开发新产品，可以实现工时、负荷等均衡化生产，可以以统一销售体系进行直销，就是一举多得的效果，而这些又是导致降低成本和持续盈利的原因。长度，既表示逻辑链从一个概念到另一个概念建立因果联系时的路径长短，也指战略在绩效维度或时间维度上的可扩展性、可发展性，甚至通过正反馈带来的逻辑循环。如上例中的机电产品标准化，不仅可以实现持续盈利，还可以为顾客带来灵活性和便利。以战略内部流动的因果逻辑的"强度"、"广度"和"长度"为标准，可以判断战略的优劣，通常逻辑关系明确、联系强度高、联系广泛而长远的战略，优于逻辑联系差的战略，如图 1-17 所示。

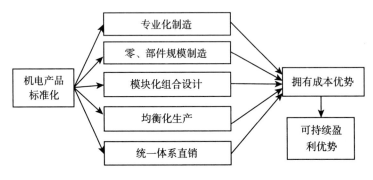

图 1-16　广度因果逻辑示意

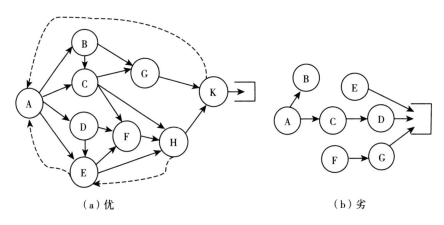

（a）优　　　　　　　　　　　　　（b）劣

图 1-17　通过逻辑联系进行战略优劣比较示意

绩效检验。绩效即成绩、成效、效果、效益等。组织绩效是一个多维度构建的综合体，通常被定义为：组织性质、行动和环境之间相互作用所产生的社会和经济结果。绩效检验需要确定绩效边界和维度，并将绩效概念化和可测量化。但实际操作中往往困难重重，不同战略所确定的绩效边界和维度会有所不同，设定的绩效标准也会有差异，通识的绩效识别和测量检验方法并不存在。

N. Venkatraman 和 Vasudevan Ramanujam（1986）提出了通过构建同

心圆模型，将测量范围从宏观逐渐缩小到可操作微观层面的方法。一个由三个同心圆组成的模型，外圈是组织绩效，因为这个圈的范围太广，无法实际应用于战略管理研究之中；缩小到中间一圈，是运营绩效，由组织运营的特定领域的非财务指标来代表，比如产品质量、创新或营销成果等；再缩小到最里面的一圈，是财务绩效，它可以通过财务报表进行量化检验。这种方法虽然简单，但原本需要通过多维度反映的绩效，只利用一个维度的指标往往很难得出可靠的结论。之后，许多研究者都认为需要通过多个维度甚至绩效矩阵加以构建，如效率（投资回报率）、增长、盈利能力和规模是针对新建项目的一种4维度绩效。实际确定的维度取决于定性与定量的分析方法、数据来源和考察的措施。事实上，对组织绩效维度进行先验分类时，不仅在维度数量上存在分歧，而且在维度名称和衡量标准上也较难达成共识。对于战略目标还需要具体问题具体分析。尽管如此，无论对于企业经营还是公共投资领域，资金使用的绩效管理及评价都是绩效检验的核心组成部分。

执行检验。可以理解为对战略可实施性的检验。一份看似完美的战略计划，如果在实施中不可操作，执行中出现问题，则说明战略有问题。可能是战略本身思路不清、逻辑混乱、前后矛盾、存在漏洞，可能与外部环境的资源不匹配，可能是与涉及的内部或外部集团或个人之间存在利益冲突，可能是对战略执行能力估计错误，执行能力不足以完成战略目标，等等。一般而言，需要从战略意图、目标组合、资源匹配、相关方利益预判、执行节奏等方面进行有效衡量、检验与评价。

五、国内外标准化战略研究

进入21世纪后，随着国际环境和局势的重大变化，国际社会深感传统标准化体系面临严峻挑战，不制定标准化战略就难以攻克社会经济发展中的战略性难题，为遵守国际规则、适应经济全球化发展、提高产业国际竞争力和满足消费者价值观等需要，出现了标准化战略热，主要发达国家和一些发展中国家相继发布了标准化战略。欧盟率先制定，美国紧随其后，日本、加拿大、法国、英国、德国、新加坡、马来西亚、泰国等都制定了国家标准化战略。

自1985年，欧盟为减少各成员国间技术壁垒，先后出台了一系列标准化文件，推动欧洲标准化体系的形成与发展。1999 年，欧盟理事会基于欧洲标准化委员会和欧洲电工标准化委员会制定的 2010 年战略目标，通过了"欧洲标准化的作用"战略决议，提出了具有欧洲特色的技术标准战略。2001 年，欧盟委员会在《国际标准化的欧洲政策原则》报告中指出了欧洲标准化的局限性，为加速推进向国际标准化的发展，在 2020 年标准化战略目标中提出要加强与国际和地区的标准化机构合作，共同制定全球使用的标准。其战略实施，强化了成员国一体化国际标准提案机制。

美国的技术标准化体系高度多元化，鼓励以利益相关方和民间标准化协会为主导制定自愿性标准，政府在其中起到协调的作用。为了应对欧盟标准化战略的冲击，美国于 2000 年 8 月出台《国家标准战略》，构建了美国技术标准化体系的整体框架，明确了各领域技术标准的战略任务，并于 2005 年起每 5 年进行一次修订和完善，同时改名为《美国标准战略》，布局和规划美国每阶段的标准化战略目标和工作重点。2020 年版美国标准战略延续了 2015 年版的框架体例，在行动指令、指导原则、战略愿景、实施措施、未来工作展望等方面进行了内容更新，以此回应美国经济社会发展的需求。通过标准化战略实施，形成了以 ANSI 为核心的标准化管理体制，形成了政府强力支持企业参与国际标准化活动机制。

日本技术标准体系由 1949 年通过的《工业标准化法》和 1950 年通过的《农林物资标准化法》奠基而成。2001 年 9 月，日本工业标准调查会制定的《日本标准化战略》出台，其核心为提高标准利益相关方参与程度，提升技术标准的市场适用性和透明度，促进产业取得更大的技术优势，产生更大的国际标准影响力。标准化战略的实施，重点推进了以企业为主体参与国际标准化活动的机制，大力加强了国家科技创新体系与标准体系的协调机制建设。

在国际标准化战略热潮驱动下，中国标准化学者也开始围绕"标准化战略"这一主题开展研究，早期主要跟踪分析国外情况，之后围绕不同行业、不同层面的标准化战略问题开展研究，据不完全检索的仅近两年的相关研究就有：

李艳红等（2020）从创新驱动发展的角度出发，分析了当前中国知识产权保护和标准化工作的联系，并对专利和标准融合发展的理论和方法进行了探索研究。

胡关子等（2020）通过对新旧版法国标准化战略文本的变动进行比较，从战略挑战、战略目标、战略重点、战略推进、战略管理等方面开展梳理，认为新版战略有建设更加包容性社会的理念转变、设置新的目标管理框架、构建任务动态调整机制、全面促进法国标准化体系进一步完善 4 个重要特点。最后提出对中国相关研究的启示。

王育权（2020）分析了国内外轨道交通标准化战略研究的现状与内容，提出了国内轨道交通标准的具体工作建议，对企业开展标准化工作有借鉴作用。

白亚平（2020）以晋城市标准化工作实践为例，从组织领导、改革试点、体系建设三方面分析标准化工作现状，探究标准化认识、企业主体责任、标准体系建设、标准话语权、标准专业人才队伍建设等方面的问题，提出强化标准化意识、落实标准化责任、夯实标准化保障、健全标准化体系、提升标准化质量五条标准化战略提速对策。

姜立嫚等（2020）研究了典型国家及国内典型区域在以标准化促进新旧动能转换中的具体做法，总结了国内外成功经验。

汪悦等（2020）通过文献梳理与专家访谈相结合，运用成熟度的分析方法构建标准化发展的评价指标体系。

袁文植（2020）站在基层部门角度，对实施标准战略进行分析和探究，并且提出一些合理化建议，以供参考。

杨丽洲（2020）对德国制造标准国际化经验进行研究，认为德国标准化起步较早，建立了科学有效的标准体系，制定了持续演进的标准化战略，牢牢掌握了国际标准制定的话语权，使"德国制造"享誉世界，成为高品质的代名词。因此，借鉴德国标准国际化经验，推进浙江制造标准国际化，一要深化标准化管理体制改革，二要提升国际标准供给能力，三要培养标准国际化人才，四要抢占国际标准话语权。

张晓等（2020）从新时代标准现状出发，深入分析了当前标准化工作如何贯彻顶层设计、提升标准化工作活力、标准体系等方面，并提出了新时代标准化工作新思路，探讨了要采取的主要措施，对提升标准化工作能力和水平有着重要的参考意义。

梁萍（2021）认为新基建是基于新兴科技特别是新一代信息技术的基础设施，是传统业务数字化转型和高质量发展的基础和保障，具有新技术、新生态、新动力的特点；标准化是推动新基建创新发展的关键抓手，更是其发挥作用的基础、保障和支持；推动标准化引领新基建发展，要强化新基建领域标准化战略顶层设计，加快标准化体系建设，深化国际合作。

林影（2021）通过阐述宁德市标准化工作现状、取得的成绩以及存在的问题，进行了初步的总结和分析，并针对存在的问题给出了初步的对策和建议。

孙翊等（2021）回顾了标准经济贡献国内外研究的进展，从标准经济学理论的进展和标准经济效益实证研究两个维度进行了详细分析，认为虽然标准经济贡献的实证研究取得了很大进展，在方法学上仍然不能令人满意，应进一步发展中国标准化经济贡献研究的新范式，在摸清科学机理的基础上回答标准化经济贡献程度这一重要问题。

陈俊华等（2021）对美国国家标准化机构发布的新旧版战略文本进行了对比分析，并在此基础上对美国标准战略的发展趋势及特征进行了研判。

干勇等（2021）系统分析了高质量发展的内涵、支撑高质量发展标准体系的内涵及特征，研究了高质量发展标准体系与现有标准体系的区别，聚焦农业、制造业、服务业、社会治理、生态文明等重点领域，以 2025 年和 2035 年为时间节点，研究梳理支撑高质量发展的标准体系建设阶段性主攻方向及实施路径，并从顶层设计、标准化政策、标准化能力提升和标准化人员等方面提出对策建议，以期为我国农业、制造业、服务业、社会治理、生态文明发展和政府有关部门提供决策参考。

潘硕等（2021）通过问卷调研了我国交通运输行业相关标准化组织机构参与国际标准制修订和国际标准化组织工作的情况；分析总结了行业标准化机构在标准国际化工作当中存在的问题；在总结分析部分发达国家标准国际化政策措施的基础上，对比行业标准国际化发展现状及存在的问题，提出适应于我国交通运输行业标准国际化发展水平的实施路径和具体举措。

黄何等（2021）分析了"技术标准战略"概念内涵及其与产业发展的关系；研究和总结了欧盟控制型、美国争夺型、日本谨慎重优型和韩国重点开拓型技术标准战略模式的实践经验。借鉴国外经验，从技术标准战略工作保障机制和技术标准制修订、与技术研发联动、国际化发展以及重点产业技术标准工作等方面，提出广东制定实施技术标准战略的相关启示。

诸葛玲（2021）从产业发展、成果产业化、市场竞争、园区高质量发展四个内驱因素对园区所实施的标准化战略进行了分析阐述。

刘佳等（2021）认为，首先要准确把握战略性新兴产业标准化的核心要义，充分认清其战略地位，借鉴发达国家经验，通过制定国际标准化战略、建立国际性标准化组织和推进国家标准与国际标准融合等方法路径，提升我国在国际标准化组织的话语权和影响力，加快我国战略性新兴产业优势技术和标准的国际化应用，抢占新一轮科技革命和产业变革的主动权。

蒲伟（2021）在山西省标准化综合改革的大背景下，围绕山西省企业标准化工作展开分析，给出企业加强战略规划发展标准化的路径和建议。

魏凤等（2021）认为，如何通过知识产权保护激发创新主体活力是一项系统工作，需要深入研究。标准作为全球治理和国家治理的重要手段和工具，属于协商一致的公共权力的范畴；从保护个体或团队的创新成果为目标的知识产权角度来说，标准的运用和实施必将成为落实知识产权保护和科技成果保护的重要工具，对知识产权的创造、运用、保护、管理、服务全链条提供一致性支撑保障，确保形成权界清晰、分工合理、责权一致、运转高效的工作规则，进一步帮助激发创新主体的活力和潜力，为中国建设创新型国家保驾护航。

朱明辉等（2021）对欧洲标准化委员会 CEN 和欧洲电工标准化委员会 CENELEC 共同发布的《CEN - CENELEC 战略 2030》进行了梳理和分析。

参考文献

白殿一，王益谊，等 . 标准化基础［M］. 北京：清华大学出版社，2021.

白亚平 . 标准化工作实践与思考［J］. 中国市场监管研究，2020，12：66 - 68.

标准创新司采标处 . 推进采用国际标准 促进对外制度型开放［J］. 中国标准化，2021，11（上）（总 594）：40 - 41.

陈俊华，胡关子，赵文慧 .2020 版美国标准战略变化研究［J］. 标准科学，2021，3：24 - 29.

戴震 . 考工记图［M］. 北京：商务印书馆，1939.

干勇，尹伟伦，王海舟，陈学东，范维澄，林忠钦，欧阳志云 . 支撑高质量发展的标准体系战略研究［J］. 中国工程科学，2021，3（23）：1 - 7.

胡关子，王益谊 . 法国标准化战略 2019 版变动分析及对我国启示［J］. 标准科学，2020，5：23 - 27.

黄何，张宏丽，方洪 . 国外技术标准战略经验及其对广东的启示［J］. 科技管理研究，

2021，4：19 - 24.

黄淑珍，赵富强．中国古代度量衡的起源和发展［J］．雁北师院学报，1998，14（5）：
　　19 - 21，18.

姜立嫚，刘波林，温琪琨，周歆华，马婧文．标准化促进新旧动能转换的实践经验研究
　　［J］．中国标准化，2020，12：128 - 133.

李春田．综合标准化的由来［J］．品牌与标准化，2011，2：4 - 8.

李春田．综合标准化在中国［J］．品牌与标准化，2011，4：4 - 6.

李诫（宋）．营造法式［M］．清初影宋抄本．

李艳红，徐启栋，张斌，彭涛．专利和标准融合战略研究——基于创新驱动发展战略的
　　角度［J］．质量探索，2020，4：61 - 66.

梁萍．以标准化引领新基建［J］．中国标准化，2021，1：11 - 14.

林影．宁德市标准化工作发展趋势分析与对策建议［J］．质量与市场，2021，2：56 - 57.

刘佳，孙艳红，袁伟．战略性新兴产业标准国际化的推进策略［J］．军民两用技术与产
　　品，2021，5：10 - 14.

刘欣，张朋越，等．标准化原理［M］．杭州：浙江大学出版社，2021.

麦绿波．标准化学——标准化的科学理论［M］．北京：科学出版社，2017.

楠木建（日）．战略就是讲故事：打造长青企业核心竞争力［M］．崔永成，译．北京：
　　中信出版社，2012.

潘硕，张宇，王冀．交通运输标准国际化现状与实施路径研究［J］．中国标准化，2021，
　　3：70 - 75.

蒲长城．在全国采用国际标准工作会议上的讲话（摘登）［J］．中国石油和化工标准与质
　　量，2008，2：3 - 6.

蒲伟．企业标准化战略路径探析——山西省标准化综合改革背景下［J］．大众标准化，
　　2021，6：220 - 222.

桑德斯，T. R. 标准化的目的与原理［M］．中国科学技术研究所，译．北京：科学技术
　　文献出版社，1974.

舒辉．标准化管理［M］．北京：北京大学出版社，2016.

松浦四郎．工业标准化原理［M］．熊国凤，薄国华，译．北京：技术标准出版社，1981.

孙翙，熊文．标准化宏观经济贡献研究的进展和问题［J］．中国标准化，2021，2：66 - 70.

瓦伦丁·卢克斯（美）．陶器生产的标准化和强度：专业化程度的量化［J］．付永旭，
　　译．陈星灿，校．南方文物，2011，3：166 - 177.

汪悦，宋明顺，余晓，许书琴．"一带一路"沿线主要国家标准化成熟度的评价研究

[J]. 标准科学，2020，12：63-69.

王德言，王晓慧，陈红，李晓钢. 标准化学引论 [J]. 装备环境工程，2006，3（6）：77-81.

王平. 国内外标准化理论研究及对比分析报告 [J]. 中国标准化，2012，5：39-50.

王育权. 轨道交通领域标准化战略研究与分析 [J]. 铁道车辆，2020，7：6-9.

魏凤，张红松，陈代谢，邓阿妹，孙玉琦. 重视知识产权保护加快标准化战略布局 [J]. 中国科学院院刊，2021，6（36）：716-723.

杨丽洲. 借鉴德国经验推进浙江制造标准国际化路径研究 [J]. 中国市场，2020，34：49-55.

袁文植. 企业实施技术标准化战略中的问题及建议 [J]. 大众标准化，2020，12：4-5.

张晓，申南丁，解振海. 新时代标准化工作的几点建议 [J]. 中国市场，2020，34：112-113.

赵晓军. 中国古代度量衡制度研究 [D]. 合肥：中国科学技术大学，2007.

朱兰博士. 中国古代的度量衡标准化 [J]. 林公孚，译. 福建质量信息，1999，2：24.

朱明辉，徐斌. 《CEN—CENELEC 战略 2030》简析 [J]. 标准科学，2021，7：129-133.

诸葛玲. 产业园区实施标准化战略的内驱因素分析 [J]. 品牌与标准化，2021，4：113-115.

Alfred C. Chapman. The standardization of analytical methods with especial reference to the analysis of brewing materials [J]. Journal of the Federated Institutes of Brewing，1902，8（6）：708-729.

Braithwaite Poole. The economy of railways as a means of transit，comprising the classification of the traffic，in relation to the most appropriate speeds for the conveyance of passengers and merchandise [J]. Minutes of the Proceedings of the Institution of Civil Engineers，1852，11：450-460.

Brown W，Gray J E，Pasley Sir C W，Arbuthnot G，Smith J B，Manby C，Rathbone T W，Davidson A，Good S A，Milward A，Sparkes G，Bidder G P，Simpson J，Yates J. Discussion on "The french system of measures，weights，and coins，and its adaptation to general use" [J]. Minutes of the Proceedings of the Institution of Civil Engineers，1854，13：299-364.

Chao Guo，Morgan Marietta. Value of voices，voice of values：Participatory and value representation [M] // John M. Bryson，Barbara C. Crosby，Laura Bloomberg（ed）. Creating Public Value in Practice，CRC Press，2015.

Colonel R. E. et al. The standardization of electrical pressures and frequencies [J]. Nature，1903，68（1774）：631-632.

C. Bongers. Standardization—Mathematical methods in assortment determination [M]. Martinus Nijhoff Publishing，1980.

David J. Ketchen，Jr. ，Don D. Bergh. Research methodology in strategy and management [M]. Elsevier Ltd. ，2004.

Editor. Standardization in anthropometry [J]. Nature，1934，7（7）：21.

Editor. Standardization in Pharmacy [J]. Nature，1905，72（1866）.

Editor. Standardization of vitamins [J]. The Irish Journal of Medical Science，1934，9（9）：519.

Editor. The standardization and storage of drugs [J]. The Lancet，1905，166（4274）：304.

E. H. Griffiths. An account of the construction and standardization of apparatus，recently acquired by kew observatory，for the measurement of temperature [J]. Nature，1895，53（1359）：39－46.

Gerry Johnson，Kevan Scholes，Richard Whittington. Exploring corporate strategy-text and cases [M]. Financial Times Prentice Hall Imprint，2005.

Gerry Johnson，Kevan Scholes，Richard Whittington. Exploring corporate strategy-text and cases [M]. Financial Times Prentice Hall Imprint，2008.

Gerry Johnson，Richard Whittington，Kevan Scholes. Exploring strategy [M]. Financial Times Prentice Hall Imprint，2011.

Henk J. de Vries. Standardization—Mapping a field of research [EB/OL]. [2022－10－11] IEEE Xplore，https：//www. researchgate. net/publication/3927169.

Henry Mintzberg，Bruce Ahlstrand，Joseph Lampel. Strategy safari—A guided tourthrough the wilds of strategic management [M]. New York：The Free Press，1998.

Henry Mintzberg，Duru Raisinghani，Andre Theoret. The structure of "Unstructured" decision processes [J]. Management Science，1978，24（9）：934－948.

Henry Mintzberg，James A. Waters. Of strategies，deliberate and emergent [J]. Strategic Management Journal，1985，6（3）：257－272.

Henry Mintzberg，James Brian Quinn. The strategy process：Concepts，contexts，and cases [M]. Prentice－Hall，Inc. ，1996.

Henry Mintzberg. Patterns in strategy formation [J]. Management Science，1978，24（9）：934－948.

Henry Mintzberg. The fall and rise of strategic planning [J]. Harvard Business Review, 1994, 1 - 2: 107 - 114.

John Gaillard. Industrial standardization: Its principles and application [M]. New York: The H. W. Wilson Company, 1934.

Joseph M. Juran, Joseph A. De Feo. Juran's quality handbook—The complete guide to performance excellence [M]. New York: The McGraw—Hill Companies, Inc., 2010.

Joseph Whitworth. On an uniform system of screw threads [J]. Minutes of the Proceedings of the Institution of Civil Engineers, 1841, 1: 157 - 160.

Larry J. Williams, Mark B. Gavin, Nathan S. Hartman. Structural equation modeling methods in strategy research: Applications and issues [M] //David J. Ketchen, JR., Don D. Ergh. Research methodology in strategy and management, ELSEVIER Ltd, 2004.

May C, Harding W, Huish m, Stephenson R, Hawkshaw J, Poole B, Gregory C H, Locke J, Bidder G P, Brunel I K, Pasley Sir C, Macneil W G, Barlow P W, Rendel J M. Discussion. railway management [J]. Minutes of the Proceedings of the Institution of Civil Engineers, 1852, 11: 461 - 477.

N. Venkatraman and Vasudevan Ramanujam. Measurement of business performance in strategy research: A comparison of approaches [J]. The Academy of Management Review, 1986, 11 (4): 801 - 814.

Rideal Samuel, Walker J. T. Ainslie. Standardization of disinfectants [J]. Public Health, 1903, 15: 657 - 665.

R. E. Crompton, A. B. Blackburn, J. Slater Lewis, E. H. Johnson, J. S. Raworth, M. Robinson, R. Hammond, R. de Ferranti, C. E. Webber. Discussion on "The standardisation of electrical engineering plant" [J]. Journal of the Institution of Electrical Engineers, 1900, 29 (144): 315 - 344.

T. R. B Sanders. The aims and principles of standardization [M]. The International Organization for Standardization, 1972.

Ugesh A. Joseph. The "Made in Germany" champion brands—Nation branding, innovation and world export leadership [M]. New York: Routledge, 2016.

Vitruvius. The ten books on architecture [M]. London: Humphrey Milford Oxford University Press, 1914.

第二部分 中国标准化特点及农业 农村工程标准化现状

回顾标准化历史和发展进程，是为了研究和分析现实与历史的联系，探究现实问题的根源，找出改进工作的方法和路径。

一、中国标准化工作历程

在国际标准化浪潮推动下，中国于 1931 年 12 月 29 日正式成立了工业标准委员会；1934 年由全国度量衡局兼管标准化工作；1943 年 9 月确定由工业标准委员会作为正式代表国家的标准机构，出席各种国际标准会议，并将前属全国度量衡局的各种标准起草委员会改属该会；1944 年 7 月，工业标准委员会刊物《工业标准通讯》创刊；1946 年 9 月 24 日民国政府颁布了《标准法》，10 月派代表参加国际标准化组织（ISO）事务，ISO 成立时中国也是发起国之一；1947 年全国度量衡局与工业标准委员会合并成立中央标准局，截至中华人民共和国成立前该局制定了 171 项标准。

自中华人民共和国成立，国家对标准化事业发展十分重视。与国际上的习惯做法不同，中国标准化事业的一个显著特征是采用行政主导、政府管理的运行机制。了解中国标准化发展，首先需要了解不同时期的相关国家政策，各领域标准化工作以及标准制定，均是在相关政策指引下开展的。

田世宏（《中国标准化》编辑部，2019）将中国标准化 70 年历程分为"起步探索"、"开放发展"、"全面提升"三个阶段。第一阶段从中华人民共和国成立到改革开放，即 1949—1978 年；第二阶段从改革开放到党的十八大，即 1978—2012 年；第三阶段指党的十八大以来，即 2012 年之后。

　　中华人民共和国成立后的第一个五年计划期间，以翻译和使用苏联的标准支撑之初的工业化建设，也就是通常所说的"苏式化"起步。1951 年，中国与苏联分期签订了对中国国民经济重要部门进行恢复和改造的协议条约，大批苏联援建项目建设开始实施，标准化工作也不例外地实行了依靠苏联的方针。中国将从苏联带回来的很多标准资料分发给各个部门，第一机械工业部、第二机械工业部等组织人员进行标准翻译并出版，最初的国家标准化工作就是以这种方式从各个部门开展起来的。研究苏联标准，把 ГОСТ（苏联国家标准编号），OCT/BCK（全苏通用标准编号）等标准翻译为国家或部门标准，这些标准渗透到机床、汽车、农机、重型机械、工程机械、建筑以及农业等领域的许多专业。20 世纪 50 年代，"总共翻译和使用苏联标准4 587项，直到 1956 年中国发布了自己的第一份标准，是一张关于桥式起重机的跨距规格图表，非常简单，连个计算公式也没有，主要内容也都是参考苏联的"（王忠敏，2019）。从发表的文献也可以看到中国早期各领域的标准化对苏联标准的依赖，如孔希等（1951）的《介绍苏联机器制造用灰生铸铁件及钢材检查标准》、张松荫（1951）的《学习苏联羊毛分级标准》、麦赫拉孜等（1952）的《苏联机械制图标准概述》、王乃滢（1952）的《苏联的盐酸、硫酸和硝酸的标准规格》、苏俄教育部批准（1953）的《苏联中学五至十年级数学课学生成绩评定标准》，以及吕崇樸（1954）、曾声铮等（1955）、罗卓云（1956）、俞载道（1957）、李敦翰（1958）等发表的有关苏联标准的文章。韦拉等（2019）的《从"一汽""一拖"看苏联向中国工业住宅区标准设计的技术转移》则是回顾了始于"一五"工业化建设期间，中国工业住宅区的大规模建设运用苏联标准的历程。苏联标准对中国的影响，或者说对苏联标准的关注，一直持续到 20 世纪 90 年代。

　　1956 年 12 月，中央批复了国务院科学规划委员会制定的《1956—1967年科学技术发展远景规划纲要（修正草案）》，其中"仪器、计量和国家标准"列为十三方面国家重要科学技术任务之一，指出"没有仪器、计量和国家标准，工业生产和科学研究就会受到很大的限制。我国目前仪器主要依靠外国进口，计量和国家标准则还没有建立"，"制订和推行国家统一的先进技术标准，是发展国民经济、保证实现工业生产计划的必要措施"，"国家标准，包括度量衡标准，产品的分类、型式、牌号，基本品质、主要尺寸、技术条件、验收规则、试验方法、包装运输保管规程、工艺规程等的统一标准，以及工厂安全标准，技术名词符号定义等标准"。

1957年初，中国在国家技术委员会内设立标准局，这是中国标准化工作从分散走向集中管理的开始，同年10月，在标准局下设了资料室，负责全国的标准资料工作，对标准资料进行统一管理并提供服务。随后各部门也相继建立了上下统一的标准化机构，加强对标准化工作的领导。

1958年12月，国家技术委员会颁布了第1号国家标准《GB 1—58标准幅面与格式、首页、续页与封面的要求》，同年颁布的国家标准还有GB 2～GB 121—58共计120项，是包括了最通用的螺栓、螺母、螺钉、木螺钉、垫圈、铆钉和销等7大类紧固件产品相关的标准。1959年和1960年第一机械工业部批准颁布了161项机械行业标准，其中JB 9～72—59和JB 123～161—60均是紧固件相关标准，共计103项。至此，这些国家标准（GB）和机械行业标准（JB）初步建立起中国第一代紧固件标准体系，并奠定了工业标准基础。

1962年11月10日国务院全体会议第120次会议通过、1962年12月4日国务院发布施行《工农业产品和工程建设技术标准管理办法》（以下简称《办法》）。《办法》"总则"中指出，"技术标准主要是对工农业产品和工程建设的质量、规格及其检验方法等方面所作的技术规定，是从事生产、建设工作的一种共同技术依据"。"一切正式生产的工业产品，各类工程建设的设计、施工，由国家收购作为工业原料的、出口的以及对人民生活有重大关系的重要农产品，都必须制定或者修订技术标准，并且按照本办法的规定进行管理。""制订和修订技术标准的原则"中规定："一切应当而又能够在全国范围统一的技术标准，都必须采用同一标准，以利全国通用；同时也要根据用途不同、地区不同、生产或建设条件的不同，区别对待"；"工业产品的技术标准，必须注意统一同一种型号产品的质量、规格，形成同类产品的系列，提高同类产品零件和部件的通用程度"；"制订农产品的技术标准，应当在保证国家收购质量要求的前提下注意因地制宜，可以在同一技术标准中作出不同的规定，必要的时候也可以规定不同的技术标准"；"制订产品的技术标准，应当根据需要制订相应的包装标准；包装标准的制订，必须符合保证质量、保证安全的要求，考虑装卸、运输、保管等条件，贯彻节约用材的精神"。在"技术标准的审批和发布"中规定："技术标准分为国家标准、部标准和企业标准三级"；"技术标准的审批，采取分级负责的办法"；"各级技术标准，在必要的时候可以分为正式标准和试行标准两类"；"国家标准是指对全国经济、技术发展有重大意义的技术标准。国家标准由主管部门提出草案，视其性质和涉及范围报请国务院或者科学技术委员会（主管工农业产品技术标准）和国家计划委员会（主管工程建设技术标准）会同国家经济委员会、国务院财贸办公室、国务院农林办公室审批"；"部标准主要是指全国性的各专业范围内的技术标准，由主管部门制订发布或者由有关部门联合制订发布，并报科学技术委员会或者国家计划委员会备案"；"凡是未发布国家标准和部标准的产品和工程，都应当制订技术标准，称为企业标准。企业标准的制订、审批和发布办法，由国务院各主管部门会同各省、自治区、直辖市，根据实际情况，另行规定，并报科学技术委员会或者国家计划委员会备案"。

《1963—1972 年科学技术发展规划纲要》是在《1956—1967 年十二年科学技术发展远景规划》所确定的主要任务基本完成的基础上，于 1963 年制定的第二个国家科学技术发展规划，其中"加强计量和标准化工作"是十年规划期间需要采取的主要措施之一，指出"计量基准，是保证科学研究试验数据正确可靠的重要条件，也是提高工业产品质量、发展尖端技术所必需的基础，必须大力加强。在前五年内，应该把长度、热学、力学、电学、无线电、时间与频率、电离辐射、光学、声学、化学等十大类、七十六项、二百一十四种计量基准、标准大部建立起来，并不断提高其精度，扩大计量范围，研究新的测试方法。同时，必须建立和健全大区的和专业系统的一级检定所，并加强和充实省、自治区、直辖市的计量机构，组成全国计量网和各种量值的传递系统，做到各种量值的全面统一。标准化工作，是现代化大工业生产必不可缺的一项基础性工作。研究制订工农业产品标准和科学技术符号、代号等基础标准，对于发展现代化生产和推广应用新技术成就，有重要作用。各工业部门的研究机构应该把研究制订标准作为一项重要任务。五年内，国家标准应达到一千至一千五百个，十年内达到三千至五千个，并制订足够的部颁标准和企业标准"。

1963 年，中国第一次全国标准计量工作会议召开，会上通过了中国第

一个标准化十年（1963—1972 年）发展规划，这是中国标准化工作的第一
个纲领性文件，也是第一个标准化中长期发展规划。根据经济发展和标准化
工作的需要，规划详细阐明了制定国家标准的范围、目标、原则和办法，规
定了标准机构设置和国际协作。还对制定国家标准过程中涉及的一般性和技
术性科研课题做了规定。

1978 年，中国恢复国际标准化组织（ISO）成员身份，重返国际舞台。
1978 年 5 月，在国家标准总局成立后召开的第一次全国标准化工作会议上，
提出了在制定标准时，要积极引用一批通用的、先进的国际标准。

1979 年 7 月 31 日，国务院颁发了《中华人民共和国标准化管理条例》
（以下简称《条例》）。《条例》指出，"技术标准（简称标准，下同）是从事
生产、建设工作以及商品流通的一种共同技术依据。凡正式生产的工业产
品、重要的农产品、各类工程建设、环境保护、安全和卫生条件，以及其他
应当统一的技术要求，都必须制订标准，并贯彻执行"，"国家标准是指对全
国经济、技术发展有重大意义而必须在全国范围内统一的标准。主要包括：
基本原料、材料标准；有关广大人民生活的、量大面广的、跨部门生产的重
要工农业产品标准；有关人民安全、健康和环境保护的标准；有关互换配
合、通用技术语言等基础标准；通用的零件、部件、元件、器件、构件、配
件和工具、量具标准；通用的试验和检验方法标准；被采用的国际标准"，
"对国际上通用的标准和国外的先进标准，要认真研究，积极采用"。《条例》
规定，"国家标准由国务院有关主管部门（或专业标准化技术委员会）提出
草案，属于工农业产品和军民通用方面的，报国家标准总局审批和发布；属
于工程建设和环境保护方面的，报国家基本建设委员会审批和发布；属于药
物和卫生防疫方面的，报卫生部审批和发布；属于军工方面的，报军工有关
部门审批和发布；特别重大的，报国务院审批"，"凡没有制订国家标准、部
标准（专业标准）的产品，都要制订企业标准。为了不断提高产品质量，企
业可制订比国家标准、部标准（专业标准）更先进的产品质量标准。企业标
准的管理办法，由国家标准总局另行制订"。

1981 年，由国家标准局组织制定了《GB 1.1—81 标准化工作导则　编
写标准的一般规定》，该标准是中国制定的第一部关于标准编写的基础性标
准，编号为 GB 1.1。原 GB 1—58 经过 1970 年 4 月和 1973 年 7 月两次修

订，在 1981 年 1 月第三次修订时，编号改为 GB 1.2，即《GB 1.2—81 标准化工作导则　标准出版印刷的规定》。之后，GB 1.2 又在 1988 年 6 月和 1996 年 5 月进行了第 4 次和第 5 次修订，第 5 次修订时标准代号和名称改为《GB/T 1.2—1996 标准化工作导则　第 1 单元：标准的起草与表述规则　第 2 部分：标准出版印刷的规定》。GB 1.1—81 对编写标准的一般要求、构成、内容、表述方法和格式等作出了统一规定，其技术内容主要是针对产品和与产品有关标准的规定。之后，GB 1.1 在 1987 年 1 月和 1993 年 11 月进行了第 1 次和第 2 次修订。第 1 次修订参照了国际标准化组织（ISO）的《技术工作导则》第二部分"方法论"（1985 年版）。第 2 次修订时，在技术内容上等效采用了《IEC/ISO 导则　第 3 部分：国际标准的起草和表述规则》（1989 年版），这是中国标准与国际标准接轨、适应国际贸易与科技、经济交流的需要，也是加速中国采用国际标准和国外先进标准的需要。与前一版相比，内容上有很大变动，强制性也改变为推荐性，这一性质的改变与国际取得了一致，但因为标准的性质在一定条件下是会发生变化的，如当法律、法规、条例、合同中引用了某项标准时，该标准则在其引用所指定的时间、范围内赋予了强制性，这一点是国际上各国之间通行的惯例。另外，标准代号和名称改为《GB/T 1.1—1993 标准化工作导则　第 1 单元：标准的起草与表述规则　第 1 部分：标准编写的基本规定》。到 2000 年修订时，GB/T 1.1—1993 和 GB/T 1.2—1996 合并为一项标准，即《GB/T 1.1—2000 标准化工作导则　第 1 部分：标准的结构和编写规则》，GB/T 1.2 编号被标准《GB/T 1.2—2002 标准化工作导则　第 2 部分：标准中规范性技术要素内容的确定方法》使用，该标准是在合并《GB/T 1.3—1997 标准化工作导则　第 1 单元 标准的起草与表述规则　第 3 部分　产品标准编写规定》和《GB/T 1.7—1988 标准化工作导则　产品包装标准的编写规定》的基础上制定的。2000 年修订时，拟起草的第 3 部分是"技术工作程序"，但至今该部分并没有出台。最近，GB/T 1 系列标准再次进行修订，已修订发布的标准分别是《GB/T 1.1—2020 标准化工作导则　第 1 部分：标准化文件的结构和起草规则》和《GB/T 1.2—2020 标准化工作导则　第 2 部分：以 ISO/IEC 标准化文件为基础的标准化文件起草规则》，拟制定的第 3 部分和第 4 部分分别是"标准化文件的制定程序"和"标准化技术组织"。各版本 GB 1 系列标准明细见表 2-1。

表 2-1 GB1 系列标准的演变

标准编号	标准名称	制定、替代、采标情况	发布、实施
(GB) 1—58	标准幅面与格式、首页、续页与封面的要求（标准格式与幅面尺寸（草案））	首次制定	1958 年 12 月
GB 1—70	出版印刷技术标准的规定	代替（GB) 1—58	1970 年 5 月 1 日实施（中华人民共和国科学技术委员会颁布）
GB 1—73	出版印刷技术标准的规定	GB 1—70（73）	1973 年 7 月（复审确认）
GB 1.1—81	标准化工作导则 编写标准的一般规定	首次制定 本标准是参考国际标准化组织（ISO）《国际标准和技术报告编写指南》制订的	1981 年 4 月 16 日发布，1982 年 1 月 1 日实施（国家标准总局批准）
GB 1.2—81	标准化工作导则 标准出版印刷的规定	代替 GB 1—70（73）	1981 年 4 月 16 日发布，1982 年 1 月 1 日实施
GB 1.1—87	标准化工作导则 编写标准的基本规定	代替 GB 1.1—81。参照（采用国际标准化组织（ISO）《技术工作导则》第三部分"国际标准的表述方法"（1985 年版））	1987 年 1 月 28 日发布，10 月 1 日实施（国家标准局发布）
GB 1.2—88	标准化工作导则 标准出版印刷的规定	代替 GB 1.2—81	1988 年 6 月 1 日发布，11 月 1 日实施
GB 1.3—87	标准化工作导则 产品标准编写规定	首次发布，被 GB/T 1.3—1997 代替	1987 年 1 月 28 日发布，10 月 1 日实施
GB 1.4—88	标准化工作导则 化学分析方法标准编写规定	首次发布，被 GB/T 20001.4—2001 代替	1988 年 4 月 6 日发布，12 月 1 日实施

（续）

标准编号	标准名称	制定、替代、采标情况	发布、实施
GB 1.5—88	标准化工作导则　符号、代号标准编写规定	首次发布，被 GB/T 20001.2—2001 代替	1988 年 12 月 10 日发布，1989 年 7 月 1 日实施
GB 1.6—88	标准化工作导则　术语标准编写规定	首次发布，被 GB/T 1.6—1997 代替	1988 年 12 月 10 日发布，1989 年 8 月 1 日实施
GB 1.7—88	标准化工作导则　产品包装标准的编写规定	首次发布，被 GB/T 1.2—2002 代替	1988 年 12 月 27 日发布，1989 年 5 月 1 日实施
GB 1.8—89	标准化工作导则　职业安全卫生标准编写规定	首次发布，被 GB/T 18841—2002 代替	1989 年 2 月 22 日发布，9 月 1 日实施
GB/T 1.1—1993	标准化工作导则　第 1 单元：标准的起草与表述规则　第 1 部分：标准编写的基本规定	代替 GB/T 1.1—87，被 GB/T 1.1—2000 代替（等效采用 IEC/ISO 导则　第 2 部分《国际标准的起草和表述规则》（1989 年版））	1993 年 11 月 10 日发布，1995 年 1 月 1 日实施（国家技术监督局发布）
GB/T 1.2—1996	标准化工作导则　第 1 单元：标准的起草与表述规则　第 2 部分：标准出版印刷的规定	代替 GB 1.2—1988，被 GB/T 1.1—2000 代替	1996 年 5 月 29 日发布，1997 年 1 月 1 日实施
GB/T 1.3—1997	标准化工作导则　第 1 单元：标准的起草与表述规则　第 3 部分：产品标准编写规定	代替 GB 1.3—87，被 GB/T 1.2—2002 代替	1997 年 5 月 12 日发布，11 月 1 日实施
GB/T 1.6—1997	标准化工作导则　第 1 单元：标准的起草与表述规则　第 6 部分：术语标准编写规定	非等效采用 ISO 10241：1992，代替 GB 1.6—88，被 GB/T 20001.1—2001 代替	1997 年 5 月 23 日发布，12 月 1 日实施
GB/T 1.22—1993	标准化工作导则　第 2 单元：标准内容的确定方法 第 22 部分：引用标准的规定	首次制定，被 GB/T 20000.3—2003 代替	1993 年 12 月 7 日发布，1995 年 1 月 1 日实施

（续）

标准编号	标准名称	制定、替代、采标情况	发布、实施
GB/T 1.1—2000	标准化工作导则　第1部分：标准的结构和编写规则	ISO/IEC Directives，Part 3：1997（NEQ），代替 GB/T 1.1—1993、GB/T 1.2—1996	2000年12月20日发布，2001年6月1日实施（国家质量监督检验检疫总局、中国国家标准化管理委员会发布）
GB/T 1.2—2002	标准化工作导则　第2部分：标准中规范性技术要素内容的确定方法	ISO/IEC 导则　第2部分，代替 GB/T 1.3—1997、GB/T 1.7—88	2002年6月20日发布，2003年1月1日实施
GB/T 1.1—2009	标准化工作导则　第1部分：标准的结构和编写	ISO/IEC Directives—Part 2：2004（NEQ），代替 GB/T 1.1—2000、GB/T 1.2—2002	2009年6月17日发布，2010年1月1日实施（国家质量监督检验检疫总局、中国国家标准化管理委员会发布）
GB/T 1.1—2020	标准化工作导则　第1部分：标准化文件的结构和起草规则	ISO/IEC Directives Part 2：2018（NEQ），代替 G B/T 1.1—2009	2020年3月31日发布，10月1日实施（国家市场监督管理总局、国家标准化管理委员会发布）
GB/T 1.2—2020	标准化工作导则　第2部分：以 ISO/IEC 标准化文件为基础的标准化文件起草规则	ISO/IEC Guide 21：2005（NEQ），代替 GB/T 20000.2—2009、GB/T 20000.9—2014	2020年11月19日发布，2021年6月1日实施

注：根据"国标发〔1987〕003号"文的规定，从1987年1月1日起，将标准封面的批准单位改为发布部门，首页的发布单位和发布日期改为批准部门和批准日期。

1982年12月25日，国务院发布《关于加强标准化工作的通知》（国发〔1982〕156号）（以下简称《通知》）。《通知》指出，标准化是一项综合性的基础工作，对促进技术进步，实现我国社会主义现代化的宏伟目标具有重要作用，目前的国际标准和国外先进标准反映了经济发达国家70年代或80年代已普遍达到的先进生产技术水平。积极采用国际标准是我国重要的技术经济政策，也是技术引进的重要组成部分，现在到非抓不可的时候了，必须引起各方面的高度重视。

1982年，召开了采用国际标准的经验交流和制定规划座谈会，这次会议后来被称为第一次全国采用国际标准工作会议，会议系统研究了采标（采用标准简称采标，下同）工作，提出"认真研究、积极采用、区别对待"的采标方针，明确了要通过调整我国现有标准体系，逐步建立一套与国际标准和国外先进标准内容相适应、水平相当、适合中国国情、技术先进的标准体系，并要求各行业尽快编制采用国际标准和国外先进标准的规划。1984 年，原国家经委和国家标准局联合召开第二次全国采用国际标准工作会议，会议讨论了全国"六五"后两年采用国际标准、国外先进标准的规划和"七五"规划的目标和任务，审定了《采用国际标准管理办法》、《技术引进和设备进口标准化审查管理办法（试行）》、《专业标准管理办法（试行）》。1986 年和 1993 年又先后召开了第三次、第四次全国采用国际标准工作会议，进一步推动我国采标工作（标准创新司采标处，2021）。

1988 年 7 月，在原国家标准局、国家计量局和国家经委质量局的基础上组建的国家技术监督局正式成立，1998 年改为国家质量技术监督局。

1988 年 12 月 29 日第七届全国人民代表大会常务委员会第五次会议通过了《中华人民共和国标准化法》（以下简称《标准化法》），该法于 1989 年 4 月 1 日起施行。《标准化法》指出，"对下列需要统一的技术要求，应当制定标准：（一）工业产品的品种、规格、质量、等级或者安全、卫生要求。（二）工业产品的设计、生产、检验、包装、储存、运输、使用的方法或者生产、储存、运输过程中的安全、卫生要求。（三）有关环境保护的各项技术要求和检验方法。（四）建设工程的设计、施工方法和安全要求。（五）有关工业生产、工程建设和环境保护的技术术语、符号、代号和制图方法。重要农产品和其他需要制定标准的项目，由国务院规定"，"国家标准、行业标准分为强制性标准和推荐性标准。保障人体健康、人身、财产安全的标准和法律、行政法规规定强制执行的标准是强制性标准，其他标准是推荐性标准。省、自治区、直辖市标准化行政主管部门制定的工业产品的安全、卫生方面要求的地方标准，在本行政区域内是强制性标准"，明确了制定标准的范围和种类。提出"国家鼓励积极采用国际标准"，明确了采标工作的法律地位，为采标工作的长期稳步发展奠定了基础。规定，"企业生产的产品没有国家标准和行业标准的，应当制定企业标准，作为组织生产的依据。企业的产品标准须报当地政府标准化行政主管部门和有关行政主管部门备案。已有国家标准或者行业标准的，国家鼓励企业制定严于国家标准或者行业标准的企业标准，在企业内部适用。法律对标准的制定另有规定的，依照法律的规定执行"，"企业对有国家标准或者行业标准的产品，可以向国务院标准化行政主管部门或者国务院标准化行政主管部门授权的部门申请产品质量认证。认证合格的，由认证部门授予认证证书，准许在产品或者其包装上使用规定的认证标志。已经取得认证证书的产品不符合国家标准或者行业标准的，以及产品未经认证或者认证不合格的，不得使用认证标志出厂销售"，明确了企业与各类标准的关系。

1993 年 12 月 3 日，国家技术监督局发布《采用国际标准产品标志管理办法（试行）》（技监局标函（1993）502 号），指出"采用国际标准产品标志（以下简称采标标志），是我国产品采用国际标准的一种专用证明标志，是企业对产品质量达到国际标准的自我声明形式。企业自愿采用，并对采标产品的质量承担相应责任"。

1993 年 12 月 13 日，国家技术监督局发布实施已于 1993 年 12 月 4 日经国家技术监督局局务会议讨论通过并经国家经济贸易委员会审议的《采用国际标准和国外先进标准管理办法》（国家技术监督局令第 35 号）（以下简称《办法》）。《办法》指出，"采用国际标准和国外先进标准（简称采标），是指将国际标准或国外先进标准的内容，经过分析研究、不同程度地转化为我国标准（包括国家标准、行业标准、地方标准和企业标准），并贯彻实施"，"国际标准是指国际标准化组织（ISO）和国际电工委员会（IEC）所制定的标准，以及 ISO 确认并公布的其他国际组织制定的标准。国外先进标准是指未经 ISO 确认并公布的其他国际组织的标准、发达国家的国家标准、区域性组织的标准、国际上有权威的团体标准和企业（公司）标准中的先进标准"。在采用原则中规定，"凡已有国际标准（包括即将制定完成的国际标准）的，应当以其为基础制定我国标准。凡尚无国际标准或国际标准不能适应需要的，应当积极采用国外先进标准"，"对国际标准中的安全标准、卫生标准、环境保护标准和贸易需要的标准应当先行采用，并与相关标准相协调"，"采用国际标准或国外先进标准的产品标准时，应当同时采用与其配套的相关标准"。

1994 年 5 月 10 日，国家技术监督局发布《采用国际标准产品标志管理办法（试行）实施细则》。

2001 年 4 月国务院决定将国家质量技术监督局与国家出入境检验检疫局合并，组建中华人民共和国国家质量监督检验检疫总局。2001 年 8 月 29 日中国国家认证认可监督管理委员会在北京成立。2001 年 10 月 11 日，成立了中国国家标准化管理委员会（同时挂中华人民共和国标准化管理局的牌子）。

国家标准化管理委员会成立后，立刻争取科技部的支持，组织实施了"国家标准化战略研究和技术标准体系建设重大专项"，国家为这个专项投入了大量资金，是中华人民共和国成立以来在软科学研究方面的第一次。从那个时候起，国家对"十一五"和"十二五"期间的标准化事业持续支持并且成为常态，这在全世界各国都是没有先例的（王忠敏，2019）。

2001 年 11 月 21 日，国家质量监督检验检疫总局发布《采用国际标准管理办法》，替代《采用国际标准和国外先进标准管理办法》。新办法指出，"国际标准是指国际标准化组织（ISO）、国际电工委员会（IEC）和国际电信联盟（ITU）制定的标准，以及国际标准化组织确认并公布的其他国际组织制定的标准"，并以附件形式明确了国际标准化组织确认并公布的其他国际组织共计 40 个。规定"采用国际标准中的安全标准、卫生标准、环保标准制定我国标准，应当以保障国家安全、防止欺骗、保护人体健康和人身财产安全、保护动植物的生命和健康、保护环境为正当目标；除非这些国际标准由于基本气候、地理因素或者基本的技术问题等原因而对我国无效或者不适用"，"采用国际标准制定我国标准，应当尽可能与相应国际标准的制定同步，并可以采用标准制定的快速程序"。

2002 年 7 月 23 日，国家质量监督检验检疫总局、国家发展计划委员会、国家经济贸易委员会、科学技术部、财政部、对外贸易经济合作部、国家标准化管理委员会联合印发《关于推进采用国际标准的若干意见》。

2002 年 7 月 26 日，全国采用国际标准工作会议在北京举行（第五次采标工作会议）。会议上，明确了"政府推动、市场引导、企业为主、国际接轨"的采标工作总要求。

2007 年 12 月 19 日，国家标准化委员会在北京召开全国采用国际标准工作会议（第六次采标工作会议），"提出要立足长远，把采标工作作为一项经常性工作常抓不懈，要加强研究，努力做到科学采标、合理采标（标准创新司采标处，2021）。"

2008 年 5 月 7 日国家标准化管理委员会印发了《关于进一步加强采用国际标准工作的意见》（以下简称《意见》）。《意见》提出了科学合理、主动创新、企业为主、国际国外并重 4 项基本原则。

在 2008 年 10 月的第 31 届国际标准化组织大会上，中国正式成为 ISO 的常任理事国，这是中国自 1978 年加入 ISO 三十年来首次进入国际标准化组织高层的常任席位，它标志着中国标准化工作实现了历史性的重大突破。

2011 年 10 月 28 日，在澳大利亚召开的第 75 届国际电工委员会（IEC）理事大会上，正式通过了中国成为 IEC 常任理事国的决议，这是中国在国际标准及合格评定活动中取得的又一次历史性的重大突破。

2011 年 12 月，国家标准化管理委员会发布《标准化事业发展"十二五"规划》，提出了"标准体系进一步完善"、"标准质量水平明显提高"、"标准实施效益明显增强"、"参与国际标准化活动取得新突破"、"标准化发展基础更加坚实"的发展目标。在"推进现代农业标准化进程"中，提出"围绕现代农业基础设施、产业体系及新型农业社会化服务体系，完善现代农业标准体系，研制基础设施、投入品安全控制、农产品质量安全、种质资源、转基因生物安全评价、农产品生产加工良好操作规范、农产品流通、动植物疫病防控、农业社会化服务和现代林业等领域的标准 1 500 项"，其中"现代农业标准体系建设重点"的"农业基础设施"包括"制修订农田水利、水文、气象、水资源管理等标准；研制农业节水灌溉技术和现代设施农业标准；开展农用地质量评价、高标准农田建设、中低产田改良关键技术标准研究"。

在 2013 年中国共产党第十八届中央委员会第三次全体会议通过的《中共中央关于全面深化改革若干重大问题的决定》中提到，"政府要加强发展战略、规划、政策、标准等制定和实施，加强市场活动监管，加强各类公共服务提供。"

2015 年 3 月国务院印发了《深化标准化工作改革方案》（以下简称《方案》），《方案》中指出"从我国经济社会发展日益增长的需求来看，现行标准体系和标准化管理体制已不能适应社会主义市场经济发展的需要，甚至在一定程度上影响了经济社会发展"，"一是标准缺失老化滞后，难以满足经济提质增效升级的需求"，"二是标准交叉重复矛盾，不利于统一市场体系的建立"，"三是标准体系不够合理，不适应社会主义市场经济发展的要求"，"四是标准化协调推进机制不完善，制约了标准化管理效能提升"，"造成这些问题的根本原因是现行标准体系和标准化管理体制是 20 世纪 80 年代确立的，政府与市场的角色错位，市场主体活力未能充分发挥，既阻碍了标准化工作的有效开展，又影响了标准化作用的发挥，必须切实转变政府标准化管理职能，深化标准化工作改革"，并提出了改革总体要求和改革措施。

2015 年 12 月 17 日，国务院办公厅以国办发〔2015〕89 号，印发《国家标准化体系建设发展规划（2016—2020 年）》（以下简称《规划》）。该《规划》分总体要求、主要任务、重点领域、重大工程、保障措施 5 部分。主要任务是：优化标准体系，推动标准实施，强化标准监督，提升标准化服务能力，加强国际标准化工作，夯实标准化工作基础。重点领域是：加强经济建设标准化，支撑转型升级；加强社会治理标准化，保障改善民生；加强生态文明标准化，服务绿色发展；加强文化建设标准化，促进文化繁荣；加强政府管理标准化，提高行政效能。重大工程是：农产品安全标准化工程，消费品安全标准化工程，节能减排标准化工程，基本公共服务标准化工程，新一代信息技术标准化工程，智能制造和装备升级标准化工程，新型城镇化标准化工程，现代物流标准化工程，中国标准走出去工程，标准化基础能力提升工程。《规划》指出，要落实深化标准化工作改革要求，推动实施标准化战略，坚持"需求引领、系统布局，深化改革、创新驱动，协同推进、共同治理，包容开放、协调一致"的基本原则，到 2020 年基本建成支撑国家治理体系和治理能力现代化的国家标准化体系，标准有效性、先进性和适用性显著增强，"中国标准"国际影响力和贡献力大幅提升，迈入世界标准强国行列。

2017 年 11 月 4 日第十二届全国人民代表大会常务委员会第三十次会议修订了《中华人民共和国标准化法》，新修订的标准化法自 2018 年 1 月 1 日起施行。新标准化法明确了"所称标准（含标准样品），是指农业、工业、服务业以及社会事业等领域需要统一的技术要求"，"标准包括国家标准、行业标准、地方标准和团体标准、企业标准。国家标准分为强制性标准、推荐性标准，行业标准、地方标准是推荐性标准。强制性标准必须执行。国家鼓励采用推荐性标准"。对于标准制定，标准化法规定，"对保障人身健康和生命财产安全、国家安全、生态环境安全以及满足经济社会管理基本需要的技术要求，应当制定强制性国家标准"，"对满足基础通用、与强制性国家标准配套、对各有关行业起引领作用等需要的技术要求，可以制定推荐性国家标准"，"对没有推荐性国家标准、需要在全国某个行业范围内统一的技术要求，可以制定行业标准"。还规定，"国务院有关行政主管部门依据职责负责强制性国家标准的项目提出、组织起草、征求意见和技术审查"，"推荐性国家标准由国务院标准化行政主管部门制定"，"行业标准由国务院有关行政主管部门制定，报国务院标准化行政主管部门备案"。对于团体标准，"国家鼓励学会、协会、商会、联合会、产业技术联盟等社会团体协调相关市场主体共同制定满足市场和创新需要的团体标准，由本团体成员约定采用或者按照本团体的规定供社会自愿采用"，规定"国务院标准化行政主管部门会同国务院有关行政主管部门对团体标准的制定进行规范、引导和监督"。对于标准的实施，规定"国家实行团体标准、企业标准自我声明公开和监督制度。企业应当公开其执行的强制性标准、推荐性标准、团体标准或者企业标准的编号和名称；企业执行自行制定的企业标准的，还应当公开产品、服务的功能指标和产品的性能指标。国家鼓励团体标准、企业标准通过标准信息公共服务平台向社会公开"。

2018 年 3 月，国务院决定成立中华人民共和国国家市场监督管理总局（SAMR），与此同时，中华人民共和国国家标准化管理委员会（SAC）和中华人民共和国国家认证认可监督管理委员会（CNCA）仍然保留。

2021 年 10 月 10 日，中共中央、国务院印发了《国家标准化发展纲要》，并发出通知，要求各地区各部门结合实际认真贯彻落实。这是一部具有重大里程碑意义的纲要，《纲要》指出，"标准是经济活动和社会发展的技术支撑，是国家基础性制度的重要方面。标准化在推进国家治理体系和治理能力现代化中发挥着基础性、引领性作用。新时代推动高质量发展、全面建设社会主义现代化国家，迫切需要进一步加强标准化工作"。《纲要》还明确了"到 2025 年，实现标准供给由政府主导向政府与市场并重转变，标准运用由产业与贸易为主向经济社会全域转变，标准化工作由国内驱动向国内国际相互促进转变，标准化发展由数量规模型向质量效益型转变；到 2035 年，结构优化、先进合理、国际兼容的标准体系更加健全，具有中国特色的标准化管理体制更加完善，市场驱动、政府引导、企业为主、社会参与、开放融合的标准化工作格局全面形成"的发展目标。并要求全域标准化深度发展、标准化水平大幅提升、标准化开放程度显著增强、标准化发展基础更加牢固。关于城乡建设方面,《纲要》在推进乡村振兴标准化建设、推动新型城镇化标准化建设等方面都提出了要求。

2022 年 2 月 18 日,国家标准化管理委员会、中央网络安全和信息化委员会办公室、中华人民共和国教育部、中华人民共和国科学技术部、中华人民共和国工业和信息化部、中华人民共和国民政部、中华人民共和国人力资源和社会保障部、中华人民共和国自然资源部、中华人民共和国交通运输部、中华人民共和国水利部、中华人民共和国农业农村部、中华人民共和国商务部、中华人民共和国文化和旅游部、中华人民共和国国家卫生健康委员会、中国人民银行、国家广播电视总局、中华全国工商业联合会 17 部门联合印发《关于促进团体标准规范优质发展的意见》(以下简称《意见》)。《意见》包括:"提升团体标准组织标准化工作能力"、"建立以需求为导向的团体标准制定模式"、"拓宽团体标准推广应用渠道"、"开展团体标准化良好行为评价"、"实施团体标准培优计划"、"促进团体标准化开放合作"、"完善团体标准发展激励政策"、"增强团体标准组织合规性意识"、"加强社会监督和政府监管"、"完善保障措施"10 个方面。

回顾中国标准化工作大纪事,具体见表 2 - 2。

表 2 - 2　中国标准化大纪事

时间	中国标准化工作大纪事
1949 年	中华人民共和国中央人民政府中央技术管理局成立,下设标准规格处
1956 年	中国标准化代表团赴莫斯科参加社会主义国家标准化机构代表会议第一届年会
1957 年	中国国家科学技术委员会标准局成立,负责全国标准化工作;中国加入国际电工委员会(IEC),并派代表以观察员身份参加了 IEC 第 22 届年会
1958 年	发布第 1 部国家标准《GB 1—58 标准幅面与格式、首页、续页与封面的要求》;提出《编写国家标准草案暂行办法》,规定了标准的编写要求
1959 年	《关于地方标准化工作的若干暂行规定(草案)》颁布
1962 年	国务院发布施行《工农业产品和工程建设技术标准管理办法》
1962 年	社会主义国家标准化机构代表会议第七届年会在北京召开

（续）

时间	中国标准化工作大纪事
1963 年	中国第一次全国标准计量工作会议召开，会上通过了中国第一个标准化十年发展规划；国家科学技术委员会发布统一标准代号、编号的几项规定，对部标准代号、编号和部指导性技术文件代号、编号及企业标准代号、编号作了统一规定；技术标准出版社成立
1972 年	国家标准计量局成立，原国家科委标准局撤销
1978 年	国家标准总局成立；中国加入国际标准化组织（ISO）；中国标准化协会成立
1979 年	国务院颁布《中华人民共和国标准化管理条例》；组建了 234 个全国专业技术委员会，400 多个分技术委员会；国家标准总局召开第一次全国标准化工作会议
1980 年	英国标准协会（BSI）会长菲尔登博士率团来中国访问并签署了中英标准化合作协议，这是中国与国外签署的第一个标准化合作协议；在第 45 届国际电工委员会（IEC）年会上，中国被选为 IEC 执行委员会委员
1981 年	国家标准总局召开全国企业标准化工作会议
1982 年	国家标准总局改名为国家标准局；在 ISO 第 12 届全体会议上，中国被选为 ISO 理事会成员国；第一次全国采用国际标准工作会议召开
1984 年	国家标准局发布《采用国际标准管理办法》、《专业标准管理办法（试行）》
1985 年	国务院批准实行《中华人民共和国科学技术进步奖励条例》，标准科技成果纳入国家科学技术进步奖励范围；第一次全国农业标准化工作会议召开
1986 年	《金属粉末中可被氢还原氧含量的测定》（GB 1446—84）被 ISO/TC 119 采纳为国际标准草案，是中国被纳入国际标准草案的第一个标准
1987 年	中国标准情报中心成立
1988 年	《中华人民共和国标准化法》颁布；国家技术监督局成立
1989 年	《中华人民共和国标准化法》施行
1990 年	国务院颁布《中华人民共和国标准化法实施条例》；国家技术监督局发布《国家标准管理办法》、《行业标准管理办法》、《地方标准管理办法》、《企业标准管理办法》、《全国专业技术委员会章程》；国际电工委员会 IEC 第 54 届大会在北京召开；《标准出版发行管理办法》、《标准档案管理办法》颁布
1991 年	国家技术监督局提出要适当控制标准数量的增长；国家技术监督局确定各行业标准管理范围及各行业标准代号
1993 年	国家技术监督局发布《采用国际标准和国外先进标准管理办法》；颁布《采用国家标准产品标志管理办法》，实行采标产品标志制度
1995 年	国家技术监督局开始在全国建立农业标准化示范区；《农业标准化示范区管理办法（试行）》、《企业标准化工作指南》颁布

（续）

时间	中国标准化工作大纪事
1997 年	《标准出版管理办法》、《关于进一步加强标准出版发行工作的意见》颁布
1998 年	国家技术监督局更名为国家质量技术监督局，负责全国的标准化、计量、质量、认证工作并行使执法监督职能。《国家标准化指导性技术文件管理规定》、《关于批准、发布国家标准实行公告制度的通知》发布
1999 年	国际标准化组织第 22 届大会在北京召开
2000 年	《国家标准英文版翻译指南》、《关于强制性标准实行条文强制的若干规定》颁布
2001 年	国务院组建中国国家标准化管理委员会，管理全国标准化工作；国务院批准成立国家质量监督检验检疫总局
2002 年	国家标准化管理委员会发布《关于加强强制性标准管理的若干规定》；第 66 届国际电工委员会（IEC）大会在北京召开；中国向 WTO 成员通报首批标准
2003 年	中国标准化研究院成立
2004 年	国家标准化管理委员会发布《全国专业标准化技术委员会管理办法》
2005 年	国家标准化管理委员会发布《行业标准制定管理办法》
2006 年	"ISO 22000 食品安全系列标准国际研讨会"在京举行；国家标准委会同国务院有关部门草拟了《国家标准化发展纲要》，并上报国务院；国家标准委、国家发改委、商务部、国家质检总局等 14 个部门联合发布了《2005—2007 年资源节约与综合利用标准发展规划》
2007 年	《关于推进服务标准化试点工作的意见》、《国家标准制修订经费管理办法》颁布
2008 年	中国正式成为 ISO 常任理事国
2009 年	国家标准化管理委员会修订并发布《全国专业标准化技术委员会管理办法》；国家质量监督检验检疫总局、国家标准化管理委员会联合发布《企业产品标准管理规定》
2010 年	国家标准化管理委员会发布《国家标准修改单管理办法》
2011 年	国家标准化管理委员会发布《标准化实业发展"十二五"规划（2011—2015 年）》
2013 年	鞍山钢铁集团公司总经理张晓刚当选新一届 ISO 主席；卫生部全面启动食品标准清理工作
2014 年	成功申办 2016 年 ISO 大会；推进强制性国家标准信息公开，开展企业标准自我声明公开制度试点
2015 年	国务院印发《深化标准化工作改革方案》；国务院办公厅印发《国家标准化体系建设发展规划（2016—2020 年）》；质检总局、国家标准委发布《参加国际标准化组织（ISO）和国际电工委员会（IEC）国际标准化活动管理办法》

（续）

时间	中国标准化工作大纪事
2016 年	第 39 届 ISO 大会在北京召开
2017 年	《中华人民共和国标准化法》完成修订
2018 年	国家标准化管理委员会会同国务院有关部门联合开展百城千业万企对标达标提升专项行动；国家电网董事长舒印彪在国际电工委员会（IEC）第 82 届大会上当选国际电工委员会主席
2019 年	《团体标准管理规定》发布；国际电工委员会音频、视频及多媒体系统与设备技术委员会（IEC/TC 100）年会在中国上海召开
2020 年	《强制性国家标准管理办法》、《地方标准管理办法》发布
2021 年	中共中央、国务院印发《国家标准化发展纲要》

二、中国工程建设标准特点与农业工程建设标准化回顾

（一）中国工程建设标准特点

在检索现行国家标准时会注意到，国家标准的编号序列中，工程建设标准从 GB（或 GB/T）50000 开始排序，而其他领域标准按照发布顺序统一编号，如 2022 年 5 月 10 日发布的 2022 年第 6 号中国国家标准公告中，最后一个标准编号是 GB/T 41519。另外，GB（或 GB/T）50000 开始排序的工程建设类国家标准未按照 GB/T 1.1 的规定起草，也未收入到国家标准全文公开系统中。之所以存在这些现象，是因为中华人民共和国成立后，中国工程建设的标准化工作自起始就自成体系在发展。

在 1962 年国务院发布施行的《工农业产品和工程建设技术标准管理办法》中，"工农业产品"和"工程建设"是制定标准的两大分支，工农业产品技术标准由科学技术委员会主管，工程建设技术标准由国家计划委员会主管。自 1958 年，颁布的国家标准采用的是"GB"为代号的排序方式，而"工程建设"这一分支自 1973 年发布标准开始，并没有采用这一排序方式。1973 年发布的《GBJ 1—73 建筑制图标准》和《GBJ 2—73 建筑统一模数制》等标准，是中国首批制定的工程建设分支的国家标准。显然，国家标准

制定伊始，在标准编号上就分为了两大分支，"GB"和"GBJ"。

1981年颁布的GB 1.1—81对标准编写的一般要求、构成、内容、表述方法和格式等作出了统一规定，使编写标准工作有章可循，可有效提高标准编写质量，但是它的不足之处是，技术内容的规定主要针对的是产品和与产品有关标准的规定，存在一定的局限性。GB 1.1自第一次发布就参考了ISO标准，之后的历次修订，从参考到等效采用，不断与国际标准接轨。81、87、93版本的标准GB 1.1比较详见表2-3。

1979年10月21日至27日，全国工程建设标准规范工作会议在武汉召开。这次会议进一步贯彻全国标准化工作会议精神，总结了工程建设标准规范工作的基本情况；交流了编制、管理和执行工程建设标准规范的经验；讨论制订出《工程建设标准规范管理办法》；研究了今后应抓紧的几项工作。中国工程建设标准化委员会第一次全国代表大会于1979年10月28日至30日在武汉召开。这次会议讨论并通过了《中国工程建设标准化委员会组织条例》；选举产生了中国工程建设标准化委员会第一届委员会；会上宣讲了6篇具有一定水平的学术报告；还明确了今后的工作任务。

1980年1月3日，国家基本建设委员会（第三届全国人民代表大会常务委员会第五次会议决定设立中华人民共和国国家基本建设委员会，1965年3月31日通过）以（80）建发设字第8号文颁发《工程建设标准规范管理办法》（以下简称《办法》）。《办法》指出，"工程建设标准规范（简称标准）是国家一项重要的技术法规，是进行基本建设勘察、设计和施工及验收的重要依据，是组织现代化工程建设的重要手段，是开展工程建设技术管理的重要组成部分"；规定"各类工程建设的勘察、设计和施工及验收，都必须制订相应的标准，并按照办法进行管理"，"标准的修订，原则上每隔2～3年进行一次局部修订；每隔5年左右进行一次复审、修订"，"对国际标准和国外的先进标准，要经过具体分析或试验验证，凡符合我国具体情况的，应积极采用"，"标准分为国家标准，部标准，省、直辖市、自治区标准和企、事业标准四级。部标准，省、直辖市、自治区标准和企、事业标准，不得与国家标准相抵触；企、事业标准，不得与部标准和省、直辖市、自治区标准相抵触。各级标准的审批和颁发，应采取分级负责的办法"。

表2-3 中国工程建设标准编写规定与早期 GB 1.1 的比较

项目	GB 1.1—81	GB 1.1—87	GB/T 1.1—1993	《关于工程项目建设标准编制工作暂行办法》	《工程建设标准编写规定》（建标〔1996〕626号印发）
文件性质	强制性标准	强制性标准	推荐性标准	法规	法规
发布单位				建设部、国家计委	
有效时间				1990.10.25—1997.1.1	1997.1.1—2008.10.7
文件名称	标准化工作导则 编写标准的一般规定	标准化工作导则 编写标准的基本规定	标准化工作导则 第1单元：标准的起草与表述规则 第1部分：标准编写的基本规定	附件二 建设标准的编写细则	工程建设标准编写规定
英文名称	Directives for the work of standardization—The general rules for drafting standards	Directives for the work of standardization—General rules for drafting standards	Directives for the work of standardization—Unit 1: Drafting and presentation of standards—Part 1: General rules for drafting standards		

（续）

项目	GB 1.1—81	GB 1.1—87	GB/T 1.1—1993	《关于工程项目建设标准编制工作暂行办法》	《工程建设标准编写规定》（建标〔1996〕626号印发）
说明部分	本标准规定了编写国家标准、专业标准（部标准）的一般要求、内容、构成、表形式，编写企业标准亦应参考使用。本标准是参考国际标准化组织（ISO）《国际标准和技术报告编写指南》制订的	本标准参照采用国际标准化组织（ISO）《技术工作导则》第三部分："国际标准的表述方法"（1985年版）	本标准规定了标准编写的要求和表述方法。适用于编写我国各级标准	为了使工程项目建设标准（以下简称建设标准）的编制工作制度化、规范化，保证建设标准制订的质量，提高工作效率，根据国家计委计标〔1987〕2323号《关于制订工程项目建设标准的几点意见》制订本暂行办法。本办法所称的建设标准是为项目决策服务和控制项目建设水平的全国统一标准，是编制、评估和审批项目可行性研究报告和编制、审查项目初步设计文件和监督检查整个建设过程的重要依据。建设标准的对象，可以是整个工程建设项目，也可以是单项工程	为了统一工程建设标准的编写要求，保证标准的编写质量，便于标准的贯彻执行，制定本规定。本规定适用于工程建设国家标准、行业标准和地方标准的编写。企业标准的编写可参照本规定执行
目录或内容	1 编写标准的基本要求 2 标准的构成 3 标准概述部分 4 标准技术内容部分 4.1 名词、术语	1 主要内容与适用范围 2 引用标准 3 标准编写的基本要求 4 标准的构成 5 概述部分	前言 1 范围 2 引用标准 3 总则 4 格式、结构和内容 5 层次划分 6 编辑细则	一、建设标准的构成包括前引、正文、附录三部分。 二、前引部分一般包括封面、编制说明、批准发布通知、目录。 三、正文。编制说明的内容包括主编单位、编制工作概况、编制指导思想和基本原则、建设标准内容摘	第一章 总则 第二章 标准的构成 第一节 前引部分 第二节 正文部分 第三节 补充部分 第三章 标准的层次划分及编号

（续）

项目	GB 1.1—81	GB 1.1—87	GB/T 1.1—1993	《关于工程项目建设标准编制工作暂行办法》	《工程建设标准编写规定》（建标〔1996〕626号印发）
目录或内容	4.2 符号、代号 4.3 产品品种、规格 4.4 技术要求 4.5 试验方法 4.6 检验规则 4.7 标志、包装、运输、贮存 4.8 其他 5 标准补充部分 6 标准章、条、款、项的划分、编号和排列格式 7 标准编写细则 附录A 标准条文编号示例 附录B 标准条文排列格式示例 附录C 数字修约规则	6 正文部分 7 补充部分 8 标准条文的编排 9 标准编写细则 附录A 标准层次编号示例（补充件） 附录B 标准条文格式列示例（补充件） 附录C 标准英文名称撰写方法（参考件）	附录A（标准的附录）标准名称的起草 附录B（标准的附录）术语和定义的起草与表述 附录C（标准的附录）动词形式 附录D（提示的附录）基础国家标准 附录E（提示的附录）标准层次编号示例 附录F（提示的附录）标准条文编写示例	要、具体管理单位等； 三、正文部分可根据内容划分章、条、款编号；必要时，也可分节。总则为第一章，其他各章应按内容划分：各章应有标题，采用中文数字顺序编写。条文只规定取得最终成果时必须遵守的原则。标准达到其原则的要求，不得叙述其原因；条文中文数字顺序统一编写，条、款之间应有连接词语，款采用中文数字顺序编号； 四、建设标准正文具有同等效力。对占篇幅较多、影响条文连续性的内容，可列入附录。附录应有标题；附录采用中文数字顺序编号； 五、建设标准中的表格应与条文相对应；表格应有表名、列子表格上方居中；表格编号采用阿拉伯数字统一编号，列于表格右上角；附录中的插图、表，宜编号前加"附"字； 六、建设标准说明的编写宜符合下列要求：	第一节 层次种类 第二节 层次编号 第三节 附录 第四章 标准的排列格式 第五章 引用标准 第六章 编写细则 第一节 一般规定 第二节 标准执行程度用词和典型用语 第三节 表 第四节 公式 第五节 图 第六节 数值 第七节 计量单位与符号 第八节 标点符号和简化字 第七章 标准条文说明的编写 第八章 附则

（续）

项目	GB 1.1—81	GB 1.1—87	GB/T 1.1—1993	《关于工程项目建设标准编制工作暂行办法》	《工程建设标准编写规定》（建标〔1996〕626号印发）
目录或内容				1. 插图应与条文相呼应，在条文中采用括号注明"见图×"； 2. 制图和采用的图形符号应符合国家有关标准的规定。 3. 插图应有图名，列于图下方；插图编号应采用阿拉伯数字统一编号，列于图名前；附录中的插图编号前加"附"字； 七、建设标准中的计量单位应采用法定计量单位，涉及计量单位中的计量单位名称，当带有阿拉伯数字时，应采用计量单位符号。 八、建设标准条文说明的编写，应符合下列要求： 1. 只对条文内容作简明扼要的说明，阐述条文编写的主要依据以及执行中注意的有关事项，但不得对条文做补充规定； 2. 引用的资料和数据应正确可靠； 3. 内容不得涉及国家机密； 4. 章、条编号应与建设标准相同	

1990 年 5 月 3 日，建设部印发《关于工程建设标准设计编制与管理的若干规定》。1990 年 10 月 25 日，建设部、国家计委印发《关于工程项目建设标准编制工作暂行办法》（以下简称《暂行办法》）。《暂行办法》中包括了三个附件：附件一：建设标准的编制程序；附件二：建设标准的编写细则；附件三：建设标准的幅面版式文字排法。《暂行办法》还指出，"建设标准的编制程序，一般按前期准备、征求意见稿、送审稿、报批稿四个阶段进行。各阶段工作应符合附件一的要求"，"编写建设标准应以条文形式表达，辅以必要的图表；条文叙述力求简明扼要、通俗易懂、措辞准确，不得模棱两可。具体编写应符合附件二的要求"，"建设标准由主编部门负责审查，由国家计委和建设部负责批准、发布。建设标准的出版发行，由主编部门负责组织，限内部发行。建设标准的出版印刷应符合附件三的要求。"

1992 年 12 月 30 日建设部发布施行经第二十八次部常务会议通过的《工程建设国家标准管理办法》（建设部令第 24 号）（以下简称《办法》）。《办法》指出，"对需要在全国范围内统一的下列技术要求，应当制定国家标准：（一）工程建设勘察、规划、设计、施工（包括安装）及验收等通用的质量要求；（二）工程建设通用的有关安全、卫生和环境保护的技术要求；（三）工程建设通用的术语、符号、代号、量与单位、建筑模数和制图方法；（四）工程建设通用的试验、检验和评定等方法；（五）工程建设通用的信息技术要求；（六）国家需要控制的其他工程建设通用的技术要求"。规定"国家标准的编号由国家标准代号、发布标准的顺序号和发布标准的年号组成"，"强制性国家标准的编号为 GB 50***—***"，"推荐性国家标准编号为 GB/T 50***—***"。同日的建设部令第 25 号文，发布了《工程建设行业标准管理办法》，其中规定了"行业标准的编号由行业标准的代号、标准发布的顺序号和批准标准的年号组成"。

1996 年 12 月 13 日，建设部以"建标〔1996〕626 号"文，印发了《工程建设标准编写规定》和《工程建设标准出版印刷规定》，两规定自 1997 年 1 月 1 日起执行。此时，其他领域国家标准编写执行的是 GB/T 1.1—1993。2008 年 10 月 7 日，中华人民共和国住房和城乡建设部修订了《工程建设标准编写规定》，以建标〔2008〕182 号文印发。此时，其他领域国家标准编写执行的是 GB/T 1.1—2000。1990 年发布的"附件二、建设标准的编写细则"和1996年发布的《工程建设标准编写规定》与早期 GB/T 1.1 比较，见表 2-3。可以看到，虽然 GB 1.1—81 是强制性国家标准，但鉴于对技术内容要求的局限性，并不适用于"工程建设"类标准，而自1993年修订的 GB/T 1.1 均为推荐性标准，那么"工程建设"类标准沿用一直以来的编写习惯，制订出《工程建设标准编写规定》就不足为奇了。

中国标准的两大体系，工业标准和工程建设标准，除前边提到的编写所需遵循的规定和编号方法不同外，还存在本质上的差异。长期以来，工业标准以产品标准为主，产品标准的技术要求立足于功能、性能和质量的满足以及适用性的评判；而工程建设标准是以勘察、规划、设计、施工（安装）及验收等工作为主，通常通过技术、工艺、程序等方面的做法规定来确保工程质量。区别在于，前者是结果的合规性，而后者是过程的合规性。两者的共同之处，都是为了控制质量。

（二）农业工程标准化地位

在《GB/T 50841—2013 建设工程分类标准》中，可以看到"农业工程"是建设工程按使用功能划分中的一个类别，也可以说它归属于该标准所定义的"建设工程"。该分类标准中，"建设工程"定义为"为人类生活、生产提供物质技术基础的各类建（构）筑物和工程设施"。可见，一切为农业生产和/或农村生活提供物质技术基础的各类建（构）筑物和工程设施都属于"农业工程"（或农业农村工程）的范畴。在该分类标准中，其他建设工程还有铁路工程、公路工程、煤炭矿山工程、海洋工程、林业工程、粮食工程、建材工程等。该分类标准还将建设工程按自然属性分为了建筑工程、土木工程和机电工程。

虽然《GB/T 50841—2013 建设工程分类标准》中纳入了"农业工程"，但在"附录 A 建筑工程分类表"、"附录 B 土木工程分类表"和"附录 C 机电工程分类表"的各项细分类别中，均找不到农业工程的内容。例如，建筑工程中有民用建筑工程、工业建筑工程和构筑物工程，没有农业建筑；在土木工程中纳入了"厂矿、林区专用道路工程"，但没有农区道路；机电工程主要指各类需要安装固定后方可使用的机电设备的安装工程，涉及装备制造业、轻工、纺织、石化、冶金、建材等行业，并未涉及农业；等等。也就是说，该标准没有对"农业工程"加以细分，而对其他类别的工程进行了细分。

最早一批由农业部（原农牧渔业部）提出制定的几部"农业工程"相关的标准，有《GB 4176—84 农用塑料棚装配式钢管骨架》（后编号调整为NY/T 7—1984）、《GB 7636—87 农村家用沼气管路设计规范》（现废止）和《GB 7637—87 农村家用沼气管路施工安装操作规程》（现废止）等，虽然都属于工程建设类标准，但从编号看，并未纳入 GB 50∗∗∗的标准体系中。

最早纳入到 GB 50∗∗∗标准体系中的农业工程国家标准是《GBJ 85—85喷灌工程技术规范》，该标准由原国家计划委员会于 1985 年 12 月 10 日以计标〔1985〕2034 号文发布，1986 年 7 月 1 日施行。该标准是根据原国家经委基本建设办公室（83）经基设字第 12 号通知要求，由水利电力部组织编制的。根据建设部建标〔1998〕94 号文《关于印发"一九九八年工程建设国家标准制定、修订计划（第一批）"的通知》要求，对 GBJ 85—85 进行了修订，修订后由建设部于 2007 年 4 月 6 日以第 624 号文发布，编号为 GB/T 50085—2007，自 2007 年 10 月 1 日实施。

由农业部提出的被纳入到 GB 50∗∗∗标准体系中的第一部农业工程国家标准，是《GB/T 51057—2015 种植塑料大棚工程技术规范》。该标准是2012 年被列入工程建设标准规范制定、修订计划的。最近修订的《GB/T 30600—2022 高标准农田建设 通则》，第一版是 2014 年制定的，由国土资源部和农业部提出，归口于全国国土资源标准化技术委员会（SAC/TC 93），并没有纳入 GB 50∗∗∗标准体系中，修订后的 2022 版归口为农业农村部。

再看一下农业工程标准在农业标准中的地位。

在 1961 年国务院颁布的《工农业产品和工程建设技术标准暂行管理办法》中就确定了农产品标准化的地位，1964 年国家科学技术委员会召开了农业方面的标准化工作会议。

1985 年，第一次全国农业标准化工作会议在江西召开，会议提出了"针对农业经济发展，加速农业标准制修订工作，不断提高标准技术水平"的指导思想和农业标准化改革的若干具体措施。

1997 年 2 月 19 日，国家技术监督局联合农业部、林业部、水利部、国内贸易部、中华全国供销合作总社、国家烟草专卖局6部门，在京召开了第一次农业标准化工作联席会议。会议强调，特别希望各级政府和国务院各部门领导要真正把农业标准化提高到"是农业现代化建设不可缺少的重要内容"这样的高度来认识，切实摆上议事日程。

在1991年2月26日国家技术监督局令第19号发布的《农业标准化管理办法》中指出，"农业标准化是指农业、林业、牧业、渔业的标准化"，应当制定农业标准（含标准样品的制作）的"需要统一的技术要求"包括："（一）作为商品的农产品及其初加工品（以下统称农产品）、种子（包括种子、种苗、种畜、种禽、鱼苗等，下同）的品种、规格、质量、等级和安全、卫生要求；（二）农产品、种子的试验、检验、包装、储存、运输、使用方法和生产、储存、运输过程中的安全、卫生要求；（三）农业方面的技术术语、符号、代号；（四）农业方面的生产技术和管理技术"。可见，农业标准是不包括农业工程相关内容的，换言之，农业工程相关标准不属于农业标准的范畴。

农业部于1993年3月22日以（1993）农质字第19号文，发布了《农业部标准化管理办法》和《农业部国家（行业）标准的计划编制、制定和审查管理办法》。《农业部标准化管理办法》中指出，"农业标准由农业、畜牧兽医、水产、农垦、农机化、乡镇企业、环能、饲料等专业组成，主要任务是在农业部行业归口范围内制定标准、组织实施标准和对标准的实施进行监督，开展标准化工作的研究和国内外标准科技活动，为加快高产、优质、高效农业的发展服务"，"农业标准分国家标准、行业标准、地方标准、企业标准"，"行业标准的主要范围是：（一）农作物种子（种苗）生产技术、质量、分级、检验、精选、加工、包装、标志、贮运及安全、卫生标准，农作物生产技术规程。（二）农业生产技术：病虫害的测报、防治，农药合理使用；化肥、有机肥肥效试验、合理使用、肥料质量监测、生物制剂的质量及分析方法、中低产田分类指标等。（三）热带作物及产品生产技术规程，天然橡胶、剑麻等的质量、检验方法，产品加工及机械等。（四）农业机械试验鉴定、安全监理、技术保养、作业质量、机具维修、设备管理及各种中小农具的生产技术、品种、规格、质量及检验等。（五）畜禽品种、生产饲养技术、卫生检疫及检验，草地资源区划、分类、牧草种子质量、加工、贮运、包装，兽医医疗器械质量、安全、卫生等。（六）水产资源和养殖技术规范，水产品、渔具和渔具材料的质量、品种、规格、检验、包装、贮运及安全卫生，渔业船舶制造与维修，渔业专用仪器和机械等。（七）省柴节煤技术，沼气、太阳能、风能、微水发电和农村生产节能技术的设计，应用规范及质量、检验方法；农业环境保护的监测，污染指标，农业生态环境质量标准和检验方法等。（八）饲料原料、饲料添加剂、配合饲料、混合饲料等质量、安全卫生及检验方法，饲料机械加工等标准"。可以看到，农业工程中仅有"农村能源"相关内容被列入。另外，"农业机械"相关内容，针对的是试验鉴定、安全监理、技术保养、作业质量、机具维修、设备管理及各种中小农具的生产技术、品种、规格、质量及检验等农机使用过程中的相关活动，而非"农业机械制造"。

2019 年 12 月 18 日，国务院办公厅以国办函〔2019〕120 号文转发了市场监管总局、农业农村部《关于加强农业农村标准化工作指导意见》（以下简称《意见》）。《意见》提出了到 2022 年和到 2035 年的主要目标，其中"到 2035 年，农业农村标准化体制机制更加健全，支撑乡村振兴的标准体系、标准实施推广体系和标准化服务体系更加完善，农业农村标准实施和监督机制更加有效，有效支撑农业全面升级、农村全面进步、农民全面发展"；提出的主要任务涉及 9 个方面：（一）持续加强农业全产业链标准化工作；（二）不断深化农业农村绿色发展标准化工作；（三）探索开展农业农村文化建设标准化工作；（四）着力夯实乡村治理和农村民生领域标准化工作；（五）扎实推进精准扶贫标准化工作；（六）稳步推动农产品品牌标准化工作；（七）充分发挥标准化资源整合作用；（八）积极创新标准化服务方式；（九）深入推动标准互联互通。这个文件并没有涉及明确标准化领域和范围的相关内容。

2021 年 7 月 23 日，国家市场监督管理总局发布《农业农村标准化管理办法（征求意见稿）》（以下简称《征求意见稿》），公开征求意见。《征求意见稿》中，"农业农村标准（含标准样品）"的定义，"是指种植业、林业、畜牧业和渔业等产业，包括与其直接相关的产前、产中、产后服务，以及农村社会事业等领域需要统一的技术要求"。"标准范围"包括："（一）农业农村方面的术语、定义、符号、代号和缩略语等；（二）作为商品的农产品及其初加工品（以下统称农产品）、农业投入品（农药、兽药、饲料和饲料添加剂、肥料、农用薄膜等）和种子（包括种子、种苗、种畜、种禽、鱼苗等，下同）的品种、规格、质量、等级、安全、生态环保以及风险评估等；（三）农产品、农业投入品和种子的研究、试验、种养殖、收获、加工、检验、包装、贮存、运输、交易、使用等过程中的设备、技术、方法、管理、安全、生态环保等；（四）农用地土壤安全利用、渔业环境应急监测与生态修复、农业气候资源开发利用等生态农业领域技术要求；（五）农田水利建设、土壤改良与水土保持等农业农村基础设施的技术要求；（六）农林废弃物的处理和综合利用以及农村人居环境改善领域的技术要求；（七）农村社会事业等的技术要求；（八）其他需要统一的技术要求"。农业农村工程相关内容仅涉及"农田水利建设、土壤改良与水土保持等农业农村基础设施"。

综上，农业农村工程标准化并不具有独立的地位，在工程建设标准体系和农业农村标准体系中都没有被足够重视。

三、农业农村工程标准化探讨与实践情况

中国农业农村工程标准化工作的开展与进程、不同时期所关注的重点、相关问题的探讨以及实践状况等，可从文献记录获得。为全面了解相关研究的重点内容、主要观点、开展过程，便于研究、剖析，以下分两方面进行重点摘录。

（一）农业农村工程标准化综合问题探讨

1981 年陶丽春在《农业工程》发布的《农业工程标准化动态》中，记录了早期农业工程领域开展标准化工作的情况："全国农（牧）业标准化座谈会"后，经农业部审查，已批准农业工程方面的"沼气池池型标准"、"塑料大棚标准"两个项目正式纳入课题计划。7 月在哈尔滨召开的"全国蔬菜塑料大棚、温室技术交流会"上，有关单位就如何制定大棚标准问题进行了讨论。与会者一致认为，全国大棚发展的速度较快，制定大棚标准十分必要，否则将会在材料、人力、物力等方面造成损失。大棚的标准应首先从材

料、结构、配件、安装方面搞出基础标准，然后逐步深入。会上还商定，年底之前召集部分设计单位、生产单位及用户讨论制定大棚初步标准问题。

张守金（2007）认为"农业工程是一门新兴的分支学科，在工艺、环境、结构等方面有其鲜明的特点。农业工程具体包括：种植业的田间水利工程建设、田间农艺建设、田间道路建设、现代温室工程、农副业观光园区工程；养殖业的工厂化养鸡场、工厂化养牛场、工厂化养猪场、物种畜禽养殖厂；农产品加工存储业的种子库房、商品粮库房、种子加工厂、粮食处理中心、农产品加工厂、混凝土晒场；其他行业的沼气工程、现代化温室大棚等。也就是说，农业工程涵盖着农田水利、农业建筑，农艺、农产品加工、农机、仪器设备等工程。工程设计都要有标准来规范。农业工程设计也是一样，必须有标准。因为农业工程所包含的专业多、范围广，所以依据的规范也较多。现行的农业工程设计中，还没有一个统一的农业工程设计规范，而是依据相关专业的规范来进行"，"给设计工程带来较大的难度，作为一个工程类别的工程建设项目，应该明确本行业的规程规范"，建议："（1）现行农业工程设计和建设中，虽然借助其相关专业的规程规范和定额，但是，由于工程类别不同，所需产品的功能要求也不同。实际上，农业工程和其它工程是有很大差别的。比如：农业工程中的田间工程，虽属于水利工程，但与水利工程是有差别的，建设的重点不一样，水利工程应突出的是水利，包括防洪、灌溉、排水等工程，而农业工程则应该是以农业为主的水利工程，主要是以农田建设工程为主。同样，农业工程的农业建筑工程和工业与民用建筑工程又有很大区别。所以说，在农业工程建设中采用相关专业的规程规范，只能是借用，而且是选择用。（2）作为一个工程类别的工程建设项目，应该有自己的规程规范。不能总是依托其它行业的标准和规范。也就是说，应该尽快出台农业工程设计标准、建设标准、验收标准"。

2009年住房和城乡建设部标准定额研究所（2009）关注到农村工程的标准化问题，发表了《科学推进农村工程标准化建设》文章，指出"农村工程建设正处于历史高峰期，应注重发挥农村工程建设标准的引导性和约束性作用，推广适用技术，保障工程质量，改善人居环境"；"农村工程建设标准要充分体现农村建设活动的特点，充分考虑标准的可实施性，突出地方标准、推荐性标准在新农村建设中的地位和作用"；"创新农村工程建设标准的实施方式，加强指导和监督，使农村工程建设标准在规划、建设以及运行管理全过程中得到有效落实"。文章阐述了农村建设取得的成就，分析了存在的问题及原因，提出了政策建议，认为"新中国成立以来，国家在工程建设标准化工作中投入了大量的人力、物力和财力，推动了这项工作的发展。截至目前，已颁布实施的工程建设标准 4 900 项，初步形成了国家标准、行业标准、地方标准相互协调配套、协会标准作为补充的标准体系，基本满足了工程建设活动的需要。从现有工程建设标准分析看，根据村镇建设的需要，满足村镇建设要求的标准数量少，不能满足当前新农村建设的需要，目前仅有《村庄整治技术规范》、《镇（乡）村排水工程技术规程》、《镇（乡）村文化中心建筑设计规范》、《镇（乡）村建筑抗震技术规程》、《镇（乡）村给水工程技术规程》、《镇规划标准》、《村镇建筑设计防火规范》等 7 项。另外，部分工程建设标准，如城镇建设、房屋建筑两个领域各专业的各项标准同时适用于城市和村镇建设，没有考虑城市和村镇经济和自然环境的差别，对农村建设的指导性、适用性不强。新形势下推进新农村工程建设标准化工作，要深入贯彻落实科学发展观，把新农村工程建设标准化工作作为战略任务，把加快形成城乡经济社会发展一体化新格局作为根本要求，突出体现工程建设标准在保障工程质量与安全、保护环境中的重要作用，围绕党的十七大提出的实现全面建设小康社会奋斗目标的新要求和建设生产发展、生活宽裕、乡风文明、村容整洁、管理民主的社会主义新农村要求，加快体制机制创新，突出重点，循序渐进，抓好专项标准，加快标准制定，完善标准体系，加强标准实施的指导监督，推动新农村建设又好又快发展"。

石彦琴等（2012）在《中国农业工程建设标准体系构架研究》一文中指出，农业工程是现代农业的重要内容之一，农业工程建设标准是贯彻落实农业工程建设目标的技术手段，农业工程建设标准体系是农业工程建设和标准制修订以及农业工程建设标准化的纲领性文件。在分析中国标准体系和工程建设标准体系研究的基础上，首次提出了中国农业工程建设标准体系构架，认为农业工程建设标准体系的构成应遵循统筹兼顾、逐项突破等原则，涵盖农田基础设施建设工程、农产品生产能力建设工程和农业生产辅助设施建设工程。农业工程建设标准体系构架可用层次结构和三维坐标来表示，从而为指导农业工程标准化建设提供依据。

2013 年的《农业工程技术（农产品加工业）》和《农业装备与车辆工程》期刊均刊载了《农业工程标准化建设全面启动》文章，文章说：为适应我国现代农业建设发展需要，有计划、有组织地开展农业工程建设的标准研究、标准制定和修订以及宣传贯彻等标准化工作，更好地服务政府主管部门，农业部规划设计研究院农业工程标准定额研究所、中国工程建设标准化协会农业工程分会、中国农业工程学会农业工程标准化专业委员会 2013 年 4 月 26 日在京成立。据介绍，随着我国现代农业建设的发展，农业工程建设任务越来越重，指导和规范农业工程建设行为的标准研究制定和修订，农业工程标准化的宣传贯彻等工作亟待加强。而目前我国农业工程标准主要侧重于浅表性的产品标准，缺少统一规范的工程建设标准。为了推动农业工程建设标准化，并充分发挥桥梁与纽带作用，在农业部、住建部、中国工程建设标准化协会和中国农业工程学会的支持下，农业部规划设计研究院成立了农业工程标准定额研究所；经中国工程建设标准化协会理事会表决通过、住建部批准、民政部登记，成立了中国工程建设标准化协会农业工程分会；经中国农业工程学会批准，成立了农业工程标准化专业委员会。这三个机构的成立，不仅填补了我国农业工程标准化组织机构的空白，还将通过农业工程建设标准体系的创建，为主管部门制定农业工程建设标准编制计划提供依据，通过组织机构和人才队伍的建设为农业工程标准化工作提供技术支撑。三个机构将成为我国农业工程建设标准的组织编制平台、发布实施平台和宣传普及平台，将对推动我国现代农业建设起到积极的促进作用。

石彦琴等（2013）以农业工程建设标准的分类及其体系为切入点，分析了美国农业工程建设标准的制定、实施和管理等现状。分析认为，美国农业工程建设标准的制定和实施以自愿性原则为主，管理主要依据相关的法律法规、规章制度，形成了适合美国国情的农业工程建设标准化管理体制和运行模式，因此，研究和借鉴美国农业工程建设标准化的经验和做法，可为中国农业工程建设标准的发展提供启示。

徐丽丽等（2013）采用文献分析的方法从管理理念、管理职能、管理机构及流程等方面对美国 ASABE 标准化管理体制的内容及特点进行研究，得到如下四点启示：①技术力量雄厚的标准编制委员会是关键；②通过公示及标准上诉等渠道为相关利益团体提供更多参与机会，使得标准与产业发展实际紧密结合；③宜建立稳定且多元的标准培训渠道，并与大学教育、研究生教育结合紧密，全方位实施标准教育；④积极推进标准的国际化，以此提高中国在国际市场及贸易中的话语权。

徐丽丽等（2014）于2013年10月赴美国实地考察了美国农业工程建设标准化管理的体制及机制。调查发现，美国没有建立农业工程方面的国家标准体系，标准化主要依靠市场驱动，管理机构以民间组织为主体、政府只是参与并不主导；标准编制属于民间活动，任何团体和个人都被提供参与标准制定的机会。通过考察得到以下启示：①标准立项应紧密联系市场需求，标准编制过程中要促进各个相关方的积极参与；②保持标准的先进性，积极引用国际标准并推动国内标准的国际化；③标准编制流程实现程序化和制度化；④专利授权推进标准应用；⑤利用标准化协会普及标准教育。

徐丽丽（2014）运用文献研究、专家访谈及实地考察等方法，从发展历程、标准体系、管理机构设施、管理职能与分工等方面研究了中国农业工程建设标准化管理的现状及问题。研究表明，我国农业工程建设标准化正处于快速上升的发展阶段，标准具有一定的数量规模，但标准发布机构多元造成标准的重复且分散，这使标准难以以系统的方式发挥作用；地方层面标准化管理机构不明确，这是影响标准应用的重要因素；标准宣贯、实施及其监管方面的职能目前尚未履行；建议未来管理工作应加强标准编制的技术委员会和标委会建设，并鼓励企业更多参与标准制定；明确职责分工、加强立法，使标准的实施与监督制度化。

石彦琴等（2016）通过系统介绍和分析欧盟农业工程建设标准制定、实施、管理等标准化工作，得出一些经验和启示，为中国农业工程建设标准化发展提供借鉴。认为"中国实行'统一管理，分工负责'的标准化管理制度，工程建设标准化的管理机构包括政府管理机构和非政府管理机构。工程建设标准由住房和城乡建设部统一管理，农业工程建设标准的政府管理机构是农业部，负责农业行业的工程建设标准化工作。非政府管理机构是中国工程建设标准化协会农业工程分会，该分会是政府部门联系标准化工作者的纽带和桥梁，接受政府部门的委托，组织制定和管理工程建设国家标准和行业标准。农业工程建设标准制定程序包括有关的部门、单位或个人提出标准编制需求—报相应的标准管理部门—标准管理部门提出计划项目建议—担任标准项目主编任务的单位或个人根据计划项目建议提出前期工作报告和项目计划表—经建设部审查同意后，正式下达标准编制工作的计划。对于行业标准和地方标准，编制计划下达后还应当报国务院建设行政主管部门备案。标准制定完成后，按照国家相关的法律法规实施"，而欧盟农业工程建设标准化的经验和启示有三方面："从标准执行效力看，欧盟标准有欧洲标准（EN）、协调文件（HR）、技术规范（CEN/TS）、技术报告（CEN/TR）、欧洲标准化委员会的研讨会协议（CWA）、指南（CEN Guide）等多种文件形式。欧盟不同类型标准之间的转化规则明确，标准制定体制凸显欧洲市场经济规律，提高整个欧洲在国际市场上的竞争力"；"中国的合格评定工作与标准制定部门不相关，一定程度上造成资源的浪费。欧盟标准化委员会有标准制定、合格评定等多项职能。中国应借鉴欧盟标准化委员会的做法，开展农业工程建设标准的检验和认证工作，可有效避免制定、检验、认证的相互脱节，加强三者的适应性和配套性，同时有助于标准特别是推荐性标准的实施"；"目前，中国正整合精简强制性标准，优化完善推荐性标准，培育发展团体标准。但不论何种类型的标准，都应该强化标准化部门和科技研发部门之间的联系，鼓励科研人员、企业等各种创新团体积极参与标准的编制。从项目立项到成果的产出，从标准立项到标准的发布实施，二者密切联系，使最新成果转化为标准，体现标准的前瞻性、科学性和权威性。同时也调动各种创新团体编制标准的积极性，保证标准制（修）订与市场需求相结合"。

赵跃龙等（2017）研究建立农业工程建设标准体系。运用文献资料查询、专家咨询和研讨等方法，对标准体系框架结构中专业维的划分与组成以及标准体系中标准明细表进行了深入的研究。研究确定农业工程建设标准体系框架结构中专业维包括六大专业 27 个门类，序列维包括建设过程中 12 个关键环节、层次维包括四个层次；明细表中包括现行标准 173 项，在编标准 8 项，待编标准 326 项。初步构建了中国农业工程建设标准体系，为农业工程建设标准制修订奠定基础。

徐丽丽著《我国农业工程建设标准化管理体系研究》（2017），针对如何确保中国农业工程建设标准有效实施的管理体系这一关键问题，主要研究内容包括以下三个方面：①标准化是国家创新系统的一部分。探讨与农业工程建设产业创新系统相匹配的标准化模式及其演进路线。②标准化的提出源于产业体系中的市场失败和系统缺陷的存在。因此，要从这两个角度出发来建立标准化管理体系的理论依据，结合中国农业工程建设行业的特点，明确市场失败和系统失败的具体内容。③弄清管理体系涉及的流程，应用于本研究。本书在理论研究的基础上通过调研对理论进行检验。然而，在有限的研究条件下，难以实现对理论进行深入的检验。理论检验部分主要采用了案例分析的方法。作者在案例研究中发现，地方温室建筑企业对国家标准的认知度低，这从一定程度上反映了现有的政府主导标准化模式与我国日益开放的农业工程建筑市场不适应。标准化理论研究滞后、制度缺失、教育滞后成为制约当前中国农业工程建设标准有效实施的重要原因。

2017 年 11 期《温室园艺》发布了《农业工程建设标准化研讨交流会在北京召开》的资讯，讯息介绍，"会议审议了第一届理事会工作报告，进行了换届选举，确定了未来的工作目标，并召开了农业工程建设标准化研讨交流会。会上，农业部规划设计研究院党委书记贾连奇表示，乡村振兴战略作为国家的七大战略之一，农业农村现代化是其中的重要内容，农业规模化、集约化、工程化、智能化都离不开标准化。但目前标准化进程还存在一定问题。住房城乡建设部标准定额司副处长周晓杰认为目前国内工程建设类相关标准的整体性、连贯性还有所欠缺。农业部农产品质量安全中心处长朱彧也认为农业各类标准之间存在交叉，容易造成管理混乱等问题。因此未来标准的制定工作还需统一规划、覆盖全面，做到不矛盾，不重复，不遗漏。为此，农业部规划设计研究院农业工程标准定额研究所所长赵跃龙表示未来农业工程建设标准化需建立健全规章制度和管理规范，加强对标准的研究工作，提高标准的编制水平。"

陈东等（2018）从农业工程项目建设的角度对标准体系框架进行了研究，在《现代农业工程项目建设标准体系框架研究》一文中指出，"农业工程项目是落实党中央和农业农村部党组系列重大政策、重大规划的重要载体。农业工程项目建设标准是指导农业工程项目科学决策和编制、评估、审核项目建议书、可行性研究报告、初步设计以及对项目建设全过程进行监督、检查和验收的重要技术依据。确保农业工程项目顺利实施，标准要先行"，现状分析认为截至 2018 年第三季度，"全国现行涉农项目标准共 471 项。其中，国家标准 7 项，行业标准 79 项，地方标准 374 项，团体标准 11

项。在项目类型方面，国家和行业项目标准主要围绕国家和部委涉农建设规划中的项目，地方标准则主要针对当地农业农村建设领域的热点项目，基本反映了当地农业农村的发展特点和趋势"，认为存在体系不够完善、交叉重复较多、编制更新缓慢三方面问题，认为"研究标准体系框架，首先要提出农业工程体系。对项目标准而言，其作用主要服务于政府投资决策，发挥贯彻农业产业政策、有效调控和引导政府投资方向、优化投资结构和提高投资效益的作用，应聚焦政府投资的重点方向和领域"，"研究分析'十三五'以来的中央 1 号文件和农业农村部 1 号文件，以及 30 余项国家和各部委出台的一系列涉农指导意见、战略规划、建设规划和工作通知"，认为"可按照三个层次表述当前政府投资重点支持的现代农业工程体系。即：五方面建设任务，24 个建设领域，44 项重点项目"（表 2-4）。

李洪坤等（2018）从农业工程建设标准化、农业工程建设标准化发展历史、农业工程建设标准化存在问题、农业工程建设标准化工作的思考四方面进行了论述；指出标准宣贯缺乏固定的渠道，具体执行和监督方面缺少明确的法律保障，管理交叉造成管理漏洞，标准编制质量不高和修订不及时；认为"过去，农业标准化工作更多的是围绕'浅表性'的消费品，这些'浅表性'的消费品的质量，很重要一方面，取决于工程、建设、设施、设备质量的状况及其稳定性和持续性。曾经，我们很多产品引起了消费者极度不满，很多粗制滥造的产品背后隐藏着的是工程建设、设施、装备不过关，质量、标准化水平低"，"通过实施工程建设标准，可以避免稀里糊涂地建，建完以后利用率很低"，建议要进一步提高认识，建立健全规章制度和管理规范，加强对标准编制的研究。

2021 年第 10 期《中国标准化》刊登了《农村标准化全面支撑美丽乡村建设》的文章，介绍了"农村标准体系建设与发展"和"重要标准发布实施"。其中介绍，"2013 年国家标准化管理委员会和财政部联合开展了农村综合改革标准化试点工作，截至 2021 年 6 月共开展农村综合改革标准化试点 141 个。同时，自 2014 年起，在市场监管总局标准技术司的指导下，中国标准化研究院会同全国 12 个省级标准化研究院 100 多名科研人员，研究探索涵盖农村公共基础设施、农村人居环境、农村生态保护、乡村治理等方面的符合中国特色的农村标准体系。在此基础上，市场监管总局、国家标准

表 2-4 现代农业工程项目建设标准体系框架

建设任务		建设领域		重点项目	在编	建议新编标准名称
一、农业生产能力基础	1	农村土地整治	(1)	西部生态建设地区农田整治工程		西部生态修复农田整治工程项目建设标准
			(2)	集中连片特殊困难地区土地整治工程		贫困地区耕地质量提升工程项目建设标准
	2	高标准农田	(3)	高标准农田建设工程	农田工程项目规范	
	3	耕地保护和质量提升	(4)	黑土地保护整理修复工程		东北黑土区耕地修复治理工程项目建设标准
			(5)	耕地后备资源集中区补充耕地工程		耕地后备资源补充工程项目建设标准
			(6)	耕地质量监测与评价	耕地质量监测与预警区域站（中心）建设标准	耕地质量长期定位监测控制点建设标准
	4	农田水利	(7)	小型农田水利设施建设		
	5	农业节水	(8)	高效节水灌溉技术规模化推广工程		
			(9)	旱作节水农业技术推广示范工程		
	6	农业科技创新与推广体系	(10)	农业重点学科实验室		
			(11)	农业科学实验站	农业科学观测试验站建设标准	
			(12)	农业科学试验基地		

（续）

建设任务	建设领域		重点项目	在编	建议新编标准名称
一、农业生产能力基础	7	现代种业	（13）种质资源保护利用项目	水产种质资源保护区建设标准；农作物种质资源库建设标准；农业野生植物资源鉴定评价中心建设标准；农作物种质资源库建设标准——低温种质库	农作物种植资源圃建设标准；家畜种质资源场建设标准；水产种质资源场建设标准
			（14）育种创新能力提升项目	农作物改良中心建设标准	农作物育种繁推一体化项目建设标准；畜禽育种繁推一体化项目建设标准；水产种业育种繁推一体化项目建设标准
			（15）品种测试项目		种畜禽性能测定站建设标准 羊；植物新品种测试中心建设标准；水产新品种测试项目建设标准
			（16）制（繁）种基地项目	国家级杂交玉米种子生产基地建设（南方）标准；水稻工厂化育秧建设标准；南方水稻集中育秧设施建设标准；主要农作物良种繁育基地建设标准（小麦）；主要农作物良种繁育基地建设标准（棉花）；果茶苗木良种繁育基地建设标准（果树）；种蜂场建设标准	

（续）

建设任务		建设领域		重点项目		在编	建议新编标准名称
一、农业生产能力基础	8	智慧农业		数字农业建设试点项目	(17)		数字农业试点县项目建设标准； 重要农产品全产业链大数据项目建设标准； 数字农业创新中心建设标准
	9	调整优化农业生产力布局		国家级、省级特色农产品区	(18)		特色粮经作物特优区建设标准； 特色园艺产品特优区建设标准； 特色畜产品特优区建设标准； 特色水产品特优区建设标准
	10	农业绿色化、标准化生产		标准化生产基地（示范场）	(19)	畜牧工程项目规范； 设施园艺工程项目规范； 渔业工程项目规范； 农作物生产基地建设标准（棉花）； 水产养殖场建设标准（含设施和池塘）	农业标准化示范区（县）建设标准； 标准化肉羊养殖小区建设标准
二、质量兴农战略	11	动植物保护能力提升		动物保护能力提升工程	(20)	畜禽尸体无害化处理设施建设标准； 动物疫病预防控制中心建设标准； 兽药检验机构建设标准； 动物卫生监督所建设标准； 县级水生动物疫病防治站建设标准； 畜禽尸体无害化处理厂建设标准； 外来入侵物种监测评估中心建设标准	陆生动物疫病病原学监测区域中心建设标准； 边境动物及陆生野生动物疫情监测站建设标准； 省级水生动物疫病防控监测中心； 动物防疫指定通道建设标准

（续）

建设任务	建设领域		重点项目	在编	建议新编标准名称
二、质量兴农战略	11	动植物保护能力提升	（21）植物保护能力提升工程		迁飞性害虫雷达监测站建设标准；农作物病虫疫情监测点建设标准；（省级）田间监测点建设标准；农药风险监测站点建设标准
			（22）进出境动植物检疫能力提升工程	动物检疫隔离场建设标准	进出境水生动物检疫隔离场建设标准
			（23）外来入侵生物综合防控工程		外来入侵生物综合防控示范区建设标准；生物天敌教育繁育基地建设标准
	12	渔业资源及生态保护工程	（24）国家级海洋牧场	海洋大型人工渔礁建设标准	国家级海洋牧场示范区建设标准
			（25）水生生物保护区		水生生物自然保护区建设标准
			（26）珍稀濒危水生物种保护中心		珍稀濒危水生物种保护中心建设标准
	13	农产品质量安全	（27）追溯管理信息平台		农产品质量安全追溯管理信息平台建设标准
			（28）监管队伍能力建设		

（续）

建设任务		建设领域		重点项目	在编	建议新编标准名称
三、农村一二三产业融合发展体系	14	农产品加工	（29）	农产品产地初加工设施建设项目	农产品产地后处理工程项目规范	
	15	农产品冷链仓储物流	（30）	鲜活农产品冷链物流设施建设项目	果蔬产地保鲜库建设标准	
			（31）	田头贮藏设施		田头贮藏设施建设标准
	16	农村电子商务基础设施	（32）	农产品电商出村试点	农村电子商务服务站（点）服务与管理规范	
	17	休闲农业和乡村旅游	（33）	休闲农业和乡村旅游精品工程		休闲农业特色村（镇）建设标准
四、农业绿色发展	18	农业环境突出问题治理	（34）	南方污染耕地修复治理工程		污染耕地治理与修复试点示范区建设标准
			（35）	典型流域农业面源污染综合治理工程		农业面源污染综合治理工程建设标准
	19	农业废弃物资源化利用	（36）	种养结合循环农业示范工程	有机肥工程技术标准；农业废弃物处理与资源化利用工程项目规范；大中型沼气工程建设标准；大型沼气工程建设标准	种养结合循环农业发展示范县建设标准；畜禽粪污资源化利用整县推进项目建设标准

（续）

建设任务		建设领域		重点项目	在编	建议新编标准名称
三、农村一二三产业融合发展体系	20	农业清洁生产	(37)	农业清洁化生产项目		农田保育设施建设标准；开展国家级稻渔综合种养示范区建设标准；农药化肥氮磷控源治理设施建设标准
	21	农业生产安全保障	(38)	区域性渔船避灾设施	沿海渔港建设标准；渔港建设标准	
			(39)	区域农机安全应急救灾中心	农机具停放场、库、棚建设标准	
	22	农村基础设施建设	(40)	农村清洁能源	能源化利用秸秆收储建设规范	
	23	农村公共服务体系建设	(41)	农村社区综合服务设施	农村文化活动中心建设与服务规范；农产品产地批发市场建设标准水产	
	24	农村人居环境整治	(42)	农村垃圾治理	农村生活垃圾处理导则	
			(43)	农村生活污水治理	农村生活污水处理导则	
			(44)	厕所革命	农村公共厕所建设与管理规范	

注：本表仅列出了原表中的在编和拟制定标准。
资料来源：陈东等，2018。

委联合多部委于 2020 年先后印发了《关于推动农村户用厕所标准体系建设的指导意见》（国市监标技〔2020〕122 号）和《关于推动农村人居环境标准体系建设的指导意见》（国市监标技〔2020〕207 号）。农村标准体系的建设，为全国范围内开展农村标准化工作提供了重要的顶层设计和理论基础"。"从技术层面有效支撑美丽宜居乡村建设，助推乡村振兴战略实施。2015年，发布实施首个美丽乡村建设原创性国家标准《美丽乡村建设指南》（GB/T 32000—2015），为开展美丽乡村建设提供了框架性、方向性技术指导，住建部、中央农办、财政部、环保部、农业部等五部委联合印发的《住房城乡建设部等部门关于开展改善农村人居环境示范村创建活动的通知》（建村〔2016〕274 号）将该标准作为全国美丽宜居示范村创建唯一依据。在农村人居环境改善方面，发布实施《农村公共厕所建设与管理规范》（GB/T 38353—2019）、《农村三格式户厕建设技术规范》（GB/T 38836—2020）、《农村三格式户厕运行维护规范》（GB/T 38837—2020）、《农村生活垃圾处理导则》（GB/T 37066—2018）、《农村生活污水治理导则》（GB/T 37071—2018）等系列国家标准，为农村地区厕所改厕、生活污水治理和生活垃圾治理提供了统一的要求，引导'厕所革命'规范化推进，有力促进了我国农村地区生活污水和垃圾的资源化利用和无害化处理。在农村公共服务方面，发布实施国家标准《村级公共服务中心建设与管理规范》（GB/T 38699—2020），对村级公共服务中心建设、管理等环节提出相应的要求，有效推动了村级公共服务中心的规范化建设和管理，切实发挥了村级公共服务中心在解决公共服务最后一公里问题方面的作用。在乡村治理方面，发布实施国家标准《村务公开管理规范》（GB/T 40088—2021），标准的实施使村务公开更加全面、真实、及时、规范，进一步深化了村民自治实践"。

（二）专业领域标准化相关问题探讨与实践

窦以松（1997）从任务来源、编制工作概况、规范的主要内容和有关问题说明、规范水平及效益初估、对下阶段工作的几点建议几方面介绍了国家标准《灌溉与排水工程设计规范》的编制。

王莉（2008）为了温室设施与装备领域标准化工作的需要，配合农业行业标准体系规划工作，分析了我国温室设施与装备标准的技术特点、制定标准的现状以及建立标准体系的重要性，总结了该领域标准化工作应该重点研究的内容，提出了温室设施与装备技术标准体系构成的设想以及开展标准化工作的建议与措施。

董保成等（2010）针对当时中国沼气工程发展迅速，沼气工艺先进，但是由于缺乏相应的沼气工程标准制定，在工程标准化、产业化等方面与国外先进水平仍有一定差距，在工程运行中仍存在投资大、经济效益差等问题，研究了中国沼气工程标准化的发展现状，并针对中国的发展现状提出了几点建议。

严婷婷等（2010）介绍了云南省农村清洁工程标准化建设的基本做法，提出了农村清洁工程标准化建设八种模式（以生活垃圾分类收集处理为主线的村庄生活废弃物处理模式，以沼气为纽带的人畜粪便资源化利用模式，以生态净化处理为目标的村庄生活污水净化处理模式，以设施农业为重点的农田径流和作物秸秆资源化利用模式，以病虫害综合防治为主体的无公害生产模式，以平衡施肥为基础的农田清洁生产模式，以乡村旅游为特色产业的庭院经济模式，以发展都市农业为理念的乡村物业管理模式），为农村清洁工程的标准化建设工作提供思路。

刘保安等（2011）阐述了农电基建工程标准化投运管理的内容及措施。

官丰峰（2011）就如何加强中国农村水利水电勘察设计标准化作业问题进行了研究与探讨。

黎明（2011）就如何加强中国农村水利水电勘察设计标准化作业问题进行了研究与探讨。

吴国平等（2013）从加强规划设计与设备材料的标准化建设和安装工艺的标准化实施两方面介绍了农网升级改造，尤其是10kV及以下的农网改造的标准化建设，有效实现农网精品工程目标的情况。

刘建等（2014）阐述了海南设施农业工程建设的背景，系统分析了海南设施农业工程建设行业的现状和实施设施农业工程标准化体系的可行性，结合海南省的实际情况，提出了规范海南设施农业工程标准化体系建设的相关建议。

宋亮等（2016）研究认为，近年来，虽然农村低压电网投入不断加大，但在建设规划、设备材料、工艺标准、安全管控、人员技术水平等方面还存在着不同程度的问题，导致低水平重复改造、施工质量得不到保证等现象存在。所以，只有进一步推进农网低压台区标准化建设，加强农网工程的过程管控，才能有效满足电力行业和农村发展的相关需求。

匡义等（2017）对富阳区农村水电站标准化创建中遇到的思想不重视、所有制多样、效益不理想、技术力量差、制度不完善等实际问题进行分类分析，并提出相关对策，认为农村水电站的标准化创建是农村水电站安全生产管理模式规范化的内在需求，是水利工程标准化创建的重要环节，也是巩固"五水共治"成果的重要举措。

章越峰（2017）从水利工程概况、标准化创建的成效和主要工作、工作中存在的主要问题和建议几方面对兰溪市水利工程标准化创建工作进行了综述。

缪月森（2017）主要针对农村配电网工程标准化管理相关措施进行研究，为提升农村供电提供依据。认为配电网是电网中最关键的环节，也是地区经济发展的基础。对于农村电网发展来说，配电网工程标准化建设与管理是重点。基于农村配断网工程建设标准化管理，对农村电力基础设施条件进行完善，优化电网结构，促进了供电水平的提高。

曹璐等（2018）针对典型地区农村供水工程标准化管理实践，梳理了管理重点和关键，总结相关经验，提出了问题和建议。

孙仕军等（2018）通过分析农业节水工程建设标准化现状，认为在技术标准体系构建方面，存在少数标准技术指导性不强、局部领域的标准项目划分不明确、个别项目不宜以标准形式发布、一些新兴农业节水技术尚未纳入标准等问题，提出了尽快建立合理的农业节水技术标准维护机制，对现有技术标准开展复审整顿工作，对发布时间 5 年以上的标准进行审核，将不适应经济社会发展的标准进行废止或修订；另一方面对内容交叉重复或功能相同的标准进行合并、清理和撤销，以保证技术标准的统一性等建议。

2019 年第 12 期《山西水利》刊登了《全省农村饮水安全工程标准化建设暨运行管理现场推进会在祁县召开》的文章，参会人员指出，要全面提升农村饮水安全工程标准化、规范化建设水平。

马维烨（2020）以 10kV 农配网为研究对象，从 10kV 农配网现状与改造的必要性、10kV 农配网升级改造工程标准化建设、10kV 农配网升级改造工程标准化建设成果、农配网改造升级需要注意的问题四方面对农配网升级改造工程的标准化建设进行了探讨，旨在提高农村电力系统的安全性和可靠性。

吴伟伟等（2020）介绍，祁县农村集中供水工程是山西省晋中市最大的农村供水工程。十多年来，祁县坚持建管并重，通过标准化建设，探索出"建得成、管得好、用得起、长受益"的祁县模式，逐步形成了"以水养水"的良性循环机制。对祁县农村集中供水工程的标准化建设进行了归纳总结，并提出了将标准化与节水相结合、将标准化与人才相结合、将标准化与经费相结合、将标准化与激励相结合、将标准化与大公司相结合的建议。

李光耀（2021）在《农村公路工程建设与质量控制研究》一文中提到"农村公路修建是提高当地经济发展的重要组成因素，但是目前在农村公路修建过程中存在部分问题，导致工程的质量难以达到预期的要求"，为此对农村公路工程的现状及建设过程中存在的问题进行了分析，如"在工程施工过程中，存在施工现场组织混乱、原材料把关不严、部分项目不按规范施工、建设管理粗放、管理制度执行不力等问题。对于公路设计来说，设计者并没有进行有效的内部控制，导致质量问题经常发生。此外，由于负责设计公路的工作者能力不足，在设计过程中没有根据农村公路建设资金及实际情况考虑，导致设计图纸存在一定的问题"。提出了农村公路工程的设计原则和技术准则、农村公路工程的质量控制原则和农村公路工程的质量控制措施。文章虽然没有提到标准化问题，但对该领域的标准化需求具有启示作用，有参考价值。

张焘（2021）在《农村供水工程建设》中指出，"在农村供水项目工程的建设过程中需要严格参照相关建筑行业的标准进行作业。不过某些供水项目工程的建设标准相对单一，缺少统一的表转化相关制度，造成在农村供水工程项目建设过程中可能发生非常多的问题，相关的标准和制度与实际项目工程建设过程存在比较大的差异。一些工程的项目管理工作执行不到位，尽管执行了集中净化的操作工作，不过在实际检验中却出现指标不合格、管理缺失等问题，严重影响广大居民的日常饮水安全，不能适应当地群众的日常用水需要"。

汪振忠（2021）在《浅谈农村饮水安全工程建设与管理》一文中强调，

现阶段，农村广大农民群众对饮水安全的要求不断提升，但是通过对农村饮水安全工程现状进行分析，发现农村饮水安全工程存在许多问题，限制了其作用的发挥。因此，需要不断强化建设和管理，以多种途径不断提升饮水安全工程质量和水平。虽然文中未提到标准化问题，但涉及人身安全的标准化问题是需要重视的。

四、中国现行农业农村工程相关标准

截至 2022 年 5 月 30 日，检索到的针对农业农村产业、生活相关活动而制定、涉及农业农村工程内容的现行国家标准 175 项、行业标准 349 项、地方标准 69 项、团体标准 128 项（附表 1 至附表 4）。所谓"涉及农业农村工程内容"，指的是这些标准有可能在农业农村工程活动中被使用或借鉴。例如，全国植物检疫标准化技术委员会（SAC/TC 271）制定的《GB/T 37278—2018 建立非疫产地和非疫生产点的要求》，虽然是适用于对输入植物、植物产品和其他限定物的植物检疫的标准，而且没有直接涉及建设选址、规划、设计等工程相关的条款，但标准涉及的"非疫产地"和"非疫生产点"概念，以及建立"缓冲区"等的要求，可能在从事引进作物种植生产活动中遇到相关问题时被借鉴，所以也被纳入其中。又如，全国物流标准化技术委员会（SAC/TC 269）制定的《GB/T 38375—2019 食品低温配送中心规划设计指南》，虽然不是直接针对农产品而制定的，但食用农产品本身就是食品，标准中给出的食品低温配送中心规划设计的总体原则，以及就规划设计、主体建筑、核心功能区、道路及动线、作业设备选用、信息化管理等提出的设计和规划参考的标准和方法，在乡村产业的规划、设计与建设中是可以被使用或借鉴的。这里所说的"有可能在农业农村工程活动中被使用或借鉴"，不包括非针对农业农村领域制定的、有可能被使用或借鉴的一些基础性、通用性标准，例如建筑行业制定的、在各专业设计中可能被使用的各领域通用的标准，又如类似《GB/T 35580 建设项目水资源论证导则》这样的各行业通用的标准，也不包括可能被建设工程使用的材料、机电设备等产品类标准等。总之，检索这些标准，不是为了构建农业农村工程标准体系，而是为了了解农业农村工程领域开展标准化工作的情况以及可能涉及的领域和专业内容。

国家标准中，强制性标准有 25 项，指导性文件有 12 项。行业标准涉及电力行业、供销合作行业、环境保护、机械行业、粮食工程建设行业、林业行业、农业行业、国内贸易行业、出入境检验检疫行业、土地管理行业、烟草行业，其中标准数量最多的是农业行业标准 216 项，其他较多的有水利行业标准 32 项、国内贸易行业标准 17 项、环境保护标准 12 项、水产行业标准 9 项。地方标准涉及北京、天津、河北、吉林、上海、江苏、浙江、安徽、江西、湖南、四川、陕西、新疆。团体标准涉及中国畜牧业协会、中国奶业协会、中国生产力促进中心协会、中国城市规划学会标准化工作委员会、山东标准化协会、山东省蔬菜协会、山东园艺学会、上海市设施农业装备行业协会、深圳市设施农业行业协会等 68 个组织，最早的团体标准是中国林业与环境促进会制定的《T/CCPEF 001—2016 中国生态城镇评定规范》和《T/CCPEF 002—2016 全国生态养生示范村建设技术规程》标准。

分析这些现行标准，可以总结出以下几方面特征。

（1）从现行的国家标准和行业标准看，有多个行政部门或标准化技术委员会制定的标准中涉及农业农村工程相关内容，农业部（现农业农村部）内行政机关涉及科技教育司、发展计划司（现发展规划司）、计划财务司、市场与经济信息司（现市场与信息化司）、农产品质量安全监管局（现农产品质量安全监管司）、种植业管理司、畜牧兽医局、农产品加工局（乡镇企业局）（现乡村产业发展司）、农业机械化管理司、渔政渔港监督管理局（现渔业渔政管理局），所属事业单位有农业工程建设服务中心和农业生态与资源保护总站，标准化技术委员会有全国畜牧业标准化技术委员会（SAC/TC 274）、全国沼气标准化技术委员会（SCA/TC 515）、全国农业机械标准化技术委员会农业机械化分技术委员会（SAC/TC 201/SC 2）等。从标准归口管理角度看，标准化技术委员会相对稳定，不会受国家行政机构改革的影响。

（2）现行强制性国家标准主要是由"国家卫生健康委员会"和"住房和城乡建设部"制定的，共计 25 项，占国家标准总数的 14.3%，内容主要涉及生产场所、设施的安全与卫生，农村公共场所、生活场所的卫生，与新建、扩建、改建时的规划、设计有关。

（3）按照适用领域，将标准分为种植业、畜牧业、渔业、乡村产业、农村生活与环境、生态与自然保护、农村能源与资源和公用类，另外加上支撑工程建设标准化的基础类共9类。基础类是农业农村工程建设标准化的基础性标准，指导各领域开展标准化活动；公用类指涉及的标准化对象适用于各类，或者说是各类工程建设的基础条件、基础设施，如土地、水、电等的相关标准；种植业是从事植物类农作物生产涉及活动所归属的类别，包括种植供人类食用的粮、油、果、蔬以及中药材、烟草等，也包括种植饲喂畜禽所用的植物饲料原料作物，还包括种植获取能源用的原料作物，涉及活动覆盖全产业链，包括种植生产环境、种植生产过程各环节、产地初加工、储运、废弃物处理等产前、产中和产后的各个环节；畜牧业是从事动物类农产品生产涉及活动所归属的类别，包括供人类食用的畜、禽、蜂等动物产品（含蛋、奶、蜂蜜等）的饲养或放牧生产，也包括作为原料供应的蚕饲养生产，还包括作为宠物供应的宠物饲养生产等，涉及活动覆盖全产业链，包括养牧生产环境、养牧生产过程各环节、屠宰等产地初加工、储运、废弃物处理等产前、产中和产后的各个环节；渔业是从事水生动植物类农产品生产涉及活动所归属的类别，涵盖江、河、湖、海等水域，也包括工厂化养殖，涉及活动覆盖全产业链，包括生产环境、生产过程各环节、初加工、储运、废弃物处理等产前、产中和产后的各个环节；乡村产业类指除种植、畜禽养牧、水产等农产品生产以外的、利用乡村条件所从事的产业，还包括为农产品生产服务的产业，如乡村旅游业、物流业、信息化服务产业等；农村生活与环境类主要指关系到农民生活环境的建设工程相关的内容；生态与自然保护类指乡村区域内自然生态和自然保护相关建设工程所涉及内容；农村能源与资源类以沼气为主，涉及太阳能、农业废弃物综合利用等工程建设相关内容。分类别统计的国家标准、行业标准、地方标准和团体标准数量以及占比情况如表2-5所示。

表2-5 分类统计的标准数量与占比

单位：个，%

序号	分类	国家标准		行业标准		地方标准		团体标准		总计	
		数量	占比	数量	占比	数量	占比	数量	占比	数量	占比
1	合计	175		349		69		128		721	
2	基础	0	0.0	10	2.9	0	0.0	6	4.7	16	2.2

（续）

序号	分类	国家标准		行业标准		地方标准		团体标准		总计	
		数量	占比	数量	占比	数量	占比	数量	占比	数量	占比
3	公用	9	5.1	39	11.2	1	1.4	0	0.0	49	6.8
4	种植业	(54)注	30.9	(135)	38.7	(24)	34.8	(83)	64.8	296	41.1
5	畜牧业	(31)	17.7	(61)	17.5	29	42.0	(25)	19.5	146	20.2
6	渔业	16	9.1	(20)	5.7	(9)	13.0	3	2.3	48	6.7
7	乡村产业	(29)	16.6	19	5.4	7	10.1	6	4.7	61	8.5
8	农村生活与环境	(26)	14.9	12	3.4	0	0.0	1	0.8	39	5.4
9	生态与自然保护	5	2.9	(16)	4.6	0	0.0	3	2.3	24	3.3
10	农村能源与资源	(10)	5.7	48	13.8	1	1.4	(8)	6.3	67	9.3

注：标准适用于两类或更多的用括号标出，类别中均计入其数量。例如，行业标准中，有 4 项既适用于种植业，也适用于畜牧业和渔业；有 2 项既适用于种植业，也适用于畜牧业；有 1 项既适用于种植业，也适用于生态与自然保护。

（4）种植业和畜牧业标准占标准总数的 61.3%，其中种植业类占标准总数的 41.1%。在种植业类标准中，有 33.8% 的标准从标准名称看不属于工程建设类标准范畴，主要是针对生产活动而制定的标准，但内容涉及诸如项目条件等对工程建设要求的条款，说明对工程建设的要求是普遍存在的。换言之，工程建设相关内容是开展生产活动的前提和基础，也是生产过程实现标准化的保障，那么涉及工程建设相关内容的这些针对生产活动所制定的标准要付诸实施，是否需要通过工程建设类标准的制定才可实现，是值得研究的。或者说，在制定农业农村工程范畴标准时，是否需要考虑和如何考虑这些相关标准所提出的要求是需要研究的。同时暴露出的问题是，如果标准不成体系，相互间不贯通，标准的价值是会打折扣的，从不同需求出发制定出的标准如果存在矛盾或不统一的情况，标准的价值就更难实现。另外，在进行工程建设活动时，相关的规划、设计人员是否能关注到这些标准也是存在疑问的。还有一些项目建设标准，内容仅涉及建设选址要求，也不能完全属于工程建设标准的范畴，例如《NY/T 2627—2014 标准果园建设规范 柑橘》等系列标准，虽以果园建设为标准化对象，但栽培管理、采后处理、产品要求、组织与质量管理等却占据了大部分内容。可见，生产过程对基础设施的要求是普遍存在的，农业农村工程建设相关标准的制定与实际需求间是存在差距的，在农业农村工程领域如何通过标准化去满足要求以及工程的标准化问题是需要探究的。

（5）农业农村工程活动涉及面广，标准化主题类型多样，许多标准化主题还可产生多个分支，例如，NY/T 847 至 NY/T 857 系列是关于作物生产产地环境条件要求的标准，以不同植物种类（有的涉及品种）分别制定了标准；又如，杨凌农科品牌建设联合会制定的杨凌设施农业协会分别制定的 FDCSDP - 17 - 5.5 型、FDCSDP - 18 - 6.0 型、FDCGP - 18 - 6.0 型、DCS-DP - 18 - 5.0 型、FDCSDP - 20 - 6.0 型塑料棚标准。说明标准化对象的多样性和复杂性。

（6）农业农村工程所涉及活动关联到多个国家行政机构（国务院组成部门和直属机构）、行业组织和事业单位，仅从国家和行业标准制定情况看，除农业农村部外，还有住房和城乡建设部、生态环境部、水利部、自然资源部、国家卫生健康委员会、国家市场监督管理总局、海关总署等行政机构，以及中国商业联合会、中华全国供销合作总社、中国标准化研究院、农业农村部农业工程建设服务中心、中国预防医学科学院等行业组织或事业单位。这些机构或组织均不属于标准化技术委员会体系之列。自1949年中华人民共和国成立，国家行政机构历经了多次改革，行政机构的名称可能被调整，隶属关系也可能发生变化，行政职能范围可能发生改变，但标准是相对稳定的文件，不可能随之进行改动，那么在某个时间节点查阅到的标准会存在同一归口部门有不同名称的现象，也存在同一标准化主题在不同时期由不同部门归口，归口于早期的行政部门可能已经不存在，长期处于"现行"状态的标准，是否需要复审和修订或废除难以做到及时纳入管理。例如，现行国家标准《GB/T 19220—2003 绿色批发市场》和《GB/T 19221—2003 绿色零售市场》，是由原国家经济贸易委员会提出制定的，而2003年的国务院机构改革不再保留国家经济贸易委员会，之后机构改革在2008年和2018年又历经了两次，类似这样的现行标准对使用者来说会造成困惑。新《中华人民共和国标准化法》规定"行业标准由国务院有关行政主管部门制定"，"制定推荐性标准，应当组织由相关方组成的标准化技术委员会，承担标准的起草、技术审查工作"，只有通过标准化技术委员会才可能理顺标准归口关系，才能对现行标准做到及时复审。

（7）有些与行政管理结合紧密的标准，标准归口与标准适用领域管理归口不一致，那么这些标准是否存在需要协调的问题以及如何推行实施和体现其价值是值得探究的。例如，归口于中国标准化研究院的 GB/Z 35035 至 GB/Z 35045 系列标准，适用于产业精准扶贫项目，标准中规定的条款是否能够在各级行政机构管理的扶贫项目中得以推行决定了标准的使用价值。通常情况下，这类标准属于为支持公共政策目标而制定的标准，只有得到公共政策的制定者和实施管理者关注和重视，才可能被推行和使用，体现其价值。标准化的目的之一是支持公共政策的实施，通过标准在技术层面上为规章制度的建立提供有力支撑，那么这类标准的归口管理是需要与政策制定管理协调统一的。

（8）存在多个归口管理部门围绕同一主题制定标准的现象，现行并存的多个标准可能涉及相同内容，同一内容在不同标准中的规定可能不一致，另外还存在不同时期制定的标准中对相同内容规定不统一的问题。那么，这些问题会对使用者造成困难，而及时复审、修订或废止是解决问题的途径。例如，围绕高标准农田建设，2012 年由农业部发展计划司归口制定了《NY/T 2148—2012 高标准农田建设标准》，同年国土资源部归口制定了《TD/T 1033—2012 高标准基本农田建设标准》，2014 年由全国国土资源标准化技术委员会（SAC/T 93）归口制定了《GB/T 30600—2014 高标准农田建设 通则》标准，2016 年又制定了《GB/T 33130—2016 高标准农田建设评价规范》，2022 年由农业农村部归口对 GB/T 30600 进行了修订。NY/T 2148 中规定的高标准农田建设内容包括田间工程和田间定位监测点，其中田间工程主要包括土地平整、土壤培肥、灌溉水源、灌溉渠道、排水沟、田间灌溉、渠系建筑物、泵站、农田输配电、田间道路及农田防护林网等，田间定位监测点包括土壤肥力、墒情和虫情定位监测点的配套设施和设备。TD/T 1033 中规定的高标准基本农田建设内容主要包括土地平整工程、田间道路工程、农田防护与生态环境保持工程以及其他工程。GB/T 30600 的第一版中高标准农田建设内容包括土地平整、土壤改良、灌溉与排水、田间道路、农田防护与生态环境保护、农田输配电以及其他工程，在 2022 年的修订版中调整为田块整治、灌溉与排水、田间道路、农田防护与生态环境保护、农田输配电及其他工程。《NY/T 2148—2012 高标准农田建设标准》中将全国高标准农田建设划分为东北区、华北区、东南区、西南区和西北区 5 大区、15 个类型区，《GB/T 30600—2022 高标准农田建设 通则》中将全国高标准农田建设区域划分为东北区、黄淮海区、长江中下游区、东南区、西南区、西北区、青藏区 7 大区域。从标准修订工作可以看到，标准的归口管理正在逐步理顺，那么新标准出台后，现行旧标准也需要及时修订。可见，标准的归口管理非常重要，尤其与行政管理关系密切的标准，那么在任何一个时间点上被检索到相同内容规定不一致时都会令使用者产生困扰，关联标准及时复审也很重要，只有工作及时到位才可提升标准存在的价值。

（9）在国家标准和农业行业标准层面上，农业农村工程建设标准以及涉及农业农村工程建设内容的标准中，宏观规定或要求较多，而落实这些宏观规定以及为符合其要求而制定的实施、操作层面的标准相对不足，显然标准体系有待构建，更需要从专业技术层面研究制定相关标准。例如，《GB 55027—2022 城乡排水工程项目规范》是强制性国家标准，关于乡村有 6 条规定，即"4.1.11 乡村污水系统的规模应根据当地实际污水量和变化规律确定；4.1.12 乡村污水处理和污泥处理应因地制宜，优先资源化利用；4.1.13 乡村严禁未经处理的粪便污水直接排入环境；4.1.18 乡村污水应结合各地的排水现状、排放要求、经济社会条件和地理自然条件等因素因地制宜选择处理模式，应优先选用小型化、生态化、分散化的处理模式；4.1.19 乡村污水处理应根据排水去向和排放标准选择合理的处理工艺，应优先考虑资源化利用；4.4.23 乡村生活污水处理产生的污泥应按资源化利用的原则处理和处置"，全部是原则性的规定，这些规定的实现是否需要制定其他标准和如何通过标准来实现是值得研究的。

（10）团体标准于 2016 年开始制定，在 2017 年修订版《中华人民共和国标准化法》（以下简称《标准化法》）发布之前，发展迅速，截至检索日期，数量已是国家标准和行业标准总和的 24.4%。最早制定的相关团体标准是《T/CCPEF 001—2016 中国生态城镇评定规范》和《T/CCPEF 002—2016 全国生态养生示范村建设技术规程》，由中国林业与环境促进会制定，说明乡村振兴相关工程建设中的标准化问题早已被社会关注和重视，全社会力量汇聚支撑乡村振兴的参与度也很高。从中国城市规划学会标准化工作委员会制定的《T/UPSC 0001—2018 小城镇空间特色塑造指南》和《T/UP-

SC 0004—2021 特色田园乡村建设指南》以及中国小康建设研究会制定的
《T/ZGXK 002—2021 乡村振兴示范村评价标准指南》标准内容看，也说明
了这一点。团体标准制定的另一个特点是，由于社会力量的参与，先进技术
运用于农业农村工程的标准化问题能更快地被研究，新兴产业的标准地位也
有显现，如中国生产力促进中心协会 2020 年制定、出台了《T/CPPC 1012
生猪健康管理及智能化疾病诊治系统建设规程》、《T/CPPC 1013 生猪智能
化养殖云平台技术规程》、《T/CPPC 1014 养殖智能设备物联实施规程》、
《T/CPPC 1015 猪场数据智能采集规程》、《T/CPPC 1016 规模化猪场智能
环境控制系统建设规程》、《T/CPPC 1017 生猪数字化精准饲喂管理系统建
设规程》、《T/CPPC 1019 智能猪场建设和评定规程》系列标准。还有，团
体标准中，标准化对象更为具体，如上海市设施农业装备行业协会制定出
《GSW84 系列连栋塑料薄膜温室》、《VSWQ124 系列屋面全开式塑料薄膜温
室》和《VBWJ124 系列玻璃温室》3 种系列温室的标准，杨凌设施农业协
会制定出《FDCSDP—17—5.5 型双层保温大棚建造规程》、《FDCGP—18—
6.0 型拱棚建造规程》、《FDCSDP—18—6.0 型双层保温大棚建造规程》、
《DCSDP—18—5.0 型双层保温大棚建造规程》、《FDCSDP—20—6.0 型双
层保温大棚建造规程》5 种型式的大棚标准。与国家标准或行业标准不同的
是，团体标准普遍都不对社会公开，标准化发挥传播科学知识、推广先进技
术的作用不如国家标准或行业标准强。

　　（11）团体标准在中国还属于新事物，自 2017 年新《标准化法》确立其
地位以来只有 5 年的时间，标准定位是否准确、标准化对象以及规范内容与
行业标准或国家标准间是否需要协调还有待探索，一些属于行政事务活动范
畴的内容是否适合制定团体标准也需要研究，行政主管部门对团体标准制定
的规范、引导和监督也有待逐步建立。团体标准设置的初衷是为了推动新产
品、新业态、新模式发展，促进高质量产品和服务供给，以需求为导向制定
标准。团体内部不但制定标准，还需自律、自觉应用标准并依照标准为社会
提供产品和服务。如果与初衷偏离而任由团体发挥和制定一些并非促进内部
秩序建立的标准，势必会对全局标准体系构建形成干扰；如果标准化工作机
制不健全，管理不规范，标准质量不高，那么就丧失了团体标准制定的意义
和价值。

（12）农业农村工程属于高度综合性的建设工程，某特定工程可能具有多种功能，可能会涉及多个不同的学科专业，从归属管理来讲可能隶属于多个行业行政部门，这些都决定了农业农村工程标准的复杂性。例如，沙棘生态建设工程就是一个典型例子。水利部建设沙棘生态工程的出发点是为了水土保持和防沙治沙，而工程所带来的效益可以发展沙棘种植业，产业链条还可以进一步延伸。所以，水利部不但制定了《SL 350—2006 沙棘生态建设工程技术规程》标准，还制定了《SL 283—2003 沙棘种子》、《SL 284—2003 沙棘苗木》、《SL 494—2010 沙棘果叶采摘技术规范》以及《49SL 493—2010 沙棘籽油》（已废止）和《SL 353—2006 沙棘原果汁》（已废止）等配套标准。

（13）由于农业生产和乡村振兴工作的需要，许多关系到农业农村工程建设要求的内容是分散在非农业农村工程建设专属性的其他标准中的。例如，《NY/T 3189—2018 猪饲养场兽医卫生规范》，在"3.1"中规定，"选址、布局和设施设备等应达到饲养场动物防疫条件的要求，依法取得《动物防疫合格证》"；在"4.3.1"中要求，"建有与饲养规模相适应的污水、污物的清洗消毒设施设备"；在"8.1"中要求，"建有与饲养规模相适应的污水、污物、病死猪的无害化处理设施设备"。这些都是针对工程建设工作提出的要求，是需要通过工程建设专属性的标准来落实到位的，否则这些要求的效益和标准的价值就很难实现。那么，对于类似这些分散在产品或生产工艺、过程标准中的工程建设相关要求或生产的基础性技术条件，从工程角度如何落实，如有不同版本时依据哪一版本去落实，通过什么方式可以渗入到工程活动（如规划、设计等活动）中，都是值得研究的。至少说明，以工程建设相关内容为对象的标准化需求是存在的，而从工程角度研究、制定标准的活动相对滞后。那么，由于缺乏农业农村工程建设专属性标准，相关的要求就更容易出现在非专属性标准中，也更容易出现多渠道、多版本（意味着多标准）的问题，甚至不统一和相互矛盾的问题。又如，2019 年 4 月中华人民共和国国家卫生健康委员会发布了《GB 37489 公共场所设计卫生规范》系列强制性国家标准，该系列标准的第 1 部分"总则"中，规定了新建、改建、扩建公共场所的基本要求及选址、总体布局与功能分区、单体、暖通空调、给水排水、采光照明、病媒生物防治的通用设计卫生要求；此外，还在其他部分对专门场所进行了规定，如第 2 部分的"住宿场所"。那么，就农业农村部管理范围涉及的产业内容而言，已经不局限在种植业、养殖业、渔业以及农产品加工业，还涵盖了乡村特色产业、休闲农业等，有些产业会关系到有人员汇集、流动的公共场所（如农家乐设施），那么在相关工程建设中，类似强制性国家标准的要求以何种方式或是否需要制定标准加以落实是需要研究的，毕竟在人们的通常观念中，农村提供休闲服务公共场所时与城市相比是有所不同的。

（14）标准本身是有生命周期时限的，标准作用的发挥离不开长期的、持续性的标准化工作。有专业性的标准化技术委员会归属的标准，后续的复审和修订相对比较及时，而许多无标准化技术委员会归属的标准管理，往往会因为行政部门业务管理范围调整受到影响。国家标准中超过 5 年未修订的占 54.3%，超过 10 年未修订的占 25.7%；行业标准中超过 5 年未修订的占 75.9%，超过 10 年未修订的占 35.8%。可见，如何进行标准归属管理是值得探讨的问题。

（15）还有一些标准，虽然标准名称冠以"建设"，但不属于工程建设标准的范畴，工程建设相关内容少，标准内容与标准名称的符合程度不高，容易产生歧义。例如，现行农业行业标准《NY/T 2136—2012 标准果园建设规范 苹果》、《NY/T 2627—2014 标准果园建设规范 柑橘》和《NY/T 2628—2014 标准果园建设规范 梨》3 项标准，均归口于全国果品标准化技术委员会（SAC/TC 510），"苹果"标准规定了"苹果园地要求、栽培管理、采后处理、质量控制等内容"，"柑橘"标准规定了"柑橘园地要求、栽培管理、采后处理、产品要求、组织与质量管理等内容"，"梨"标准规定了"梨园地要求、栽培管理、采后处理、产品要求、质量控制等内容"。显然，标准中虽涉及园地要求，但与通常人们所说的果园建设涉及的内容相去甚远，更像是果园的生产管理标准。分析原因，有可能是为了创建标准化果园而制定的标准。正因为中文词汇存在多义性，使用时更需要认真斟酌，尤其用于标准名称时更需要考虑其使用的准确性和逻辑性，不然会对标准使用者造成困扰。

（16）农业农村工程建设相对于其他领域工程建设，所涉及学科专业更为复杂，说明农业农村工程涉及标准化内容复杂，相关活动管理涉及多个部门，部门间制定的标准交叉、重复，甚至要求不一致，对标准执行者造成困扰。例如，对于蔬菜产地的要求，2004 年农业部发布了《NY/T 848—2004 蔬菜产地环境技术条件》标准，2006 年国家环境保护总局发布了《HJ 333—2006 温室蔬菜产地环境质量评价标准》，虽然标准名称不同，但对于设施蔬菜基地建设都适用。两项标准都有土壤环境质量指标限值、灌溉水质量指标限值和环境空气质量指标限值，但从两项标准的内容看，有许多指标并不一致。

参考文献

曹璐，陈俊，黄彩进，刘栋，陈彪. 典型地区农村供水工程标准化管理关键问题探讨及建议 [J]. 浙江水利科技，2018，2：24 - 26.

陈东，王志强，张晓亚. 现代农业工程项目建设标准体系框架研究 [J]. 中国工程咨询，2018，12：32 - 39.

董保成，赵凯，贾照良. 我国沼气工程标准化发展现状 [J]. 农业工程技术（新能源产业）2010，11：2 - 3.

窦以松. 关于国家标准《灌溉与排水工程设计规范》的编制 [J]. 水利水电标准化与计量，1997，4（5）：6 - 9.

官丰峰. 浅谈加强农村水利水电勘察设计标准化作业 [J]. 科学之友，2010，3（9）：34 - 35.

孔希，千山. 介绍苏联机器制造用灰生铸铁件及钢材检查标准 [J]. 机械，1951，2：62 - 70.

匡义，王志斌. 杭州市富阳区农村水电站标准化创建的问题及对策探讨 [J]. 浙江水利科技，2017，6（214）：69 - 70，74.

黎明. 加强农村水利水电勘察设计标准化的分析 [J]. 企业技术开发，2011，30（18）：114，118.

李光耀. 农村公路工程建设与质量控制研究 [J]. 工程技术研究，2021，18：199 - 200.

李洪坤，赵跃龙. 农业工程建设标准化的思考 [J]. 工程建设标准化，2018，4：64 - 66.

刘保安，胡虹，张小兵，王涛，杨华，洛青. 农电基建工程标准化投运管理 [J]. 中小企业管理与科技（上旬刊），2011，6：49 - 50.

刘建，庞真真. 海南设施农业工程标准化建设的分析与建议 [J]. 热带农业工程，2014，38（3）：22 - 24.

吕崇楼，焊道的符号——苏联国定标准 5263 - 50 [J]. 机械制造，1954，5（4）：47 - 48.

罗卓云. 介绍几个有关标准直径和长度及公差与配合的苏联新标准（一）[J]. 机械制造，1956，7（7）：47 - 49.

马维烨. 关于 10 kV 农配网升级改造工程的标准化建设探讨 [J]. 无线互联科技, 2020, 10: 138 - 139.

麦赫拉孜, 宋世仁. 苏联机械制图标准概述 [J]. 机械制造, 1952, 3 (2): 26 - 31.

缪月森. 农村配电网工程建设中的标准化管理策略 [J]. 中国新技术新产品, 2017, 6 (下): 132 - 133.

蒲长城. 在全国采用国际标准工作会议上的讲话 (摘登) [J]. 中国石油和化工标准与质量, 2008, 2: 3 - 6.

石彦琴, 赵跃龙, 霍剑波, 孙荣. 美国农业工程建设标准化概述 [J]. 世界农业, 2013, 11 (总 415): 137 - 157.

石彦琴, 赵跃龙, 李笑光, 李树君, 杨旖旎. 中国农业工程建设标准体系构架研究 [J]. 农业工程学报, 2012, 28 (5): 1 - 5.

石彦琴, 赵跃龙. 欧盟农业工程建设标准化研究 [J]. 世界农业, 2016, 2 (总 442): 29 - 32.

宋亮, 孙亚忠, 高秀芳, 刘红蕾, 丁锐. 农网低压台区标准化建设存在的问题及对策 [J]. 农村电工, 2016, 9: 36 - 37.

苏俄教育部. 苏联中学五至十年级数学课学生成绩评定标准 [J]. 数学通报, 1953, 6: 25 - 29.

孙仕军, 朱振闯, 李娜, 姚彬, 许建中. 中国农业节水技术标准化建设现状与发展对策 [J]. 排灌机械工程学报, 2018, 36 (10): 990 - 994.

陶丽春. 农业工程标准化动态 [J]. 农业工程, 1981, 5: 5.

汪振忠. 浅谈农村饮水安全工程建设与管理 [J]. 绿色环保建材, 2021, 11: 172 - 173.

王莉. 关于构建我国温室设施与装备标准体系的思考 [J]. 上海交通大学学报 (农业科学版), 2008, 2 (5): 357 - 362.

王乃滢. 苏联的盐酸、硫酸和硝酸的标准规格 [J]. 化学世界, 1952, 7: 20.

王忠敏. 标准化新论——新时期标准化工作的思考与探索 [M]. 北京: 中国标准出版社, 2004.

王忠敏. 新中国标准化七十年 [J]. 中国标准化, 2019, 9 (总 553): 16 - 19.

韦拉, 刘伯英. 从 "一汽" "一拖" 看苏联向中国工业住宅区标准设计的技术转移 [J]. 工业建筑, 2019, 49 (7): 30 - 39.

吴国平, 李清. 10kV 及以下农网升级改造工程的标准化建设 [J]. 工程技术, 2013, 5: 106.

吴伟伟, 秦海斌. 祁县农村集中供水工程标准化建设和运行管理的实践与探讨 [J]. 中国水利，2020，13：62-64.

徐丽丽，霍建波，赵跃龙，李纪岳．美国农业工程建设标准化管理［J］．世界农业，2014，3（总419）：25-29.

徐丽丽，赵跃龙，李树君，李纪岳，刘思．美国ASABE农业工程建设标准化管理体制及其对我国的启示［J］．天津农业科学，2013，19（11）：31-36.

徐丽丽，赵跃龙，李树君．我国农业工程建设标准化管理研究［J］．天津农业科技，2014，20（11）：100-105.

徐丽丽．我国农业工程建设标准化管理体系研究［M］．北京：中国农业出版社，2017.

严婷婷，王红华，孙治旭，李树萍，杨家全．云南省农村清洁工程标准化建设初探［J］．农业环境与发展，2010，3：41-44.

杨丽凡．影响深远的《1963—1972年科学技术规划纲要》［J］．自然科学史研究，2003，22：70-80.

曾声铮，杨大昆．推行苏联螺纹标准和制订我国螺纹标准的意见［J］．机床与工具，1955，13-15，8.

张焘．农村供水工程建设［J］．中国科技信息，2021，17：104-105.

张守金．关于农业工程设计标准的探讨［J］．黑龙江水利科技，2007，3（35）：58-59.

张松荫．学习苏联羊毛分级标准［J］．中国农业科学，1951，10：37，20.

章越峰．兰溪市水利工程标准化创建几点总结［J］．小水电，2017，4（196）：51-52，78.

赵跃龙，石彦琴．中国农业工程建设标准体系概述［J］．中国农学通报，2017，33（20）：128-132.

中国标准化编辑部．田世宏讲述中国标准化70年历程［J］．中国标准化，2019，10（总555）：8-21.

住房和城乡建设部标准定额研究所．科学推进农村工程标准化建设［J］．城乡建设，2009，6：7-13.

第三部分 农业农村工程标准化探索

本部分从研究"农业工程"概念出发，以标准化的视角给出"农业农村工程"的定义，在剖析标准化问题基础上，进一步分析工程分类、内容与标准化对象。

一、农业农村工程概念

"农业"与"农村"联系在一起的"农业农村"术语被广泛使用，开始于 2018 年国务院机构改革将"农业部"更名为"农业农村部"。显然，之前被广泛使用的是"农业工程"，而不是"农业农村工程"。

（一）"农业工程"的多重含义

在《中国农业百科全书 农业工程卷》（1994 版）中，将"农业工程"阐释为"是改善农业生产手段、生态环境和农村生活设施的各种工程技术、工程管理、工程理论的总称。其任务是密切结合生物技术和经济分析，进行农业生产、农田治理、环境改良、农产品加工以及农村生活和公共设施建设的各项工程规划、设计、施工和运行管理。目的在于提高农业生产力和发展农村经济。随着农业和科学技术的发展，农业工程建设在国民经济和社会发展中愈来愈占有重要的战略地位"。又提到"农业生产的产前、产中、产后的每个环节都需要应用工程技术。具体选用何种技术，取决于各地农业生产达到的技术、经济水平和有关自然、社会条件。农业工程还包括农村居民住房和公共设施建设的规划、设计和施工。特别是在传统农业向现代农业转化过程中，农业区域的开发治理，更需要农业工程"。《百科全书》还将"农业工程学科"分为土地利用工程、农业机械化、农业生物环境工程与农业建筑、农产品加工工程、农村能源工程、农业电气化、遥感技术在农业上的应用、农业系统工程与电子计算机在农业上的应用、农业工程经济与管理几个分支。从涵盖范围看，《中国农业百科全书　农业工程卷》中已经纳入了农村生活和公共设施建设的内容，而且颇具远见地认为"农业工程的范围，是随着农业生产和农村经济的发展以及科学技术的进步而不断扩展的"。

陶鼎来在《中国农业工程》（陶鼎来，2002）一书中论述了"农业工程的含义"，指出"农业工程（agricultural engineering）一词发源于约一个世纪以前的美国。美国那时已有比较大规模的农业，需要对农场的灌溉、排水、道路、供电、仓储、畜舍、机械等等，以及农民的住房、供水、取暖等等进行规划和建设，要求有工程技术人员来从事这些工作"。还指出，"由于农业工程的科学研究、技术开发与工程设计在实际中往往是相互联系的，'农业工程'这个名词就经常用来泛指这三个方面的内容，并不明确把它们区分开来。如果有必要加以区别，可以用'农业工程研究'、'农业工程技术'和'农业工程建设'三个词来突出表明三方面工作的特点"。书中没有给出"农业工程"的明确定义，但对"农业工程"在"研究"、"技术"、"建设"三方面的问题都进行了全面论述，并且为后人留下了中国"农业工程"名词提出以及"农业工程"学科建设过程的史料。书中还记载，"中国在中国共产党的十一届三中全会以后，提出了农业工程这个名词，但是有许多人对'农业工程'的提法不能接受。他们认为已经有水利工程、机械工程、建筑工程等为农业服务就足够了，没有必要提出农业工程。也有人认为，如果'农业工程'指的是以农业为对象的所有工程，那么它所包含的内容就太广泛了，不能称作一个学科"。这充分说明，"农业工程"与工业工程具有高度关联性，名词提出伊始，就被与其他工程如何建立关系所困扰。

在陶鼎来译的《"农业工程"名称中包含了什么？》（Roger E. Gatterr，1993）一文中可以看到，"农业工程"在美国首先是以职业出现的，是因为农业需要"农业工程师"，为了培养这些"农业工程的实践者，正在考虑如何教育我们的学生使他们对目前尚不知晓的未来变化做好准备。在我们自己所受过的教育中，哪些是使我们能够适应变化的？又有哪些是使我们不能变化的？农业工程这个名称在今天和将来是否能对学生和雇主们有吸引力"。文章还说，"一些工程领域使学生具备一套工具，而很少涉及学生在今后应用这些工具来解决的具体问题。这些领域概括了一些相对特殊的成熟知识和技术。电气工程师做电的工作，机械工程师做机械的工作，化学工程师做化学品的工作，土木工程师从事民用建筑，安全工程师为安全工作等"，"你可以说：'农业工程师是为农业而工作'，但是，我们果然是这样吗？或者我们是把机械、电气、化学品、建筑用于农业吗？如果我们只是把其他工程的基本训练加以应用，我们就不能成为另一种基本训练，而只是那些工程的一种特殊应用而已。然而，如果我们将解决工程问题的方法应用于农业系统的设计、开发、生产和管理——不仅是系统中的机械和设备——我们就可能形成一种有特点的基本训练。我们可以为一种特殊环境设计出农业栽培、饲养的操作系统，以达到所希望的效果。这是其他工程师们所不能宣称他们能够做到的"。从中可以清晰看到"农业工程"学科在美国诞生时的争议和探索，也可以帮助我们理解为什么"农业工程"在农业领域可以是一个宽泛的概念，因为从学科诞生时就希望囊括解决农业生产问题的所有工程技术。而且，Roger E. Gatterr 所论述的农业，"是为了达到生物学目的对土地、空气、水及太阳能等自然资源进行经营管理。这一定义当然要包括农业生产，但也包括诸如对高尔夫球场、公园、道路两侧、动物园以及荒地和自然保护区的经营管理。这一定义并不要求为一特定系统同时应用所有的自然资源，因此它也包括水培气培甚至生物学反应器在内。进一步说，这个定义还可以理解为把仍有生物学活力的物质的加工、贮藏、分配等也包括在内"。显然，"农业工程"是一个庞大的系统。Roger E. Gatterr 的"农业工程"是"为职业命名"，指出"农业工程一词的意义随人们对农业范畴的理解而异。即使就比较狭义的农业而言，就可能意味着应用广泛的基础工程知识与土壤、水、作物、动物、机器、农村建筑以及耕作系统等打交道的能力。它不必指那种制造机器的能力。但可能指选择、应用、管理或改装那些机器和设备的能力。同样，它不必指那种设计制造复杂的食品加工系统的能力，但可能指选择、应用、管理或改进那些在农场里的系统的能力，以提高农产品的价值。一个名称并不完全充分地指出一个实际工作者的全部能力，但是肯定应当能指出其应用的合理范围"。从这里可以看到，Roger E. Gatterr 所说的

"农业工程"还是有界限范围的，农业机械制造、复杂食品加工系统的设计制造都不包括在内。

在中国，"1985 年冬农牧渔业部召开的农业工程研究生教育研讨会，经过专家论证，向国务院学位委员会提出授予博士、硕士学位专业目录中将原农学门类'农业机械化与电气化'一级学科名称改为'农业工程'和下设十二个二级学科的建议方案。该方案已通过学科评议组审议，正式上报学位委员会审批"（汪懋华，1986）。"1987 年 1 月经国务院学位委员会、国家教委研究生司指定组成的农业机械化学科专业目录修订小组，根据当时各农业院校的教学实践和农业发展的需要，同意 1985 年 9 月农牧渔业部召开的农业工程学科研究生教育研讨会所提出的'将农学门类农业机械化与电气化一级学科改名为农业工程一级学科'的建议，经过调整归并，将一级学科下的12 个二级学科专业，改为 8 个，即：农业机械化、农业水土资源利用、农业机械、农村能源工程、农业电气化与自动化、农产品加工工程、农业生物环境与建筑、农业系统工程与管理工程。1998 年 6 月，根据 21 世纪科学技术日益走向融合交叉发展的趋势，国务院学位委员会组织农业工程学科评议组本着'科学、规范、拓宽'的原则，将'农业工程'一级学科下的 8 个二级学科进一步作出调整，归并为四个，即：农业机械化工程、农业生物环境与能源工程、农业水利工程、农业电气化与自动化。农产品加工工程则归类于新设立的'食品科学与工程'一级学科之下"（陶鼎来，2002）。

在国家标准《GB/T 13745—2009 学科分类与代码》中，"农业工程"隶属于"自然科学相关工程与技术"，包括农业机械学、农业机械化、农业电气化与自动化、农田水利、水土保持学、农田测量、农业环保工程、农业区划、农业系统工程、农业工程其他学科。

至此，不难理解为什么"农业工程"存在多重含义，内涵不够明确，会随其定位而不同，外延也会因为"农业"范围的界定有很大差异。

"农业工程"之所以可以定义为不同概念，与"工程"的多义性有关。在《现代汉语词典》中，"工程"有两种解释，一是"土木建筑或其他生产、制造部门用比较大而复杂的设备来进行的工作，如土木工程、机械工程、化学工程、采矿工程、水利工程等，也指具体的建设工程项目"，另一种是"泛指某项需要投入巨大人力和物力的工作：菜篮子工程（指解决城镇蔬菜、副食供应问题的规划和措施)"。词典中的释义旨在帮助人们理解语言和使用语言，而标准则不同，需要在使用的语境中给出明确的定义，通常不允许有多义性。

陶鼎来（2002）对"工程"也有过论述，指出"'工程'应当包括以下五个方面的内容，即：①凡是工程，都是人们有意识的行动，有具体的要求或目的；②凡是工程，都要有具体的工作对象以及工作环境；③凡是工程，都要根据环境条件选用一定的科学技术，并进行缜密的规划和设计；④凡是工程，都要进行施工，大型工程的施工更是重要的一环，施工要有严密的计划、组织和严格的质量监理；⑤凡是工程，在完工后都要重视运行中的管理、维护，保持正常的技术状态并进行效益的检验与核算"。这里对"工程"的阐释，更倾向于工程建设工作。

（二）本研究对"农业农村工程"的定义

上面提到，中国的"农业工程"概念并没有局限在农业生产手段范围，生态环境和农村生活设施均包括在内，扩充其概念内涵，继续沿用这一术语，未尝不可。由于"农业农村"一词开始广泛使用，为适应新时期"三农"工作的需要，本研究也使用"农业农村工程"一词替代"农业工程"，某种程度上，两者均可表述同一概念。

那么，在我们的研究中，如何定义"农业农村工程"？

前文已经提到，"农业工程"具有多义性，可以是理论，可以是研究，可以是技术，可以是建设，可以是学科，也可以是职业。就"工程"而言，《现代汉语词典》将其定位在"工作"，即"用比较大而复杂的设备来进行的工作"或"需要投入巨大人力和物力的工作"。"工作"是一种活动，呈现的是过程特征，因此，陶鼎来（2002）论述其应包括五方面的内容。

在《GB/T 50841—2013 建设工程分类标准》中，"建设工程"定义为"为人类生活、生产提供物质技术基础的各类建（构）筑物和工程设施"，"建设工程按自然属性可分为建筑工程、土木工程和机电工程三大类，按使用功能可分为房屋建筑工程、铁路工程……农业工程、林业工程、粮食工程……"从定义看，这里所述"农业工程"是以实物特征呈现的各类建（构）筑物和工程设施。标准的"附录 A 建筑工程分类表"、"附录 B 土木工程分类表"和"附录 C 机电工程分类表"中均没有提及"农业"，但从其他工程的细分中，可以进一步了解该标准所述的"工程"所指。例如，"居住建筑"的"室外建筑工程"包括"车棚、围墙、大门、挡土墙、垃圾收集站"，等等，"工业建筑工程"包括"厂房、仓库、辅助附属设施"，"机电工程"的"机械设备工程"包括"通用设备安装工程、专用设备安装工程"，由"建筑智能化工程"细分出的"环境工程"中包括"环境检测工程、绿化工程、音乐喷泉安装工程"，由"通风与空调工程"中分出了"通风与空调设备及部件制作、安装工程，通风与空调风管系统工程，通风与空调水系统工程，通风与空调系统检测、调试工程"。从细分的各项工程看，"工程"并不局限于定义的"各类建（构）筑物和工程设施"，检测、调试、安装等工程均属于"工程"的范畴。从几个工程细分表中也可以了解到，工业工程实践总结出的"工程"内容，他们既关系到"工程"工作本身，也关系到"工程"工作的作品。

标准化理论告诉我们，"标准"是"为活动或其结果提供共同且重复使用的规则、指南或特性，旨在实现特定情况下的最佳秩序"，可见长期实践总结出的标准化活动所针对的最重要的两个方面就是"活动过程"及其"结果"。

对于农业农村工程领域的标准化工作而言，工程"活动过程"及"结果"同样重要，首先是以实物呈现的构（建）筑物或设施本身，它是工程"活动"的结果；其次是"活动"过程，它决定了"活动"结果的质量。

综合上述的各种定义，以及农业农村事业发展的需要，我们将"农业农村工程"定义为"为农业、乡村产业、乡村风貌与生活提供物质技术基础的建设工程及工程建设活动，即服务于农业、农村的各类建（构）筑物、工程设施及其建设活动"。

"农业"是主业，包括种植业、畜牧业和渔业；"乡村产业"是为解决"三农"问题、借助于农村地域发展起来的初级农产品加工与流通、乡村特色产业、休闲农业等乡村业态；"乡村风貌"是农村生活的自然基础，与农村生活基础设施一道，也是需要工程建设来实现的内容。

为什么要将这么多业态以及在农村地域进行的建设工程作为一个整体来构建标准化体系，主要有几方面原因：

1. 地域的重合性决定了针对不同业态的工程建设不可分割

乡村振兴以及绿水青山的打造都不允许我们以零敲碎打的方式开展农业

工程建设，从规划布局，到分点设计，都需要从整体和全局考虑，任何一种业态的发展都会对其他业态产生影响，不仅仅是空间的相互牵制，也有经济的影响和环境的影响，相关的标准化工作也因此而不可人为地去切分。

2. 工程建设技术的一致性决定了不可分割

我们所关注的标准化主体是建设工程，而非业态本身，工程建设活动所依据的工程技术是相通的，建造方法和手段也是一致的，甚至有些设施是相互借鉴而产生的，有些设备也是共用的。例如，塑料大棚和温室，最初只用于种植业，被设施水产业借鉴后，用于保护环境下的水产养殖。虽然不同用途对设施的要求可能有所不同，但设计、建造活动所涉及的材料、施工方法以及检测和验收手段等都有许多共同之处。又如，农业通风机是设施农业中用量最大的一类机械设备，而且是农业专用、其他领域不用的一类机械设备，虽然设备制造不属于农业工程的范畴，但工程设计中如何选用、其性能对设施环境如何产生影响等却属于农业工程的范畴，这类通风机不仅用于畜禽舍，也用于温室，我们不能人为地以使用对象为由将其分开。还有，生态农场建设包括种植和养殖，"稻鳖共作田间工程建设"跨越种植和渔业两种业态，类似这样鱼稻共生、种养结合的业态是农业的一大特色，天然就不可分割。

3. 标准化所追求的效益最大化决定了不可分割

标准化的目的是通过建立秩序实现人类共同效益的最大化，例如早期的工业标准，主要是通过减少品种、增加互换性，来实现专业化和规模化生产，以提高质量、减少成本和实现整体效益的最大化。农业属于弱质产业，受气候、季节、生产周期等自然条件影响，生产具有很大的不稳定性，利润相对较低，而通过材料、设备、基础设施等投入改善生产条件时，必然会增加生产成本，尤其当投入的材料、设备缺乏通用性，难以实现专业化和规模生产时，更是无法降低这些投入品的价格，如果再将一些原本可以共用的材料、设备人为地分开发展，必然不利于实现效益的最大化。

（三）国家政策文件中的农业农村工程

2021年1月，农业农村部印发了《关于落实好党中央、国务院2021年农业农村重点工作部署的实施意见》（以下简称《意见》）。《意见》共部署了七方面的工作，其中"提升物质技术装备水平，强化现代农业基础支撑"方面工作部署中提到，"实施新一轮高标准农田建设规划，以粮食生产功能区和重要农产品生产保护区为重点，提高投入标准和建设质量，完成 1 亿亩[*]高标准农田建设任务，统筹发展高效节水灌溉 1 500 万亩"；在"大力发展乡村富民产业，提升产业链供应链现代化水平"工作中，涉及农村工程建设的内容有："建设一批农产品加工技术集成科研基地和农产品加工园"、"全面实施农产品仓储保鲜冷链物流设施建设工程，加大蔬菜、水果、茶叶、中药材等鲜活农产品仓储保鲜补贴力度，建设一批田头小型仓储保鲜冷链设施，鼓励有条件的地方建设产地低温直销配送中心"；在"推进乡村建设行动，建设美丽宜居乡村"中，"重点推动中西部地区农村户用厕所改造，引导新改户用厕所入院入室。指导各地科学选择农村改厕技术模式，开展干旱、寒冷地区改厕适用技术试点示范。统筹建设农村厕所粪污和污水处理设施，推进农村生活污水便捷低成本处理。健全农村生活垃圾收运处置体系，推动有条件的地方开展农村生活垃圾源头分类减量和处理利用，建设一批有机废弃物综合处置设施。健全农村人居环境设施运行管护机制。持续推进村庄清洁行动，创建一批美丽宜居村庄"和"配合有关部门加强农村供水、乡村清洁能源、数字乡村、村级综合服务等公共基础设施建设，推动较大人口规模自然村组、抵边自然村通硬化路"都属于农业农村工程范畴。

2021 年 3 月发布了《中华人民共和国国民经济和社会发展第十四个五年规划和 2035 年远景目标纲要》，在"实施乡村建设行动"一章中，列出了八项"现代农业农村建设工程"，如表 3 - 1 所示。显然，这八项建设工程的工作内容属于本书所定义的"农业农村工程"范畴，是为了实现 2035 年远景目标和"十四五"时期经济社会发展主要目标，针对"坚持农业农村优先发展，全面推进乡村振兴"提出的八项重大工程任务和具体目标。

表 3 - 1　现代农业农村建设工程

	高标准农田
01	新建高标准农田 2.75 亿亩，其中新增高效节水灌溉面积 0.6 亿亩。实施东北地区 1.4 亿亩黑土地保护性耕作

---

* 1 亩＝1/15hm²。

（续）

02	**现代种业** 建设国家农作物种质资源长期库、种质资源中期库圃，提升海南、甘肃、四川等国家级育制种基地水平，建设黑龙江大豆等区域性育制种基地。新建、改扩建国家畜禽和水产品种质资源库、保种场（区）、基因库，推进国家级畜禽核心育种场建设
03	**农业机械化** 创建 300 个农作物生产全程机械化示范县，建设 300 个设施农业和规模养殖全程机械化示范县，推进农机深松整地和丘陵山区农田宜机化改造
04	**动物防疫和农作物病虫害防治** 提升动物疫病国家参考实验室和病原学监测区域中心设施条件，改善牧区动物防疫专用设施和基层动物疫苗冷藏设施，建设动物防疫指定通道和病死动物无害化处理场。分级建设农作物病虫疫情监测中心和病虫害应急防治中心、农药风险监控中心。建设林草病虫害防治中心
05	**农业面源污染治理** 在长江、黄河等重点流域环境敏感区建设 200 个农业面源污染综合治理示范县，继续推进畜禽养殖粪污资源化利用，在水产养殖主产区推进养殖尾水治理
06	**农产品冷链物流设施** 建设 30 个全国性和 70 个区域性农产品骨干冷链物流基地，提升田头市场仓储保鲜设施，改造畜禽定点屠宰加工厂冷链储藏和运输设施
07	**乡村基础设施** 因地制宜推动自然村通硬化路，加强村组连通和村内道路建设，推进农村水源保护和供水保障工程建设，升级改造农村电网，提升农村宽带网络水平，强化运行管护
08	**农村人居环境整治提升** 有序推进经济欠发达地区以及高海拔、寒冷、缺水地区的农村改厕。支持 600 个县整县推进人居环境整治，建设农村生活垃圾和污水处理设施

2021 年 3 月，农业农村部办公厅印发了《农业生产"三品一标"提升行动实施方案》。在重点任务中，与农业农村工程建设相关的内容有"建设一批良种繁育基地，推进西北国家杂交玉米种子生产基地和西南国家杂交水稻种子生产基地建设，在适宜地区建设一批区域性果菜茶等园艺作物良种苗木和畜禽水产良种繁育基地"和"提升农产品加工业拉动，拓展农产品初加工，建设产地仓储保鲜冷链物流设施，延长供应时间，保证产品质量"。

2022 年 3 月，农业农村部印发了《农业农村部关于落实党中央国务院2022 年全面推进乡村振兴重点工作部署的实施意见》。八方面工作部署中，多处涉及或可能涉及工程建设内容。如："全力抓好粮食和农业生产，保障粮食等重要农产品有效供给"中的"实施全国粮食生产能力提升建设规划。推进国家粮食安全产业带建设"、"建设国家级海洋牧场示范区，科学规范开展水生生物增殖放流。扎实推进国家级渔港经济区建设。规范有序发展远洋渔业"、"加强北方设施蔬菜和南菜北运基地建设，因地制宜发展塑料大棚、日光温室等设施。建设一批蔬菜应急保供基地，提高大中城市周边蔬菜生产供应能力"；"持续巩固拓展脱贫攻坚成果，守住不发生规模性返贫底线"中的"引导龙头企业到脱贫地区建立标准化原料生产基地，布局加工产能和流通设施"、"推动提高中央财政衔接推进乡村振兴补助资金和涉农整合资金用于产业发展比重，重点支持产业基础设施建设和全产业链开发"；"提升农业设施装备水平，夯实农业现代化物质基础"中的"加强高标准农田建设。全面完成高标准农田建设阶段性任务。实施新一轮高标准农田建设规划，多渠道增加建设投入，提高投入水平和建设质量"、"实施现代种业提升工程，强化制种基地建设"；"加强农业资源环境保护，推进农业绿色转型"中的"实施畜禽粪污资源化利用整县推进工程，加快培育畜禽粪肥还田利用社会化服务组织。支持建设病死畜禽无害化处理场"；"拓展农业多种功能和乡村多元价值，做优乡村特色产业"中的"加快建设一批农业产业强镇，聚焦省域主导产业培育一批优势特色产业集群。建设全国'一村一品'示范村镇，引导建设一批乡村作坊、家庭工场"、"创建中国农业食品创新产业园、国际农产品加工产业园"、"大力推进农产品仓储保鲜冷链物流设施建设，支持特色农产品优势区和鲜活农产品生产大县整县推进，促进合作联营、成网配套。认定一批国家级农产品产地市场，指导各地结合实际开展田头市场建设"；"稳妥推进乡村建设，改善农村生产生活条件"中的"协调推动乡村基础设施建设和公共服务发展。加强沟通协作，推动有关部门加强村庄基础性、普惠性、兜底性民生建设。推进村庄规划工作。指导各地以县为单位，制定村庄布局规划，组织有条件、有需求的村庄编制村庄规划或实施方案。加强公共基础设施和公共服务建设。协调推进农村道路、供水、乡村清洁能源、数字乡村等基础设施建设，推动补强农村教育、医疗卫生、养老等薄弱环节。开展示范创建。探索开展县乡村公共服务一体化试点，推进美丽宜居村庄示范创建，遴选推介第四批全国农村公共服务典型案例"；"强化要素支撑保障，推动各项重点工作落实落地"中的"坚持分级负责、分类推进，采取先创建后认定方式，建设 100 个左右乡村振兴示范县、1 000 个左右示范乡（镇）、10 000 个左右示范村，聚焦乡村振兴重点任务和薄弱环节，发挥示范引领和要素集聚作用。深入推进农业现代化示范区建设，创建一批国家农业现代化示范区，建设标准体系、工作体系和政策体系，推动对建设成效明显的开展正向激励"。

2022 年 5 月 23 日，中共中央办公厅、国务院办公厅印发了《乡村建设行动实施方案》。文件指出，"党的十八大以来，各地区各部门认真贯彻党中央、国务院决策部署，把公共基础设施建设重点放在农村，持续改善农村生产生活条件，乡村面貌发生巨大变化。同时，我国农村基础设施和公共服务体系还不健全，部分领域还存在一些突出短板和薄弱环节，与农民群众日益增长的美好生活需要还有差距。为扎实推进乡村建设行动，进一步提升乡村宜居宜业水平，制定本方案"。在 12 项重点任务中，"加强乡村规划建设管理"、"实施农村道路畅通工程"、"强化农村防汛抗旱和供水保障"、"实施乡村清洁能源建设工程"、"实施农产品仓储保鲜冷链物流设施建设工程"、"实施数字乡村建设发展工程"、"实施村级综合服务设施提升工程"、"实施农房质量安全提升工程"、"实施农村人居环境整治提升五年行动"、"实施农村基本公共服务提升行动"任务都包含了农业农村工程建设的内容。同时也可以看到，这些工程建设中并非都是需要"农业工程"学科专业研究的领域，许多都与工业、民用建筑工程专业相通，如农村道路畅通工程、数字乡村建设发展工程、农房质量安全提升工程、农村基本公共服务提升行动等。

2022 年 9 月 9 日，农业农村部办公厅发布了《关于做好农业农村基础设施重大项目谋划储备的通知》，其中重点领域包括高标准农田、现代设施农业、农产品冷链物流。高标准农田，支持整区域（整地级市、整县或整灌区等）连片推进的高标准农田新建和改造提升；现代设施农业，支持区域化的集中连片设施蔬菜种植新建和改造提升，利用戈壁、沙漠、盐碱地、废弃地等未利用地新建区域化设施农业，建设粮食烘干设施、水稻集中育秧、蔬菜集约化育苗设施，以及奶牛肉牛家禽养殖场、畜禽屠宰场、渔港（渔港经济区、中心渔港、一级渔港）、水产养殖设施和装备（工厂化水产养殖、深远海网箱、养殖工船、高标准养殖园区）、海洋牧场等；农产品冷链物流，支持立足整省、整市范围内，围绕果蔬、肉类、水产等鲜活农产品，全局性谋划、整体性推进农产品产地冷链物流设施网络和支撑体系建设，包括建设产地仓储保鲜设施、产地冷链集配中心，兼顾衔接骨干冷链物流基地建设等。

二、农业农村工程标准化问题剖析

在第二部分阐述中可以看到，中国农业农村工程标准化中存在的问题很早就被关注，但一直以来并没有得到解决，随着团体标准制定工作的迅速开展，不仅出现了新问题，也造成问题更加复杂。与其他领域相比，农业农村工程标准化相对落后，其复杂程度也远超过其他领域，笔者尝试从以下几方面加以分析。

（一）需要确立农业农村工程标准化的独立地位

早在中华人民共和国成立伊始，国家就提出和制定了《1956—1967年科学技术发展远景规划》（以下简称《12年规划》），确立了"重点发展，迎头赶上"的工作方针，从众多的科技问题中提出了13个优先发展领域、57项重大科学技术任务、616个中心问题。为了突出重点，针对国家安全、工业建设、农业发展、资源开发、人民健康和科学前沿的重大要求，又进一步提出了12项重点任务。当时的农业部成立了以杨显东副部长为组长的农业科学工作长远规划综合组，按学科、专业设立农学、园艺、畜牧兽医、昆虫、病理、土壤肥料、林学、水利、气象、农业机械、农业经济11个小组，按照统一要求，完成了《12年规划》的编写工作（信乃诠，2005）。可以看出，早期为农业发展而设立的学科、专业，并没有考虑到农业工程。

再看，信乃诠在1999年的《50年中国农业科技成就》中，总结了作物品种资源、作物遗传育种、耕作栽培技术、土壤肥料、农田灌排、作物病虫草害综合防治、畜禽品种资源和品种改良、草原改良和饲料营养、畜禽疫病防治、水产养殖和海洋捕捞、农业气象、同位素和射线核技术、生物技术、信息技术、宏观发展战略15方面的农业科技重要成果。显然，农业工程和农业机械均不属于农业科技的范畴。

再从经济活动的角度分析。现行标准《GB/T 4754—2017 国民经济行业分类》中，将"行业"定义为"从事相同性质的经济活动的所有单位的集合"。国民经济行业划分采用经济活动的同质性原则，"即每一个行业类别按照同一种经济活动的性质划分，而不是依据编制、会计制度或部门管理等划分"。国民经济行业分类，划分为门类、大类、中类和小类四级。"农、林、牧、渔业"是一个门类，包括"农业"、"林业"、"畜牧业"、"渔业"和"农、林、牧、渔专业及辅助性活动"。"农业"指对各种农作物的种植；"畜牧业"指为了获得各种畜禽产品而从事的动物饲养、捕捉活动；"渔业"指利用海水对各种水生动植物的养殖、在内陆水域进行的各种水生动植物的养殖、在海洋中对各种天然水生动植物的捕捞、在内陆水域对各种天然水生动植物的捕捞；"农、林、牧、渔专业及辅助性活动"指对农业提供的各种专业及辅助性生产活动，为林业生产提供的林业有害生物防治、林地防火等各种辅助性活动，提供牲畜繁殖、圈舍清理、畜产品生产、初级加工、动物免疫接种、标识佩戴和动物诊疗等活动，对渔业生产提供的各种活动。很显然，"农、林、牧、渔业"中并不包含农业农村工程建设活动。

根据行业分类的同质性原则，农业农村工程应属于"建筑业"活动的范畴，但在"建筑业"中并未列入，而一些不具有农业工程学科专属特性、与其他领域共通的工程可以在表中找到归属。如，农村的生活住房，可以归属到房屋建筑业，而温室、畜禽舍等农业设施则找不到归处；农田水利的水源设施可以归到水源及供水设施工程建筑，但灌溉设施没有归处。表 3 - 2 列出了与农业农村工程相关行业的分类。足以说明，农业工程在国民经济活动中还没得到足够的重视。

表 3 - 2　GB/T 4754—2017 中的农业农村工程相关行业分类和代码

代码				类别名称	说明	笔者备注
门类	大类	中类	小类			
E				建筑业	本门类包括 47～50 大类	
	47			房屋建筑业	指房屋主体工程的施工活动；不包括主体工程施工前的工程准备活动	乡村住房

（续）

代码				类别名称	说明	笔者备注
门类	大类	中类	小类			
	48			土木工程建筑业	指土木工程主体的施工活动；不包括施工前的工程准备活动	农田建设的归属
		481		铁路、道路、隧道和桥梁工程建筑		
			4819	其他道路、隧道和桥梁工程建筑		乡村道路
		482		水利和水运工程建筑		
			4821	水源及供水设施工程建筑		农田灌溉水源
			4822	河湖治理及防洪设施工程建筑		渔业生产环境治理
		483		海洋工程建筑	指海上工程、海底工程、近海工程建筑活动，不含港口工程建筑活动	渔业活动相关工程
			4839	其他海洋工程建筑		
		485		架线和管道工程建筑		会涉及
		486		节能环保工程施工		
			4862	环保工程施工		农业、农村废弃物
			4863	生态保护工程设施		农业生态
		487		电力工程施工		
			4872	水力发电工程施工		农村小水电
			4875	太阳能发电工程施工		光伏利用

（续）

代码				类别名称	说明	笔者备注
门类	大类	中类	小类			
			4879	其他电力工程施工		沼气发电
		489		其他土木工程建筑		
			4891	园林绿化工程施工		
			4899	其他土木工程建筑施工		

相比之下，农业机械有其独立的地位，如表 3-3 所示，农业机械隶属于专用设备制造的大类中，根据使用的生产领域不同又划分了若干小类。

表 3-3　GB/T 4754—2017 中的农业机械行业分类和代码

代码				类别名称	说明
门类	大类	中类	小类		
C				制造业	本门类包括 13～43 大类，指经物理变化或化学变化后成为新的产品，不论是动力机械制造或手工制作，也不论产品是批发销售或零售，均视为制造；建筑物中的各种制成品、零部件的生产应视为制造，但在建筑预制品工地，把主要部件组装成桥梁、仓库设备、铁路与高架公路、升降机与电梯、管道设备、喷水设备、暖气设备、通风设备与空调设备，照明与安装电线等组装活动，以及建筑物的装置，均列为建筑活动
	35			专用设备制造业	
		357		农、林、牧、渔专用机械制造	
			3571	拖拉机制造	

（续）

代码				类别名称	说明
门类	大类	中类	小类		
			3572	机械化农业及园艺机具制造	指用于土壤处理，作物种植或施肥，种植物收割的农业、园艺或其他机械的制造
			3574	畜牧机械制造	指草原建设、管理，畜禽养殖及畜禽产品采集等专用机械的制造
			3575	渔业机械制造	指渔业养殖、渔业捕捞等专用设备的制造
			3576	农林牧渔机械配件制造	指拖拉机配件和其他农林牧渔机械配件的制造
			3577	棉花加工机械制造	指棉花加工专用机械制造，棉花加工成套设备的制造
			3579	其他农、林、牧、渔业机械制造	指用于农产品初加工机械，以及其他未列明的农、林、牧、渔业机械的制造

众所周知，现代社会中的任何行业从事生产活动，机械设备和工程设施都是不可或缺的基础性生产资料，机械设备和工程设施是并行发展的两大领域，因其所依赖的专业知识不同，完成过程所需要的条件不同。现代化的农业生产也不例外，不仅农业机械化有其重要的地位，农业工程为农业生产的高质量、高效益发展也起到了举足轻重的作用。

前文中提到，通常的电气工程师、机械工程师、化学工程师、土木工程师等从事民用建筑活动的工程师，并不具备直接为农业服务的技能，需要有基于农业的特殊训练。工业与民用建筑主要考虑的是人类活动的需求，而农业工程要考虑的是动、植物的需求。同理，将农业工程活动内容分归于现有行业划分类别中是不妥的，应效仿农业机械，确立其独立的地位。相应地，也要确立农业农村工程标准化的独立地位。

（二）农业农村工程标准化的边界

按照定义，只要是为农业、乡村产业、乡村风貌与生活提供物质技术基础的建设工程及工程建设活动都属于农业农村工程的范畴，显然农业农村工程是一个庞大的体系。那么，目前我们遇到的标准化问题是否一定要在这样一个庞大体系上来考虑，答案是否定的，其原因是建设活动需要依据国民经济行业划分的同质性进行归类，标准需要施行专业化管理。

前文提到2022年发布的《乡村建设行动实施方案》中的许多建设工程，如农村道路畅通工程、数字乡村建设发展工程、农房质量安全提升工程、农村基本公共服务提升行动等，还有农业水利的水源工程，以及生物质能发电、沼气发电工程等，这类工程通常与工业和民用建筑工程、通信工程等所用专业知识和技能相通，无需考虑动、植物生长与繁殖需求。从另外的角度来讲，这类工程以现行的农业工程学科专业知识是实现不了的。类似这样的工程，都可以从我们所考虑的标准化战略中剥离出去，那么，我们的标准化范围就缩小了边界，如图3-1所示。这种界定方式，不是说这些工程不需要标准化，而是这些工程的标准化可以纳入到其他领域去考虑并进行管理。

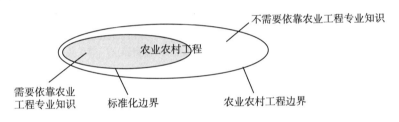

图 3-1　标准化边界界定示意

当然，将农业农村工程作为一个整体考虑其标准化问题也未尝不可，只是需要与其他行业协调和做好分工。两种专业化管理模式如图3-2和图3-3所示（图中的技术委员会仅为示意），其本质差异是专业的归属管理不同，从专业化管理角度考虑笔者更倾向于前者。

下面再看一下农业农村工程标准与农业机械化标准管理的分界。由于缺少农业工程标准化的专业化管理，现行的一些标准由农业机械化分技术委员会代管，说明这些标准与农机化标准管理范围的标准有一定的联系，主要是设施园艺相关的标准。

前面已经提到，机械设备制造与工程设施建设是并行发展的两大类经济活动，它们的实现，所依赖的专业知识和技能不同，所依赖的工作条件也不同，显然很容易将两者分开。但是，实践中也存在一些似乎模糊的情况，有必要给予明确的界定。

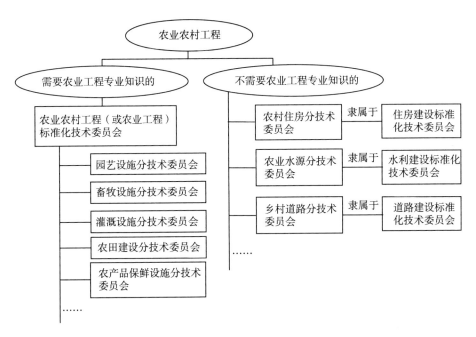

图 3-2   仅针对农业工程专业知识范围的管理模式示意

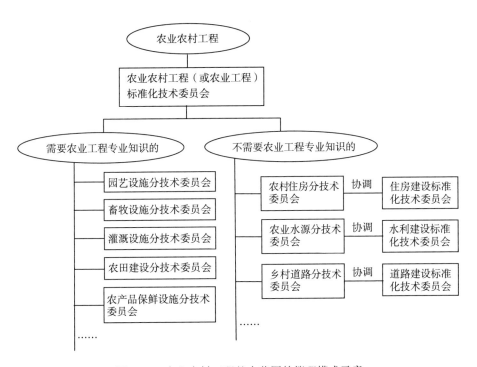

图 3-3   农业农村工程整个范围的管理模式示意

温室中使用的机械设备较多，下面以温室为例来说明各标准化技术委员会的分工管理。

按照是否需要安装，温室中使用的机械设备可以分为两类：一类是需要在温室建设工程中安装后方可使用的设备，如温室开窗机、温室拉幕机、农业通风机等；另一类属于不需要安装使用的设备，如大棚旋耕机等。前者的选用、安装属于农业工程标准管理的范畴，后者的适用性评价、质量评价等属于农机化标准管理的范畴。而温室开窗机、温室拉幕机、农业通风机、大棚旋耕机等机械设备产品属于农业机械标准管理的范畴。如图 3-4 所示，标委会为标准化技术委员会的缩写，图中仅为示意，非实名。也就是说，农业机械产品的标准化属于农业机械制造行业管理的范畴，而农业机械产品的使用属于农业行业管理的范畴。

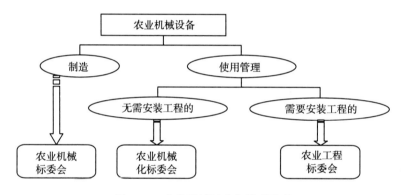

图 3-4　农业机械标准化管理示意

（三）标准化层面的农业与农业工程

李洪坤等（2018）在对"农业工程建设标准化"的阐释中认为，"农业标准化是标准化科学的一个分支，是标准化在农业中的推广应用"，"农业工程标准化是农业标准化的组成部分，是指对针对工程技术在农业上应用工程的标准化"，"农业工程建设标准化是农业工程标准化中的农业设施装备建设标准化，属于工程建设标准化的组成部分"，并以图 3-5 所示的关系图示出。

对此，笔者有不同看法，认为首先需要弄清概念的内涵和外延，然后再来理清它们之间的关系。

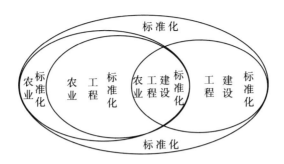

图 3-5　标准化关系图

资料来源：李洪坤等，2018。

标准化的定义和标准化原理告诉我们，标准化是对活动建立秩序的过程，标准是为了建立秩序需要遵循的文件，标准化的重大效益是改善产品、过程和服务对其预期目的的适用性，那么产品、过程和服务就是从广义上概括的标准化对象，它们是人类经济活动的结果或过程。人类经济活动存在不同特质，所以就有了分工；以经济活动分工为基础，所以有了国民经济的行业分类。这个行业分类是依据经济活动的同质性进行划分的，而不是依据行政管理分工进行划分的。同质性决定了经济活动的聚类，同时也决定了标准化对象的聚类，也就是说经济活动决定了标准化对象的关系。农业标准化与农业工程标准化的关系用图来表示，如图 3-6 所示。

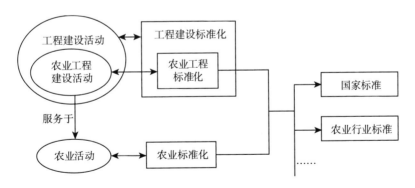

图 3-6　农业与农业工程标准化关系图

图中"活动"与"标准化"之间的双向箭头，表示活动的需要产生了标准化需求，标准化结果产生的标准是为了活动获得最大效益，是互为依存的关系。农业工程建设活动为农业提供工程成果，是服务于农业生产活动的，两者的标准化不存在包含关系。

需要说明的是，"农业标准化"与"农业行业标准"是不同的概念。农业行业标准是依据管理分工划分出的行业标准的类型。农业工程标准化和农业标准化既可以制定国家标准，也可以制定农业行业标准，这是由管理分工以及《中华人民共和国标准化法》所决定的。

（四）标准化中的农业农村工程类别划分

工程分类有许多方式。首先，从农业农村工程定义中，建设工程所服务的产业包括：种植业、畜牧业、渔业、初级农产品加工与流通业、乡村特色产业、休闲农业等；另外，建设工程还服务于乡村风貌（生态环境）的改善，以及农民生活基础设施条件的改善。为生产、生活条件改善，以产业分类为主的工程类别划分如图3-7所示。

农业农村工程 {
　　种植业建设工程
　　畜牧业建设工程
　　渔业建设工程
　　初级农产品加工与流通建设工程
　　乡村特色产业建设工程
　　休闲农业建设工程
　　乡村风貌（生态环境）工程
　　农民生活基础设施工程
　　……
}

图3-7　主要以产业类别划分的农业农村工程

不同产业所需要的建设工程类别不同。种植业中，农作物种植分露地种植和设施种植，相应的工程建设目的分别是田间环境的改善和设施环境的营造，主要包括农田水利建设工程和设施园艺工程。按照建设活动性质和内容的不同，还可以进一步细分，如图3-8所示。

同样，畜牧业和渔业的建设工程也可根据各自的建设活动特性进行分类，如图3-9和图3-10所示。图3-9所示的畜牧业建设工程仅为建筑结构特征的一种分类，按照其他特征还有不同的分类方式。如，鸡舍按照养殖方式可分为平养舍、笼养舍、散养舍；按照产品用途可分为种鸡舍、蛋鸡舍、肉鸡舍；按照生长阶段可分为雏鸡舍、青年鸡舍、成年鸡舍等。

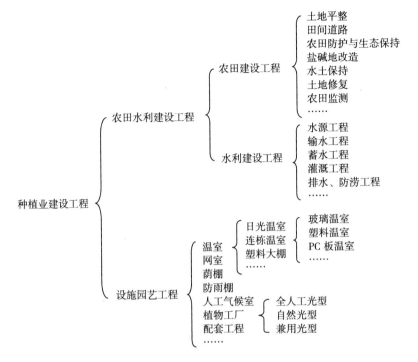

图 3-8　种植业建设工程分类示意

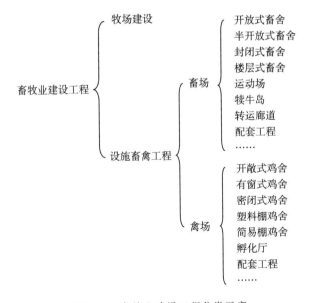

图 3-9　畜牧业建设工程分类示意

从建设用途上划分，畜、禽场可以分为原种场、育种场、祖代场、父母代场、商品场、扩繁场等；园艺设施可分为育苗温室、蔬菜温室、花卉温室等；水产养殖设施可分为良种场和养殖场等。用途以及生产规模等会影响到建设规划布局。

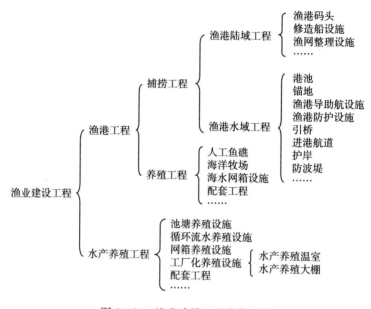

图 3-10 渔业建设工程分类示意

初级农产品加工与流通建设工程也可以按照种植业、畜牧业、渔业分类，不同业态对初级加工设施有不同要求，例如畜牧业有屠宰设施的需求，但总体上都有以下几类：加工包装车间、预冷设施、冷藏设施、仓储设施、交易设施等。

乡村特色产业、休闲农业、乡村风貌（生态环境）、农民生活基础设施等建设工程与制造、旅游、房屋建筑等行业相近，这里不再分析。

另外，种植业、畜牧业、渔业以及初级农产品加工业的工程建设都需要有水、电、废弃物处理设施，以及场地、道路等其他工程的配套。

建设工程分类还有其他方式，如按照工程建设的流程或主要工作步骤，可以分为规划、勘察、设计、选材、施工、验收、维护等；按照工程建设特征，可以分为田地整治、池塘建设、管网铺设、棚室建筑建设、设备安装等。

（五）标准化对象的类型

所谓标准化对象，就是需要标准化的主题，凡是有多次重复使用和需要制定标准的具体产品、过程或服务都可以成为标准化对象，各种定额、要求、方法、概念、材料、组成、设备、系统、接口、协议、程序、功能、性能等都可以成为标准化对象。标准化对象既可以是总体事物，也可以是具体事物，还可以限定在具体事物的特定方面。

标准化对象与标准化目的是对应关系，标准化目的一般是使产品、过程或服务满足其适用性，可以是控制品种、可用性、兼容性、可互换性、健康、安全、环境保护、产品保护、相互理解、经济性能、贸易等，也可以相互交叉和重叠。

在农业农村工程标准化这个庞大的系统中，标准化对象就是多维坐标中的点或部分区域。如图 3-11，示意了确立标准化对象可能存在的维度，换言之，可以通过多维度思维去确立标准化对象。

图中从农业农村工程特点出发，构建了所服务领域类别、建设环节和工程建设特点三个维度坐标，从标准化的视角构建了标准化关注重点、工程适用性、标准功能、标准适用范围四个维度坐标，还可以从学科专业上建一个维度坐标。

标准化关注重点指 ISO 标准化所关注的几个重点方面，也是《中华人民共和国标准化法》中强调的标准化重点，在第四部分有详述。

适用性是在特定条件下产品、过程或服务为既定目标和宗旨所提供的能力，工程适用性就是工程建设的结果（即建设工程）为所服务对象提供的能力，以功能和性能代表其特征，可以用描述的方式表达，也可以用性能特性的方式表达。不同的标准可以用不同的方式提出要求，以达到预期的工程结果。工程建设各环节都需要对工程结果适用性负责，也就是说各环节标准都可能涉及工程适用性条款，也可以为工程适用性制定单独的标准。适用性是需要通过测试手段来判断的。关于性能特性和描述特性在后续还有阐释，可以进一步了解两者的差异。

标准功能指的是标准所起到的作用，通过标准名称可以呈现出来。术语标准可以界定相应领域所使用术语的概念内涵和外延；符号标准可以界定相

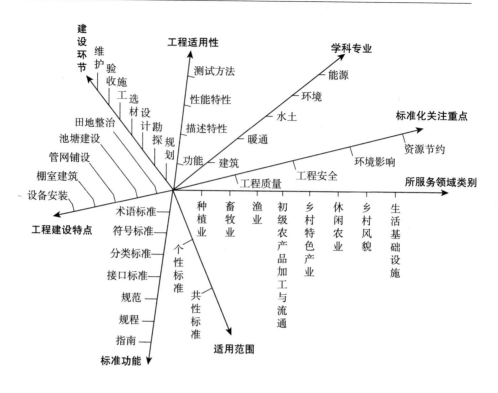

图 3-11　农业农村工程标准化维度示意

应领域所使用符号的表现形式及其含义；分类标准可以就一些聚类性概念进行有规律的划分、排列或确立层级体系；接口标准可以使工程涉及的材料、设备等具有互换性或相互连接、兼容，也可以使建设的各环节做好衔接；规范标准通常是为工程适用性规定要求和判定是否满足要求的实证方法；规程标准通常是为工程达到适用性目标而推荐的惯例或程序性文件；指南是以适当的背景知识针对标准化主题提供普遍性、原则性、方向性的指导，或者同时给出相关建议或信息的标准。从适用范围可以分为个性标准和共性标准，个性标准直接表达某一特定类别标准化对象的个性特征，只适用于这一特定类别，共性标准同时表达存在于若干种标准化对象间所共有的共性特征，适用于若干种标准化对象。

　　学科专业是构建标准核心内容的基础。任何一项建设工程都可能涉及多项学科专业知识，学科专业的核心技术需要固化在标准之中，才可能通过标准形式将先进科学技术传播和应用于实践之中，使工程建设的效益最大化。

所以学科专业也是构思标准化对象的一个维度。

（六）农业工程的适用性与关键共性问题

国发〔2015〕13 号文件《国务院关于印发深化标准化工作改革方案的通知》中提出，"标准缺失老化滞后，难以满足经济提质增效升级的需求"，"标准交叉重复矛盾，不利于统一市场体系的建立"，"标准体系不够合理，不适应社会主义市场经济发展的要求"，"标准化协调推进机制不完善，制约了标准化管理效能提升"。这四大问题，在农业农村工程领域同样存在。

由于农业农村工程标准缺失，规划、设计、施工等建设相关人员普遍套用现行的其他领域工程建设相关标准，多数情况下并不考虑农业工程的适用性。与实际脱节的情况普遍存在。

"适用性"是 ISO 国际标准中提出的概念，英文"fitness for purpose"，直译就是对目的、意图的胜任度和符合性，定义为"产品、工艺或服务在特定条件下为特定目的服务的能力（ability of a product，process or service to serve a defined purpose under specific conditions）"。那么，农业工程的适用性就是通过农业工程建设项目所实现的工程结果，要与工程建设项目的立项初衷、目标相符，建设工程对于所服务对象应能够提供特定的服务能力，这些特定的能力是需要通过一定的方式进行表达的，而且还需要通过一定的方法进行判断和检验。例如，高标准农田建设，实施的结果即高标准农田，那么"高标准"的含义具体指什么？用什么方法可以评判建设完成的农田是否达到了"高标准"？相互间的关系示意见图 3-12。

适用性可以表达为具体条款，具体条款形成标准，标准用于控制工程建设过程和结果，保证工程结果符合适用性。例如，"高标准农田"需要通过标准提出具体的"高标准"要求，以工程结果控制的具体描述是首选的适用性描述。

关键共性问题有两个层面的含义，一是指工程建设活动标准化的一般性问题，二是指具体建设工程的适用性要考虑关键共性问题。工程建设活动标准化的一般性问题是工程对于服务对象的服役特性。例如，农业设施的质量、寿命、抗自然力（风、雪、地震等）。针对农业工程的适用性所要考虑的关键共性问题，主要解决的是农艺的适用性。例如，农业设施与工业、民

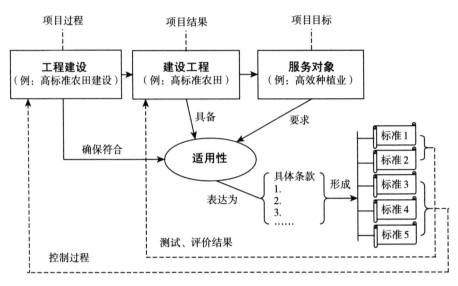

图 3-12　工程项目与适用性的关系

用建筑不同，因服务于农业生产，不同作物对设施的要求不同，不同生产方式对设施的要求也不同。适用性的标准化就是需要研究、找出影响适用性的关键、共性因素，通过标准条款建立适用性要求。例如，全国范围内气候条件差异大，制定针对农业设施的气候分区标准（采暖、通风、保温等），既用于工程结构设计，也可用于工程采暖、通风、保温设计以及设备的选择，还可用于工程评价，可有效提高工程建设效率和保障工程质量。

　　研究共性、关键性问题，建立适用性标准体系（与标准体系不同，由一系列条款构成，可能分属于不同标准）需要遵循全面性、客观性、可操作性和循序渐进的原则。全面性指考虑问题要全面，既要多角度、全方位视角考虑问题，还需针对某一视角问题考虑全面，例如，地域因素要考虑工程可能涉及的全国范围所有区域，服务对象要考虑工程适用的全部范围等。客观性指适用性条款要结合工程建设和工程使用的实际情况，反映出一定时期的客观要求。可操作性指所提出的条款具体、可执行。循序渐进指相关的标准制定不可操之过急，技术要求实质性条款要逐项突破，有长远目标和具体指标，使标准具有长期、稳定的价值，通过周期性修订以便长期有用。如图 3-13 所示，标准化是一个持续进步的过程，除了需要通过不懈努力阶段性解决具体对象的标准化问题外，还需要根据科技发展的阶段性水平规定具体要求，使标准化与技术先进性之间维持一定的平衡。

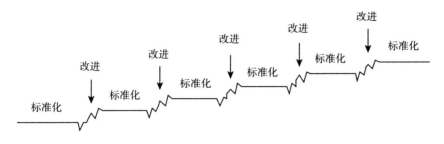

图 3 - 13　标准化循序渐进示意

（七）"路径依赖"理论的启示

"路径依赖"原本是被用来描述技术路径的自我强化、自我积累，并具有报酬递增的性质。首先发展起来的技术常常可以凭借先机导致学习效应和普遍流行，在市场上越流行就越被人们信任，从而实现自我增强的良性循环。相反，更为优良的其他技术可能由于迟到一步，没有足够的追随者，从而陷入恶性循环，甚至被"锁定"到难以自拔的地步。路径依赖是人类思想史上关于方法论的一个重要理论贡献。

1993 年，经济学家道格拉斯·诺思著《经济史中的结构与变迁》，用"路径依赖"理论成功地阐释了经济制度的演进规律，从而获得了当年的诺贝尔经济学奖。诺思认为，路径依赖类似于物理学中的"惯性"，一旦进入某一路径（无论是"好"还是"坏"）就可能对这种路径产生依赖，惯性力量会使这一路径选择不断强化，并让你轻易走不出去，好比走上一条不归路。好的路径会对当下和未来起到正反馈作用，通过惯性和冲力所产生的效应，使发展进入良性循环；不好的路径会起到负反馈作用，就如厄运循环，事业可能会被锁定在某种无效率的状态下而导致停滞，想要脱身就会变得十分困难。

"路径依赖"理论还告诉我们，路径依赖产生的原因之一，是利益机制在起作用。某一制度形成后，会形成某些既得利益集团，他们对制度有强烈的要求，只有巩固和强化现有制度才能保障他们继续获得利益，即使新制度对全局更有效率也会被阻止而不被采用。

农业工程领域标准化长期存在的难以解决的问题是否与"路径依赖"有

关？项目管理中的"标准体系制定—标准立项—标准制定……标准体系制定—标准立项—标准制定……"的循环模式，已经成为标准化管理工作中的习惯模式，是否需要调整？至少，在这一循环中，缺少了前期研究的环节。前期研究表现为两个方面，一是标准体系制定前的研究，一是标准制定前的研究。

标准体系制定的前期研究为标准化战略研究，如图 3-14 所示，分为两个步骤。首先要研究战略方法，进行战略规划；其次要形成战略思想，制定战略计划。前者并不制定战略，但可以通过研究提供数据，帮助管理者进行战略思考，并推动愿景的实现；后者制定战略，通常是由管理决策人员完成。前者是分析，后者是综合。前者应该围绕战略制定过程做出最大贡献，而不是在战略制定之中。前者与后者的关系还是方法论与实践论的关系。

图 3-14　战略研究与标准体系的关系

标准制定的前期研究指的是标准立项前需要开展的研究工作。标准制定不同于技术创新研究，属于成熟技术、方法、规程等以标准形式被固定下来的过程，不成熟的东西是不能在标准中呈现的。如果准备不充分就被盲目立项，制定过程将无法顺利进行。笔者在工作中就遇到过类似棘手的情况。由于同事工作调离，他负责承担的《连栋温室能耗测试和评价方法》标准制定工作转手由笔者负责。笔者接手后发现，这是一项不可制定的标准。

首先，所谓"能耗"评价，其本质应该是"能效"评价。"能耗"与"能效"虽只有一字之差，却属于不同的概念。"能耗"被定义为"能源实际用量"；"能效"被定义为"性能、服务、货品、商品或能源的产出与能源投入之间的比率或其他数量关系"。在能源管理体系中，作为评价指标的是"能效"而非"能耗"。能效可以评价，而能耗不可评价。用单纯的能耗指标进行比较评价，对于连栋温室的复杂运行过程没有意义，而基于性能、服务、商品、能源等输出的能效参数才可以作为连栋温室的评价参数。

其次，连栋温室的能效问题是个系统问题，仅仅为满足作物需要进行的环境调控就包括了采暖、通风、降温、补光等的能效问题，除通风机能效外的连栋温室相关的各类能效指标的研究工作尚未开展。连栋温室的能效问题又是个复杂问题，连栋温室型式多样、规格多样，所有用能设备的运行过程与其中栽种的作物密不可分，受作物种类多、品种繁杂、栽种季节不统一、全国范围气候条件差异大等诸多因素的影响，必然导致运行能耗的多样性。

那么，能效评价是基于指标的评价，或以能效指标约束值（或限定值）为基础，或以能效等级的指标划分为基础，总之需要建立在指标明确的基础之上。很显然，连栋温室能耗测试方法标准尚未出台，能耗数据尚未建立，谈及评价指标为时过早，急于出台"评价方法"标准，不仅不科学、不合理，而且会为今后的标准化工作留有隐患。基于上述理由，该标准更名为《连栋温室能耗测试方法》。

中国正面临百年未有的大变局时代背景，政府战略管理日益得到重视，管理手段、方法也有待创新，发展独具中国特色的战略管理理论和模式以呼应时代要求是不可逆转的趋势。在农业农村工程领域，标准化战略也应受到重视，在战略流模式指导下开展标准化工作的模式也有待探索和实践，标准立项前的研究工作不可缺少，应加以组织实施。

（八）标准化面临的多样化挑战

建设工程的多样化、个性化需求对标准化提出了挑战。换言之，在多样化和个性化需求下该如何开展标准化工作。

以设计为例。长期以来，标准化设计是工程建设领域标准化的重要组成部分，采取的方式基本上是使重复性设计工作通过执行规范进行，进而节省设计工作量并满足工程质量要求，如通过限定结构形式和结构（主要型材）尺寸以保证结构的安全性，在一定程度上复制和重复范式设计来满足要求。但往往是，规范以外的结构形式和结构尺寸组合也可以满足结构安全和质量要求。由于标准的限制，个性化需求以及更符合技术进步的先进成果难以实施、应用。标准化与多样化或个性化是矛盾的。

对于农业工程建设而言，标准化有 3 项基本意义和价值：控制质量、控制成本和控制品种。复制和重复范式设计是控制质量和控制成本的有效手段，但也存在范式是否全面适用的问题，如果标准中规定的范式仅适用部分而非全面的建设情况，标准化的价值就显得十分有限，通常情况下需要提供多种范式以满足需求。控制品种与提供多种范式是统一的。所谓控制品种，是针对事物多样化发展趋势所采取的标准化手段。要解决多样化需求与控制品种之间的矛盾，就需要在两者之间寻找平衡。也就是说，控制品种不等于限定为一种范式，需要通过标准提供多种范式以满足多样化需求和不同情境要求。

控制品种也就是通过系列化设计，将品种控制在有限数量范围，而不是任其无限度发展。它是对于产品品种（或设计范式）进行合理规划的标准化形式，不仅控制产品品种（或设计范式）和满足现实需求，还使材料、配件或成品具有通用性和互换性，并可以进行模块化设计和制造。模数制就是为了实现设计标准化而制定的一套基本规则。系列化原理是将连续数值区间或非连续数值区间离散化，将分段区间转化为离散值。可以建立一个维度或多个维度的关系，图 3-15 所示为一个维度的系列化关系，图 3-16 所示为两个维度的系列化关系。

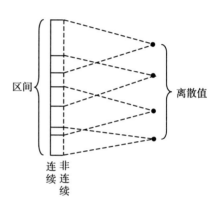

图 3-15　一维因素系列化原理示意

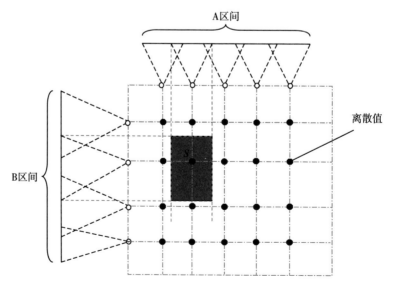

图 3-16　二维因素系列化原理示意

　　显然，维数越多，产生的品种也越多，它是多维序列的组合。图 3 - 16
中的阴影部分就是离散值 S 的适用范围。

　　在一个维度上，品种数量以及数值的选取需要考虑很多因素，需要从实
际出发，在适用区间范围确定最大和最小值，然后再按照一定的规律插值建
立数值序列。工业以及工程中通常以几何序列步长关系（也称为倍频程关
系）建立优先数序列。

　　优先数序列起源于 19 世纪法国工程师查尔斯·雷纳德（Charles Re-
nard，1849—1905）的工作成果，1965 年被英国标准化，1973 年被制定为
国际标准《ISO 3：1973 优先数——优先数序列（Preferred numbers—Se-
ries of preferred numbers）》，同时还发布了《ISO 17：1973 优先数和优先
数使用指南（Guide to the use of preferred numbers and of series of pre-
ferred numbers）》和《ISO 497：1973 优先数序列和包含优先数化整序列的
选择指南（Guide to the choice of series of preferred numbers and of series
containing more rounded values of preferred numbers）》，三项标准均迄今有
效。ISO 3 标准中的优先数序列如表 3 - 4 所示。

表 3 - 4　ISO 标准的优先数序列

基本序列				计算值
R5	R10	R20	R40	
1.00	1.00	1.00	1.00	1.000 0
			1.06	1.059 3
		1.12	1.12	1.122 0
			1.18	1.188 5
	1.25	1.25	1.25	1.258 9
			1.32	1.333 5
		1.40	1.40	1.412 5
			1.50	1.496 2
1.60	1.60	1.60	1.60	1.584 9
			1.70	1.678 8
		1.80	1.80	1.778 3
			1.90	1.883 6
	2.00	2.00	2.00	1.995 3

（续）

基本序列				计算值
R5	R10	R20	R40	
			2.12	2.113 5
		2.24	2.24	2.238 7
			2.36	2.371 4
2.5	2.5	2.5	2.5	2.511 9
			2.65	2.660 7
		2.80	2.80	2.818 4
			3.00	2.985 4
	3.15	3.15	3.15	3.162 3
			3.35	3.349 7
		3.55	3.55	3.548 1
			3.75	3.758 4
4.00	4.00	4.00	4.00	3.981 1
			4.25	4.217 0
		4.50	4.50	4.466 8
			4.75	4.731 5
	5.00	5.00	5.00	5.011 9
			5.30	5.308 8
		5.60	5.60	5.623 4
			6.00	5.956 6
6.30	6.30	6.30	6.30	6.309 6
			6.70	6.683 4
		7.10	7.10	7.079 5
			7.50	7.498 9
	8.00	8.00	8.00	7.943 3
			8.50	8.414 0
		9.00	9.00	8.912 5
			9.50	9.440 6
10.00	10.00	10.00	10.00	10.000 0

　　建立序列数、提供多种选择本质上就是标准化对于多样化需求的妥协，使标准化与多样化之间达到平衡。

标准化的基本技术逻辑在本质上与个性化相悖，标准化意味着简化，某种程度上忽略一些次要因素，个性化往往就是被忽略的次要因素，追求个性化就是要非标准化。实践中，非标准化与标准化具有共存的关系，而基于标准化的非标准化是标准化的一个高级阶段。为达到这样的标准化高级阶段，那么需要更加注重识别哪些可以作为标准的规定性条款，哪些可以作为标准的选择性条款，哪些需要限制，哪些不需要限制，使标准化与个性化之间也可以通过某种联系达到平衡。例如，规定产品或工程符合性能要求，而不规定材料、工艺过程的做法就是一种标准化与个性化之间的平衡。

另外，如果没有足够发达的标准化技术，设计师就很难获得非标准化的机会。虽然标准化有许多限制，但仍然具有灵活的空间，在借鉴标准化范式的基础之上，才能够创造出具有个性并符合质量要求的设计。

三、农业工程建设相关国外标准分析

本节着重介绍涉及农业工程的几个现行的国际标准以及发达国家标准，并对标准化需求以及重点内容加以剖析，供选取标准化对象以及制定农业农村工程标准化文件和标准化战略时参考。

（一）ISO 15003 农业工程 电气和电子设备 耐环境条件测试

该标准由 ISO/TC 23 农业和林业用拖拉机和机械技术委员会 SC 19 农业电子产品小组委员会编写，2006 年发布第一版，2019 年修订发布了第二版。

该标准是为各类移动式（包括手持式）农业机械、林业机械、园林绿化机械中使用的电气和电子设备的制造商提供设计要求和指导，给出了特定环境条件下的测试，并定义了与设备实际操作中可能遇到的极端环境有关的测试的严酷程度。

很显然，该标准是适用于移动式农业机械（也就是我们前文所说的无需安装使用的设备）的方法类标准。之所以在此介绍该标准，是因为在农业工程中安装使用的各类机械设备也都存在环境条件的耐受性问题，那么这类设备的选用或质量控制也应涉及环境耐受性。如何表达环境耐受性和如何测试都是值得关注的。

2010 年由中国机械工业联合会提出、由全国农业机械标准化技术委员会（SAC/TC 201）归口制定并发布的《GB/T 25392—2010 农业工程 电气和电子设备对环境条件的耐久试验》，就是等同采用了 ISO 15003：2006。

在此，不再对该标准内容做过多介绍。

（二）IEC 60364 - 7 - 705 低压电气装置—第 7 - 705 部分：特殊装置和场所要求-农业及园艺设施

该标准是由国际电工委员会第 64 技术委员会起草的，1984 年发布第一版，2006 年修订发布了第二版。

这项标准是 IEC 60364 的一部分，是对农业和园艺设施用固定电气设备场地和安装提出的特殊要求，适用于农业和园艺设施的内、外部以及属于农业和园艺设施的公用建筑场所。

在这项标准中所定义的农业和园艺设施指用于饲养畜禽，饲料、肥料、植物和动物产品的生产、储存、配制或加工，苗木栽培的房屋、场所或空间。饲养畜禽的设施有牛、猪、马、羊、鸡舍，还包括附近的饲料加工场所、挤奶场、奶品储藏间等；苗木栽培设施包括用作干草、秸秆、饲料、化肥、谷物、薯类、蔬菜、水果以及燃料的堆房、仓库和储藏室等，以及温室等园艺栽培设施；农产品加工设施包括烘干、蒸煮、榨出、发酵、屠宰、肉品加工等的制备和加工场所。在这些场所，环境对电气设备的影响比较特殊，如潮湿、灰尘、腐蚀性化学烟雾、酸、盐等都会对电气设备产生影响。因而电气设备的选择和安装都有一些特殊要求。另外，由于有可燃性物质的存在，有可能增加火灾的风险。

在这项标准中所定义的属于农业和园艺设施的公用建筑场所，指那些与农业和园艺设施存在导电连接的场所，如农场的办公室、会客室、机修车间、工作室、洗车库、商店等。另外，可导电连接还包括金属管道系统等。

标准的重点内容有配电系统的接地要求、电击防护要求、热效应防护要求、电气设备的选择与安装规则等。例如，在电气设备的选择与安装规则中，要考虑家畜接近的可能性，将伤害家畜的危险性降低至最低程度；布线系统的安装在畜禽设施和园艺设施中都有要求，使家畜不能接近布线，机动车辆和可移动农业机械作业场合的地下有埋深要求，等等；对于灯具和照明装置，要求按照周围区域和安装地点的条件进行选择，对于有可燃性灰尘覆盖的区域还有更高的要求，安装位置也有相应的规定。

（三）ANSI/ASAE D241.4 谷物储存的密度、比重和质量-水分关系

ANSI 是美国国家标准学会的缩写。ASABE 是美国农业和生物工程师协会的缩写，ASABE 标准是为了满足协会范围内的标准化需求。ASAE 是 2005 年 7 月协会更名之前的名称。

标准的功能之一是传播科技信息，ASABE 将工程实践和数据信息的发布和推荐作为标准化的一个组成部分。工程实践和数据信息是工程建设的技术基础，是设计人员必不可少的参考资料。以权威机构发布并周期性审核、修订，可以确保这类信息的科学性、先进性与可靠性，还可以收获全社会的高效运转。设想一下，如果没有这类信息标准，设计人员需要时可能从不同渠道去收集和得到不同的数据，由不同数据推演和完成的结果是无从比对的。基础数据对于工程的基石作用是至关重要的。

在 ANSI/ASAE 标准中有大量关于数据信息的标准化文件。例如，谷物、饲料储存工程相关的标准就有《ANSI/ASAE D241.4 谷物储存的密度、比重和质量-水分关系》、《ASAE D243.4 谷物和谷物产品的热性能》、《ASAE D251.2 切碎的草料的摩擦系数》、《ASAE D252.1 塔式筒仓：青贮饲料的单位重量和筒仓容量》、《ASAE D274.1 谷物和种子通过孔隙的流动》等。另外，为了农业工程中各类用途的环境设计需要，还专门发布了《ASAE D271.2 焓湿数据》。

基础数据标准化文件的作用是不可低估的。在信息传播日益发达的信息化时代，将科学、先进、可靠的数据信息稳固下来并加以传播，不仅可以提高全社会的工作效率，还可以避免不实信息的肆意泛滥。

（四）ANSI/ASAE EP302.4 潮湿地区农田地表排水系统的设计与施工

美国东部的潮湿地区有 259 公顷的农业和农场规模，为了有效地进行作物生产，通常需要地面排水，ASAE 制定了 ANSI/ASAE EP302 标准，目

的是要改进地表排水系统的设计、施工和维护。

标准的主要内容分为原则、设计、施工、施工设备、侵蚀控制、维护、安全作业信息几章。

标准内核不是空泛的原则性条款，而是提供了翔实的工程实践信息。

"原则"一章给出了地表排水目标、排水系统规划和设计应考虑的方面以及农田排水的几种方法。

在"设计"一章中，要求所有需要排水的土地在排水后都要适合于农业使用。设计应考虑施工和维护的需要，以及使用时的灌溉要求。排水率用排水系统所提供的单位时间深度表示，取决于几个相互关联的因素，如降雨特性、土壤特性和种植模式。对于大多数成行排列的作物，地表排水系统应在降雨停止后 24 小时内完成土壤表面多余水分的排除。对于高附加值的卡车运输蔬菜作物，需要更快速排出。草地和林地则允许较长时间。

"设计"一章中还给出了美国北部地区和南部地区的排水曲线（南部地区的排水曲线如图 3-17 所示）。这些经验曲线是根据大量的排水流速实地测量和排水充分性观察而得出的。此外，标准中还给出了排水强度曲线的计算公式以及使用方法。对于沟渠设计，用表和图给出了田间排水沟和田间支线的尺寸和结构型式，并详细说明了各种形式排水沟的适用条件、设计方法以及要求等。对于土地表面改造，提出要设计土地平整度方案，对不同坡度土地分别规定平整要求，对灌溉要求与排水要求的关系给予了说明，并对机械化作业情况给予了建议等。

在"施工"一章中，给出了翔实的施工操作要求和方法，对可能出现的现场情况也给出了处置方法和说明。在"施工设备"一章中，给出了施工设备要求，设备操作的注意事项。

在"侵蚀控制"一章中，对可能出现的各种侵蚀情况给予了预防方法。在"维护"一章中提出在设计系统时就应计划维护工作，并规定了检查频次、需要检查的情况以及检查与维护的方法。在"安全作业信息"中主要是对施工安全的提示。

潮湿地区农地相关的标准还有《ASAE EP260.5 潮湿地区农田地表以下排水系统的设计与施工》，制定本文件的目的是为地下排水系统的设计和施工提供指导，特别是作为制定具体排水项目的详细施工图和规范的资料，本文件不直接适用于半干旱和干旱地区的灌溉地表下排水系统的设计，也不直接适用于鼹鼠排水系统的设计。

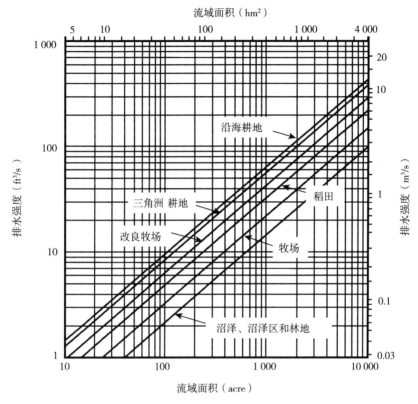

图 3-17　美国南部地区排水曲线①

资料来源：ANSI/ASAE EP302.4。

综上，要实现标准化、机械化种植管理，离不开建设工程的标准化。田间地面以及沟渠的规整一致性，才可保证作物栽种以及收获的一致性，才可进行机械化作业生产，而具有翔实数据信息支撑的工程设计以及施工的标准化文件才可能真正确保工程建设的标准化。

（五）ANSI/ASAE S401.2 农业建筑中隔热材料使用指南

该标准为评估和确定农业建筑中隔热材料的类型、数量和安装方式建立

---

① 　1ft＝0.304 8m；1acre＝4 046.86m²。

了准则。包括考虑燃烧特性、隔热值以及隔热材料的正确安装与保护。

在这项标准中对"农业建筑"和"隔热材料"给出了定义。农业建筑是主要用于容纳家禽、牲畜或存放农具、干草以及动植物产品的建筑。可以是兼用，可以是临时或季节性使用。隔热材料是指为减少热量传递为主要目的而安装的任何材料。

标准中规定了隔热材料的燃烧特性和隔热值的测量要求以及测试方法，引用了《建筑材料表面燃烧特性的测试方法》、《泡沫塑料系统内部结构的房间防火测试标准》、《用校准热箱测试建筑组件热性能的方法》、《用有防护罩热箱测试建筑组件稳态热性能的方法》等9项其他领域的标准。

标准将美国全域划分为3个气候区，规定了不同气候区在寒冷环境、改良环境和补充加热环境下用于墙体和屋顶的隔热组件总传热系数要求。寒冷环境建筑的室内条件与室外条件基本相同，通常建议对建筑屋顶进行最低限度的隔热，以减少夏季太阳辐射热和减少冬季的冷凝水。改良环境建筑依靠隔热、自然通风和动物热量来去除湿气，并将内部保持在一个特定的温度范围内。补充性加热的建筑需要保温、通风和额外的热量来维持内部的温度和湿度。

标准还对隔热材料安装以及其他需要考虑的因素进行了规范。

（六）ASAE EP473.2 牲畜禁闭区的等电位面

等电位面是嵌入混凝土中的金属网、钢筋或其他导电元件的表面，与所有牲畜区的金属结构以及有可能带电的固定非电气金属设备连接，并与设施的电气接地系统连接，可以防止表面上出现电位差。

该标准化文件属于工程规范，目的是指导工程师、技术人员和承包商设计、布局和建造牲畜（不包括家禽）禁闭区的等电位平面和电压梯度坡道（过渡区），以提供一个等电位表面和周围环境，使所有处于区域内的牲畜或人员可能接触到的点位的电势几乎相同，为经常进出等电位区的牲畜提供最小的跨步电压。

标准化文件中推荐了建造和安装等电位平面和电压梯度坡道的方法，以及对现有结构进行改造的方法。分为目的和范围、术语和定义、设备接地、金属制品连接、新建工程、改造现有设施、电压梯度阶踏几部分内容。

在"设备接地"中规定了设备接地要求、接地方式、接地线材质等，还规定了需要禁止的做法。在"金属制品连接"中规定了金属结构、暴露的金属格栅地板、喂食器、支杆、管道等的连接方法。

在"新建工程"中规定了应安装等电位面的部位以及安装要求，如"在牲畜可接触到的设备区域，等电位面应垂直于设备延伸至少两步（约2m）"等；还图示推荐了各种型式等电位面的安装方法；并对所用金属网、加强杆、铜线的使用要求和连接方式进行了说明。另外，还规定了与设施的电气接地系统之间，金属网、钢筋、铜管及金属设备之间的连接要求以及不需要连接的部位等。

在"改造现有设施"中，推荐了两种基本方法。一种是通过替换现有的混凝土地板或在现有的混凝土地板上覆盖一层含有等电位面的新混凝土与金属结合层来实现，与新建工程的方法相同；另一种是在现有的混凝土上锯出凹槽，安装铜导体后灌浆，使铜导体之间以及设施中的金属制品之间相互连接，是本章重点规范的内容。

在"电压梯度阶踏"中，对动物或人员进入或离开等电位面时的电压梯度提出了要求，并规范了电压梯度阶踏的施工方法。

（七）ANSI/ASABE S612 施行农场能源审计

本标准规定了进行农场审计的程序，以确定和记录农场中植物农产品的耕种、保护（保护性栽培）、收获、加工和储存，以及动物和动物产品的饲养、安置和加工的能源使用情况，并对替代能源的节能进行估计。

能源审计是欧美等国家进行审计的内容之一，是针对煤、水、电、气、油等能源使用的事先设计和事后管理与节约使用所进行的审计项目。能源审计是对能源使用加强管理和提高经济效益和社会效益的重要途径。看似与农业工程建设不相干的标准，实则对于农业工程建设非常重要。对于控制环境下的农产品生产，调节环境需要消耗能源，调节环境的方式多种多样，设备配置方案也可以有多种选择，工程设计时的方案比选需要以实测数据为参考，而施行农场能源审计是获得设备运行能耗数据的有力措施和有效途径，以标准进行指导则是测量数据具有可比性的前提。

在这项标准中，以表格形式推荐了农场审计评估的主要活动项目，如表3-5所示。

表3-5 农场能源审计主要项目

主要活动	构成	农场企业							
		乳制品	猪肉	禽	牛肉/小牛肉	田间作物/水果	蔬菜	水产养殖	苗圃/温室
照明	灯具、定时器、传感器	×	×	×	×		×	×	×
通风	通风机、控制系统、变速驱动、湿度控制	×	×	×	×		×	×（曝气）	×
制冷	压缩机、蒸发器/冷却器、电机、保温	奶、奶制品		蛋			商品		
奶采集	泵、电机、控制器	×							
控制器	自动化主机系统	×	×	×				×	×
其他电机/泵	各种类型、压缩机	×	×	×	×	×	×	×	×
水加热	加热器、能源、保温、浇水器	×	×	×	×				
空气加热/建筑环境	加热器、能源、保温、回收、变速驱动	×	×	×	×		×	×	×
干燥	能源、空气流动（电机/风机）、搬运设备					×			

（续）

主要活动	构成	农场企业							
		乳制品	猪肉	禽	牛肉/小牛肉	田间作物/水果	蔬菜	水产养殖	苗圃/温室
废弃物处理	收集和消纳设备/方法	×	×	×	×			×	
空气冷却	能源、空气流动（电机/风机）、控制系统、蒸发式	×	×	×	×				×
耕作实践	种植、耕作、收获、发动机驱动设备					×	×		
农作物/饲料储存		×		×	×	×	×	×	×
水管理	水井、水库、水循环	×	×	×	×	×	×	×	×
材料处理	设备、电机、泵	×	×	×	×	×	×	×	×
灌溉	电机/发动机、泵、动力源					×	×	×	×

所列内容是评估各项主要活动和/或农场企业相关的能源使用和/或效率的指导性文件或工具。这里不包括涉及农场企业系统设计和主要活动规划的指南，因为它们大多不直接评估节能或能效率。这些规划和设计指南为了解高效生产系统的要素提供了参考，但并非像本标准的目的那样具体涉及能源利用或效率。这些绝不是在审计时唯一可以使用的指南和工具

资料来源：ANSI/ASABE S612。

标准中规定了农场对于过去年度周期建立能源使用记录的程序，对评估建议的表达方式进行了规范，对认证声明提出了要求。

（八）EN 13031-1 温室 设计与建造 第1部分：商业生产温室

EN 是欧洲标准（European Norm）的简称，根据欧洲标准化委员会和欧洲电工标准化委员会联合机构（CEN/CENELEC）的内部规定，奥地利、比利时、保加利亚、克罗地亚、塞浦路斯、捷克共和国、丹麦、爱沙尼亚、芬兰、马其顿共和国、法国、德国、希腊、匈牙利、冰岛、爱尔兰、意大利、拉脱维亚、立陶宛、卢森堡、马耳他、荷兰、挪威、波兰、葡萄牙、罗马尼亚、塞尔维亚、斯洛伐克、斯洛文尼亚、西班牙、瑞典、瑞士、土耳其和英国等国的国家标准化组织有义务执行欧洲标准。该项欧洲标准由技术委员会"CEN/TC 284 温室分技术委员会"编制。

EN 13031-1 有 2001 版和 2019 版。2001 版部分替代了英国标准《BS 5502-22：1993 农业建筑与结构——设计、建造及安装实践准则》。2001 版标准持续使用到 2019 年才修订，时间跨越了 18 年。从标准发展过程的文字记录可以看到标准是怎样一步步进化的，同时可以看到标准化怎样从一个国家渗透到一个区域。显然，标准及标准化在国际事务中有其独特的地位和作用。在 2001 年，欧洲标准的使用范围只有奥地利、比利时、捷克共和国、丹麦、芬兰、法国、德国、希腊、冰岛、爱尔兰、意大利、卢森堡、荷兰、挪威、葡萄牙、西班牙、瑞典、瑞士和英国等 19 个国家，到 2019 年已发展到 34 个国家。比较 2001 版和 2019 版的 EN 13031-1 发现，对概念的定义方式、所使用的文字以及对温室的要求都有了显著变化。

在 2001 版的 EN 13031-1 标准中，温室（greenhouse）被定义为：用于栽培和/或保护植物和作物的建筑物，在受控条件下优化太阳辐射传递，以改善生长环境，其大小可使人在其中工作（structure used for cultivation and/or protection of plants and crops, that optimises solar radiation transmission under controlled conditions, to improve the growing environment of a size that enables people to work within it）。商业生产温室（commercial production greenhouse）被定义为：用于植物和作物专业生产的温室，人员

密度仅限于少量授权人员，其他人员进入应由授权人员陪同（greenhouse for professional production of plants and crops，where human occupancy is restricted to low levels of authorised personnel. Other people shall be accompanied by authorised personnel）。

标准主体共分为 11 章：范围；规范性参考资料；术语和定义；符号和缩略语；温室结构设计；可使用极限状态；最终极限状态；公差；耐用性、维护和修理；温室荷载；位移和挠曲。标准还包括了 6 个规范性附录和 3 个资料性附录。规范性附录为：覆盖层承载力；风荷载；雪荷载；拱的最终极限状态；与国家（指欧洲标准成员国）有关的因素、系数和公式；用户手册与标识牌。资料性附录为：保养和维修说明；建筑细节；温室覆盖薄膜的计算方法。

在 2019 版的 EN 13031‑1 标准中，温室（greenhouse）被定义为：优化太阳辐射传递的建筑物，用于需要调节气候条件的植物（building structure that optimizes solar radiation transmission used for plants requiring regulated climatic conditions）。商业生产温室（commercial production greenhouse）被定义为：专业生产和/或保护植物（作物）的温室，人员密度仅限于授权人员，数量少且停留时间短。条目注释 1：其他人员进入应由授权人员陪同（greenhouse for professional production and/‑ or protection of plants（crops），where human occupancy is restricted to authorized personnel，concerning low levels in number and duration. Note 1 to entry：Other persons shall be accompanied by authorized personnel）。

与 2001 版相比，标准主体结构只有少量改动，第 5 章"温室结构设计"改为"温室结构设计基础"，第 6 章"可使用极限状态"与第 7 章"最终极限状态"调换了先后顺序，共计 11 章。标准附录还是 6 个规范性附录和 3 个资料性附录，资料性附录未变，规范性附录改为：玻璃板承载力；风荷载；雪荷载；拱的最终极限状态；地震；用户手册与标识牌。当然，标准内容还是有所变化，条款表述更加注重严谨性。例如，在 2001 版中提及的是温室分类，而 2019 版中提及的是商业生产温室分类。

商业生产温室有别于普通建筑，其功能和形式均有特殊要求。优化太阳辐射传递是温室独有的功能要求，为植物和农作物生长创造和保持最佳环境，以保证生长作物的产量，这些对商业生产温室的形式和结构设计都有影响。商业生产温室的故障后果、性质以及对公共安全的重要性都低于普通建筑，因而需要制定标准。商业温室有特定的设计工作寿命，有特定的人员使用要求，结构安全性也是标准要考虑的重要因素。标准对温室的荷载、力学抗性与稳定性、适用性、工作寿命都有具体规定和要求，在 2019 版中还增加了商业生产温室的可靠性要求以及对地震情况的考虑。

从标准章节标题可以大致了解欧洲对温室建造的标准化所关注的方面，进一步研究其内容可以发现，对于许多方面都给出了具体要求，为了在成员国都适用，还逐个国家地给出了推演方法和系数（2001 版）。另外，对于温室的可使用极限状态、最终极限状态以及结构、荷载等所提出的要求和规定，都是从温室的适用性出发的。尤其，从"公差"、"位移和挠曲"以及"覆盖层承载力"等章节中所做的具体规定，可以看到他们的温室建造质量是如何保证的。

（九）日本标准 15 农振第 1786 号　规划　农地土壤侵蚀防止对策

该标准隶属于日本《土地改良事业规划设计标准》体系中的规划类标准。《土地改良事业规划设计标准》系列标准化文件由日本社团法人——农业土木学会发行，规划类的由日本农林水产省农村振兴局计划部资源课编制，设计类的由日本农林水产省农村振兴局整备部设计课编制。标准由"标准书"和"技术书"两部分构成。"标准书"即标准正文，一般由标准、运用、标准与运用的说明三部分构成；"技术书"可以理解为我们通常所说的"编制说明"或"条文说明"，是对术语定义、技术数据等重点内容确定依据的阐释。

"15 农振第 1786 号"与我们的"标准号"不同，可以理解为标准的"文件号"或发文编号。一项标准通常用三个文号由有隶属关系的三级部门负责人签发，发至不同部门行政官员。如，"15 农振第 1786 号"文件《关于〈规划　农地土壤侵蚀防止对策〉的制定》由农林水产省事务次官签发，发至各地方农政局长、北海道开发局长、冲绳综合事务局长、北海道知事；"15 农振第 1787 号"文件《关于〈规划　农地土壤侵蚀防止对策〉的运用》由农村振兴局长签发，发至各地方农政局长、北海道开发局长、冲绳综合事务局长、北海道知事;"15 农振第 1788 号"文件《〈规划 农地土壤侵蚀防止对策〉的标准与运用的说明、技术书》由农村振兴局计划部资源课长签发,发至各地方农政局农村计划部长、北海道开发局农业水产部长、冲绳综合事务局农林水产部长、北海道农政部长。这个领域的标准,没有固定的标准号。

1958 年日本制定了《土壤侵蚀等防止法》,为了配合该法的实施,农林水产省(农村振兴局、林业厅)和国土交通省规划了相应的配套措施,《规划 防止农地土壤侵蚀方法》标准是落实配套措施的技术标准。

标准分为"总论"、"调查"和"规划"3 章。"总论"包括制定标准的目的、农地土壤侵蚀防止对策的目的、对策形成的基础。"调查"包括调查基础与程序、概查和精查三部分内容。"规划"包括基本构想的形成、事业规划形成的程序、一般规划、主要工程规划、维持管理几部分内容。

在"标准书"正文中,标准、运用、标准与运用的说明三部分内容是对应给出的,如表 3-6 所示。

表 3-6 "标准书"的格式示意

标准(事务次官通知)	运用(农村振兴局长通知)	标准与运用的说明 (农村振兴局计划部 资源课长鉴发)
……	……	……
第 3 章 规划 3.1 基本构想的形成 基本构想要确定土壤侵蚀防止对策的框架,在其形成时必须考虑与其相关的各种事业规划的整体协调性,以及土壤侵蚀的规模。 ……	第 3 章 规划 3.1 基本构想的形成 依据基本构想确定的一般规划实行内容表示如下: ①依据以往的土壤侵蚀危害情况,划定土壤侵蚀防止对策的区域,确定其土壤侵蚀的管理机构。 ②初步确定因土壤侵蚀而需要保全的主要农地、农业设施等的土壤侵蚀防止对策。 ……	标准 3.1 和实施 3.1 明确了基本构想形成的基本事项。 与土壤侵蚀防止对策相关的基本构想,确定了在土壤侵蚀防止工程中制定土壤侵蚀防止工程基本规划框架的地位。 在土壤侵蚀规模及范围明确的情况下,或土壤侵蚀防止急迫的时候,可以省略基本构想形成过程。 ……

资料来源:日本标准《规划 防止农地土壤侵蚀方法》。

(十)日本标准 13 农振第 897 号和 16 农振第 2054 号

13 农振第 897 号文件发布的是日本农林水产省农村振兴局计划部资源

课编制的《规划　农道》标准，16农振第2054号文件发布的是日本农林水产省农村振兴局整备部设计课编制的《设计　农道》标准。

农道具有农用资材的运输，农产品向处理、加工、贮藏、流通设施的集散，农产品从处理、加工、贮藏、流通设施向消费市场的运输，田间作业通行，农业植保作业和农产品收获作业通行，农村地区生活使用的功能。农道根据其主要功能和路线配置等分为基干农道和田间农道。

基干农道以农业生产活动和农产品流通的农业利用为主，也为农村地区的社会生活活动所用，也称农村地区基干农道。田间农道用于田间作业、农业植保作业和农产品收获作业通行，农用资材的搬入，农产品的运出等，分为干线农道、支线农道和耕作道，农道分类如图3-18所示。

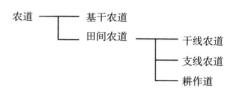

图3-18　农道的种类

资料来源：日本的《农道》标准。

《规划　农道》的签发和发至官员与前文的《规划　防止农地土壤退化方法》标准一致，文号顺序为第897号、第898号和899号。《设计　农道》的标准制定由农林水产省事务次官签发，发至各地方农政局长、国土交通省北海道开发局长、内阁府冲绳综合事务局长；运用由农林水产省农村振兴局长签发，发至各地方农政局长、国土交通省北海道开发局长、内阁府冲绳综合事务局长；标准与运用的说明和技术书由农林水产省农村振兴局整备部设计课长签发，发至各地方农政局整备部长、国土交通省北海道开发局农业水产部长、内阁府冲绳综合事务局农林水产部长，文号顺序为第2054号、第2055号和第2056号。

随着农业形势变化、农村汽车普及率提高、交通车辆大型化等，农业交通多样化对农道修建提出了要求。并且，农道修建要考虑自然环境和景观也变得越来越重要。为适应这些变化，规划农道交通量、安全性、与环境协调等是制定《规划　农道》标准的目的。《设计　农道》标准主要涉及设计方法、设计案例和施工案例。伴随着缩减公共工程成本的需要，对设计、施工提出了合理化要求，新修订标准从以往的做法规定向性能规定逐渐进行转变。

两项标准的目录对照如表3-7所示。

表 3-7　《规划　农道》与《设计　农道》标准目录对照

13 农振第 897 号《规划　农道》标准	13 农振第 898 号《规划　农道》运用	16 农振第 2054 号《设计　农道》标准	16 农振第 2055 号《设计　农道》运用
第 1 章　总论		1　标准定位	1　标准定位
1.1　标准的目的	1.1　标准的目的	2　农道分类	
1.2　农道修建目的与意义	1.2　农道修建目的与意义		2.1　基干农道
	1.　农道的功能与分类		2.2　田间农道
	2.　基干农道及田间农道	3　农道构成	3　农道构成
1.3　事业规划形成基础	1.3　事业规划形成基础	4　设计基础	4　设计基础
第 2 章　调查		5　相关法令的遵守	5.1　相关法令的遵守
2.1　调查基础与程序	2.1　调查基础与程序		5.2　与道路构造令的协调
2.2　概查	2.2　概查		5.3　与相关规划的协调
2.3　精查	2.3　精查	6　设计程序	6　设计程序
	1.　受益地调查	7　调查	7.1　调查项目
	2.　气象、水文调查		7.2　地形调查
	3.　地形、地质、土质调查		7.3　地质、土质调查
	4.　土地利用现状调查		7.4　气象、水文调查
	5.　农业调查		7.5　环境调查
	6.　关联事业等调查		7.6　沿线调查
	7.　人口、产业、道路调查		7.7　工程施工条件相关调查
	8.　交通量调查	8　基本设计	8.1　基本设计项目
	9.　交通安全调查		
	10.　周边环境调查		
	11.　关联农户等意向调查		

（续）

13 农振第 897 号 《规划 农道》标准	13 农振第 898 号 《规划 农道》运用	16 农振第 2054 号 《设计 农道》标准	16 农振第 2055 号 《设计 农道》运用
第 3 章 规划			8.2 规划交通量
3.1 基本构想形成	3.1 基本构想形成		8.3 设计荷载
3.2 事业规划形成程序	3.2 事业规划形成程序		8.4 横断面
3.3 一般规划	3.3 一般规划		8.5 宽度
3.3.1 一般规划的形成	3.3.1 一般规划的形成		8.6 避险处及停车带
3.3.2 地区的设定	3.3.2 地区的设定		8.7 人行道，自行车道及自行车步行者道
3.3.3 农业经营，土地利用规划	3.3.3 农业经营，土地利用规划		8.8 建筑限界
3.3.4 路线配置规划	3.3.4 路线配置规划		8.9 设计速度
3.3.5 规划交通量	3.3.5 规划交通量		8.10 线形
3.3.6 设计速度	3.3.6 设计速度		8.11 平面线形
3.3.7 横断面规划	3.3.7 横断面规划		8.12 横断坡度
1. 宽度构成	1. 宽度构成		8.13 纵断线形
2. 横断坡度	2. 横断坡度		8.14 交叉
3. 建筑限界	3. 建筑限界		8.15 土方规划
4. 路面高	4. 路面高		8.16 路面高
3.3.8 线形规划	3.3.8 线形规划	9 细节设计	9 细节设计
	1. 基本思路	10 基础路基和路体	10 基础路基和路体设计
	2. 线形构成要素	11 表层	11 表层设计
	3. 交叉	12 路床	12 路床设计
	4. 路面高	13 铺装	13.1 铺装目的
3.4 主要工程规划	3.4 主要工程规划		
3.4.1 主要工程规划形成	3.4.1 主要工程规划形成		

（续）

13农振第897号《规划 农道》标准	13农振第898号《规划 农道》运用	16农振第2054号《设计 农道》标准	16农振第2055号《设计 农道》运用
3.4.2 农道构造	3.4.2 农道构造 　1. 路体 　2. 路床 　3. 铺装 　4. 表层稳定与保护 　5. 排水措施		13.2 铺装种类 13.3 铺装断面构成 13.4 设计基础 13.5 铺装性能指标设定 13.6 铺装性能指标
		14 排水设施	14 排水设施
3.4.3 主要构筑物	3.4.3 主要构筑物 　1. 桥梁 　2. 隧道 　3. 道口	15 主要构筑物	15.1 桥梁 15.2 隧道
3.4.4 辅助构筑物	3.4.4 辅助构筑物 　1. 暗渠 　2. 绿化带 　3. 防雪设施等 　4. 交通安全设施 　5. 交通管理设施	16 辅助构筑物	16.1 挡土墙 16.2 暗渠 16.3 绿化带
		17 交通安全设施及交通管理设施	17.1 交通安全设施 17.2 交通管理设施
3.5 事业规划评价	3.5 事业规划评价	18 施工	18.1 施工规划 18.2 施工 18.3 施工管理
3.6 维护管理	3.6 维护管理 　1. 管理基础 　2. 管理内容	19 管理	19 管理基础

资料来源：日本标准《规划 农道》和《设计 农道》。

参考文献

農林水産省農村振興局（日本）. 計画—農道 [S]. 農業土木学会，2001.

農林水産省農村振興局（日本）. 計画—農地地すべり防止対策 [S]. 農業土木学会，2004.

農林水産省農村振興局（日本）. 設計—農道 [S]. 農業土木学会，2005.

陶鼎来. 中国农业工程 [M]. 北京：中国农业出版社，2002.

汪懋华. 农业工程学科和专业建设问题的探讨 [J]. 北京农业工程大学学报，1986，3：113-119.

信乃诠. 50年中国农业科技成就（一）～（五）[J]. 世界农业，1999，7-11：21-23，23-24，17-18，30-32，33-35.

信乃诠. 科学技术与现代农业 [M]. 北京：中国农业出版社，2005.

中国农业百科全书总编辑委员会. 中国农业百科全书 [M]. 北京：农业出版社，1994.

ASABE. Performing On-farm Energy Audits：ANSI/ASABE S612 JUL2009（R2015）[S]. American Society of Agricultural and Biological Engineers，2015.

ASAE. Equipotential Plane in Livestock Containment Areas：ASAE EP473.2 JAN2001（R2015）[S]. American Society of Agricultural and Biological Engineers，2015.

ASAE. Density，Specific Gravity，and Mass-Moisture Relationships of Grain for Storage：ANSI/ASAE D241.4 [S]. American Society of Agricultural and Biological Engineers，2003.

ASAE. Design and Construction of Surface Drainage Systems on Agricultural Lands in Humid Areas：ANSI/ASAE EP302.4 [S]. American Society of Agricultural and Biological Engineers，1993.

ASAE. Guidelines for Use of Thermal Insulation in Agricultural Buildings：ANSI/ASAE S401.2 [S]. American Society of Agricultural and Biological Engineers，1993.

CEN. Greenhouses—Design and construction—Part 1：Commercial production greenhouses [S]. European Committee for Standardization，2019.

IEC/TC 64 Electrical installations and protection against electric shock. Low-voltage electrical installations-Part 7-705：Requirements for special installations or locations-Agricultural and horticultural premises：IEC 60364-7-705 [S]. International Electrotechnical Commission，2006.

ISO/TC 23/SC 19 Agricultural electronics. Agricultural engineering—Electrical and electronic equipment—Testing resistance to environmental conditions：ISO 15003：2019

［S］. International Organization for Standardization，2019.

Roger E. Gatterr. "农业工程"名称中包含了什么？［J］. 陶鼎来，译 . 农业工程学报，

　　1993，1：119－122.

第四部分 农业农村工程标准化战略框架

研究农业农村工程标准化战略，应当站在国家层面加以认识，它是农业农村工程战略的组成部分，也是国家标准化战略的组成部分。国家标准化战略是确保国家战略重点得到相关国家标准和行业标准支持的政策路线图，要以国家经济、社会、环境及其科技的优先事项为基础，中期和长期愿景目标要与国家总体战略目标保持一致，要保证正在制定的全国范围使用的标准能够使资源分配得更加合理，且利用得更为有效，同时最为关键的是要作为加强国家质量基础设施的重要手段。国家标准化战略需要由国家标准化机构负责协调。

农业农村工程标准化战略意味着农业农村工程领域标准化的长期发展方向，意味着更为全面的构想，意味着与农业农村工程战略相协调，意味着符合新农村建设发展目标。

从第一部分的战略理论中我们已经认识到，战略研究既包括战略形成过程，也包括战略管理过程，战略可以指战略观念、战略定位、战略规划、战略方案、战略计划、战略方法、战略模式、战略配置等。战略工作的核心是发现其关键因素，并设计出一套行动方案来处理这些因素。本部分仅从规划和方法的视角重点阐述农业农村工程标准化战略制定需要考虑的九方面内容。

一、农业农村工程标准化战略模式

依据 2017 年通过的《中华人民共和国标准化法》（以下简称《标准化法》），中国标准包括国家标准、行业标准、地方标准、团体标准和企业标准。国家标准分为强制性标准、推荐性标准，行业标准、地方标准是推荐性标准。强制性标准必须执行。国家鼓励采用推荐性标准。标准化工作的任务是制定标准、组织实施标准以及对标准的制定、实施进行监督。对保障人身健康和生命财产安全、国家安全、生态环境安全以及满足经济社会管理基本需要的技术要求，应当制定强制性国家标准。国务院有关行政主管部门依据职责负责强制性国家标准的项目提出、组织起草、征求意见和技术审查。国务院标准化行政主管部门负责强制性国家标准的立项、编号和对外通报。对满足基础通用、与强制性国家标准配套、对各有关行业起引领作用等需要的技术要求，可以制定推荐性国家标准。推荐性国家标准由国务院标准化行政主管部门制定。对没有推荐性国家标准、需要在全国某个行业范围内统一的技术要求，可以制定行业标准。行业标准由国务院有关行政主管部门制定，报国务院标准化行政主管部门备案。

国家标准、行业标准和地方标准属于公认机构创建并达成共识的标准，团体标准和企业标准属于为了集体利益而自愿使用的标准。除强制性国家标准外，标准本身并不强加任何遵循的义务，也非法律要求执行的条款。然而，法律、行政法规、条例中提及标准时，就使其成为需要遵守的强制性规定；在贸易说明、合同等文件中使用时，标准就赋有了法律的效力。

农业农村工程标准化战略应以国家标准和行业标准为重要组成部分，并应对团体标准给予指导和监管。

借用亨利·明茨伯格的战略流模式，农业农村工程标准化战略可以理解为，是总体目标带领下，与不同时期、国家各项政策背景下不断涌现的目标共同作用下的战略流，如图 4-1 所示。

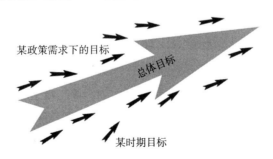

图 4-1　农业农村工程标准化战略流模式

基于标准化目标的通识性，总体目标应是长期保持不变的目标，它是确保农业农村工程领域所制定标准具有长期效用和稳定性的基础，需要由一系列具有持续性作用的标准来支撑。支撑总体目标的这些标准是标准体系中的主流，不因时间推移或政策变化而发生改变，标准内容可以通过周期性核审和修订不断完善且适应新技术、新要求。要确保总体目标方向不变，不但需要识别总体目标所涵盖内容，还要识别哪些标准可以成为支撑总体目标实现的标准。

不同时期出现的战略需求可以理解为，随着时间推移，经济在发展、科技在进步，会涌现出新的社会、经济活动形式和内容，新的社会、经济活动会带来新的标准化需求。例如，20 世纪 90 年代开始，设施园艺在中国蓬勃发展，温室建设规模不断扩大，标准化需求也因势而生，直至今日温室相关的标准仍是农业农村工程标准中发展较快的一个领域。

政策需求下的标准化战略，通常指国家政策形势下，对农业农村工程建设提出了新目标、新要求，标准化需求也随之诞生，标准化重点与农业农村工程建设重点相联系，相关标准制定通常为了服务于国家当时政策和政府投资项目。例如，乡村振兴行动，要求制定标准化实施方案，就属于政策需求下的标准化战略。

无论政策指引下的标准化需求，还是不同时期出现的标准化需求，其战略目标方向应尽可能与总体目标保持一致，否则交叉重复、相互矛盾、寿命期短、不适用等问题必然出现。确保战略目标方向不偏离的关键取决于所制定标准的主题和内容，而非其他，也就是标准化的结果。即便是因政策需求而适应不同项目建设提出的标准制定工作，也应考虑标准化的总体目标，要为长远考虑设定标准项目而非为某类建设项目设定标准项目。

二、战略总体目标制定

标准化是为了在一定范围实现最佳秩序，对现实或潜在问题制定共同使用和重复使用条款的活动，其重大效益是改善产品、过程和服务对其预期目的的适用性。农业农村工程标准化战略应坚持可持续发展理念，不仅仅是置身于工程建设环境，还应以社会大环境为背景，考虑工程建设在不同地区的先决条件，要能够反映出全社会的优先事项和需求，将全球关注重点问题与整体方案、具体建设项目功能、效果与效率以及经济需求等结合起来，使标准化战略成为驱动力，促进农业农村工程建设步入可持续发展的轨道。

以农业农村工程建设目的性为导向。农业农村工程建设的目的是为农业优质、高效生产提供物质基础，为改善农村居民生活提供物质保障，农业农村工程建设成果是决定农业生产和农村生活质量的先决条件，并关系到文化遗产和生态环境保护。农业农村工程建设活动是社会经济活动的组成部分，尤其它吸纳了大量农民工参与，对于农民脱贫致富起到了重要作用。农业农村工程建设在提供价值和提供就业的同时，吸收了大量的资源，并促进了地区面貌的转变，因而可以产生相当的经济后果，并对环境产生相应的影响。农业农村工程建设创造的农村环境，不仅为农业生产和农村生活提供了物质基础，还为城市居民提供了度假、休闲空间，是城市的后花园。

农业农村工程建设，发生在广袤的乡村土地上，也就是乡村建设，为了乡村振兴和发展，使乡村的独特功能得到很好地发挥。乡村功能在很大程度上体现在守护和传承国家与民族生存根脉、夯实国家经济发展的根基上。具体来说乡村功能主要表现在四个方面：粮食和农产品的保障与供给；生态屏障和生态资源的提供；土地的精神依赖与地域文化的传承；休闲、旅游功能。

农业农村工程也代表工程建设的结果，即所有通过工程建设或施工作业产生的东西。包括建筑物（如温室、加工车间、人工气候室等）、土木工程（如高标准农田、灌溉设施等）、结构、景观、水电配套设施等。从经济学的角度，已经完成的工程通常被视为建设资产。

显然，工程建设质量是决定能否实现优质、高效农业生产的关键因素，也是决定农村居民生活能否切实改善的关键；工程建设过程以及结果对生态环境以及社会经济的影响可能呈现为积极、正面的，也可能呈现为消极、负面的。那么，工程质量控制和工程建设过程控制就是标准化的首选内容。

考虑农业农村工程的产品属性。第二部分中提到，早在1962年，国务院发布施行的《工农业产品和工程建设技术标准管理办法》将技术标准划分为两大阵容，即工农业产品和工程建设。从供给关系上看，工程实现与产品实现是同一性质的两种提供方式。所谓同一性质，都具有物质形态，都是由提供方交付于使用方；所谓两种提供方式指的是，工程是在特定场所完成的，而产品并不针对在某一固定场所使用而生产。

工程建设与工农业产品之间有一定差异。建设工程不具有可移动属性，其中会包含产品；而产品中不可能包含工程，且具有可移动属性。按照 GB/T 50841—2013 中的分类，建设工程包括建筑工程、土木工程、机电工程（设备安装工程），其中机电工程就是对机电产品的安装工程，机电产品被包含在建设工程之中。例如，温室建筑属于建筑工程的范畴，可分为地基与基础工程、主体结构工程、围护结构工程等；而温室中开窗机、拉募机、通风机等的安装就属于机电工程的范畴，开窗机、拉募机、通风机等属于工业产品。又如，农田建设可归属于土木工程的范畴。

至今，工农业产品标准的制定都可以遵循《GB/T 20001.10 标准编写规则 第 10 部分：产品标准》给出的规则编写，即产品标准要包括"分类、标记和编码"、"技术要求"、"取样"、"试验方法"、"检验规则"、"标志、标签和随行文件"、"包装、运输和贮存"等内容。显然，这些标准并不直接适用于工程建设。但是仔细推敲，技术要求、试验方法、检验规则甚至随行文件和标志等都可以成为工程建设标准的内容。例如，《EN 13031—1：2019 温室 设计与建造 第 1 部分 商业生产温室》中的规范性附录"用户手册与标识牌"中就规定，承建商应向业主提供用户手册；温室标识牌应安装在温室入口处，清晰可见。用户手册应至少包括：温室类型、建造商名称、完成日期、温室尺寸、设计荷载特点、以塑料膜为覆盖温室的塑料膜类型（如单层或双层）、地基或锚固说明、屋面是否可安装和如何安装清洗或维修设备、维护和修理用轨道的使用、维护和修理说明、破损玻璃窗维修说明、温室工作寿命期全程维护说明、风荷载作用下通风窗使用说明、雪荷载作用下通风窗使用说明、包括应急方案的控制融雪和快速清除融水说明、作物吊线的安装和变形量说明、温室设计遵循标准的说明。对于设计工作寿命 10 年以上温室，标识牌应至少包括温室类型、建造商名称、交付日期、温室尺寸、作物荷载特点、设备及使用的荷载特点（永久安装或临时安装）。由此也可以看到，建设工程交付与产品交付具有共通性。

决定产品属性的因素包括需求、消费（使用）、市场竞争、价格档次、供需连接渠道、社会性、安全、遵守法律等方面。建设工程同样也离不开这些方面。

以保证农业农村工程适用性为原则。所谓适用性，就是在特定条件下产品、过程或服务为既定目标和宗旨所提供的能力，保证产品的适用性就是制定产品标准最重要的目的。为了保证适用性，需要规定外形尺寸、机械特性、物理特性、力学特性、声学特性、热学特性、电学特性、化学特性、生物学特性、人类工效学特性等的技术要求，例如农产品中苹果的大小规格、糖度指标要求就属于适用性要求。适用性还表现为健康、安全、环境保护、资源合理利用、认证、接口、互换性、兼容性或相互配合、品种控制等。产品的适用性表达也就是产品特征的表达。表达产品适用性有两种方式，即性能特性表达和描述性表达。

性能特性所表达的产品特征是指产品的使用功能在使用时显示出来的特征。例如，汽车的功能是行驶，那么汽车速度就是汽车使用时所表现出的一个性能。描述特性指通过描述显示出的产品具体特征，例如尺寸、成分或配方等。国际上通行的惯例是以性能特性表达技术要求，而不用描述特性来表达。用性能特性来表达"要求"时，会给技术发展留有最大的空间；反之，如果用具体的设计、工艺、手段以及描述特性来表达"要求"，则使符合这些具体特征的企业处于优势地位，不符合市场经济下的公平原则，并且不利于技术发展和新技术应用。当然，有些涉及人身安全的产品，仅用性能特性表达还不够，必须用具体描述特性表达时，也是允许的，例如压力容器除了规定性能特性要求外，还需要规定材料的成分等。

保证产品的适用性，还需遵循可证实性原则。所谓可证实性原则，指的是产品适用性表达时，只能列入能被证实的技术要求，并且应使用明确的数据。

基于标准化的角度，无论作为工程建设结果的建设工程，还是纳入到建设工程中的产品（如机电产品，可称为建筑产品），与工农业产品一样，都要保证适用性，具有使用中的功能和性能特性，标准化的核心也应是质量、安全控制。例如，温室可以为作物生产提供保护，具有采光性、抗风性等，通风机可以将温室内部空气排出以使温室换气，具有一定的静压-流量特性、能效特性等。性能与使用中的功能和技术要求有关，是建设工程、建筑产品在预定使用条件下实现其功能时被观察或测量的性质。另外，支持工程建设或后续维护的建设服务活动也具有性能特性和需要满足适用性要求。通过标准化，可以控制建设工程及建设服务，以保证其适用性。

农业农村工程建设过程与其他建设工程类似，是在多方主体共同参与下完成的,如图 4-2 所示,从前期研究到后续的建设,每个环节与工程的适用性和质量都关系密切。施工与验收决定了交付成果的质量,又取决于规划和设计;设计要求提供了施工所遵循的标准,施工生产是形成建设工程的活动,施工质量的好坏直接影响工程质量;那么前期的论证对于项目的可行性和未来实施的成功与否起到关键性作用。事实上,每个环节的工作都会影响到交付工程的适用性。例如,为华北地区设计连栋温室时,如果不考虑夏季降温设计,那么按照设计建成的温室大多不具有周年生产的功能。可见,工程建设的全过程都有标准化的需求。农业农村工程建设项目大多以国家或地方财政投资为主,资金最终流向建设工程结果,形成资产,作为生产资料被生产经营者使用,创造更为高效的农业生产及农村产业成果,以此达成国家投资的目的。作为投资主体的行政部门,对工程质量、工程成效以及资金使用负有监管责任,那么标准是政府监管的重要依据,标准化对于政府监管具有不可替代的作用。

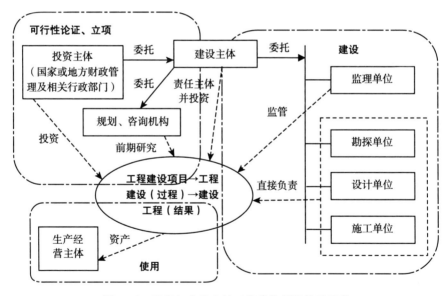

图 4-2 组织与农业农村工程建设项目关系示意

虽然从标准化的视角看,建设工程也属于产品的范畴,但与产品标准化的发展历史不同,早期的工程建设中,设计和施工的标准化需求最先出现,标准的制定通常建立在建筑设计理论和作业研究(或称为工作研究)的基础上。所谓作业研究,就是以总结工程实践经验为基础,对工人施工作业的方法与步骤进行分析和描述性记录，比选多种方法，平衡其质量保证性、经济性、操作性等特征，找出最优方法并加以固定下来，制定为标准。对于建设工程的适用性而言，一般情况下都是通过设计、使用材料、采用工艺等描述性特征来表达的。然而，随着科技发展，试验、测试手段的不断创新和完善，制定产品标准所采用的"目的性原则、性能原则和可证实性原则"也逐渐被引入到工程建设领域，开始探索建立在测试基础之上的功能和性能要求。

对于农业农村工程的适用性，可以将功能和性能要求与描述性特征表达结合起来，通过制定不同的标准，达到质量控制的目标。

例如，采光性能是温室的一个基本性能，它直接影响作物生长。不同作物对温室采光性的要求不同，对温室采光性的要求是温室设计的前提条件。影响温室采光性的因素有很多，如地理位置（纬度）、气候条件（周年日照规律）、温室结构形式、温室方位、温室围护结构材料等，都直接影响到温室采光性。对于温室采光的适用性，可以通过性能特征与描述性特征表达结合的一系列标准来控制，如图4-3所示。

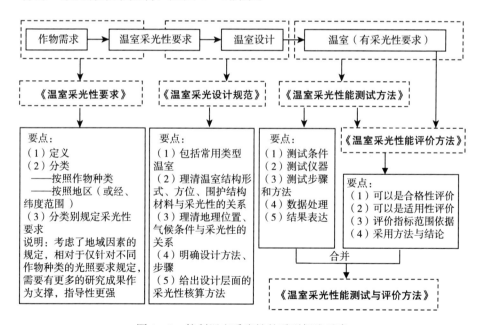

图4-3　控制温室采光性的系列标准示意

光是农作物进行光合作用不可缺少的条件，是农作物制造有机物质的能量源泉，直接影响其生长发育和产量，自然界中依靠自然选择，不同地区、不同气候条件适于种植不同作物。温室利用钢材建起骨架、利用覆盖材料围挡四周，必然阻碍了自然光照进入到作物生长空间。合理确定骨架钢材尺寸、合理布局骨架结构、采用透光性能好的覆盖材料，可以最大限度地减少其对光照的影响，并可使光照在空间分布均匀。

如果单纯从作物需求的角度，制定出不同作物光照需求的标准，不属于工程建设标准的范畴。只有考虑了温室结构形式、地域和气候特点以及温室经济性等因素而制定出的温室采光性要求标准才属于工程建设标准的范畴。这一标准的制定，虽然不是易事，需要人力和经费的投入，但标准一旦成功制定完成，对于后续温室设计和建造所带来的经济和社会效益是不可低估的，可以促进后续设计时更具科学性，可以使建造的温室更符合适用性，也可以避免不合格温室出现，还可以提高温室使用能效和效益等。采光性能的测试和评价方法标准与采光性能要求标准相呼应，构成温室采光性质量管控的系列标准，就属于"性能原则"表达适用性的例子。

坚持可持续发展理念。可持续性要求人类活动要以保护地球生态系统整体功能的方式开展，是人类在地球承载能力范围内的生活状态；既要维护动物、植物与人类在自然物理环境中的生态平衡，也要重视人类生存所需的社会、经济、文化、环境条件；不但为了满足当代人的生活需要，也要不影响后代人的生存与发展。需要将可持续发展理念融入农业农村工程标准化战略制定、标准项目拟定以及标准起草之中，具体到建设工程（建设结果）、建设环境、工程建设等方面，都存在可持续性问题。

建设工程的可持续发展旨在考虑社会、经济、文化、环境影响的前提下，实现农业生产设施以及工程建设结果所需要满足的功能和性能，而不降低自然环境的长期承载能力和恢复力，同时使得地区和全国范围在经济和社会文化方面得以改善。建设工程的可持续性除受到自然条件影响外，往往还会受到当地经济、文化和科技水平的影响。这既需要考虑工程项目中的每一单项建筑物和基础设施，也要考虑建筑物和基础设施群的相互联系；既需要考虑建设工程以及纳入其中产品的功能和性能，也要考虑其在生命周期内所表现的功能和性能。功能要求和性能要求的适用性可以直接反映在标准中。

建设环境的可持续发展旨在开展工程建设的乡村环境的可持续发展，包括经济的、文化的以及农业生产发展的环境。需要研究各类工程项目特点，以及对乡村环境造成影响的因素和特征，建立限制性指标，通过标准制定和实施，将不利影响限制到最小程度。例如，对工程建设项目的评估，就是可以综合考虑项目影响的环节，制定项目评估标准，将影响乡村环境的限制性指标纳入其中，以判定项目的合规性，使不符合标准的项目不予启动和实施，从而可达到维护乡村环境可持续发展的目的。环境影响评估，通常可以包括项目整个生命周期的环境影响评估和环境风险评估等；经济影响评估，一般包括工程周期的成本核算和工程全寿命周期的成本核算以及工程的经济价值核算等。任一项内容的标准化，都建立在对相关指标已经充分认识和掌握的基础之上。

工程建设的可持续性，可以理解为标准化对于工程建设需求的可持续性，不浪费标准化人力和财力资源，不将一次性使用需求作为标准化对象，不制定发布搁置不用或可能对后续工程建设造成不良影响的标准。重点表现为标准化目标和内容的选择上，不立足于为某个具体项目的建设实施而制定标准，而是要考虑到标准制定是为了满足持续性使用的需要，从目的性出发，研究确定标准化内容纳入到标准体系之中。例如，对于工程项目建设而言，项目的投资回报和投资效益显得尤为重要，工程建设是依赖于大量资金投入而完成的工作，其中施工生产中的投入占据了较大份额。农业农村工程施工生产活动是通过"人"利用"设备"把"原材料"转化为农业生产、生活设施，或者改变现有农业生产土壤或水利状况，或者改变乡村生态状况等。那么构成生产活动的原材料、人和设备三要素的利用率是衡量施工生产活动效率的基础。那么，分析农业农村工程所涉及的各项施工活动，建立起工时、质量、数量、价格之间的关系，通过标准化实行施工定额管理，既可以规范施工过程，也是项目投资造价与核算的依据。

支撑农业农村工程战略。支撑农业农村工程战略，主要基于标准本身所具有的基础性和引领性作用，可以配合行政管理。需要在农业农村工程战略明确的前提下，围绕农业农村工作重点，以及近期、中长期目标，梳理重点任务、重点工程建设活动，研究亟待标准化的问题，探讨在工程进程中可能出现的质量问题、环境问题、安全问题、能效问题等，凝练标准化问题。

新技术运用的标准化。以大数据运用为例。大数据已经不经意间进入到社会经济活动的各个领域，农业农村工程也不例外。大数据技术的应用必然使原有系统重建，数据层面的东西会渗透到原有的技术层面和管理层面，通过语义解析才可使数据传送和信息实现互联互用，而标准对于系统识别的稳健性、互操作性和可持续性至关重要。这类技术在应用的同时，就需要关注和考虑相关标准化问题。

借鉴 ISO 标准化重点。 1987 年 ISO 出版了第一部质量管理标准，目前 ISO 9000 系列标准已经成为全球最知名和最畅销的标准。1996 年，ISO 推出了环境管理系列标准——ISO 14001，为识别和控制对环境的影响提供了有力工具。2005 年，国际标准化组织和国际电工委员会的联合技术委员会（ISO/IEC JTC1）推出了 ISO/IEC 27000，是关于信息安全管理的系列标准。随着人们对信息技术的依赖程度越来越高，保障系统安全并将风险降至最低变得越来越重要。2010 年，推出了 ISO 26000，是第一个提供社会责任准则的国际标准。由于能源是国际社会面临的最关键挑战之一，2011 年 ISO 50001 能源管理标准启动，为公共和私营部门组织提供了提高能源效率、降低成本和改善能源绩效的管理策略。

关于质量，关于环境影响，关于信息安全，关于社会责任，关于能源效率，都是当代社会活动中需要持续关注的重点，在制定农业农村工程标准化战略时需要研究相关内容，并联系农业农村工程实际。

质量管理的首要任务是满足顾客要求并努力超越顾客的期望，了解顾客当前和未来需求有助于组织获得持续成功。将活动理解为相互关联的过程，并将其作为一个连贯的系统加以管理和运作时，结果具有可预见性，并能持续有效和高效率实现目标。质量管理对于短期和长期的安全都具有重大影响，在工程建设领域尤为重要，对于农业农村工程领域更是实现农业安全生产的基础保障。

环境管理标准体系，旨在通过环境管理，预防活动过程和结果对环境造成不利影响。农业农村工程建设中的环境影响，同样包括对自然环境和社会环境两种生态环境的影响。自然环境影响重点需要考虑与气候、空气质量、水质量、土地利用、现存污染、自然资源和生物多样性等的关系；社会环境影响需要重点考虑与当地历史遗存、文化、经济条件、习惯、技术适用性等因素的关系。农业农村工程建设是为了促进农业高质量发展和农民生活水平的提高和生活环境的改善，原本就需要协调好建设与生态环境的关系。对于不同类型的项目，需要分析工程建设可能导致的问题、制约生态和经济的因素是什么，对区域经济的影响是不是持续良性的影响，等等。总之，在制定标准化战略目标时，环境影响是需要考虑的重要方面，需要处理好发展与环境的关系。

信息安全是当今世界的热门话题，人类进入到大数据时代后，数据已经渗透到社会活动的方方面面。所谓数据，就是记录的信息。5G（第五代移动通信技术）以高速率、低延时和海量连接的特点，使互联网流量爆炸式增长，传输数据的峰值速率可超过 10Gbps（200MHz 带宽），延时低于 1ms，意味着海量信息流走只需一瞬间。农业农村工程领域也不例外，例如，高标准农田数据的空间地理信息就包括了位置、面积、高程、深度等，应用场景涉及基本农田、耕地质量、粮食生产能力以及农业行政管理和政策措施的方方面面，等等。数据库正在建设，是否应该考虑标准先行？农业农村工程标准化战略制定时，也应考虑信息安全管理问题，建立信息安全管理的标准化体系，应用风险管理过程来确保信息的保密性、完整性和可用性，并使相关风险得到管控。

ISO 26000 将社会责任定义为"组织通过透明和合乎道德的行为为其决策和活动对社会和环境的影响而担当的责任"。组织作为社会的一员，其决策和活动无时无刻不影响着社会和环境。这既可能是积极影响，也可能是消极影响。对于具有社会责任感的组织而言，它理应努力发挥其最大的积极影响，尽可能避免消极影响或使消极影响最小化。在当今社会日益重视可持续发展的背景下，努力成为对社会和环境负责任的组织，这既是时代的要求，也是组织对自我社会价值的追求。随着经济社会的不断发展，可持续发展观念在社会各界愈加普及而深入，越来越多的组织开始认识到社会责任对于组织自身根本利益和长远发展的重要性，并在组织内全面开展社会责任实践。国家标准、行业标准的制定，需要更加突出其所带来的公共价值，很显然，标准化意味着公共行为，而非个体行为，标准化的目的是要创造一定范围内的最大化公共价值，标准化战略制定中考虑承担社会责任是义不容辞的。研究 ISO 26000 系列标准的精髓，融入农业农村工程标准化战略之中，是一个不小的课题。

ISO 50001 系列标准的目的，是使各组织能够建立必要的体系和流程，以持续改进能源绩效（energy performance），包括能源效率（energy efficiency）、能源利用（energy use）和能源消耗（energy consumption）。能源绩效定义为"与能源效率、能源利用和能源消耗有关的可衡量的结果"，可根据组织目标、能源指标和其他能源绩效要求来衡量。能源效率定义为"性能、服务、货物、商品或能源的输出与能源的输入之间的比率或其他定量关系",输入和输出都应在数量和质量上明确规定,并且是可测量的,如转换效率等于所需能源与所消耗能源的比值。

可以看到,能源利用的效果并不简单地以能源消耗量的多少来衡量,能源效率和能源绩效才是衡量与评价的指标。农业农村工程建设也应考虑能源绩效和能源效率的问题,能源绩效和能源效率高的方案才是项目建设中的好方案,在规划、设计环节就应当考虑。

比起质量、环境、信息安全等,能源管理不容易受到重视,能源效率问题在工程实践中往往被忽视,如果没有政策、措施的要求与引导,很难达到全社会有效利用能源和不浪费能源的目标。下面以一个示例说明能源效率与农业农村工程是如何通过标准化联系起来的。

能源管理标准化示例。进入 21 世纪后,世界能源短缺状况加剧,生态环境日趋恶化,而节约能源、提高能源利用效率则是减排温室气体、抑制全球气候变暖、使能源资源得以可持续利用的最经济、最有效措施。为了实现资源节约,各个国家的管理者研究立法、制定相关政策及标准,力求从源头、从各层面采取措施,从根本上解决问题。欧盟是世界上最大的几个经济体之一,能源消费总量占世界能源消费总量的 14%~15%,但自身资源有限,约一半能源依靠进口,为了改善环境及实现可持续发展,很早就开始对提高能源效率制定各种政策,制定的政策、措施非常具体,从总体上通过"欧盟指令"协调各成员国的法规、标准,规定能源效率相关的基本要求。用能产品能耗在自然资源和能源消耗中占有很大比重,对环境也产生重要影响,欧洲议会和欧盟理事会(the European Parliament and the Council of the European Union)于 2005 年 7 月发布了用能产品生态设计指令(Directive 2005/32/EC,简称 EuP 指令),对所有用能产品提出生态设计要求,要求将环保意识和理念贯穿于产品的全生命周期,在产品设计源头就采取措施,要在保证产品功能、质量前提下降低能源消耗,全面减少产品整个生命周期各个阶段的负面环境影响。该指令的法律意义是通过制定用能产品的法律框架,由欧盟成员国转化为本国法规,使符合要求的用能产品在欧盟市场上自由通行,防止由于各国对用能产品生态设计法规不同而造成的贸易壁垒或不公平竞争,并以制定法规的形式,鼓励生产商在不过多增加成本的情况下，通过限制对环境造成负面影响的主要污染源和避免污染转移的方式，持续改善用能产品对环境的总体影响。指令于 2007 年 8 月 11 日生效实施，指令实施后进入欧洲市场的产品需要加贴 CE 标志。2009 年欧洲议会和欧盟理事会发布了建立能源相关产品生态设计要求框架指令（Directive 2009/125/EC，简称 ErP 指令），取代 EuP 指令，将产品范围从用能产品扩大到所有能源相关产品。ErP 指令于 2009 年 11 月 20 日起生效，但指令中一些主要内容，例如实施措施的确立方法、一般及特殊生态设计要求的设立方法、合格评定程序、工作计划及咨询论坛的设立等，都没有太大变化，对欧盟已发布的实施措施也无影响。

"生态设计"是产品系统开发的新理念，指产品全生命周期内的各相关环节都要考虑资源消耗与环境影响的问题，从开发设计阶段就要考虑能效和经济效益问题，在产品使用过程中要考虑对环境的影响问题，到产品生命周期后期还要考虑废物处理和回收利用问题。

为使生态设计理念落实到所有与能源相关的产品中，欧盟委员会（the European Commission）陆续制定、发布了各类产品相关的条例，涉及能源效率、限制使用物品、产品报废、报废产品的回收等诸多方面的要求。由于 125W～500kW 电机驱动通风机是欧盟市场通风机产品最重要的组成部分，每年消耗的总电能高达 344TWh，当时预计 2020 年达 560TWh，而每年节能潜力为 34TWh，相当于 16Mt 的 CO_2 排放量，欧盟委员会针对通风机生态设计要求，发布了《执行欧洲议会和理事会第 2009/125/EC 号指令的关于电输入功率 125W～500kW 电机驱动通风机的生态设计要求条例（Commission Regulation（EU）No. 327/2011）》。

在该条例中，通过给出时间表，分为两个时间节点，明确了在欧洲市场流通的通风机的目标能效要求，如表 4-1 和表 4-2 所示。根据效率等级，可以通过公式计算得出目标效率，目标效率是电输入功率的函数。采用静压效率还是全压效率对通风机进行能效评判，取决于通风机的测试类别。测试类别指测试试验或使用时决定通风机进口和出口条件的布置情况。A 类是自由进口和自由出口，B 类是自由进口和管道出口，C 类是管道进口和自由出口，D 类是管道进口和管道出口。农业通风机无论在测试还是实际应用时都属于 A 类。

表 4-1　2013 年 1 月 1 日起第一时限的通风机最低效率要求

通风机类型	测试类别（A-D）	效率类别（静压或全压）	功率范围 P（千瓦）	目标效率	效率等级 N
轴流通风机	A，C	静压	$0.125 \leqslant P \leqslant 10$	$\eta_{target} = 2.74 \cdot \ln(P) - 6.33 + N$	36
			$10 < P \leqslant 500$	$\eta_{target} = 0.78 \cdot \ln(P) - 1.88 + N$	
	B，D	全压	$0.125 \leqslant P \leqslant 10$	$\eta_{target} = 2.74 \cdot \ln(P) - 6.33 + N$	50
			$10 < P \leqslant 500$	$\eta_{target} = 0.78 \cdot \ln(P) - 1.88 + N$	
前向离心通风机和径向叶片离心通风机	A，C	静压	$0.125 \leqslant P \leqslant 10$	$\eta_{target} = 2.74 \cdot \ln(P) - 6.33 + N$	37
			$10 < P \leqslant 500$	$\eta_{target} = 0.78 \cdot \ln(P) - 1.88 + N$	
	B，D	全压	$0.125 \leqslant P \leqslant 10$	$\eta_{target} = 2.74 \cdot \ln(P) - 6.33 + N$	42
			$10 < P \leqslant 500$	$\eta_{target} = 0.78 \cdot \ln(P) - 1.88 + N$	
无外壳后向离心通风机	A，C	静压	$0.125 \leqslant P \leqslant 10$	$\eta_{target} = 4.56 \cdot \ln(P) - 10.5 + N$	58
			$10 < P \leqslant 500$	$\eta_{target} = 1.1 \cdot \ln(P) - 2.6 + N$	
带外壳后向离心通风机	A，C	静压	$0.125 \leqslant P \leqslant 10$	$\eta_{target} = 4.56 \cdot \ln(P) - 10.5 + N$	58
			$10 < P \leqslant 500$	$\eta_{target} = 1.1 \cdot \ln(P) - 2.6 + N$	
	B，D	全压	$0.125 \leqslant P \leqslant 10$	$\eta_{target} = 4.56 \cdot \ln(P) - 10.5 + N$	61
			$10 < P \leqslant 500$	$\eta_{target} = 1.1 \cdot \ln(P) - 2.6 + N$	
混流通风机	A，C	静压	$0.125 \leqslant P \leqslant 10$	$\eta_{target} = 4.56 \cdot \ln(P) - 10.5 + N$	47
			$10 < P \leqslant 500$	$\eta_{target} = 1.1 \cdot \ln(P) - 2.6 + N$	
	B，D	全压	$0.125 \leqslant P \leqslant 10$	$\eta_{target} = 4.56 \cdot \ln(P) - 10.5 + N$	58
			$10 < P \leqslant 500$	$\eta_{target} = 1.1 \cdot \ln(P) - 2.6 + N$	
贯流通风机	B，D	全压	$0.125 \leqslant P \leqslant 10$	$\eta_{target} = 1.14 \cdot \ln(P) - 2.6 + N$	13
			$10 < P \leqslant 500$	$\eta_{target} = N$	

资料来源：Commission Regulation（EU）No. 327/2011。

表 4-2　2015 年 1 月 1 日起第二时限的通风机最低效率要求

通风机类型	测试类别（A-D）	效率类别（静压或全压）	功率范围 P（千瓦）	目标效率	效率等级 N
轴流通风机	A，C	静压	$0.125 \leqslant P \leqslant 10$	$\eta_{target} = 2.74 \cdot \ln(P) - 6.33 + N$	40
			$10 < P \leqslant 500$	$\eta_{target} = 0.78 \cdot \ln(P) - 1.88 + N$	
	B，D	全压	$0.125 \leqslant P \leqslant 10$	$\eta_{target} = 2.74 \cdot \ln(P) - 6.33 + N$	58
			$10 < P \leqslant 500$	$\eta_{target} = 0.78 \cdot \ln(P) - 1.88 + N$	

（续）

通风机类型	测试类别（A-D)	效率类别（静压或全压）	功率范围 P（千瓦）	目标效率	效率等级 N
前向离心通风机和径向叶片离心通风机	A，C	静压	$0.125 \leqslant P \leqslant 10$	$\eta_{target} = 2.74 \cdot \ln(P) - 6.33 + N$	44
			$10 < P \leqslant 500$	$\eta_{target} = 0.78 \cdot \ln(P) - 1.88 + N$	
	B，D	全压	$0.125 \leqslant P \leqslant 10$	$\eta_{target} = 2.74 \cdot \ln(P) - 6.33 + N$	49
			$10 < P \leqslant 500$	$\eta_{target} = 0.78 \cdot \ln(P) - 1.88 + N$	
无外壳后向离心通风机	A，C	静压	$0.125 \leqslant P \leqslant 10$	$\eta_{target} = 4.56 \cdot \ln(P) - 10.5 + N$	62
			$10 < P \leqslant 500$	$\eta_{target} = 1.1 \cdot \ln(P) - 2.6 + N$	
带外壳后向离心通风机	A，C	静压	$0.125 \leqslant P \leqslant 10$	$\eta_{target} = 4.56 \cdot \ln(P) - 10.5 + N$	61
			$10 < P \leqslant 500$	$\eta_{target} = 1.1 \cdot \ln(P) - 2.6 + N$	
	B，D	全压	$0.125 \leqslant P \leqslant 10$	$\eta_{target} = 4.56 \cdot \ln(P) - 10.5 + N$	64
			$10 < P \leqslant 500$	$\eta_{target} = 1.1 \cdot \ln(P) - 2.6 + N$	
混流通风机	A，C	静压	$0.125 \leqslant P \leqslant 10$	$\eta_{target} = 4.56 \cdot \ln(P) - 10.5 + N$	50
			$10 < P \leqslant 500$	$\eta_{target} = 1.1 \cdot \ln(P) - 2.6 + N$	
	B，D	全压	$0.125 \leqslant P \leqslant 10$	$\eta_{target} = 4.56 \cdot \ln(P) - 10.5 + N$	62
			$10 < P \leqslant 500$	$\eta_{target} = 1.1 \cdot \ln(P) - 2.6 + N$	
贯流通风机	B，D	全压	$0.125 \leqslant P \leqslant 10$	$\eta_{target} = 1.14 \cdot \ln(P) - 2.6 + N$	21
			$10 < P \leqslant 500$	$\eta_{target} = N$	

资料来源：Commission Regulation（EU）No. 327/2011。

EU327/2011 条例实施后，大量低效率通风机将从市场上消失。当时在欧洲市场上销售的各类带驱动通风机，违反 2013 年 1 月生效要求的有 13％以上，违反 2015 年 1 月生效要求的有 18％以上，总计超过 31％。如图 4-4所示为当时欧洲市场随机调查的轴流通风机效率状况，低效率通风机较集中于 1kW 以下。

通风机总效率是通风机空气功率（风量和压力贡献）与输入电功率的比值，从图 4-5 可以看到，通风机工作存在各种损耗，这些损耗是由通风机的结构和制造决定的。

从表 4-1 和表 4-2 中可以看到，与农业通风机对应的轴流通风机能效（静压效率），要求 2013 年 1 月 1 日起的效率等级 N 为 36 级，2015 年 1 月 1日起的效率等级 N 为 40 级。对于 1kW 风机，36 级相当于效率 29.7％，40

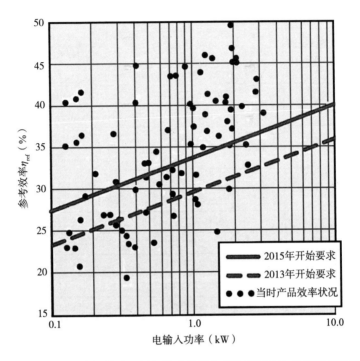

图 4-4 当时市场轴流通风机效率状况与 EU327/2011 条例要求对照

资料来源：Armin Hauer and Joe Brooks，2012。

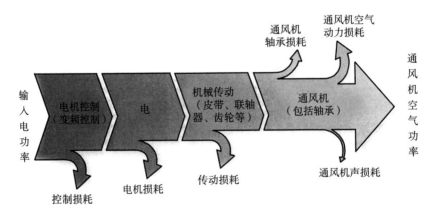

图 4-5 通风机各功率与损耗之间的关系

级相当于 33.7%。

物理特征、功能特点和性能指标是产品的信息集合，是用户选择和使用产品不可缺少的依据，其重要性在当今数字化、网络化、信息化时代尤为突出。通风机的选用是建立在对通风机性能数据了解的基础之上。从图 4-6 中可以看到，只有知道通风机的性能曲线，才能判断运行时的工况点，从而选择能效高的通风机而不是能效低的通风机。

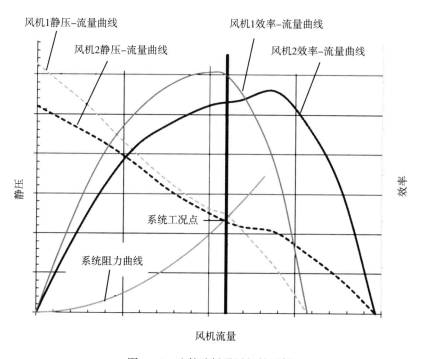

图 4-6 比较选择通风机的示例

在农业农村工程中，使用通风机最多的是农业设施。在温室和畜禽舍（图 4-7）等农业设施中，通风是控制室内温度、湿度、气体成分等设施内部环境的重要手段，对于获得高质量农作物产品和健康畜禽产品至关重要。设施农业生产，需要长期、大量地采用通风机进行通风，通风机会消耗电能。通风机运行的电能消耗是农业生产能耗和影响经济效益的主要因素，并且无法通过避开峰值用电时间来进行运行时间管理，而提高通风机的能源转换效率是减少能耗切实可行的办法。

美国农业生物工程师协会很早就关注到农业通风机的能效问题，早在 1997 年 2 月就采用了由能源利用委员会制定、信息与电子技术分标准委员会批准的《ASAE EP566 Guidelines for selection of energy efficient agricultural ventilation fans（节能型农业通风风机选用指南）》标准。截至目前，

图 4-7 鸭舍工程中的农业通风机

该标准经过了多次复审与修订。

经过国内市场调研了解到：农业设施使用的这类通风机是工业、民用不涉及和不使用类型，只在农业设施生产中使用；由于这类通风机制造门槛低，大量制造企业涌入该领域，企业制造技术水平参差，产品性能差距大；产品性能测试缺乏统一标准，缺乏测试手段，存在利用不适宜测试手段（不适宜测试该类风机的测试装置和方法）进行风机性能测试的现象；由于产品用户对产品性能的普遍关注，存在制造企业在无测试装置条件下自行简单测试，并以测试数据作为样本数据提供给用户的现象；由于缺乏相关标准进行规范，存在测试报告与推介产品不符的现象（该类产品属于易拆装产品，有些企业在测试出具报告时用性能优的电机和节能传动方式，而销售时提供性能差的电机和不节能传动方式）；由于缺乏科学技术的引领，价格竞争迫使低性能产品市场活跃而高性能产品被制约发展；许多企业呼吁，急需标准出台，加强产品管理，从而利于节能、高能效风机的创新、制造和推广使用。

鉴于需要，2018 年由全国农业机械标准化技术委员会农业机械化分技术委员会（SAC/ TC 201/SC2）归口，制定和发布了《NY/T 3210—2018 农业通风机 性能测试方法》和《NY/T 3211—2018 农业通风机 节能选用规范》。通风机性能测试是获得性能数据信息的必经过程和重要手段。原本只计划制定《农业通风机 节能选用规范》标准，但由于缺乏《农业通风机 性能测试方法》标准，只好在制定一项标准的工作中开展了两项标准起草工作。两项标准均入选 2022 年农业农村行业标准研制实施典范。

三、标准化生命周期管理

标准化生命周期指从标准需求开始到标准废止为止的全生命周期。从确定标准需求开始，到孕育标准化项目启动，标准研究和起草，经过审定和发布，之后进行宣贯和知识传播，使其被广泛使用，然后需要对标准的影响加以识别，并对其进行评估，还需要进行复审确认、修订或废止。标准化生命周期的长短对于每项标准而言并不相同，有些可能只有5～10年的时间，有些可能50～60年，甚至更长时间，图4-8显示了GB/T 1.1的标准化生命周期。确定标准需求，发生在1981年发布第一版前的某个时间，此标准至今还在使用中。

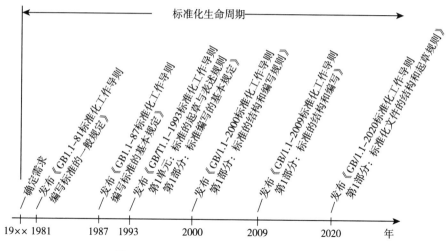

图4-8 GB/T 1.1的标准化生命周期示意

标准化战略需要考虑到对标准化的全生命周期进行管理。标准化生命周期管理不仅意味着对某项标准的全生命周期负责，还意味着对纳入农业农村工程标准体系的标准进行全生命周期管理。

1979年的《中华人民共和国标准化管理条例》中规定："标准一经批准发布就是技术法规，各生产、建设、科研、设计管理部门和企业、事业单位都必须严格贯彻执行……"1989年实施《中华人民共和国标准化法》后，标准不再是"技术法规"，分为强制性标准和推荐性标准。推荐性标准为自愿采用，有新版本发布并不意味着旧版本就废止不可使用，采用新版还是继续使用旧版本也成了自愿选择。还以 GB/T 1.1 为例，虽然它是标准起草、制定的最基础性标准，但同时也是推荐性标准，在农业农村工程标准化管理中，可以将其纳入到标准体系之中，作为起草标准时遵循的标准，也可以不纳入，不采用。如果纳入，新版本标准发布后，采用新版本还是继续维持使用旧版本也属于标准化管理的范畴。

标准化生命周期管理一般可分为 6 个阶段：①标准需求识别和确定；②立项、起草制定和发布；③宣贯和培训；④使用和实施；⑤监测、评估效果及影响；⑥审查并决定修订或废止。这里着重说明"标准需求识别和确定"和"监测、评估效果及影响"两阶段工作，因为这两阶段工作在以往实践中通常是欠缺的。

标准需求识别和确定。属于标准立项之前的前期研究。标准需求要与使用需求联系起来，使用需求可能是市场驱动之下的社会、经济发展需要，也可能是国家政策、措施决定的社会、经济发展需要，研究的目的都是要识别和确定最终使用者所需要的标准。通常情况下，这一阶段也是标准开发的前期识别过程，需要对标准是什么、涵盖的技术有哪些、技术成熟与否、使用对象有哪些、发挥哪些作用、产生哪些效果、与已有标准关系如何、推行条件成熟与否、推行难易程度如何等都需要进行识别和判断，还要对拟定的题目和内容有一个基本构思，包括与使用者沟通、联系，在充分认识的基础上确定是否应当作为标准来制定。

监测、评估效果及影响。该阶段在实践中通常没有被重视。标准发布后，并不意味着标准化工作的结束，需要对标准实施后的效果和影响加以调查和监测，收集数据，甚至需要了解所产生的经济效益。在这一过程工作开展的同时，也需要考察标准内容的适用性，是否存在缺陷，是否有需要修正的条款和如何修正、何时修正，等等。

总之，标准化战略管理中，需要重视以上两阶段的工作，存在资源配置问题，需要考虑到开展这两项工作的经费需求和人员需求。

四、标准化战略管理机制

从第三部分的分析中，我们可以看到，农业农村工程建设活动涵盖多个经济领域，涉及不同技术专业，标准的提出和归口都涉及行政机构和标准化技术委员会，这些反映出现在的标准管理机制问题。标准化战略的管理是长期、持久性工作，标准化管理机制对于标准化管理具有举足轻重的作用，只有科学管理，才能确保战略目标的实现。

《中华人民共和国标准化法》涉及的管理分工。《中华人民共和国标准化法》中关于标准化管理的要点有：

（1）标准化工作的任务是制定标准、组织实施标准以及对标准的制定、实施进行监督。

（2）国务院标准化行政主管部门统一管理全国标准化工作。国务院有关行政主管部门分工管理本部门、本行业的标准化工作。

（3）国务院有关行政主管部门依据职责负责强制性国家标准的项目提出、组织起草、征求意见和技术审查。国务院标准化行政主管部门负责强制性国家标准的立项审查、立项、编号和对外通报。

（4）省、自治区、直辖市人民政府标准化行政主管部门，社会团体、企业事业组织以及公民，都可以向国务院标准化行政主管部门提出强制性国家标准的立项建议。

（5）强制性国家标准由国务院批准发布或者授权批准发布。

（6）推荐性国家标准由国务院标准化行政主管部门制定。

（7）行业标准由国务院有关行政主管部门制定，报国务院标准化行政主管部门备案。

（8）制定推荐性标准，应当组织由相关方组成的标准化技术委员会，承担标准的起草、技术审查工作。制定强制性标准，可以委托相关标准化技术委员会承担标准的起草、技术审查工作。未组成标准化技术委员会的，应当成立专家组承担相关标准的起草、技术审查工作。标准化技术委员会和专家组的组成应当具有广泛代表性。

（9）国务院标准化行政主管部门会同国务院有关行政主管部门对团体标准的制定进行规范、引导和监督。

（10）国务院标准化行政主管部门和国务院有关行政主管部门、设区的市级以上地方人民政府标准化行政主管部门应当建立标准实施信息反馈和评估机制，根据反馈和评估情况对其制定的标准进行复审。

（11）国务院标准化行政主管部门根据标准实施信息反馈、评估、复审情况，对有关标准之间重复交叉或者不衔接配套的，应当会同国务院有关行政主管部门作出处理或者通过国务院标准化协调机制处理。

（12）国务院有关行政主管部门在标准制定、实施过程中出现争议的，由国务院标准化行政主管部门组织协商；协商不成的，由国务院标准化协调机制解决。

显然，中国标准化管理实行的是由政府统一管理与分工负责相结合的管理模式。行政主管部门和标准化技术委员会是标准制定的两大主体，行政主管部门负责全面管理和组织，标准化技术委员会负责承担部分工作，如图4-9所示。

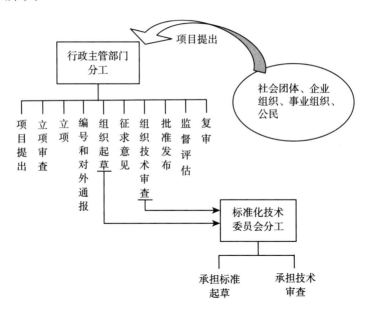

图 《中华人民共和国标准化法》涉及的组织、个人与标准化管理的关系

标准制定工作实践中，标准化技术委员会通常不直接承担标准起草工作，担当的是标准归口管理的角色。GB/T 1.1中规定，"前言"是标准化文件的必备要素，文件的归口信息是"前言"中应包括的内容。

标准化专业管理组织机构。 有"国家标准化管理委员会"和"全国专业标准化技术委员会"。

国家标准化管理委员会是国家市场监督管理总局对外保留的牌子。以国家标准化管理委员会名义，下达国家标准计划，批准发布国家标准，审议并发布标准化政策、管理制度、规划、公告等重要文件；开展强制性国家标准对外通报；协调、指导和监督行业、地方、团体、企业标准工作；代表国家参加国际标准化组织、国际电工委员会和其他国际或区域性标准化组织；承担有关国际合作协议签署工作；承担国务院标准化协调机制日常工作。

全国专业标准化技术委员会是制定国家标准和行业标准的一种重要组织形式，它是一定专业领域内从事全国性标准化工作的技术工作组织。2017年10月30日国家质量监督检验检疫总局令第191号公布了《全国专业标准化技术委员会管理办法》（以下简称《办法》）。《办法》规定，国务院标准化行政主管部门统一管理技术委员会工作，负责技术委员会的规划、协调、组建和管理，并履行以下职责：①组织实施技术委员会管理相关的政策和制度；②规划技术委员会整体建设和布局；③协调和决定技术委员会的组建、换届、调整、撤销、注销等事项；④组织技术委员会相关人员的培训；⑤监督检查技术委员会的工作，组织对技术委员会的考核评估；⑥直接管理综合性、基础性和跨部门跨领域的技术委员会；⑦其他与技术委员会管理有关的职责。国务院有关行政主管部门、有关行业协会受国务院标准化行政主管部门委托，管理本部门、本行业的技术委员会，对技术委员会开展国家标准制修订以及国际标准化等工作进行业务指导。技术委员会在本专业领域内承担以下工作职责：①提出本专业领域标准化工作的政策和措施建议；②编制本专业领域国家标准体系，根据社会各方的需求，提出本专业领域制修订国家标准项目建议；③开展国家标准的起草、征求意见、技术审查、复审及国家标准外文版的组织翻译和审查工作；④开展本专业领域国家标准的宣贯和国家标准起草人员的培训工作；⑤受国务院标准化行政主管部门委托，承担归口国家标准的解释工作；⑥开展标准实施情况的评估、研究分析；⑦组织开展本领域国内外标准一致性比对分析，跟踪、研究相关领域国际标准化的发展趋势和工作动态；⑧管理下设分技术委员会；⑨承担国务院标准化行政主管部门交办的其他工作。技术委员会可以接受政府部门、社会团体、企事业单位委托，开展与本专业领域有关的标准化工作。分技术委员会的工作职责参照技术委员会的工作职责执行。

目前全国已成立专业标准化技术委员会 543 个，分技术委员会 778 个，标准化工作组 13 个。与农业农村工程相关的标准化技术委员会或分技术委员会，如表 4 - 3 所示，共计 10 个。其中，只有 TC274、TC437、TC516 的负责专业范围涵盖了农业农村工程内容，TC274 涉及 "畜牧养殖设施"，TC437 涉及 "蚕桑专用设备、设施"，TC516 涉及 "屠宰及肉制品加工设施设备"。TC37、TC156、TC501、TC501/SC1、TC515 没有明确的专业划分，都是以生产领域划分为基础建立的标准化技术委员会。TC201 和 TC201/SC2 有明确的专业范围，并不涉及农业工程建设，但由于农业工程建设标准化技术委员会的缺失，代管相关标准化工作。

表 4 - 3　与农业农村工程相关的标准化技术委员会或分技术委员会

序号	委员会编号	名称	筹建机构	业务指导	负责专业范围	备注
1	TC37	全国农作物种子标准化技术委员会	农业农村部	农业农村部	负责全国农作物种子专业领域标准化工作	
2	TC156	全国水产标准化技术委员会	农业农村部	农业农村部	全国水产标准化工作	
3	TC201	全国农业机械标准化技术委员会	中国机械工业联合会	中国机械工业联合会	负责全国农业机械（包括耕作机械、种植机械、植保机械、收获机械、场上作业机械、农副产品加工机械、排灌机械、畜牧机械、饲料加工机械、养殖机械和割草机械，不包括草坪机械）等专业领域标准化工作	
4	TC201/SC2	全国农业机械标准化技术委员会农业机械化分技术委员会	农业农村部	中国机械工业联合会	全国农业机械化等专业领域标准化工作	代管部分设施农业工程标准

（续）

序号	委员会编号	名称	筹建机构	业务指导	负责专业范围	备注
5	TC274	全国畜牧业标准化技术委员会	农业农村部	农业农村部	①畜、禽、蜂及特种经济动物品种与种质资源、饲养与管理、养殖环境；②动物产品质量、分级、加工、安全（包括物理性、化学性、生物性安全因素）；③畜牧养殖设施（不包括畜牧机械）、兽医器械；④草种、草产品、草原建设和生态保护	
6	TC437	全国桑蚕业标准化技术委员会	农业农村部	农业农村部	桑（柞）树的繁育、栽培技术及管理，桑（柞）蚕种生产与经营、桑（柞）蚕以及野蚕（蓖麻蚕、天蚕、栗蚕等）茧生产、收烘、储运、加工技术及管理，蚕桑专用设备、设施，蚕桑产品及检验评价等	
7	TC501	全国果品标准化技术委员会	农业农村部	农业农村部		
8	TC501/SC1	全国果品标准化技术委员会贮藏加工分技术委员会	山东省市场监督管理局、中华全国供销合作总社	中华全国供销合作总社	水果及其制品贮藏、加工	
9	TC515	全国沼气标准化技术委员会	农业农村部	农业农村部	沼气	

（续）

序号	委员会编号	名称	筹建机构	业务指导	负责专业范围	备注
10	TC516	全国屠宰加工标准化技术委员会	农业农村部	农业农村部	负责兽医食品卫生质量及检验、畜禽屠宰厂（场）建设、屠宰厂（场）分级，屠宰车间和流水线设计、畜禽屠宰及加工技术、屠宰加工流程及工艺、屠宰及肉制品加工设施设备、无害化处理设备及工艺技术、非食用动物产品加工处理等领域的国家标准制修订工作	

农业农村工程标准化管理建议。依据《中华人民共和国标准化法》，应组成标准化技术委员会对农业农村工程建设的标准化工作实施统一和专业化管理。

对照附表 1 和附表 2，许多农业农村工程标准的归口是行政机构，已经说明现有标准化技术委员会无法满足农业农村工程标准化工作的需要，农业农村工程相关的标准化技术委员会缺失，例如，2022 年发布的《高标准农田建设　通则》标准，归口为农业农村部。

从表 4-1 中看到，虽然已有 10 个标准化技术委员会与农业农村工程相关，但并不属于以专业划分的标准化技术委员会。这里所说的专业划分，指的是以学科为基础，以生产活动所需技能的差异性为依据进行的划分。任何一个生产领域都会涉及很多专业，仅以生产领域划分为基础建立的标准化技术委员会还不能满足专业化分工的需要，例如 TC274 负责的专业范围就涵盖许多专业分工，是需要细分的。

由于细分的标准化（分）技术委员会缺失，标准化管理的错位现象就会出现。例如，《SC/T 6093—2019 工厂化循环水养殖车间设计规范》，归口为 TC 156/SC 6，而 TC 156/SC 6 是渔业机械仪器分技术委员会，负责全国渔业仪器标准化工作。又如，《YC/T 337—2010 基本烟田水利设施建设工程质量评定与验收规程》，归口为 TC 144/SC2，而 TC 144/SC2 是全国烟草标准化技术委员会农业分技术委员会，负责全国烟叶标准化工作。

虽然，在以生产领域划分为基础建立的标准化技术委员会管理下进行细分是一种选择，但就农业农村工程标准化而言，建立以专业分工为基础的标准化技术委员会是更好的选择，专业性是管理好标准化战略的基础保障。农业机械标准化技术委员会及其细分可以作为借鉴的例子。事实上，"农业工程"与"农业机械"对于农业生产而言的地位是相同的，分别为农业提供了两种不同的产品与服务，前者是"工程设施"产品，后者是"农业机械"产品。已经成立的农业机械标准化技术委员会及分技术委员会如表4-4所示。可以看到，标准化技术委员会所负责的专业，始终没有离开"农业机械"这一主题，显然是专业化管理的一个很好的例子，为农业机械以及农业机械化的标准化规范管理、分工协作起到了支撑保障的作用。

表4-4　农业机械标准化技术委员会及分技术委员会

序号	委员会编号	名称	筹建机构	业务指导	负责专业范围	成立年代	备注
1	TC201	全国农业机械标准化技术委员会	中国机械工业联合会	中国机械工业联合会	全国农业机械（包括耕作机械、种植机械、植保机械、收获机械、场上作业机械、农副产品加工机械、排灌机械、畜牧机械、饲料加工机械、养殖机械和割草机械，不包括草坪机械）等专业领域标准化工作		部分设施农业工程标准归口
2	TC201/SC1	植保与清洗机械分技术委员会	中国机械工业联合会	中国机械工业联合会	全国植保与清洗机械等专业领域标准化工作	1995	
3	TC201/SC2	农业机械化分技术委员会	农业农村部	中国机械工业联合会	全国农业机械化等专业领域标准化工作	1995	部分设施农业工程标准归口

（续）

序号	委员会编号	名称	筹建机构	业务指导	负责专业范围	成立年代	备注
4	TC201/SC3	畜牧机械分技术委员会	中国机械工业联合会	中国机械工业联合会	畜牧机械，包括草原建设及牧草收获机械、畜产品采集及初加工机械、种子收获处理及加工设备	2008	
5	TC201/SC4	排灌设备和系统分技术委员会	中国机械工业联合会	中国机械工业联合会	农业排灌和节水灌溉设备及系统	2008	
6	TC201/SC5	耕种和施肥机械分技术委员会	中国机械工业联合会	中国机械工业联合会	农田建设、耕整、种植、施肥和中耕机械	2009	
7	TC201/SC6	农业电子分技术委员会	中国机械工业联合会	中国机械工业联合会	精准农业装备、自动化、智能化领域	2014	

五、制定标准化计划的过程与注意事项

制定标准化计划是实现标准化战略目标的一项重要任务，一般可分为两个阶段。

第一阶段是确定标准化需求，并在此基础上明确标准化工作重点。标准化需求来自农业农村工程建设活动之中，工程建设的勘察、规划、设计、施工、验收、运行、管理、维护、加固、拆除等活动都需要通过标准来协调或统一相关事项。学术界、规划设计机构、施工与监理企业、工程使用和生产运行单位都有可能提出制定标准的建议。

另外，行政管理部门需要根据国家战略研究分析对农业农村工程建设产生重大影响的关键因素，哪些需要通过标准化来实现全社会的最佳秩序和效益，哪些标准可以促进重点工程项目的实施和管理，并由此提出标准需求。

标准化工作重点的确定需要对社会经济条件及与农业农村工程建设的协

调性进行分析，需要对标准化工作的资源投入进行分析，需要征求相关者的意见。研究分析与征求意见是一个循环往复的过程，如图 4-10 所示。

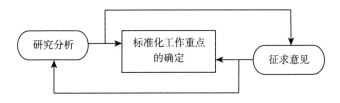

图 4-10　标准化工作重点的确定过程

按照《中华人民共和国标准化法》，制定强制性标准、推荐性标准，应当在立项时对有关行政主管部门、企业、社会团体、消费者和教育、科研机构等方面的实际需求进行调查，对制定标准的必要性、可行性进行论证评估；在制定过程中，应当按照便捷有效的原则采取多种方式征求意见，组织对标准相关事项进行调查分析、实验、论证，并做到有关标准之间的协调配套。

第二阶段，在标准化工作重点确立后，将其与现有标准以及正在进行的标准化项目进行比较，如果没有相应的标准，则需要考虑制定新标准。决定制定新标准时，需要考虑是否有相关标准或其他可以借鉴、采纳的标准（如国际标准、国外先进标准、地方标准或团体标准等）。最后决定以国家标准或行业标准的形式制定，其过程如图 4-11 所示。

制定标准化项目计划的注意事项包括以下几个方面：

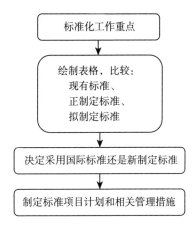

图 4-11　制定标准化项目计划的第二阶段流程

（1）对列入标准化计划的项目，需要研究确定有哪些标准类型，适合制定哪类标准（国家标准或行业标准或团体标准），要开展拟制定标准的前期研究，提出标准名称和标准内容，并提出标准制定计划书。

（2）对拟制定标准的名称和内容进行论证，确保名称与内容匹配，不与现行法律或标准冲突，与科技、经济发展水平相符。

（3）要意识到标准制定带来的工作量，需要相应的人力资源，对承担标准起草的人员要有足够的资金支持和时间保障，负责标准起草的人员要具备专业知识基础和标准化知识基础，要尽可能使现有资源得到最佳利用。

（4）标准制定项目启动需要考虑两个因素，一是项目的重要性，较重要的项目、对其他项目启动有制约性的项目应优先启动；二是关键资源的可用性，如果缺乏起草标准的资源（如关键专家抽不出时间、制定标准的能力还不够等），则项目需要滞后再安排启动。

六、标准化战略制定相关者

国家层面的标准化战略的目的是对社会、经济和环境产生积极影响，创造公共价值。为实现这一目的，需要相关者参与其中，重要的是，战略不是由一个人或一群人孤立地制定出来的。

标准化战略制定相关者包括从事标准化工作的行政管理人员、以科研机构为主力的标准起草人员、标准使用以及标准实施后受影响的利益相关者等。根据标准主题的不同，标准使用者可能涉及各类组织，如政府监管部门通过使用标准对质量、安全和环境进行监管，工程设计人员要依据标准进行设计，生产企业在生产活动中需要使用标准且在合同中引用标准。

针对农业农村工程标准化特点，相关者包括所涉及的各部委行政主管部门，农业农村工程涉及的各个标准化技术委员会，不同专业领域长期从事标准起草、制定的人员，农业农村工程建设涉及的规划设计、建设施工、监督管理等相关人员，等等。

战略制定除了需要关键利益相关者参与其中，还需要得到农业农村工程战略层面以及国家标准化组织等相关行政管理机构的支持。

七、标准化战略优先事项建议

以往在确定标准化优先事项时，通常采用的方法是拟定具体标准项目清单，然后在标准清单中按照拟制定时间先后进行划分，从而确定哪些标准优先制定，哪些标准在下一阶段制定。这种方法通常是在短时间内，通过汇聚各方所提出的标准名称，来确定拟制定标准的清单，往往缺乏整体战略目标的指引，有时也限制了急需、重要标准的制定。

确定优先事项的另一种方法是对国家战略需求达成一个总体的优先次序共识，明确这些需求怎样通过标准化来解决，而不是通过深入到具体标准进行优先排序。

党的十八大以来，党中央、国务院把质量强国战略放到更加突出的位置，明确要求开展质量提升行动，加强全面质量监管，全面提升质量水平，加快培育国际竞争优势，为实现"两个一百年"奋斗目标奠定质量基础。坚持以质量第一为价值导向。坚持以满足人民群众需求和增强国家综合实力为根本目的。坚持以企业为质量提升主体。坚持以改革创新为根本途径。标准、计量、检验检测、认证认可是国际公认的国家质量基础设施，而农业农村工程领域的质量基础设施相对更为薄弱，标准化战略的优先事项也应重点考虑强化质量基础。

针对农业农村工程建设，工程质量要求、工程质量控制和工程质量监管标准应作为标准化的优先事项，基于农业农村工程标准化现状和存在的问题，着眼于长期发展的需要，应将基础性、支撑性标准制定以及标准体系构建放在首位，这些都属于质量基础的重要组成部分。

基础性标准有许多方面，这里仅探讨术语类标准、基础数据标准、基础性管理标准。

术语类标准。概念构成在组织人类知识中起着至关重要的作用，因为它提供了在特定领域识别客体并将其分组成有意义单元的手段。术语标准是一切标准的基础。当术语缺乏统一规范时，为满足信息交流及各项活动的需要，就会在不同时期、特定领域的标准中给出不同的定义，继而出现多个不同术语定义同一概念；同一术语，相同概念下，几种定义所采用的叙述表达方式不同；同一术语，几种定义所表达的概念不同；甚至定义不合规范；等等。

以设施园艺工程为例，因温室有其独特的建筑形式、使用用途、功能要求以及土地使用的复杂性，以往建筑工程相关术语不能满足设施园艺工程相关活动过程的概念表达需要。如表 4 - 5 所示，有 40 项标准为"日光温室"术语下定义，另外还用"寒地节能日光温室"、"春秋型日光温室"、"冬用型日光温室"和"节能日光温室"术语定义了具有某项特征的日光温室。

表4-5 "日光温室"术语和定义

序号	术语和定义（标准编号）
1	**日光温室 sunlight greenhouse**（JB/T 10286—2001） 以日光为主要能量来源的温室，一般由透光前坡、外保温帘（被）、后坡、后墙、山墙和操作间组成。基本朝向坐北朝南，东西向延伸。围护结构具有保温和蓄热的双重功能。适合于冬季寒冷，但光照充足地区反季节种植蔬菜、花卉和瓜果
2	**日光温室 sunlight greenhouse；太阳能温室 solar greenhouse**（JB/T 10292—2001） 以日光为主要能量来源的温室，一般由透光前坡、外保温帘（被）、后坡、后墙、山墙和操作间组成。基本朝向坐北朝南，东西向延伸。围护结构具有保温和蓄热的双重功能。适合于冬季寒冷，但光照充足区反季节种植蔬菜、花卉和瓜果
3	**日光温室**（NY/T 5007—2001） 由采光和保温维护结构组成，以塑料薄膜为透明覆盖材料，东西向延长，在寒冷季节主要依靠获取和蓄积太阳辐射能进行蔬菜生产的单栋温室
4	**日光温室**（NY/T 610—2002） 以太阳光为主要热源，特殊情况可以补温，南（前）面为采（透）光屋面，东、西、北（后）三面为保温围护墙体并有保温后屋面的单坡面型塑料薄膜温室，以下若不特别指明，日光温室简称为温室
5	**日光温室**（DB34/T 291—2002） 由采光和保温维护结构组成，以塑料薄膜为透明覆盖材料，东西向延长，在寒冷季节主要依靠获取和蓄积太阳辐射能进行蔬菜生产的单栋温室
6	**日光温室 sunlight greenhouse**（GB/T 19165—2003） 以太阳能为主要能量，特殊情况可适当补充能量，南（前）面为采（透）光屋面，东、西、北（后）三面为保温围护墙体，并有保温后屋面和活动保温被的单坡面塑料薄膜温室，以下若不特别指明，日光温室简称为温室
7	**日光温室**（DB34/T 376—2003） 利用日光照射升温与保温的一种前棚面呈弧圆形，后棚面呈斜坡形，阴面筑有保温墙的塑料大棚式温室
8	**日光温室 sunlight solar greenhouse**（NYJ/T 07—2005） 以太阳能为主要能源、东西山墙及北后墙三面实体墙为围护结构、北后屋面为保温屋面、南侧前屋面为透光材料覆盖的采光面、夜间用活动保温被覆盖前屋面保温的单屋面温室
9	**日光温室**（DB11/T 267—2005） 由采光和保温维护结构组成，主要以塑料薄膜为透明覆盖材料，上覆盖蒲苫或草帘等保温材料，东西延长，在寒冷季节主要依靠获取和蓄积太阳辐射能进行蔬菜生产的单栋温室
10	**日光温室 sunlight greenhouse**（DB11/T 292—2005） 一种充分利用太阳能为主要光、热能源，南侧前屋面白天为采集、透入日光能源屋面，夜间需要覆盖保温覆盖物，北侧后屋面为保温屋面，北墙及东、西山墙为保温蓄能围护墙体，主要用于农作物栽培的农业设施

（续）

序号	术语和定义（标准编号）
11	**日光温室 sunlight greenhouse**（DB11/T 291—2005） 一种充分利用太阳能为主要光、热能源，南侧前屋面白天为采集、透入日光能源屋面，夜间需要覆盖保温覆盖物，北侧后屋面为保温屋面，北墙及东、西山墙为保温蓄能围护墙体，主要用于农作物栽培的农业设施
12	**日光温室**（DB 3703/T 006—2005） 由采光和保温维护结构组成，以塑料薄膜为透明覆盖材料，东西向延长，在寒冷季节主要依靠获取和蓄积太阳辐射能进行生产的单栋温室
13	**日光温室**（DB 3703/T 008—2005） 由采光和保温维护结构组成，以塑料薄膜为透明覆盖材料，东西向延长，在寒冷季节主要依靠获取太阳辐射能进行蔬菜生产的单栋温室
14	**日光温室**（DB 3703/T 011—2005） 由采光和保温维护结构组成，以塑料薄膜为透明覆盖材料，东西向延长，在寒冷季节主要依靠获取太阳辐射能进行蔬菜生产的单栋温室
15	**日光温室**（DB 3703/T 013—2005） 由采光和保温维护结构组成，以塑料薄膜为透明覆盖材料，东西向延长，在寒冷季节主要依靠获取太阳辐射能进行蔬菜生产的单栋温室
16	**日光温室**（DB 3703/T 014—2005） 由采光和保温维护结构组成，以塑料薄膜为透明覆盖材料，东西向延长，在寒冷季节主要依靠获取太阳辐射能进行蔬菜生产的单栋温室
17	**日光温室**（DB 3703/T 015—2005） 由采光和保温维护结构组成，以塑料薄膜为透明覆盖材料，东西向延长，在寒冷季节主要依靠获取太阳辐射能进行蔬菜生产的单栋温室
18	**日光温室 Chinese solar greenhouse**（NY/T 1145—2006） 由保温蓄热墙体、北向保温屋面和南向采光屋面构成的以太阳能为主要能源，夜间用保温材料对采光屋面外覆盖保温，主要进行越冬作物生产的单屋面温室
19	**日光温室 solar greenhouse**（DB11/T 557—2008） 以塑料薄膜、玻璃等为透光覆盖材料，以太阳为热源，靠最大限度采光使温室内温度升高，靠防寒沟、覆盖物保温、保湿，以满足作物生长需要的保护设施
20	**日光温室 solar greenhouse**（DB11/T 608—2008） 南（前）面为采（透）光屋面，东、西、北（后）三面为保温围护墙，并有保温后屋面的单坡面型塑料薄膜温室
21	**日光温室 solar greenhouse**（DB11/T 609—2008） 南（前）面为采（透）光屋面，东、西、北（后）三面为保温围护墙，并有保温后屋面的单坡面型塑料薄膜温室
22	**日光温室**（DB13/T 951—2008） 利用太阳辐射增温，不加温或基本不加温，有后墙、山墙和后坡，前屋面覆盖透明覆盖物和保温覆盖物，跨度 6m 以上、脊高 2m 以上的栽培设施

（续）

序号	术语和定义（标准编号）
23	**日光温室 solar greenhouse**（GB/T 23393—2009） 由保温蓄热墙体、北向保温屋面（后屋面）和南向采光屋面（前屋面）构成的可充分利用太阳能，夜间用保温材料对采光屋面外覆盖保温，可以进行作物越冬生产的单屋面温室
24	**日光温室 solar greenhouse**（NY/T 1966—2010） 由保温蓄热墙体、北向保温屋面（后屋面）和南向采光屋面（前屋面）构成的可充分利用太阳能，夜间用保温材料对采光屋面外覆盖保温，可以进行作物越冬生产的单屋面温室
25	**日光温室 green house**（DB11/T 700—2010） 由保温蓄热墙体、北向保温屋面（后屋面）和南向采光屋面（前屋面）构成的可充分利用太阳能，夜间用保温材料对采光屋面外覆盖保温，可以进行作物越冬生产的单屋面温室
26	**日光温室 green house**（DB11/T 701—2010） 由保温蓄热墙体、北向保温屋面（后屋面）和南向采光屋面（前屋面）构成的可充分利用太阳能，夜间用保温材料对采光屋面外覆盖保温，可以进行作物越冬生产的单屋面温室
27	**日光温室 greenhouse**（DB11/T 821—2011） 以塑料薄膜为透明覆盖材料，东西向延长，在寒冷季节主要依靠获取和蓄积太阳能为热源进行草莓生产的单屋面温室
28	**日光温室 solar greenhouse**（NY/T 2134—2012） 由保温蓄热墙体、北向保温屋面（后屋面）和南向采光屋面（前屋面）构成的可充分利用太阳能，夜间用保温材料对采光屋面外覆盖保温，可以进行作物越冬生产的单屋面温室 [GB/T 23393—2009，定义 3.10]
29	**日光温室 sunlight greenhouse**（JB/T 10286—2013） 以日光为主要能量来源的温室，一般由透光前坡、外保温帘（被）、后坡、后墙、山墙和操作间组成。基本朝向坐北朝南，东西向延伸。围护结构具有保温和蓄热的双重功能。适合于冬季寒冷，但光照充足地区反季节种植蔬菜、花卉和瓜果
30	**日光温室 heliogreenhouse**（QX/T 261—2015） 以太阳辐射为能量来源，东、西、北三面为围护墙体，南坡面以塑料薄膜覆盖，主要用于果蔬生产的设施
31	**日光温室 solar greenhouse**（DB41/T 1053—2015） 一种农业生产设施。由采光前屋面、保温后屋面和东、西、北侧三面墙体构成其主体，东西向延长，其骨架材料常采用竹、木、钢材及混凝土，以塑料薄膜为透明覆盖材料，在严寒季节加盖草帘、保温被或其它保温材料并主要依靠获取和积蓄太阳辐射能进行生产的单栋温室
32	**日光温室 solar greenhouse**（DB41/T 1054—2015） 一种农业生产设施。由采光前屋面、保温后屋面和东、西、北侧三面墙体构成其主体，东西向延长，其骨架材料常采用竹、木、钢材及混凝土，以塑料薄膜为透明覆盖材料，在严寒季节加盖草帘、保温被或其它保温材料，并主要依靠获取和积蓄太阳辐射能进行生产的单栋温室

（续）

序号	术语和定义（标准编号）
33	**日光温室 Chinese solar greenhouse**（NY/T 3024—2016） 东西延长，由山墙及后墙三面蓄热保温墙体、北向保温屋面（后屋面）和南向采光屋面（前屋面）构成，前屋面夜间用活动保温材料覆盖保温，以太阳能为主要能源并可进行作物越冬生产的温室
34	**日光温室 heliogreenhouse**（QX/T 391—2017） 以太阳辐射为主要能量来源，东、西、北三面为保温围护墙体，南坡面以塑料薄膜覆盖，主要用于园艺作物生产的设施 注：改写 QX/T 261—2015，定义 3.2
35	**日光温室 Chinese solar greenhouse**（NY/T 3223—2018） 由（保温或）保温蓄热体、保温后屋面和采光前屋面构成的可充分利用太阳能，夜间保温材料对采光屋面外覆盖保温，可进行作物越冬生产的单屋面温室 注：改写 GB/T 23393—2009，定义 3.10
36	**日光温室 solar greenhouse**（DB11/T 265—2018） 由保温蓄热墙体、北向保温屋面（后屋面）和南向采光屋面（前屋面）构成的可充分利用太阳能，夜间用保温材料对采光屋面外覆盖保温，可以进行作物越冬生产的单屋面温室
37	**日光温室 solar greenhouse**（DB11/T 267—2018） 由保温蓄热墙体、北向保温屋面（后屋面）和南向采光屋面（前屋面）构成的可充分利用太阳能，夜间用保温材料对采光屋面外覆盖保温，可以进行作物越冬生产的单屋面温室
38	**日光温室 greenhouse**（DB15/T 1684—2019） 由两侧山墙、维护后墙体、支撑骨架、塑料薄膜及草苫（或棉被）等覆盖材料组成，东西向延长，在室内不加热（或加热），在寒冷季节主要依靠太阳辐射能，通过墙体对太阳能吸收实现蓄放热，维持室内一定的温度水平，以满足作物生长需要的设施
39	**日光温室**（DB 62/T 4055—2019） 节能日光温室的简称，又称暖棚，是我国北方地区独有的一种温室类型。是一种在室内不加热的温室，即使在最寒冷的季节，也只依靠太阳光来维持室内一定的温度水平，以满足蔬菜作物生长的需要
40	**日光温室 heliogreenhouse**（GB/T 38757—2020） 以太阳辐射为主要能量来源，东、西、北三面为保温围护墙体，南坡面以塑料薄膜覆盖的农业生产设施 注：改写 QX/T 391—2017，定义 3.1
41	**寒地节能日光温室 save energy sunlight greenhouse in cold zone**（GB/T 19561—2004） 在北纬 40°～50°地区，冬季最大限度地以太阳光能为热源，很少或不进行人工加温即可周年生产的温室
42	**冬用型日光温室**（DB13/T 951—2008） 冬季最低温度高于 5℃，在冬季、春季和秋季均可生产喜温性蔬菜的日光温室

（续）

序号	术语和定义（标准编号）
43	**春秋型日光温室**（DB13/T 951—2008） 冬季最低温度低于 5℃，不能生产喜温性蔬菜，只能生产耐寒性蔬菜和半耐寒性蔬菜的日光温室
44	**节能日光温室 energy saving sunlight greenhouse**（DB 61/T 1241.7—2019） 南面采光，由北面和东西面墙体结构、支撑骨架及覆盖材料组成的，在室内不加热的单坡面塑料温室

又如，"（日光）温室跨度"和"前屋面角"术语，均存在多个标准中定义的概念不一致的问题，"前屋面角"定义的概念既有固定量，也有变量，如表 4-6 和表 4-7 所示。

再如，有些定义违反了定义原则。如下面的示例，某标准对"降温"术语给出的定义，是通过表述部分的概念定义了全局概念；另一标准将"荫棚"这一原本为一般用途属性的术语，定义为特殊用途概念，并且存在循环定义逻辑错误；"促早栽培"术语被两个标准分别用不同作物加以定义，缩小了概念范围。显然，这些都是不可取的。

降温 cooling（XX/T XXXXX—2013）

温室降温系统一般指湿帘风机系统，利用空气进入温室时，通过水的绝热蒸发，吸收空气中的大量显热，使空气中的干球温度降低的过程。

荫棚（XXX XXXX/T XXX—2017）

具有遮阳、防晒、保温、增温或降温效果的灵芝栽培荫棚。

促早栽培 early cultivation（XXXX/TXX8—2008）

在人工创造的保护设施环境条件下，使桃提前成熟的一种栽培方式。

促早栽培 early cultivation（XXXX/TXX9—2008）

在人工创造的保护设施环境条件下，使葡萄浆果提前成熟的一种栽培方式。

综上所述，很有必要通过制定标准使农业农村工程建设中使用的术语在

表 4-6 "（日光）温室跨度"术语的定义

序号	定义	附图	标准编号
1	垂直温室屋脊方向室内两相邻柱轴线之间的水平距离 注：对于外围护墙没有承力柱的温室，跨度按屋面梁底脚中心线或墙体轴线计算		GB/T 23393—2009 （现行）
2	日光温室后墙内侧至前屋面骨架基础内侧的距离，其代号以字母 B 表示		JB/T 10286—2001 （废止）
	日光温室后墙内侧至前屋面骨架基础内侧的距离		JB/T 10286—2013 （现行）
3	温室后墙内侧至前墙基础的上表面与骨架外侧相交处的水平距离，参见图 C.1		GB/T 19165—2003 （废止）
4	后墙内侧至前屋面骨架部外边的水平距离		NYJ/T 07—2005 （废止）

（续）

序号	定义	附图	标准编号
5	后墙内侧与室内地面交线至前屋面地脚线间的水平距离		NY/T 3024—2016（现行，代替 NYJ/T 07—2005）
6	支撑屋面骨架两端墙体（基础、梁垫）轴线之间的距离		NY/T 3223—2018（现行）
7	日光温室北墙内侧面至前屋面骨架桁架上弦（桁架上部最外构件）几何中心线与前地锚上平面交点的水平距离。其代号用字母 B 表示，单位：m		DB11/T 291—2005（现行）
8	从温室前屋面底角到后墙内侧的长度		DB13/T 951—2008（现行）
9	后墙内侧到前屋面脚处的距离		DB61/T 1241.7—2019（现行）

表4－7　"前屋面角"术语的定义

序号	术语	定义	附图	标准编号
1	前屋面角 front roof angle	日光温室横截面上采光屋面与地面的交点与屋脊的连线和地平面的夹角，其代号以字母 α_f 表示	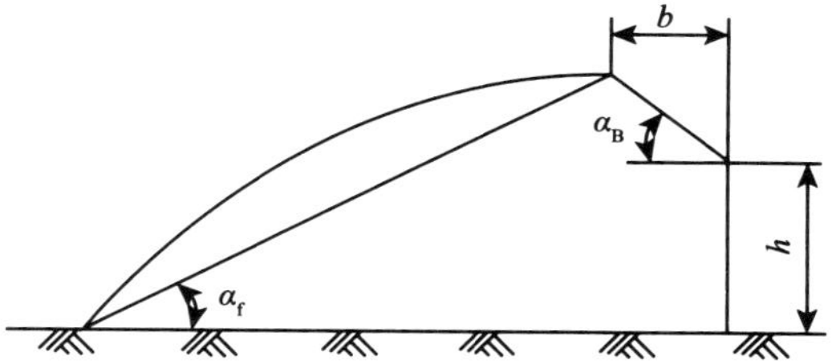	JB/T 10286—2001（废止）
2	前屋面角 front roof angle	日光温室横截面上采光屋面与地面的交点与屋脊的连线和地平面的夹角		JB/T 10286—2013（现行）
3	前屋面角 front roof angle	日光温室横截面上采光屋面前沿与地面的交点同屋脊点的连线与地平面之间的夹角		JB/T 10292—2001（现行）
4	前屋面角 front roof angle	温室横剖面上采光屋面弧形曲线上某点切线与地平面的夹角，用 α 表示，见图1	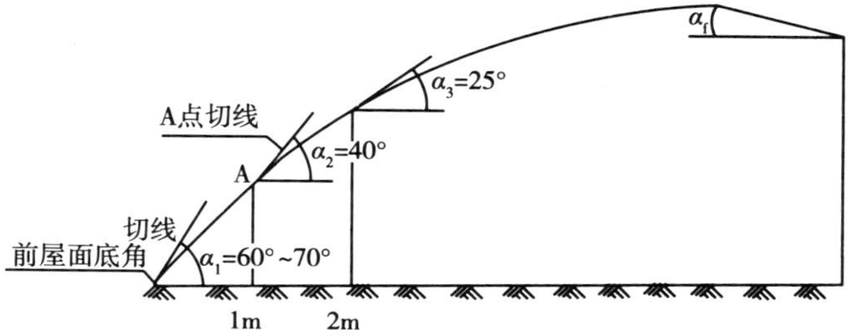	GB/T 19165—2003（废止）

（续）

序号	术语	定义	附图	标准编号
5	前屋面角 tilt angle of the south roof	日光温室横截面上，采光屋面前沿与地面的交点与屋脊点连线，该线和地平面之间的夹角		NYJ/T 07—2005 （废止）
6	前屋面角 tilt angle of the south roof	前屋面南沿端点与屋脊线间的垂直连线与地平面之间的夹角		NY/T 3024—2016 （现行，代替 NYJ/T 07—2005）
7	前屋面角 front roof angle	屋脊与前屋面底脚的连线和室内水平面之间夹角		NY/T 3223—2018
8	前屋面角 front roof angle	挡前屋面切线与水平面之间的内夹角		DB61/T 241.7—2019
9	采光角	温室前屋面中部拱面的切线与水平面的夹角		DB13/T 951—2008
10	屋面角 house angle	温室前屋面与水平线成的夹角		GB/T 19561—2004

全国范围统一。

基础数据标准。 在农业农村工程建设的规划、设计和实施中，需要用到许多专业性基础数据，也需要有统一的数据报告方法以及统一的设计模数等，而这类与基础信息相关的标准往往没有被我们关注或很少被考虑过要制定标准，而发达国家非常重视这类标准的制定，这类标准在工程建设中的作用不可低估，是能够持续而长久发挥效用的一类标准。以美国农业与生物协会标准为例，制定的《谷物与谷物产品热性能》、《植物性农产品的水分关系》、《谷物储藏的密度、比重、质量与水分关系》、《谷物、种子、其他农产品以及穿孔金属板的气流阻力》等标准，对于相关设施的工程设计都是非常有实用价值的标准；《生长室中植物实验的环境参数测量和报告准则》标准为植物生长环境测量提供一个共同的基础，促进了进行植物实验过程中报告数据和结果的统一性和准确性；《畜禽尺寸》标准以关系曲线形式给出了肉牛、奶牛、猪、羊、马、禽的重量和尺寸与年龄的关系，为畜禽舍设计以及饲喂设备等设计提供了非常有用的信息；还有与设施设计相关的气象数据标准等。

基础性管理标准。 针对农业农村工程建设项目投资管理而言的一类标准，所谓基础性，应不以投资项目名目的改变而改变，具有长期效用和普适作用。这类标准在已有标准中有一些，但满足不了需要，不断出现的因"项目"行动而制定标准的现象就说明了这一点。

八、标准化项目类型与资源需求核算

农业农村工程标准化项目一般包括四种类型：①直接采标型。如果存在某国际标准或区域性标准，正好完全适合国内需求的一种类型。②需要进行评估后采标型。如果已经确定某国际标准在很大程度上可被采用，但仍需要加以评估，或需要修改后采用的一种类型。③跟踪国际标准制定，研究开发标准。需要明确是否存在可直接采标情况或根据需要研究制定适用标准。④制定新标准。可采用或参考的标准并不存在，需要研发制定新标准，农业农村工程标准大多属于这种类型。

不同标准化项目类型的标准制定所需要的时间如表 4-8 所示。

表4-8　不同类型标准制定所需时间

标准化类型	重点任务	一般所需时间
直接采标型	1）文本翻译； 2）校核； 3）完成一般程序	9个月
评估后采标型	1）文本翻译； 2）校核； 3）评估和修改； 4）完成一般程序	12个月
跟踪国际标准型	1）跟踪、研究国际标准制定动向、目标和内容； 2）研判采标需求，明确是否根据国情开发新标准； 3）翻译或评估修改或参照制定新标准； 4）完成一般程序	36个月
制定新标准	1）方案制定； 2）研究、起草征求意见稿； 3）征求意见； 4）修改并完成送审稿； 5）审查、修改，完成报批稿； 6）批准、发布	24～36个月

　　资源需求包括人力和财务资源。人力资源包括战略管理人力资源和标准起草专家资源。人力资源可根据不同角色人员的需求数量和工作时间进行核算，财务资源除了包括项目实施需要的资料费、调研活动费、论证试验费等工作费用，还需要包括不同角色人员工作的工资成本。表4-9和表4-10仅为人力资源和财务的核算示例。

表4-9　人力资源核算表

标准任务工作事项		工作时间				工作事项时间需求
		角色A	角色B	角色C	角色D	……	
管理工作事项	1）					
	2）					
	……					
专家工作事项	1）					
	2）					
	……					
角色工作时间合计						

表 4 - 10　财务资源核算表

标准任务工作事项		工作费用			工资成本					工作事项成本核算
		名目 A	名目 B	……	角色 A	角色 B	角色 C	角色 D	……	
管理工作事项	1)									
	2)									
	……									
专家工作事项	1)									
	2)									
	……									
费用合计										

战略管理中考虑各种角色人员需求，充分估计各项工作所需要的时间和工资成本，是充分利用现有资源，确保相关事项工作完成质量的先决条件。

九、标准体系构建

所谓标准体系是指一定范围内的标准按其内在联系形成的科学有机整体。标准体系构建是运用系统论指导标准化工作的一种方法。标准体系管理是标准化战略管理的组成部分。标准体系的表达形式有标准结构关系图和标准明细表。

标准体系构建原则。农业农村工程标准体系构建可遵循以下原则：

（1）需求原则。以实现农业农村工程发展战略为根本目标，在充分考虑农业农村工程建设内外部环境因素基础上，以相关方的需求与期望为导向。

（2）创新原则。标准体系的设计有利于农业农村工程建设的创新发展，而非抑制创新，纳入的标准应利于根据工程实际进行创新规划、设计，以实现不同工程目标需求。

（3）系统原则。运用系统论原理与方法，识别农业农村工程涵盖方面及工程建设全过程活动的相互联系、相互作用的标准化要素，并与农业农村工程建设管理相协调，发挥系统效应。

（4）改进原则。采用科学管理模式，建立"构建-运行-评价-改进"机制，在标准体系运行过程中持续评价和不断改进。

系统的构建方法。系统是由层级结构和要素联系来构建的。要素联系指的是要素概念之间的关系，能够组成系统的要素一般存在层级关系和关联关系，而层级关系可分为属种关系和整体-部分关系。系统就是根据概念之间的相互关系构建的概念体系。标准体系构建是由代表不同概念的个体标准或标准集组成的有机整体。每个个体标准或标准集都可以视为一个客体（客体被定义为感知或构思的任何事物，可以是具象的，也可以是抽象的），每个客体都可以抽象为概念，而每个客体都具有一个或多个属性，每个属性都可以被抽象为一个特征，那么每一个概念是由一个或多个特征构成，如图 4 - 12所示。

层级关系中，概念之间是上位与下位的等级关系，上位概念可以根据一

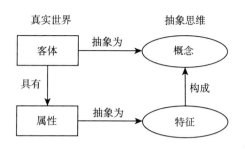

图 4-12　概念抽象示意

个以上的标准（从多个维度审视的）进行细分，所产生的概念体系是多维度的体系。在同一层次上运用了同一细分标准产生的下位概念，被称为并列概念。当下位概念内涵包含上位概念内涵的至少一个定界特征时，两个概念之间就是属种关系，上位概念是属概念，下位概念是种概念；当上位概念代表一个整体，而下位概念代表该整体的一部分时，就说存在着整体-部分关系，上位概念是整体概念，下位概念是部分概念。属种关系与整体-部分关系的区别在于，属种关系的下位概念会继承上位概念的特征，而整体-部分关系中的下位概念不继承上位概念特征。两种关系示例如图 4-13 和图 4-14 所示。

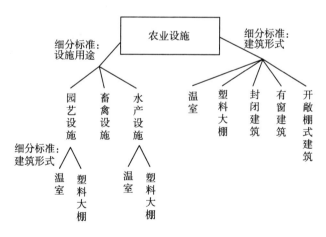

图 4-13　属种关系的多维体系示意

属种关系的一个重要特性就是它的继承性，即如果概念 B 是属概念 A 的一个种概念，则概念 B 将会继承概念 A 的所有特征。图 4-13 中的"温室"和"塑料大棚"通过"园艺设施"和"水产设施"继承了"农业设施"

的建筑概念特征。

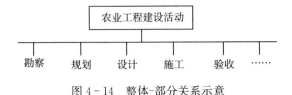

图 4-14　整体-部分关系示意

关联关系是不分层级的。通常凭借经验在概念之间建立起主题性联系时，就构成了关联关系。如图 4-15 所示，温室与尺寸、透光性、保温性、抗风性都可以建立关联关系。

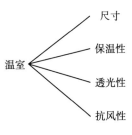

图 4-15　关联关系示意

系统构建就是要素（客体）之间的关系构建，构成关系是通过分析要素概念的内涵和外延，加以区分和进行结构关系组合的。

同样，标准体系是标准化领域的许多概念指称的集合，这些概念代表了该领域的标准化主题，标准化主题根据相互关系构成了标准体系，每个概念在标准体系中的特定位置取决于该概念的内涵和外延，可以是个体，也可以是群体。分析、梳理清楚标准体系中每一标准以及每一标准集（具有相同性质的标准的集合）的相互关系，不仅可以对该领域的标准有一全面认识，也有助于根据需求拟定新标准和查出交叉、重复的标准。

标准体系结构模型。是图形显示的用于表达、描述标准集之间关系的抽象结构或系统，即标准结构关系图。标准体系结构模型是策划、实施、检查和改进标准体系的工具，也是使用者查找标准的工具。建立标准体系结构模型时要充分考虑标准集概念的内涵和外延，确定其范围和边界；进行概念划分时，要明确划分标准，并需要考虑通过多维度划分进行比较。为便于不同情况使用，也可以建立多种结构形式的标准体系。标准体系结构模型中的上下层级排列，通常以标准适用范围的宽窄为基础，上层标准适用范围宽，下层标准的适用范围窄，下层标准需要遵循上层标准的相关规定。有遵循关系存在就会构成上下层级关系。

（1）属性结构模型。属性结构标准体系是以标准属性划分为基础构建的标准体系。一般而言，任何领域的标准体系都可以由技术标准和管理标准两类标准体系构建而成。简言之，技术标准是针对技术事项制定的标准，管理标准是针对管理事项制定的标准，同一领域的技术标准和管理标准一般需要统一的基础标准做支撑，构成关系如图 4 - 16 所示。

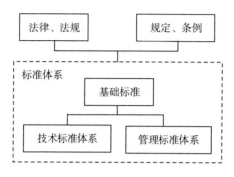

图 4 - 16　属性结构标准体系

如果将农业农村工程标准化领域划分为多个子领域（子领域划分可根据需要只分为一个平行层次，或多级层次，本部分中示例均采用一个层次的细分），由技术标准和管理标准构建的标准体系模块也可以置于各子领域之下，如图 4 - 17 所示。

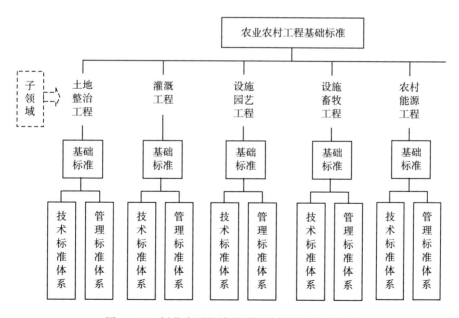

图 4 - 17　划分为子领域的属性结构标准体系示意

由于任何领域的技术标准体系和管理标准体系都是并行存在的，而我们通常所制定的标准都属于技术标准范畴，在下面的讨论中仅涉及技术标准体系的构建。

（2）功能结构模型。所谓功能结构通常针对标准的用途而言，也就是，考虑到农业农村工程建设项目的特殊性，在相当长的时期内政府投资占主导地位，工程质量以及环境影响的监管也是政府的责任，那么标准在政府对工程的监管中要起到关键性作用。可以按照工程实现过程需要，对标准进行划分，标准体系结构模型如图 4-18 所示。

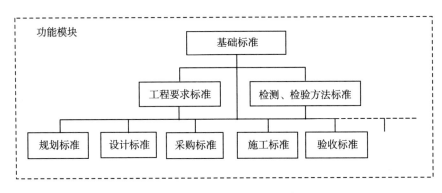

图 4-18　功能结构模型示意

为表达方便，将功能结构模型作为一个整体模块，农业农村工程标准化领域划分为多个子领域时的标准体系可如图 4-19 所示。

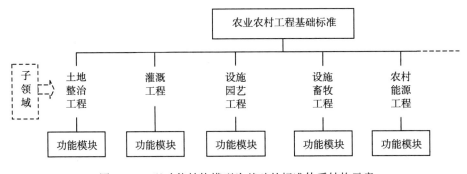

图 4-19　以功能结构模型为基础的标准体系结构示意

（3）序列结构模型。在农业农村工程标准体系中采用序列结构模型时，也按照工程实现过程的环节顺序为好，与功能结构模型相比，就是无需考虑标准集所处的层级位置，编制成序列状即可，如图4-20所示。

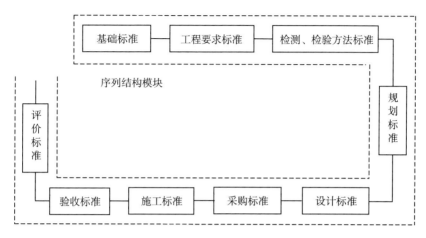

图4-20　序列结构模型示意

同样，将序列结构模型作为一个整体模块，农业农村工程标准化领域划分为多个子领域时的标准体系可如图4-21所示。

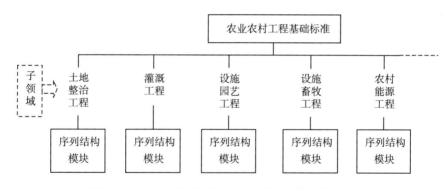

图4-21　以序列结构模型为基础的标准体系结构示意

标准体系编码。用于记录标准体系中所有的标准，确保列入标准体系的每个标准具有唯一编码。针对农业农村工程标准体系，采用线分类法，用三段式共计7～8位数字的编码即可。1、2位为领域代码，3、4位为标准集代码，5～8为标准顺序号，如图4-22所示。这种编码方式对

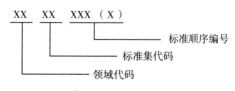

图4-22　标准体系编码示意

上述的功能结构和序列结构都适用。

利用标准体系编码表可以明示标准集的位置信息，将领域代码与标准集代码的组合命名为标准体系代码，标准体系代码可以用如表 4-11 所示的全部列举的方式给出，也可以用如表 4-12 所示的方式给出。

表 4-11　农业农村工程标准体系代码示意

标准体系代码	领域名称	标准集名称	备注
0000	农业农村工程	基础标准	
0100	土地整治工程	基础标准	
0101	土地整治工程	工程要求标准	
0102	土地整治工程	检测、检验方法标准	
0103	土地整治工程	规划标准	
0104	土地整治工程	设计标准	
0105	土地整治工程	采购标准	
0106	土地整治工程	施工标准	
0107	土地整治工程	验收标准	
0108	土地整治工程	评价标准	
0200	灌溉工程	基础标准	
0201	灌溉工程	工程要求标准	
0202	灌溉工程	检测、检验方法标准	
0203	灌溉工程	规划标准	
0204	灌溉工程	设计标准	
0205	灌溉工程	采购标准	
0206	灌溉工程	施工标准	
0207	灌溉工程	验收标准	
0208	灌溉工程	评价标准	
……	……	……	

表 4-12　农业农村工程标准体系代码示意

领域		标准集		备注
代码	名称	代码	名称	
00	农业农村工程	00	基础标准	
01	土地整治工程	01	工程要求标准	

（续）

领域		标准集		备注
代码	名称	代码	名称	
02	灌溉工程	02	检测、检验方法标准	
03	设施园艺工程	03	规划标准	
04	设施畜牧工程	04	设计标准	
05	农村能源工程	05	采购标准	
…		06	施工标准	
		07	验收标准	
		07	评价标准	
…	……	…	……	

注：标准体系代码为领域代码与标准集代码的组合。如土地整治工程的设计标准集的代码为0104。

标准明细表。用于记录标准体系中所有标准的信息。需要包括标准体系编码、领域名称、标准名称、标准号，也可以包括标准归口信息、标准范围信息和标准实施日期，通常情况下需要辅以标准体系代码表一并使用，示例见表4-13。

建立农业农村工程标准体系的步骤。包括3项基本工作和2项持续性工作。

基本工作：

（1）将农业农村工程领域现有标准以及农业农村工程建设与标准化活动使用的与其他领域通用的标准（如GB/T 1.1）汇集起来，根据标准内容及适用范围建立起由标准名称指称的概念域，然后再通过分析概念特征和概念之间的相互关系，构建概念图，并通过标准适用范围明确各标准所处的位置。例如，《NY/T 3211—2018 农业通风机　节能选用规范》，规定了农业通风机节能选用的术语和定义、选用原则、工况点的风机总静效率范围、节能风机的通风能效和流量比、风机运行节能经济效益计算等内容；适用于农业设施通风设计和建造时选用节能风机。该项标准与农业农村工程建设活动的联系如图4-23所示。

表 4-13 农业农村工程标准体系明细表示意

序号	标准体系编号	领域名称	标准名称	标准号	标准归口	标准范围	实施日期	备注
1	0000001	农业农村工程	标准化工作导则 第1部分：标准化文件的结构和起草规则	GB/T 1.1—2020	全国标准化原理与方法标准化技术委员会（SAC/TC 286）	本文件确立了标准化文件的结构及其起草的总体原则和要求，并规定了文件名称、层次、要素的编写和表达规则以及文件的编排格式。本文件适用于国家、行业和地方标准化文件的起草，其他标准化文件的起草参照使用	2020.10.01	
…			……	……	……	……	……	
X	0204001	灌溉工程	灌溉与排水工程设计标准	GB 50288—2018	中华人民共和国住房和城乡建设部	规定了总则、术语、工程等级与设计标准、总体设计、水源工程、灌溉渠（管）道、排水沟（管）道、渡槽、倒虹吸、涵洞、跌水与陡坡、排洪建筑物、水闸、隧洞、农桥、田间工程、监测、灌区信息化、管理设施；适用于新建、扩建和改建的灌溉与排水工程设计	2018.11.01	
…								

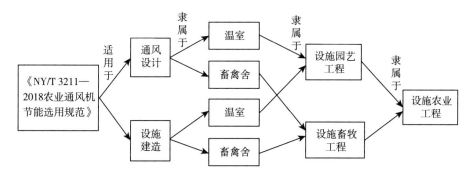

图 4-23　标准与农业农村工程建设活动关联分析示意

（2）结合现有标准使用类别以及农业农村工程的类别划分，建立标准体系结构模型图，并使已汇集标准与结构图中的位置建立对应关系。

（3）通过类别编号的方式，构建标准明细表。将纳入标准体系的所有标准列入，包括标准编号、标准名称以及标准范围。

持续性工作：

（1）对列入标准体系中的标准跟踪、调查使用情况，分析不使用或使用不佳的原因。如果完全属于标准本身内容存在缺陷而不适用的情况，可将标准从标准体系中剔除或进行修订。

（2）落实阶段性标准化战略，研究、论证和补充新标准。标准既可以是本领域已制定和拟制定的新标准，也可以是其他领域制定而本领域适用的新标准。

参考文献

Armin Hauer，Joe Brooks. Fan motor efficiency grades in the european market ［J］. ASHRAE Journal，2012，54（8 Suppl.）：14-16，18，20.

ISO. Economic benefits of standards—ISO Methodology 2.0 ［M］. Switzerland：International Organization for Standardization，2013.

ISO. Good standardization practices ［M］. Switzerland：International Organization for Standardization，2019.

ISO. GUIDE 75：2006 Strategic principles for future IEC and ISO standardization in industrial automation ［S］. Switzerland：International Organization for Standardization，2006.

ISO. GUIDE 82：2019 Guidelines for addressing sustainability in standards ［S］. Switzerland：International Organization for Standardization，2019.

ISO. National standardization strategies [M]. Switzerland: International Organization for Standardization, 2020.

The European Commission. Commission Regulation (EU) No 327/2011 of 30 March 2011 Implementing Directive 2009/125/EC of the European Parliament and of the Council with regard to ecodesign requirements for fans driven by motors with an electric input power between 125 W and 500 kW [S]. Official Journal of the European Union, 2011, 4.

第五部分　农业农村工程分类与标准化对象

一、不同视角下的农业农村工程

为科学合理指引农业农村工程分类，分别从学科建设、学术研究、行政管理3方面进行梳理和分析，力争全面系统地归纳农业农村建设活动的内容，为农业农村工程标准化提供基本依据。

（一）学科建设分类

在本科学科教育中，农业工程学科是作为独立的一级学科门类，而在城乡规划学、建筑学、农学和管理学等一级学科门类中也存在与农业农村工程活动相关的学科和专业①。

1. 农业工程学

该学科目前作为一门独立的一级学科，专业是根据不同领域所涉及的工程技术设置的。学科发展经历了三个阶段：①在1979年以前，中国农业工程学科受到国家经济发展水平、发展重点、土地制度改革、学科管理制度等因素的影响，发展主要靠借鉴和引进欧美和苏联的教育模式，农业工程学科建设主要停留在将机电装备、其他工程设施在农业上的应用、研究、开发、设计上，当时只有农业机械化、农业电气化和农田水利等少数专业。②从1979—2012年，中国农业工程研究设计院、中国农业工程学会及地方农业

---

① 参考2022年普通高等学校本科专业目录、学位授予和人才培养学科目录（2011年）。

工程学会先后成立，专家学者认识到，农业机械化、农田水利等学科并不是农业工程的全部，它还需要与自然科学、人文社会科学等其他相关学科融合发展。到 2012 年，中国农业工程一级学科已成形，并设有农业工程、农业机械化及其自动化、农业电气化、农业建筑环境与能源工程、农业水利工程5 个专业①。③2012 年后，随着"生态文明新时代"、"乡村振兴战略"的相继提出，中国农业工程学科的知识体系不断拓展到农业生态文明工程、农业产业发展规划、农业文化传承与发展等相关学科上，在物联网技术、人工智能技术以及航天航空技术等科学技术进步的影响下，农业工程也逐渐向人与自然高度和谐的智慧农业方向发展，这一时期农业工程学科的专业也有所增加，到 2022 年，学科下共设 7 个专业，分别是农业工程、农业机械化及其自动化、农业电气化、农业建筑环境与能源工程、农业水利工程、土地整治工程、农业智能装备工程。

农业工程。主要研究农业、水利、土木工程的基本知识和技能，将现代科学技术与农业产业化、现代化有机结合，进行农业工程的规划、设计、开发、建设等，包括灌溉和排水系统等农田水利的建设、小麦和蔬菜等农副产品的加工与运输、拖拉机等农业装备的设计制造等。

农业机械化及其自动化。以农业机械化、农业经济及系统分析方法为基础，重点开展农业机械化的决策、战略、规划，各类农业生产单位的机械化作业方案、机具配套、机器运用与维修工程及农业机械化技术管理的研究，培养能够进行农业机械设备的设计、制造、测试、维修等工作的高素质技术技能人才。

农业电气化。是以农业生产过程电气化与自动化、农业生物电子仪器及自动化设施、农村电力系统为主要研究对象，紧密结合农村社会经济发展需要及农业生物技术的新发展，在农业中科学利用电能，开拓新兴技术领域，综合解决农业技术改造中提出的电气化、自动化的技术问题。

农业建筑环境与能源工程。是以农业生产性建筑、设施农业工程、农村新能源开发利用等方面的基本理论为主要研究对象，以工程创新和推广应用为主要目的的应用型学科。着重培养在农业建筑与环境、工厂化设施农业系

---

① 参考 2012 年高校本科专业目录。

统、农村新能源开发与科学利用等领域从事规划设计、装备开发与集成、经营与管理、教学与科研等方面工作的高级工程技术人才。

农业水利工程。以农业节水灌溉技术、农业水资源高效利用、农业水土环境、城市园林灌溉技术、城市水利工程等方面为研究对象，培养从事水利工程勘测、规划、设计、施工、管理和试验研究以及教学、科研等方面工作的高级工程技术人才。

土地整治工程。通过工程技术手段对低效利用、未利用、生产建设活动和自然灾害损毁及污染的土地进行整理、复垦、修复、保护、质量提升、建设与开发，提高土地利用效率，协调和改善生产空间、生活空间和生态空间的综合性活动。培养土地开展工程勘察、规划、设计、施工、监理、评估、监测等技能的综合性专业人才。

农业智能装备工程。是集农业装备设计、农学与农艺、自动化与控制、计算机与网络等先进技术交叉融合，偏重于农业智能化装备的设计及其控制、农业智能装备的生产过程管理等内容，培养可从事农业智能装备设计、开发与集成、经营与管理的复合型骨干人才。

2. 城乡规划学

是支撑我国城乡经济社会发展和城镇化建设的核心学科，城乡规划学科是从传统城市规划学科中演变、并借鉴相关学科理论基础上逐渐形成与发展起来的，已从物质形态进入社会科学领域，城乡规划学科是以城乡建成环境为研究对象，以城乡土地利用和城市物质空间规划为学科核心，其中与农业农村工程活动相关的专业有城乡规划与设计、城乡发展历史与遗产保护规划、城乡生态环境与基础设施规划以及城乡规划与建设管理等。

城乡规划与设计。以城市规划理论与方法、城市设计、乡村规划等为研究方向，以城市规划与设计、城乡规划理论、城市设计、乡村规划与设计、城乡景观规划、新技术在城乡规划中的应用等为研究内容，培养城乡规划设计和城乡管理工作的高级工程技术应用型人才。

城乡发展历史与遗产保护规划。以城乡历史发展与理论、城乡历史文化遗产保护规划与设计等为研究方向，以城市建设史、城乡历史发展与理论、城市历史文化遗产保护规划与设计、乡镇历史文化遗产保护规划等为研究内容，重点培养城乡发展历史与遗产保护应用型技术人才。

城乡生态环境与基础设施规划。以城乡生态规划、城乡安全与防灾等为研究方向，以城乡生态规划理论、乡村自然生态环境保护规划、社会型基础设施规划、工程型基础设施规划等为研究内容，重点培养在城乡生态环境、基础设施等方面高素质、复合型的实用型专业人才。

城乡规划与建设管理。以城乡建设管理等为研究方向，以城乡安全与防灾、城市建设管理、城市管理与法规、乡村建设管理等为研究内容，培养一流的城乡规划与建设管理人才。

3. 建筑学

建筑学是研究以满足人的不同行为需求的建筑空间与环境设计理论和方法的学科，也是关于建筑设计艺术与技术结合的学科，旨在总结人类建筑活动的经验，研究人类建筑活动的规律和方法。建筑学有广义建筑学与狭义建筑学之分，广义建筑学是两院院士、中国著名建筑学、城市规划学泰斗吴良镛先生提出并倡导的一种建筑观，其核心是包含建筑及其所处的场地、环境及其蕴含的文化脉络。随着建筑学科的发展，城乡规划学和风景园林学逐步从建筑学中分化出来，成为相对独立的学科。建筑学作为一级学科包括建筑设计及其理论、建筑历史与理论和建筑技术科学三个二级学科。

建筑设计及其理论。主要研究建筑设计的基本原理和理论，客观规律和创造性构思，建筑设计的技能。基础理论主要包括建筑设计原理、建筑空间理论、建筑形态理论、建筑色彩、建筑经济、职业建筑师业务实践等。培养具备建筑学独立性学习和思考能力、掌握建筑设计的方法，具有独立进行建筑实践创作和解决该领域实际问题的能力。

建筑历史与理论。以建筑学学科为基础，开展建筑遗产保护理论、建筑历史与理论等学科内容研究，研究内容主要包括中国古代建筑史、中国近代建筑史、外国古代建筑史、外国近现代建筑史、当代西方建筑思潮、建筑评论、建筑遗产保护等。培养具有较高建筑学素养和历史建筑保护技能的专家和管理者。

建筑技术。建筑是一个综合的、功能复杂的系统集成，涉及诸多的工程技术、建筑材料、物质装备和信息技术。建筑技术学科主要研究建筑物建造与使用中涉及的相关技术，包括建筑物理、建筑节能及绿色建筑、建筑设备、智能建造等。其基础理论包括建筑力学、建筑结构与选型、建筑构造、建筑声光热环境、新型建筑材料、建筑防灾与安全、建筑施工技术、建筑信息与数字化集成系统等多方面的内容，为建筑学科和建筑实践提供技术支撑。

4. 农学

农学作为一级学科，下设专业领域广、种类多，涉及农业农村工程活动相关的专业包括设施农业科学与工程、智慧农业、生物育种科学、农业资源与环境、水土保持与荒漠化防治、草坪科学与工程等。

设施农业科学与工程。集生物、工程、环境等学科为一体，以现代化农业设施为依托的新兴交叉学科，重点培养对设施环境控制、设施栽培、设施养殖、农业设施的设计建造、园区景观规划设计等方面能力的专业人才。

智慧农业。开展农业智慧生产、作物信息学、智能装备、农业产业链经营与管理等内容的研究，致力培养作物学、信息技术与农业工程技术等多学科交叉融合的创新型和复合型人才。

生物育种科学。以国家农业和现代种业发展对人才的需求为导向，围绕新农科建设的基本要求，着力夯实动植物种质资源创新、数字化育种、基因编辑等现代育种理论基础与前沿技术，致力于培养现代种业及相关领域富有创新精神与创造能力的卓越人才。

农业资源与环境。主要研究农业资源的高效利用和农业环境保护的理论和技术，进行农业资源的规划与利用、农业环境的保护与污染防治等，培养从事农业资源管理及利用、农业环境保护、生态农业、资源遥感与信息技术的教学、科研、管理等工作的高级科学技术人才。

水土保持与荒漠化防治。围绕退化土地恢复与治理、小流域综合治理、林业生态工程等研究方向，开展环境科学与工程、水利工程等方面内容研究，培养能够从事水土保持与荒漠化防治、水土保持方案编制、水土保持监理、水土流失预防监督、生态环境监测的应用型和复合型专门人才。

草坪科学与工程。以生物学为基础，研究草坪绿地植物生长发育规律，培养能在草类植物资源的开发利用、绿化工程施工、运动场草坪建造、园林规划设计、生态修复治理、草坪与环境工程监理、草种业等方面从事生产、经营、管理和科研工作的高素质应用型人才。

5. 管理学

管理学在农业农村工程领域主要有农林经济管理和农村区域发展 2 个专业①。

农林经济管理。主要学习管理科学和经济科学的基本理论和相关的农（林）业科学基本知识，掌握企业经营管理、市场营销、政策研究等方面的基本能力，培养从事"三农（农业、农村、农民）"问题研究与涉农产业管理的高级人才。

农村区域发展。主要研究发展经济学、农村区域发展、当代农村发展等方面内容的基本知识和技能，进行农村发展的调查分析、规划设计、实施管理、调控评价等，培养从事与农村区域可持续发展有关的技术推广与开发、规划与设计、经营与管理、教学与科研等工作的专业技术人才。

综合以上学科梳理分析，农业农村活动主要涉及农业建筑环境与能源、农业水利、土地整治、农业智能装备、历史建筑保护、乡村自然生态环境保护、社会性基础设施、工程性基础设施、传统村落保护修复以及农村生态环境等工程，详见表 5-1。

表 5-1　不同学科涉及农业农村工程活动内容一览表

序号	一级学科	活动内容
1	农业工程类	农副产品加工与运输、农业机械化及其自动化、农业电气化、农业建筑环境与能源、农业水利、土地整治以及农业智能装备等工程活动
2	城乡规划学类	乡村景观、乡村基础设施、乡镇历史文化遗产保护、乡村自然生态环境保护、社会性基础设施、工程性基础设施、安全与防灾以及乡村建设管理等工程活动
3	建筑类	乡村建筑、风景园林、传统园林的保护修复、历史文化名村以及传统村落保护修复等工程活动
4	农学类	现代农业基本设施、智慧农业、生物育种、农业资源的规划与利用、农业环境的保护与污染防治、水土保持与荒漠化防治、园林景观设计、游憩与运动场地、生态建设与草业生产等工程活动
5	管理学门类	农村社区规划治理、农村自然资源可持续利用以及农村生态环境建设等工程活动

---

① 参考 2022 年高校本科专业目录。

（二）学术研究视角

主要分析论文和期刊的研究热度。根据"农业工程"、"农村工程"、"农业农村工程"3个主题词，在中国知网进行检索，分析研究知网上的论文、期刊等文献资料，梳理近年来文献研究内容及热点主题情况。

将中国知网（CNKI）作为文献研究的数据来源，以"农业工程"、"农村工程"、"农业农村工程"3个词组为主题，以"2018年1月至今"的5年时间范围为条件（检索时间：2022-06-09）进行检索。通过剔除检索成果中杂志期刊、研究中心、企业单位的简介、喜讯、咨询等相关度不高的信息（如"热烈祝贺农业农村部规划设计研究院建院40周年"），筛选出样本文献，并针对样本文献做关键词频次的分析，总结近5年的研究热点。

"农业工程"主题检索。以"农业工程"为主题进行检索，共有文献2 362篇，初步检索成果中包括农业工程学报、中国农业工程学会、湖南农业大学机电工程学院等杂志期刊、学校单位的简介、征稿函、评语、贺词、招生简章等，还包括部分相关会议的工作信息。经过进一步剔除以上与研究相关度低的文章，获得样本文献163篇。用NoteExpress（文献管理系统）对163篇样本文献进行数据分析，提取样本文献中的不同关键词402个（样本文献关键词总计641个），获得"农业工程"检索样本关键词词频图（图5-1），以及排序前35位的"农业工程"高频关键词（表5-2）。

从图5-1可以看出，"农业工程"词频最为醒目，这一词汇的出现频次达86次，占关键词总计的13.42%。其他相关关键词频次数量与之差距大，关键词之间的颜色和大小基本相同，占关键词总计的2%以下。词频（关键词出现频次）≥2的关键词数量有76个，占比18.86%，剩余327个关键词仅出现一次，占比81.14%。

经进一步对"农业工程"主题内容进行细分，可粗略分为研究领域和技术方法两大类。其中，研究领域类又可细分为：①产业发展：农业、应用、建设、科技创新、创新、措施、管理、发展现状；②政策研究：现代农业、乡村振兴、农业现代化、机械化；③工程应用：农业工程、农业工程类、设施农业、农业工程咨询；④学科教育：新工科、新农科、农业工程学科、教学改革、人才培养、研究生、研究生培养、培养模式、人才培养模式、创新能力、专业建设。技术方法类主要包括：农业工程技术、工程技术、DSP技术、Citespace、CNKI。

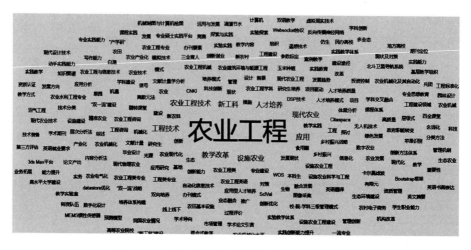

图 5-1　"农业工程"检索样本关键词词频图

表 5-2　"农业工程"检索样本文献中高频关键词统计

序号	高频关键词	频次	百分比（%）
1	农业工程	86	13.42
2	新工科	11	1.72
3	教学改革	8	1.25
4	应用	7	1.09
5	人才培养	7	1.09
6	农业工程技术	6	0.94
7	工程技术	6	0.94
8	现代农业	6	0.94
9	设施农业	6	0.94
10	新农科	5	0.78
11	科技创新	5	0.78
12	创新	5	0.78
13	农业工程类	4	0.62
14	建设	4	0.62
15	DSP 技术	4	0.62

（续）

序号	高频关键词	频次	百分比（%）
16	研究生	4	0.62
17	农业工程学科	4	0.62
18	农业现代化	4	0.62
19	Citespace	3	0.47
20	CNKI	3	0.47
21	研究生培养	3	0.47
22	机械化	3	0.47
23	农业	3	0.47
24	措施	3	0.47
25	管理	3	0.47
26	农业工程咨询	3	0.47
27	专业建设	3	0.47
28	乡村振兴	3	0.47
29	发展现状	3	0.47
30	培养模式	3	0.47
31	人才培养模式	3	0.47
32	创新能力	3	0.47
33	乡村振兴战略	3	0.47
34	文献计量学分析	2	0.31
35	食用菌	2	0.31
	合计	231	36.04

"农村工程"主题检索。检索"农村工程"主题，检出文献 2 253 篇。初步检索成果中包括各类报纸关于各类农村相关工程建设情况的报道以及政府对于农村相关工程建设的通知信息。经过进一步剔除以上与研究相关度低的文章，获得样本文献 1 830 篇。用 NoteExpress（文献管理系统）对 1 830篇样本文献进行数据分析，获取样本文献中提出的关键词共计 2 719 个（样本文献关键词总计 6 902 个），获得"农村工程"检索样本关键词词频图（图 5-2），以及排序前 35 位的"农村工程"高频关键词（表 5-3）。

从图 5-2 来看，"农村工程"的关键词词频层次分明，且都是围绕"农村"这个大领域展开。经过数据分析得出，词频（关键词出现频次）≥2 的关键词数量有 668 个，占比 24.57%，剩余 2051 个关键词均仅出现一次，占比 75.43%。如表 5-3 所示，"农村"一词的出现频率最高，达 303 次，占总关键词数的 4.39%，其他相关关键词频次占比在 2.5% 以下。

图 5-2　"农村工程"检索样本关键词词频图

"农村工程"高频关键词可分为 2 类，一类为宏观研究，一类为工程建设。①宏观研究：主要包括农村、现状、问题、存在问题、对策、建议、措施、管理、运行管理、工程管理、建设、工程建设、建设管理、巩固提升；②工程建设：可进一步细分为三类。a. 供水工程：农村水利工程、水利工程、农村供水、农村供水工程、供水工程、农村水利；b. 饮水工程：农村饮水、农村饮水安全、农村饮水安全工程、饮水安全工程、农村饮水工程、饮水工程；c. 其他工程：农村公路、施工技术、安全工程。

表 5-3　"农村工程"检索样本文献中高频关键词统计

序号	高频关键词	频次	百分比（%）
1	农村	303	4.39
2	农村饮水安全工程	154	2.23
3	运行管理	139	2.01
4	农村饮水	127	1.84
5	农村饮水安全	120	1.74
6	问题	109	1.58
7	农村公路	101	1.46

（续）

序号	高频关键词	频次	百分比（%）
8	管理	99	1.43
9	对策	96	1.39
10	饮水安全	91	1.32
11	工程建设	67	0.97
12	饮水安全工程	64	0.93
13	农村水利工程	63	0.91
14	水利工程	62	0.90
15	措施	56	0.81
16	建设	56	0.81
17	工程管理	56	0.81
18	农村饮水工程	54	0.78
19	农村供水	54	0.78
20	饮水工程	49	0.71
21	农村供水工程	45	0.65
22	供水工程	43	0.62
23	存在问题	42	0.61
24	现状	40	0.58
25	安全工程	39	0.57
26	建设管理	39	0.57
27	建议	35	0.51
28	农村水利	34	0.49
29	巩固提升	33	0.48
30	施工技术	32	0.46
31	小型水利工程	26	0.38
32	农村生活污水	26	0.38
33	应用	25	0.36
34	设计	22	0.32
35	施工	22	0.32
	合计	2423	35.11

"农业农村工程"主题检索。检索"农业农村工程"主题，检出文献434篇。初步检索成果中包括农业农村部、中国农业大学等相关单位的简介以及地方农业农村厅的有关通知。经过进一步剔除以上与研究相关度低的文章，

获得样本文献 258 篇。用 NoteExpress（文献管理系统）对 258 篇样本文献进行数据分析，获取样本文献中提出的关键词共计 824 个（样本文献关键词总计 1 200 个），获得"农业农村工程"检索样本关键词词频图（图 5-3），以及排序前 35 位的"农业农村工程"高频关键词（表 5-4）。

从图 5-3 来看，"农业农村工程"的关键词种类数量较多，农田、水利工程、农田水利、乡村振兴是词频最高的关键词。通过分析关键词得出，词频（关键词出现频次）≥2 的关键词数量有 125 个，占比 15.17%，剩余 699 个关键词均仅出现一次，占比 84.83%。如表 5-4 的数据显示，"农田"一词的出现频率最高，达 38 次，占总关键词数的 3.17%，其他相关关键词频次占比在 2.5% 以下，与第一高频关键词之间差距不大。

"农业农村工程"的高频关键词可以粗略分为 2 类，一类为宏观研究，一类为工程建设。宏观研究主要包括乡村振兴、农业发展、农业农村发展、农村经济、农业农村现代化、乡村振兴战略、高质量发展、农村、现状、问题、存在问题、对策、建议、措施、管理、运行管理、工程管理、建设、工程建设、建设管理、巩固提升；工程建设可大致分为两类。①水利工程：水利建设、水利工程、农村水利、农村水利工程、农业水价、水利施工。②农田建设、高标准农田建设、规划设计、工程管理、农田水利、水土保持、灌溉、节水灌溉、节水灌溉技术；③人居环境工程：农村人居环境、农业工程、提升工程。

图 5-3 "农业农村工程"检索样本关键词词频图

表 5－4 "农业农村工程"检索样本文献中高频关键词统计

序号	高频关键词	频次	百分比（%）
1	农田	38	3.17
2	水利工程	28	2.33
3	乡村振兴	21	1.75
4	农田水利	20	1.67
5	农业发展	16	1.33
6	农业农村现代化	13	1.08
7	农业	12	1.00
8	农村水利	10	0.83
9	管理	9	0.75
10	对策	9	0.75
11	乡村振兴战略	8	0.67
12	农业水价	8	0.67
13	问题	7	0.58
14	水利施工	7	0.58
15	水土保持	7	0.58
16	农业工程	6	0.50
17	灌溉	6	0.50
18	农村	5	0.42
19	农村水利工程	5	0.42
20	规划设计	5	0.42
21	工程管理	5	0.42
22	农业农村发展	5	0.42
23	农村饮水安全	5	0.42
24	提升工程	5	0.42
25	高质量发展	4	0.33
26	节水灌溉技术	4	0.33
27	高标准农田建设	4	0.33
28	农田水利工程	4	0.33
29	水利建设	4	0.33
30	农业节水	4	0.33
31	节水灌溉	4	0.33
32	农村经济	4	0.33

（续）

序号	高频关键词	频次	百分比（%）
33	农村人居环境	3	0.25
34	全产业链	3	0.25
35	存在问题	3	0.25
	合计	301	25.08

通过汇总上述分析发现，近5年"农业工程"、"农村工程"、"农业农村工程"的文献研究热点大致可概括为以下五个方面：

1. 乡村振兴政策研究

围绕党的十九大报告中提出的乡村振兴战略，进行相关政策研究是文献中的一大热点，从宏观概念政策解析和"农业农村现代化"的相关论述，到农业农村工程不同领域具体政策的研究，主要包括，农业工程学科建设、农业工程咨询方法、农业工程管理、农村土地整治工程、农村建设用地、农村环境景观设计、农村供水工程、农村水利、农田水利、水土保持、金融人才支撑、党组织提升、农村文化惠民工程等一系列具体细化的内容，提出相应的实施措施、发展路径和对策建议。

傅泽田等（2022）在《乡村振兴与农业工程学科创新》中对乡村振兴战略的内容进行了概括。提出乡村振兴是一个整体的概念，也是一个层次分明的政策体系。乡村振兴的总目标是农业农村现代化；总方针是农业农村优先发展，总要求是产业兴旺、生态宜居、乡风文明、治理有效、生活富裕，制度保障是建立健全城乡融合发展体制机制和政策体系，总任务是产业、人才、文化、生态、组织的振兴。它将涉农领域扩展到了农村经济社会发展的全局和全域，把"三农"问题的资源扩展到了整个乡村国土空间，把推动传统农业改造升级的任务和责任扩展到了农村生产、生活、生态的全领域与全过程；把农业产业化和农村城镇化发展路线转变为三产融合，城乡协同发展；把以经济发展为中心的农业农村管理体系拓展为经济、社会、生态综合协调的现代治理体系与治理结构建设。

2. 设施农业与现代农业

该部分主要包括了"设施农业"、"现代农业"、"农业现代化"3个高频关键词。

其中，"设施农业"的研究主要围绕的是设施农业工程本身、设施农业工程的技术分类和机械化技术，以及设施农业工程与农业现代化之间的关系；"现代农业"的研究主要集中于"现代农业工程"建设现状、问题与优化措施，以及无人机技术、遥感技术、种植过程中的技术在现代农业工程中的应用分析情况；"农业现代化"的研究热点是农业工程技术、设施农业工程在农业现代化条件下的建设思考、运用分析等。

设施农业工程。根据吴永伟（2020）、张乐吉（2021）的文献来看，设施农业的研究聚焦到降低传统设施农业无法精准控制带来的不利影响，建立出更适宜农业生产的人工环境，提高农产品经济效益、提升农产品品质、稳定农业产量。其发展水平涉及机械设计、机械装备、建筑设计、水土工程、灌溉和排水工程、作物收获、加工和储存、动植物生产技术、畜禽舍建设和设施工程、精准农业、农业机械化、园艺工程、温室结构与工程、生物能源以及水产养殖工程等（韩立业，2021）多个环节，是一项需要多学科交叉融合支撑的农业工程。

现代农业工程。王艳青在《济南市现代农业工程建设现状、问题与优化措施》中提到，"现代农业工程"是指农业现代化发展中服务于农业生产、农民生活的基本建设及工程设施，主要包括田间水利工程、农业建筑工程、农产品加工工程、农村能源工程等。随着农业不断发展，各发展阶段的农业工程内容会有相应的变化，目的是更好地服务于农业现代化改革（王艳青，2021）。

农业现代化。毛俊杰（2018）在《农业工程技术在农业现代化中的作用》中提出，"农业现代化"的含义即是在农业生产过程中，通过使用现代化的科学技术手段来提高农业的生产效益，从而促进农村经济的进一步发展。农业现代化包含经济结构、生产技术和经济管理的现代化发展。

从中可以看出，在推进乡村振兴的过程中，对现代农业技术的研究与应用是支撑农业现代化的重要力量，在现代农业发展的过程中，设施农业是一种重要的载体和方式。

3. 农业农村水利工程

通过分析样本文献发现，"农村水利"一词所研究的是"农村水利工程"，它通常是指在农业生产体系中，用于提升农业生产效率的水利事业，其中的工作内容涵盖了水土保持、土地改良、农田灌溉和排水、围垦等多个方面（曹开，2018）。"农村水利工程"旨在提高当地抵抗干旱和洪涝的能力，优化农业生产条件及居民生活环境，提升农业综合生产水平，提高农村生态环境质量。通常情况下农村水利工程主要包括农田水利工程、乡镇供水工程等（李亚军，2020）。由此可见，该部分更细化的内容包括了"农田水利"、"农业节水"、"灌溉"、"节水灌溉"、"农村小型水利工程"5个高频词关键词的内容。

农田水利。"农田水利"关键词所指的是"农田水利工程"，在《农田水利工程在生态农业思路下的设计》一文中，刘朝根据农田水利工程相关文献研究，描述了"农田水利"在广义和狭义两个层面的定义：广义层面，农田水利工程是农业生产发展的基础，以促进农业生产发展为目的，不仅能够满足农业灌溉和排水的需求，还能够在防治自然灾害、固土保湿、改良盐碱地、利用水力发电和农村饮用水供给过程中发挥积极作用；狭义层面，农田水利工程建设是指农业生产过程中防治干旱洪涝等自然灾害，防止水土流失的基础设施建设。同时，他还提出农田水利工程的功能主要有农田灌溉排水和水资源合理利用两点（刘朝，2018）。

灌溉。通过汇总"灌溉"一词的相关文献发现，它主要出现于"农田水利灌溉"、"农村水利灌溉"、"节水灌溉"三个研究热点词汇中。其中，"农田水利灌溉"是指对农作物进行有效灌溉，对农业生产区的水资源进行开源节流，通过合理利用农业生产区的水资源，促进农业生产实现良性发展（王明阳，2019）；"农村水利灌溉"实际上研究的内容依然是农田方面的水利灌溉工程；"节水灌溉"可以理解为利用最少的水量，以此达到最高的农作物经济效益（张峰，2018），是农田水利灌溉中的高效节水灌溉技术。这三个研究热点都属于水利灌溉工程，是为了农田的灌溉而建设的工程，具体包括蓄水、引水、提水、输水、退水、田间工程（岑柳霖，2020）。

农村小型水利工程。主要是指为了解决农村地区人畜饮水和农田灌溉的中小型泵站、引水工程、蓄水池、塘坝以及小型水库等。除此以外，农村小型水利工程还有防御洪涝等自然灾害的功能，在保障农村居民生产生活所需用水、促进农业经济发展等方面有着积极作用（汪玉芳，2021）。

4. 农村人居环境

在样本文献中，"农村人居环境"指的是2021年中央1号文件中所提到的农村人居环境整治提升五年行动，通常农村人居环境整治领域包括农村卫生厕所、农村生活污水治理、农村生活垃圾无害化处理、村庄绿化等方面。由此看出，农村人居环境的研究内容包括"农村供水"、"农村公路"、"农村生活污水"3个高频关键词的内容。

农村供水。涵盖诸多层面，它包括农民生活、生产用水、畜牧业用水，另外，供水不应仅满足对水资源的需要，也需要确保水质安全（张建强，2021）。由此看来，农村饮水安全属于农村供水的一部分。另外，除安全饮水工程解决群众喝水问题，农村建设过程中的绿化工程以及公共基础工程等也需要农村供水工程的支持（张成，2020）。

农村公路。是国家公路网的基础，是覆盖范围最广、服务人口最多、提供服务最普通、公益性最强的交通基础设施，是农村地区最主要甚至是绝大部分山区唯一的运输通道，关系到农民群众的生产、生活和农村经济社会发展（宋琦等，2019）。

农村生活污水。主要是指农村村庄的居民生活污水和生产废水，它的来源有很多，主要有以下四个方面：①农村居民日常生活产生的污水，通常是厨房污水、生活洗涤污水、冲厕水等；②位于农村的乡镇企业排放的污水，通常包含员工生活污水、冲洗废水、企业生产环节产生的工业废水等；③位于农村的中小学、农家乐等民俗旅游、旅店、当地机关、事业单位排放的污水，通常包括人员生活污水、食堂餐饮业含油废水等；④农村畜禽养殖业排放的污水（严晓波，2019）。

5. 农村饮水安全工程

在样本文献中，农村饮水安全工程、农村饮水、农村饮水安全、饮水安全工程、农村饮水工程等词汇多次高频的出现，且都是与农村饮水安全工程相关的词汇，因此特将农村饮水安全工程作为一个独立部分，详细阐述农村饮水安全、农村饮水安全工程的概念。

"农村饮水安全"早在1989年就在楼小明发表的《浅谈保证农村饮水安全的措施》中提出，当时提出的是"农村安全饮水"的概念，是指人人都能获得便宜的安全饮水，以及饮用水的储存和使用安全。直到2019年12月4日，在水利部、国务院扶贫办、国家卫生健康委疾病预防控制局联合制定的《脱贫攻坚农村饮水安全评价若干问题解答》中，农村饮水安全的概念被明确提出，即指农村居民能及时取得足够用的生活饮用水，且长期饮用不影响人体健康。

农业饮水安全工程的概念分为广义和狭义两个方面。广义层面，是指我国自 2005 年开始在全国范围内农村地区大力实施的解决饮水安全问题的一项工程项目，工程包括从农村饮水安全问题识别、饮水安全工程规划实施以及后期饮水安全工程管理和维护等旨在破解农村地区饮水不安全困境的一系列内容；狭义层面，是指为满足农村地区村民饮水水质、水量等方面需求而实施的农村供水工程。根据供水工程所服务人口的多少或日供水量的大小，可以将其分为集中式供水工程和分散式供水工程（何金坤，2022）。另外，随着中国特色社会主义进入了新时代，农村经济条件逐渐得到改善，农村饮水安全工程的发展也进入了新的发展时期，胡丽军在《新时期农村饮水安全工程建设管理探索》中提到，农村饮水安全工程是解决农村居民吃水困难问题，保障农村居民生命健康的民生工程，是社会主义新农村建设的重要内容（胡利军，2022）。由此可见，保障好农村居民的饮水安全，在乡村振兴发展、新农村建设中占据重要位置。

（三）行政管理角度

自党的十九大首次提出实施乡村振兴战略以来，农业农村部、国家发展和改革委员会等部委从行业或管理角度相继出台了全面推进乡村振兴政策文件，部署一系列农业农村工程，以加快农业农村现代化。

2021 年 6 月，农业农村部围绕"十四五"时期农业农村重大战略任务，结合相关专项建设规划，出台《"十四五"农业农村现代化重大工程建设总体规划》，整合谋划提出七项重点工程。一是粮食与重要农产品产能提升工程。围绕粮食与重要农产品稳产保供的战略需求，加快改善农业生产条件，提升生产能力。重点推进高标准农田、重要农产品生产保护区产能提升、东北黑土地保护、退化及污染耕地治理、生猪产业转型升级以及奶业振兴基地等项目建设。二是农业科技创新支撑提升工程。围绕提升农业科技创新能力，打好种业翻身仗，强化农业关键核心技术装备创新，重点推进现代种业提升、农业科技创新能力条件、农业机械化升级等项目建设。三是乡村产业融合升级工程。围绕乡村产业转型升级和高质量发展，促进农村一二三产业深度融合，重点推进农业现代化示范区、优势特色产业集群、现代农业产业园、农业产业强镇、乡村产业服务体系、农产品产地骨干冷链物流基地、农产品产地低温直销配送中心、农产品田头仓储保鲜冷链设施等项目建设。四是农业安全生产保障工程。围绕提升农业防灾减灾能力与农业安全生产风险防范能力，重点推进动植物保护能力提升、农产品质量安全保障、沿海渔港等项目建设。五是农业绿色发展引领示范工程。围绕加快推进农业向集约高效、绿色安全方向转变，重点推进畜禽粪肥资源化利用、长江经济带和黄河流域农业面源污染治理、长江水生生物保护以及海洋牧场示范区等项目建设。六是数字农业农村建设工程。用数字化引领驱动农业农村现代化，重点推进数字农业建设项目和数字乡村建设项目。七是乡村建设工程。围绕加快补齐农村公共基础设施突出短板，重点推进农村道路畅通、农村供水保障、农村人居环境整治提升、乡村清洁能源、村级综合服务提升、农村基本公共服务提升以及乡村文化设施等工程建设。

2018 年出台的《乡村振兴战略规划（2018—2022 年)》从促进"产业兴旺、生态宜居、乡风文明、治理有效、生活富裕"五个方面，部署一系列重大工程、重大计划、重大行动，加快推进农业农村发展。一是农业综合生产能力提升重大工程。主要包括高标准农田建设、主要农作物生产全程机械化、数字农业农村和智慧农业、粮食安全保障调控和应急设施等。二是质量兴农重大工程。主要包括特色农产品优势区创建，增强绿色优质中高端特色农产品供给能力；动植物保护能力提升，通过工程建设和完善运行保障机制，形成监测预警体系、疫情灾害应急处置体系、农药风险监控体系和联防联控体系；产业兴村强县行动；优质粮食工程等。三是现代农业经营体系培育工程。主要包括农垦国有经济培育壮大，切实加强农垦加工、仓储、物流、渠道等关键环节建设；供销合作社培育壮大，大力实施"基层社组织建设工程"和"千县千社"振兴计划等。四是农业科技创新支撑重大工程。农业科技创新水平提升，建立现代农业产业技术体系、创新联盟、创新中心"三位一体"的创新平台等；现代种业自主创新能力提升，加强种质资源保存、育种创新、品种测试与检测、良种繁育等能力建设；农业科技园区建设等。五是乡村产业体系重大工程。电子商务进农村综合示范、农商互联、休闲农业和乡村旅游精品工程、国家农村一二三产业融合发展示范园创建计划、农业循环经济试点示范、农产品加工业提升行动、农村"星创天地"、返乡下乡创业行动等。六是农业绿色发展行动。国家农业节水行动、水生生物保护行动、农业环境突出问题治理、农业废弃物资源化利用、农业绿色生产行动等。七是农村人居环境整治行动。农村垃圾治理、农村生活污水治理、厕所革命、乡村绿化行动、乡村水环境治理、宜居宜业美丽乡村建设等。八是乡村生态保护与修复重大工程。国家生态安全屏障保护与修复、大规模国土绿化、草原保护与修复、湿地保护与修复、重点流域环境综合治理、农村土地综合整治、重大地质灾害隐患治理、生物多样性保护、近岸海域综合治理、兴林富民行动以及荒漠化、石漠化、水土流失综合治理等。九是乡村文化繁荣兴盛重大工程。农耕文化保护传承、贫困地区村综合文化服务中心建设、少数民族特色村寨保护与发展、乡村经济社会变迁物证征藏以及古村落、古民居保护利用等。十是乡村治理体系构建计划。乡村便民服务体系建设,按照每百户居民拥有综合服务设施面积不低于 30 平方米的标准,加快农村社区综合服务设施覆盖;农村社会治安防控体系建设,增加农村重点地区治安室与报警点设置,加强农村综治中心规范化建设等。十一是农村基础设施建设重大工程。农村公路建设、农村交通物流基础设施网络建设、农村水利基础设施网络建设、农村能源基础设施建设以及农村新一代信息网络建设等。十二是乡村就业促进行动。农村就业岗位开发,培育一批家庭工场、手工作坊、乡村车间;城乡职业技能公共实训基地建设,建设一批区域性大型公共实训基地、市级综合型公共实训基地和县级地方产业特色型公共实训基地;乡村公共就业服务体系建设,加强县级公共就业和社会保障服务机构及乡镇、行政村基层服务平台建设等。十三是农村公共服务提升计划。乡村教育质量提升,合理布局农村地区义务教育学校,逐步实现乡村义务教育公办学校的校舍、场地标准化,加强乡村普惠性幼儿园建设,继续支持农村中小学信息化基础设施建设;健康乡村计划,加强乡镇卫生院、社区卫生服务机构和村卫生室标准化建设,开展健康乡村建设,建成一批整洁有序、健康宜居的示范村镇;农村养老计划,统筹规划建设公益性养老服务设施等。十四是乡村振兴金融支撑重大工程。金融服务机构覆盖面提升,在严格保持县城网点稳定的基础上,到空白乡镇设立标准化固定营业网点;农村金融服务"村村通",在具备条件的行政村,广泛布设金融电子机具、自助服务终端和网络支付端口等，推动金融服务向行政村延伸等。

二、新时期农业农村工程分类探索

从时代性、全面性、基础性、适用性角度出发，遵循实施乡村振兴战略的目标任务要求，结合不同领域的农业农村工程分类，重点从夯实农业生产基础、推进农业创新驱动、构建现代乡村产业体系、建设宜居宜业与绿色美丽乡村、加强和改进乡村治理等因素考虑，可将农业农村工程活动分为乡村产业工程、乡村建设工程和乡村治理工程三大类。

（一）乡村产业工程

乡村产业包含乡村区域的各种产业，有农业的也有非农业的，随着经济社会的发展，不同时期不同区域产业形态表现特征差异显著。在此聚集农业产业的基本属性，重点就开展粮食等重要农产品安全保障、农业质量效益和竞争力、乡村产业链供应链、农业绿色发展等四方面工程建设为例，阐述其工程内容和主要任务。

1. 粮食等重要农产品安全保障工程

高标准农田建设。聚焦田块整治、土壤改良、灌溉和排水、田间道路、农田防护和生态环境保护、农田输配电、科技服务、管护利用等八方面建设内容，新建高标准农田和改造提升现有高标准农田。同时，统筹开展高效节水灌溉建设。

黑土地保护。以土壤侵蚀治理、农田基础设施建设、肥沃耕层构建、盐碱渍涝治理为重点，加强黑土地综合治理。

国家粮食安全产业带建设。立足水稻、小麦、玉米、大豆等生产供给，统筹布局生产、加工、储备、流通等能力建设，打造粮食安全产业带。

优质粮食工程。统筹开展粮食绿色仓储、品种品质品牌、质量追溯、机械装备、应急保障能力、节约减损健康消费"六大提升行动"，加快建设现代化粮食产业体系。

棉油糖胶生产能力建设。改善棉田基础设施条件，加大采棉机械推广力度；加快坡改梯和中低产蔗田改造，建设一批规模化机械化、高产高效的优质糖料生产基地；推进油茶等木本油料低产低效林改造；加快老残胶园更新改造。

动物防疫和农作物病虫害防治。提升动物疫病国家参考实验室和病原学监测区域中心设施条件，改善牧区动物防疫专用设施和基层动物疫苗冷藏设施，建设动物防疫指定通道和病死动物无害化处理场；建设水生动物疫病监控监测中心和实验室；建设农作物病虫害监测、应急防治和农药风险监控等中心。

生猪标准化养殖。生猪标准化养殖场改造养殖饲喂、动物防疫及粪污处理等设施装备。

草食畜牧业提升。实施基础母畜扩群提质和南方草食畜牧业增量提质行动，引导肉牛肉羊规模养殖场实施畜禽圈舍标准化、集约化、智能化改造。

奶业振兴工程。改造升级适度规模奶牛养殖场，建设一批重点区域生鲜乳质量检测中心，建设一批优质饲草料基地。

水产养殖转型升级。实施水产健康养殖提升行动，创建一批国家级水产健康养殖和生态养殖示范区。发展深远海大型智能化养殖渔场。

渔船更新改造和渔港建设。推动渔船及装备更新改造和减船转产，建造新材料、新能源渔船；加强沿海现代渔港建设。

2. 农业质量效益和竞争力提升工程

农业科技创新能力建设。围绕生物育种、生物安全、资源环境、智能农机、农产品深加工、绿色投入品创制等领域，新建一批农业重大科技设施装备、重点实验室和农业科学观测实验站。

基层农技推广体系建设。实施基层农技推广体系改革与建设项目，建设国家现代农业科技示范展示基地、区域农业科技示范基地。

现代种业工程。建设国家农作物种质资源长期库、种质资源中期库圃以及区域性育制种基地；新建、改扩建国家畜禽和水产品种质资源库、保种场（区）、基因库、核心育种场以及分子育种创新服务平台。

农业机械化。开展农作物生产全程机械化示范县、设施农业和规模养殖全程机械化示范县创建，推进农机深松整地和丘陵山区农田宜机化改造，加强农业机械抢种抢收抢烘服务能力建设。

农业生产"三品一标"提升行动。开展绿色标准化农产品生产基地、畜禽养殖标准化示范场建设。

3. 乡村产业链供应链提升工程

农业现代化示范区建设。加强资源整合、政策集成，改善物质装备技术条件，创建农业现代化示范区。农业标准化提升，建设现代农业全产业链标准集成应用基地，建设一批生态农场等。

农村产业融合发展。开展现代农业产业园、农业产业强镇、科技示范园区、现代林业产业示范区、农村产业融合发展示范园、"一村一品"示范村镇和优势特色产业集群以及农村创业创新园区和孵化实训基地等建设。

农产品加工业提升。建设农产品加工技术集成科研基地以及农产品加工园等。

农产品冷链物流设施。开展农产品产地冷藏保鲜设施、产地冷链集配中心、农产品骨干冷链物流基地，以及畜禽定点屠宰加工厂冷链储藏和运输设施建设。

休闲农业和乡村旅游精品工程。开展休闲农业重点县、美丽休闲乡村以及乡村休闲旅游精品景点线路建设。

4. 绿色发展工程

农业面源污染治理。深入实施农药化肥减量行动，推进秸秆综合利用，整县推进农膜回收，持续推进粪污资源化利用和养殖尾水治理，建设农业面源污染综合治理示范县。

耕地土壤污染防治。以耕地土壤污染防治重点县为重点，加强污染耕地土壤治理，对轻中度污染耕地落实农艺调控措施，严格管控重度污染耕地。

水生生物资源养护行动。实施水生生物物种保护行动计划，保护修复关键栖息地，科学开展迁地保护；建立长江水生生物资源及栖息地监测网络，建设一批国家级海洋牧场示范区等。

外来入侵物种防控。启动实施外来入侵物种全面调查，推动建设一批天敌繁育基地和综合防控示范区，因地制宜探索推广绿色防控技术模式等。

（二）乡村建设工程

主要包含乡村基础设施工程和基本公共服务工程，着力实现农村生活设施不断改善，城乡基本公共服务均等化水平稳步提升。

1. 基础设施工程

农房质量安全提升。推进危房改造和地震高烈度设防地区农房抗震改造，开展历史文化名镇名村、传统村落、传统民居保护与利用。

农村道路畅通。推进乡镇对外快速骨干公路建设，加强乡村产业路、旅游路、资源路建设；推进较大人口规模自然村（组）通硬化路建设，有序推进建制村通双车道公路改造、窄路基路面拓宽改造或错车道建设；深入推进农村公路"安全生命防护工程"；推进林区牧区防火隔离带、应急道路建设等。

农村防汛抗旱和供水保障。加强防汛抗旱基础设施建设，完善抗旱水源工程体系；推进农村水源保护和供水保障工程建设，更新改造一批老旧供水工程和管网等。

乡村清洁能源建设。实施农村电网巩固提升工程，因地制宜发展农村地区电供暖、生物质能源清洁供暖，加强煤炭清洁化利用，推进散煤替代；发展太阳能、风能、水能、地热能、生物质能等清洁能源，在条件适宜地区探索建设多能互补的分布式低碳综合能源网络等。

农村物流体系建设。加强县乡村物流基础设施建设，建设县镇物流基地、农村电子商务配送站点，以及面向农村的共同配送中心等。

农村人居环境整治提升。推进农村厕所革命，合理规划布局公共厕所；统筹农村改厕和生活污水、黑臭水体治理，因地制宜建设污水处理设施；健全农村生活垃圾收运处置体系，完善县乡村三级设施和服务，建设区域农村有机废弃物综合处置利用；开展庭院和村庄绿化美化，建设村庄小微公园和公共绿地；加强乡村风貌引导等。

2. 公共服务工程

农村教育质量提升行动。改善乡镇寄宿制学校和乡村小规模学校办学条件，加强县域普通高中学校和加强农村职业院校基础能力建设，支持县特殊教育学校建设，建设普惠性幼儿园。改善农村中小学信息化基础设施，加强国家中小学网络云平台资源应用。

乡村健康服务提升行动。加强村卫生室标准化建设，建设中心卫生院和农村县域医疗卫生次中心，推进村级医疗疾控网底建设等。加快县域紧密型医共体建设，提高县级医院医疗服务水平。推动县（市、区）妇幼保健机构提高服务能力。

农村养老服务体系建设行动。完善养老助残服务设施，建立养老助残机构，建设养老助残和未成年人保护服务设施，培育区域性养老助残服务中心。推进乡村公益性殡葬服务设施建设和管理。

村级综合服务设施提升。改扩建行政村综合性公共服务用房，建设一站式服务大厅、多功能活动室、图书阅览室等；加强农村全民健身场地设施建设；推进公共照明设施与村内道路、公共场所一体规划建设；因地制宜建设农村应急避难场所，开展农村公共服务设施无障碍建设和改造等。

（三）乡村治理工程

广义的乡村治理工程既包含为实现乡村生活现代化应具备的乡村治理能力软实力工程和乡风文明建设，也包括为实现乡村现代化管理应具备的数字乡村建设工程，在此主要聚焦硬件工程的建设上，发展乡村数字经济，提高乡村数字化治理效能，实现农村发展安全保障更加有力。

1. 数字乡村工程

数字基础设施。农村地区光纤网络、移动宽带网络、电话、广播电视和农业专用网络等方面的共建共享，农业农村天空地一体化监测网络以及农村地区水利、气象、交通、电网、物流等公共基础设施数字化改造升级。

农业农村数据资源。构建涵盖人口、法人、自然资源、地理空间、信用等基础数据资源，以及与农业生产经营、农业农村管理和服务相关数据资源的农业农村数据资源平台。

农业信息化。主要包括育种、农业行业生产、农业绿色化生产以及农机等农业生产信息化建设；农产品加工、农产品市场监测、农产品质量安全追溯等农业经营信息化建设；农产品系统管理、农业风险管理以及农业行政执法等信息化建设；农业服务主体提供服务过程中的信息化技术以及农业产前、产中、产后信息化服务能力等农业服务信息化建设。

乡村数字化。主要包括农村电子商务、乡村休闲旅游、农村数字金融等乡村产业数字化建设；县级多媒体中心、乡村文化资源以及乡村公共文化服务等乡村文化数字化建设；乡村"互联网＋党建/政务服务/法律服务"、网上村委管理、乡村社会治理、乡村公共安全管理等乡村治理数字化建设；乡村"互联网＋教育/医疗健康/人社"、信息无障碍和适老性、乡村信息服务站点整合等乡村公共服务数字化建设；农村人居环境以及农村生态保护等乡村环境监测数字化建设。

2. 平安乡村工程

平安乡村建设行动。推进农村社会治安防控体系建设，扎实开展智慧农村警务室建设。深入推进乡村"雪亮工程"建设等。

农产品质量安全保障。强化基层监管手段条件建设，建设农产品质量安全指挥调度中心、基层监管服务站和监管实训基地，建设国家农产品质量安全县、智慧监管试点等。

推进乡村文化设施建设。建设村综合文化中心、文化礼堂、文化广场、乡村戏台、非遗传习场所等公共文化设施。

三、农业农村工程建设内容构成分析

综合以上对农业农村工程的分类，其涵盖的建设项目种类繁多，涉及生态修复整治、农田建设、产业发展、农村基础设施和公共服务设施建设、人居环境整治、历史文化保护、数字乡村等方方面面。同时，不同行业、不同用途与功能、不同建设性质的项目建设内容差别也不尽相同，以下仅对当前乡村产业工程与乡村建设工程中普遍、常见项目的建设内容进行举例，为农业农村工程标准化对象的选取提供参考。

（一）乡村产业工程

1. 高标准农田建设项目

高标准农田建设以提高农田粮食综合生产能力、推动农业生产方式转型升级、改善农田生态环境以及拓宽农民增收致富渠道等为目标，主要围绕田、土、水、路、林、电、技、管等8个方面建设。

示范项目区位于粮油主产区，是国家粮食仓储基地，主要种植水稻、小麦、油菜、蔬菜等。高标准农田建设以村落、郊野等环境为依托，通过规划建设"田网、渠网、路网、观光网、信息化网"和地力提升等六项内容，建成高标准农田 2.5 万亩（其中平原区 1.9 万亩，丘陵区 0.6 万亩），打造高标准、品质优、绿色环保的农业示范区，其建设内容如下。

田网。以外连道路、农村产业道路、干渠和支渠为骨架，合理调整现有田型，使之达到沟端路直、田块规范、田面平整、田埂牢固，基本实现格田化。田网建设主要涉及田型调整、田面平整以及修筑土田埂等多项措施，其内容包括田型调整和田面平整 2 850 亩、拆除土田埂 85km、砌筑土田埂 57km、下田坡道 570 处等。

渠网。实施灌排分离，项目区单位面积灌排渠密度达到 90～150m/hm²，灌溉保证率≥90%，骨干渠系、排洪主渠系采用生态沟方式建设。其建设内容主要包括改造渠道 11km，新建渠道 43km，新建生态渠道 2.2km，新建机井及井房等配套设施 22 处等。

路网。为满足项目区生产经营中心、各轮作区和田块之间保持便捷的交通联系的需要，确保农机具到达每一个耕作田块，促进田间生产作业效率的提高和耕作成本的降低，主要新建及改造宽 2.0～2.5m 的田间作业道 19.5km，新建及改造宽 3.0～5.0m 的机耕道 35km，错车点 185 处，DN300～DN1 000mm 涵洞 320 个、机耕桥 15 座等。

观光网。将项目区田块、林盘、景观节点和生态河道进行有机串联，因地制宜，结合"四旁"绿化，建设由观光道、绿化带和标识标牌等构成的观光网，主要包括新建 5.0m 宽观光道 2.5km，新建 6.0m 宽观光环线 3.0km，观光节点 8 处等。

信息化网。提升项目区信息采集、分析决策、控制作业、数据管理等能力，构建"天-空-地"一体化的物联网测控体系，主要建设地块管理系统、病虫害监测系统、物联网管控系统平台、农业生产在线监控系统、环境数据采集与控制平台、气象监测系统、公共服务平台、智慧农业展示中心以及智慧农业控制中心等。

地力提升。加强项目区耕地质量建设，实施耕地质量保护与提升行动，开展秸秆还田、施用商品有机肥或生物有机肥、种植绿肥或豆科作物、测土配方施肥等措施。

2. 现代农业产业园建设项目

现代农业产业园是高质量发展现代农业的重要平台，通过对生产、加工、流通、服务等方面的基础设施以及公共服务设施建设，实现园区设施装备优良、产业链条衔接、产品品牌提升、管理服务现代、联农带农技术机制健全。

某镇现代农业产业园建设面积 16 700 亩，以种植水稻、梨、桃、葡萄、茶叶等为主。园区按照"产业强园、科技兴园、生态立园、机制活园"的建设思路，重点围绕基础设施提升工程和农业生产服务工程建设，将产业园建设成为生态田园示范地和科技农业孵化地。

（1）基础设施提升工程。该工程主要包括道路系统、电力系统以及河道生态治理等建设。

道路系统。在现状道路基础上，整合道路系统、减少断头路，提升园区内现有道路的等级和通行能力。园区改造提升主干路长度 19.3km，路面宽 7m，双侧分别为 3.5m 宽绿化带；改造提升次干路长度为 17.8km，路面宽 6m，双侧分别为 1.5m 宽绿化带。

电力系统。根据园区现状布局，拆除零负载率变压器，按照合理的供电范围合并低负载率变压器以及为园区新建建筑物配套建设箱式变电站。园区共拆除变电站 23 座、拆除 10kV 供电线路 2 500m，新建 400～800kVA 箱式变电站 8 座，新建 10kV 供电线路 1 800m 等。

河道生态治理。为实现园区河港排涝、水系循环、观光旅游等综合功能，主要拓浚河港 7.35km、疏浚河港 26.9km、新开河段 600m 以及建设河道护岸 51.8km 等。

（2）农业生产服务工程。该工程包含生态农田、果蔬产品加工冷链物流园、设施蔬菜种植基地、果树种质资源创新利用试验站、"产储加销"水稻一体化综合服务中心等建设。

生态农田。规划建设生态农田 6 500 亩，主要包括田面平整、修筑田埂、机械作业道、田间作业道、藕塘、缓冲带以及提水泵站、给水管道等灌溉设施等建设。

果蔬产品加工冷链物流园。服务园区果蔬产品冷链物流，方便产品外销，占地面积 18 亩。主要建设加工生产车间 3 000m²、冷藏保鲜库 600m²、道路及广场 2000m²、围墙 450m，以及场区配套的给排水与电力电信系统等。

设施蔬菜种植基地。供春提前秋延后附加值高的蔬菜生产使用，占地面积 200 亩，主要建设连栋塑料温室 22 栋、共 68 000m²，道路及广场 11 000m²，围栏 2 100m²，配套建设场区给排水、电力、电信以及智能控制系统等。

果树种质资源创新利用试验站。主要开展果树新品种的引种、试种、花期调控技术的试验研究，用于新品种苗木嫁接和育苗繁育等，总占地面积 60 亩，建设连栋网棚 7 000m²，连栋塑料大棚 3 500m²，农机具库 500m²，道路 5 200m²，围栏 1 100m，以及场区配套的给排水、电力、电信等工程。

"产储加销"水稻一体化综合服务中心。为园区水稻生产提供全程社会化服务，满足园区水稻生产、储存、加工等需求。中心占地面积 20 亩，建设烘干车间 1 200m²，筒仓 9 000m³，稻谷加工车间及库房 500m²，农机具库 500m²，管理用房 300m²，门卫室 15m²，以及场区配套的给排水、电力、电信等工程。

3. 科学试验基地建设项目

农业科学试验基地是聚焦区域性农业发展的关键性科技问题，主要承担科技成果的熟化、组装、集成、配套研究任务，为重点学科实验室开展科学试验提供场所和服务。农业科学试验基地可分为种植业、畜牧业、渔业、资源环境、农产品加工技术集成、农业全程机械化和精准农业技术集成等 7 种类型，不同类型其工程建设内容各异。如种植业科学试验基地主要包括实验室、温网室等建筑工程，机井、田间道路等田间工程，以及给排水、供配电等场区基础设施建设。

某种植业科学试验基地占地面积约 250 亩，主要围绕我国设施农业产业升级需求，打造成为以工程技术创新为核心，集示范、推广、检测、培训等功能为一体的全国性设施农业工程创新平台，为我国设施农业中、长期工程装备的更新换代与产业升级提供技术、装备和人才上的支撑，也为"菜篮子"工程的顺利实施和中国现代农业建设提供科技和人才保障。基地一期主要以 40 亩建设用地为实施范围，主要包括建筑工程、公用工程以及场区工程建设。

建筑工程。根据科研实验、集成示范、监测鉴定、人员培训等需要，基地建设科研实验楼 1 350m²，日光温室 4 栋、共 1 400m²，玻璃连栋温室

5 000m²、食堂 130m²、锅炉房 550m²、水泵房 80m²、配电室 20m² 以及门卫室 54m² 等。

公用工程。为保障基地正常运营,开展给排水、供暖、电气电讯、道路等公用工程建设,主要包括 300m 深水井 1 眼、供水管路及恒压供水系统 1 套、污水收集系统 1 套、150m³ 消防水池 1 座、400kVA 干式变压器 1 台等。

场区工程。综合考虑基地的规划要求、场区的现状条件,基地新建主干道路 5 150m²、休闲广场 700m²、停车场 350m²、围墙 1 900m 以及景观及道路绿化面积 12 600m² 等。

4. 肉牛繁育示范基地建设项目

畜禽养殖示范基地是以标准化、现代化为核心,生产高效、环境友好、产品安全、管理先进,具有示范引领作用的畜禽规模养殖基地。基地建设一般包括两方面内容:一是畜禽舍、畜禽运动场、青贮窖、干草棚、畜禽粪污处理等养殖及配套的建筑物和构筑物;二是基地道路、围墙、给排水、供配电、采暖、安防、物联网、绿化等场区基础设施。

某肉牛繁育示范基地总占地面积约 120 亩,规划设计总存栏种母牛 1 500 头,年出栏育肥牛 1 160 头。基地以生态、高效循环为生产理念,以绿色生态、优质农业、高效节能为标志,以活性功能微生物作为物质能量的"转换中枢",采用发酵床养殖模式,实现粪尿就地减量化和清洁生产,缓解规模养殖场的环境污染问题,打造当地"宜农、宜游、宜居"的复合型生态农业科技示范牧场。基地综合考虑生产工艺、主导风向等系列因素,项目总体布局将用地分为生产区、隔离区、饲草料加工区、资源化利用区和科研管理区,场区建设包括围护工程、道路工程、给排水工程以及供电工程等。

生产区和隔离区。建设包括 2 栋种母牛舍 10 340m²、1 栋分娩牛舍 2 670m²、2 栋后备牛舍 3 280m²、3 栋育肥牛舍 6 020m²、1 栋隔离牛舍 504m²,总占地面积约 63 亩。

饲草料加工区。建设包括 4 个青贮窖 3 900m²、1 栋干草棚 2 160m²、1 栋饲草料加工间 1 200m²、1 栋垫料加工间 1 200m²、1 栋车库机修间 300m²,总占地面积约 30 亩。

资源化利用区。建设包括 1 栋原料库 600m²、1 栋有机肥加工间 900m²、1 栋成品库 600m²、1 栋无害化处理间 150m²、1 个除臭室 72m²、污水处理池 700m²，总占地面积约 12 亩。

科研管理区。建设包括 1 栋科研办公用房 1 080m²、1 栋宿舍 900m²、1 栋食堂 360m²、1 个门卫室 108m²、1 个车辆消毒间 72m²、1 个洗消间（含兽医室）216m²，总占地面积约 15 亩。

场区工程。建设包括硬化道路 16 000m²、碎石路 8 000m²、装牛台 60m²、机井 1 眼、给排水管网 1 套、消防水池 800m³、化粪池 1 座以及供电线路 3 000m 等。

5. 设施农业示范园建设项目

设施农业是采用人工技术手段，改变自然光温条件，创造优化动植物生长的环境因子，使之能够全天候生长的设施工程。设施农业涵盖设施种植、设施养殖和设施食用菌等。设施种植园区（基地）一般包括连栋温室、日光温室、塑料大棚等设施工程，加工物流、保鲜存储、生产办公、生活配套等综合服务工程，以及道路、给排水、电力电信等场区工程建设。

某设施农业示范园主要建设日光温室、连栋温室开展蔬菜、食用菌、中草药、花卉、工厂化水产等设施种养殖生产，综合考虑园区的示范、生产、观光休闲等项目的要求，将园区内划分为三区，即场前区、设施农业区、配套服务区。

场前区。结合办公管理、展示交易和生产加工贮藏等功能需求，主要建设综合办公楼 5 000m²、展示交易大厅 5 000m²、生产加工车间 6 000m² 以及冷库及育苗车间 8 000m²。

设施农业区。结合种养殖要求，主要建设花卉种植连栋温室 88 500m²、蔬菜种植连栋温室 88 500m²、蔬菜种植日光温室 110 600m²、中草药种植日光温室 71 900m²。

配套服务区。根据园区生产服务要求，主要建设生产辅助用房 11 栋（单栋面积 600m²）、换热站 3 960m² 以及供热中心 13 300m² 等。

场区工程。建设包括硬化道路 62000m²、广场 16 900m²、成品门卫房 9 个、围墙 5 500m，风雨走廊 2 150m，景观廊架 720m，以及给排水、暖通及电气工程 1 套等。

6. 种养循环农业基地建设项目

种养循环农业基地聚焦畜禽粪便、农作物秸秆等种养业废弃物，按照

"以种带养、以养促种"的种养结合循环发展理念，通过"优结构、促利用"的工程化措施，推进基地种养加一体化，以及畜禽粪便、农作物秸秆等种养业废弃物的资源化利用。种养循环农业基地一般包括标准化种植基地、规模化畜禽养殖场（区）、畜禽产品及饲料加工工程、有机肥深加工工程、沼气工程、农作物秸秆综合利用工程以及畜禽粪污综合利用工程等建设内容。

某种养循环农业基地以优质苹果生产基地为基础，以实现"苹果种植-果汁加工-饲料（果渣）-养殖-有机肥（固态、液态）-苹果种植"的农业循环经济链条为目标，采用养殖清洁化、废物资源利用化、农业生产无害化的生态农业模式，通过水资源再利用工程和有机肥加工工程，做到资源有效利用，把种植、养殖业纳入良性循环和生态平衡的轨道，促进当地现代农业产业升级、资源高效利用和生态环境友好。项目占地面积约 1 700 亩，主要建设苹果种植基地、生猪养殖基地、饲料加工基地、资源化利用基地以及其他服务配套工程等。

苹果种植基地。建设苹果种植基地 1 400 亩，配套建设 1 套果树灌溉系统、1 栋综合管理用房 300m²、1 栋物料库房 500m²、1 栋管理泵房 50m²、1 栋加工车间 500m² 等。

生猪养殖基地。占地面积约 150 亩，年存栏基础母猪 2 894 头，种公猪 36 头，年出栏商品育肥猪 20 000 头，年出售断奶仔猪 40 000 头。建设 1 个生猪养殖基地，占地面积 148.7 亩，建设包括妊娠舍 4 400m²、分娩舍 5 800m²、空怀后备舍 3 100m²、保育舍 5 600m²、育肥舍 9 700m²、公猪舍 360m²、赶猪通道 2 300m²、隔离舍 500m²、综合用房 240m²、宿舍 450m²、食堂 100m²、消防水泵房 60m² 等内容。

饲料加工基地。建设 1 个饲料加工基地，占地面积约 10 亩，年产液态发酵饲料 5 500t、半固态发酵饲料 9 000t、全价配合饲料 2000t。建设包括发酵饲料生产车间 1 150m²、饲料初加工车间 1 000m²、综合管理用房 100m²、车库及机修库 150m²、门卫地磅房 30m² 等内容。

资源化利用基地。建设 1 个资源化利用基地，占地面积 30 亩，年处理猪粪便 10 000t、烂果渣 800t、果汁加工罐底物 3 000t、养殖污水 53 500m³、生活污水 2 300m³、饲料加工废水 9 000m³。建设包括原料储存间 400m²、有机肥生产车间 750m²、成品库 500m²、无害化处理车间 200m²、门卫室

30m²、调节池 1 700m³、沼液储存池 4 000m³、沼气净化室 140m²、发电机房 160m² 等内容。

（二）乡村建设工程

1. 农村人居环境整治提升建设项目

改善农村人居环境，是实施乡村振兴战略的重点任务。通过采取农村卫生厕所建设、厕所粪污无害化处理与资源化利用、农村生活污水治理、农村生活垃圾治理、村庄公共空间建设、乡村绿化美化以及乡村风貌引导等措施，全面提升农村人居环境质量，为全面推进乡村振兴、加快农业农村现代化、建设美丽中国提供有力支撑。

人居环境整治提升建设项目村庄距离县城约 15km，有 7 个自然村，780 户，耕地 13 600 亩、林地 6 900 亩，以蔬菜、花椒种植和生猪养殖为主。村庄已实施饮水安全工程和电网升级改造工程，有线电视、互联网信号已全覆盖，通村路、通组路、部分串户路已硬化。全村建有 1 座小学、3 所幼儿园、1 个卫生室、1 个文化站等，配套公共服务设施比较齐全。为打造村民宜居生活环境、提升村民文明程度，全村重点从生活垃圾处理、厕所改造及建设、生活污水治理、村容村貌提升以及配套设施建设等方面开展建设，让村庄成为农民安居乐业的美丽家园。

生活垃圾处理。采用"户分类、村收集、镇转运、县处理"的生活垃圾治理模式，全村购置 200 组垃圾桶（240L）、垃圾箱 30 个、垃圾收集站 1 座、垃圾清扫车 8 辆，实现村庄生活垃圾源头减量化和资源化。

厕所改造及建设。采用"分户改造、集中处理"的模式，改造户用厕所 705 座、新建 50m² 生态公共厕所 7 座等。

生活污水治理。根据村庄庭院的空间分布情况和地势坡度条件，建设多户连片污水分散处理站，共配建 8 座一体化设备污水处理站、污水收集管网 16 000m 等。

村容村貌提升。重点开展道路交通、村庄绿地、河道治理等建设，共新建道路 8 000m²、改造提升道路 18 000m²、步行街 10 000m²、公共停车场 4 600m²、农房民居风貌改造提升 500 户、道路绿化 66 000m²、广场绿化 30 000m²、路灯 400 个以及 4 800m 河道整治等。

村民生活配套设施。围绕村民日常生活配套设施，新建休闲健身广场 3 400m²、医疗卫生室 200m²、图书室 50m²、村民活动中心 400m²、村史馆 100m²、农技超市 160m² 以及农贸市场 2000m²，修缮学校 9 000m² 以及幼儿园 2 400m²。

对外接待配套设施。围绕外来接待需要，新建接待服务中心 2 600m²、体验基地 4 000m²、餐饮店（购物商店）1 000m²。

2. 田园综合体建设项目

田园综合体是集智慧农业、创意农业、农事体验、科普教育为一体，贯通产供加销，融合农文教旅，实现产业兴、村庄美、环境优、农民富，其建设内容一般包括"田园＋农村"的道路桥梁、供电供水、信息通信、清洁能源等基础设施建设，智慧乡村建设，农村人居环境整治项目建设，乡村公共服务设施建设，以及"农业＋互联网"、"农业＋科创"、"农业＋综合素养教育"、"农业＋文化"、"农业＋旅游"、"农业＋康养"等平台载体建设。

某田园综合体建设项目规划总面积约 48 000 亩，按照"颐养山水田园、边陲双创小镇、多彩美丽乡村"的发展理念，综合考虑田园综合体的现状条件，以及地形地貌、气候条件、交通流线、周边村庄等情况，将田园综合体规划为综合服务配套区、户外运动体验区、田园乡村游憩区和农田景观区 4 个功能区，结合项目区现有产业基础和未来市场需求，主要开展有机水稻、绿色果蔬、蜂蜜、黄牛等种养殖生产，以及住宿体验、文化创意产品、冷水鱼博物馆参观、农业高新技术展示参观、果蔬采摘体验等活动产品，其建设内容可分为土建工程、田间工程和场区工程。

土建工程。主要包括游客服务中心 1 500m²、度假木屋 9 000m²、运动休闲中心 3 000m²、餐饮服务中心 500m²、接待服务中心 1 000m²、冷水鱼博物馆 1 000m²、国际乡村文化博物馆 1 000m²、闲置类民宿改造 65 户、非闲置类民宿改造 100 户、加工体验中心 300m²、原乡度假酒店 5 000m²、木屋餐厅 500m²、创意遗产酒店 300m²、有机水稻加工基地 3 000m²、田园创意集市 1 000m²、青年乡创会馆 300m²、游廊餐厅 600m²、田园创意乐购中心 500m²、户外书屋 200m²、田园颐养度假村 10 000m² 等。

田间工程。有机水稻标准化种植基地 7 000 亩、日光温室 1 000m²、灵果园 150 亩、香菌园 30 亩、露地蔬菜采摘园 550 亩、蜜蜂养殖观光园

2000m²、鱼稻共生试验田 15 亩、花田广场 5 000m²、时尚菜园 6 000m²、稻田湿地 10 000m²、冷水鱼养殖基地 10 000m²、垂钓池 1 000m²、水上乐园 1 000m²、摸鱼鱼塘 1 000m²、玉米迷宫 30 000m² 等。

场区工程。新建道路 85 000m²、道路改造提升 150 000m²、木栈道 19 000m²、连接桥梁 2 座、给排水工程 1 套、电气工程 1 套、河道水系治理 6 000m、生态公园 4 000m²、景观绿化 140 000m²、自由露营区 6 000m²、广场 3 000m²、乡村戏台 120m²、生态停车场 20 000m²、露天电影放映区 3 000m²、狩猎体验区 10 000m²、滨水栈道 3 800m² 等。

四、农业农村工程标准化对象研究

农业农村标准化对象是农业农村工程标准化战略的核心，对象选取的科学性与前瞻性是农业农村工程标准化战略的关键环节。按照前述对农业农村工程的分类与分析，其建设内容涉及农业产业各个领域全生产过程以及农村生活生态环境设施的每个环节，其中具有普遍性和通用性的建设工程就是我们农业农村工程标准化需要研究的对象。

（一）标准化对象选取的理论研究

标准化的对象也即标准化的主题。从农业农村工程活动的特点看农业农村工程涵盖了生产生活和生态的各个方面，根据标准化的概念——"为了在既定范围实现最佳程度的秩序，针对实际或潜在的问题，建立共同和重复使用的规定的活动"这一特征，农业农村工程标准化的任务首先是需要对农业农村工程中量大面广、具有标准化特征的建设内容进行提取。从以下四个维度对农业农村工程标准化如何选取进行探索。

在文献研究中发现标准化实践方法的总结多于原理性研究，在标准化活动领域中更多关注的是应用性实践，缺乏基础性理论探讨。其工作重点也侧重于制定标准和发布标准，对支持和指导标准化工作的理论研究相对滞后。按照国际上比较有影响的标准化专著作者桑德斯和松浦四郎的标准化理论，对工程标准化有直接指导意义的有：标准化本质上是一种简化，标准化活动是克服过去形成的社会习惯的一种创新活动。标准化的主题和内容很多，我们必须研究如何才能更有效地开展标准化创新活动的方法。在制定标准时，最基本的活动是选择将其统一成相对稳定的活动程序。在我国标准化原理提法比较多，核心有标准化四原理：一是统一。对具有等效功能的标准化对象进行合理归并和精选。二是简化。合理减少型号或规格尺寸并形成系列的原理。三是协调。协调的对象是标准化系统内相关要素的平衡与相对稳定原理。四是优选。根据标准化的目的，评价和求出目标最优方案的原理。美国是世界上标准化事业最早发展起来的国家之一，形成了适合美国国情的标准化管理体制和运行模式。我们要借鉴国内外农业农村工程标准化的发展经验，结合国家政策和行业活动进行农业农村工程标准化对象选取的系统研究。

（二）标准化对象选取的框架逻辑

从国际标准化发展趋势看。伴随着经济全球化深入发展，标准化在支撑产业发展、规范社会治理等方面的作用日益凸显，世界各国纷纷将标准作为核心战略。当前，国际标准化也从产品质量均等化、管理标准体系化向解决社会治理问题、政府管理问题和企业管理问题的方向转变，标准化进入社会治理全球化阶段。在此背景下，国际标准化呈现出了标准向社会领域扩展、发达国家高度重视新兴产业标准、标准先行（先有标准再有产品然后实现产业化）、标准与专利融合、为全球环境治理寻找解决方案、标准数字化等新的发展趋势。习近平总书记在党的十九大报告中指出，中国秉持共商共建共享的全球治理观，积极参与全球治理体系改革和建设，不断贡献中国智慧和力量。为广大发展中国家提供解决乡村可持续发展的中国解决方案，在南方国家之间转让知识、技术和发展解决方案，标准化就是非常有效的路径。

从国家全面推进乡村振兴标准化建设看。习近平总书记明确要求以标准助力创新发展、协调发展、绿色发展、开放发展、共享发展，强调只有高标准才有高质量。在2021年中共中央、国务院印发的《国家标准化发展纲要》中提出，要强化标准引领，实施乡村振兴标准化行动。重点加强高标准农田建设，加快智慧农业标准研制，加快健全现代农业全产业链标准，加强数字乡村标准化建设，建立农业农村标准化服务与推广平台，推进地方特色产业标准化。完善乡村建设及评价标准，以农村环境监测与评价、村容村貌提升、农房建设、农村生活垃圾与污水治理、农村卫生厕所建设改造、公共基础设施建设等为重点，加快推进农村人居环境改善标准化工作。推进度假休闲、乡村旅游、民宿经济、传统村落保护利用等标准化建设，促进农村一二三产业融合发展。

从新时期乡村建设变化看农业农村工程标准化对象的总体趋势。从文献研究的时间维度看，党的十九大提出乡村振兴战略后围绕农业农村标准化建设的内容明显增多，从人居环境整治到基础公共设施提升，伴随农村电商和信息化的发展农村物流寄递系统的建设、新冠疫情防控下按单元管理的生活圈配套设置，都是新时期乡村建设的新转变与新特征。为贯彻国家双碳战略目标的实施，乡村工程建设活动的绿色化、标准化研究也成为一项重要内容。据有关资料统计，建筑全过程能源消耗占全国总量的比例达到 46.5%，城乡建设领域碳排放占全社会 40%，建筑垃圾年排放达 20 多亿 t，为整个城市固体废弃物总量的 40%。急需推动高质量绿色建筑规模化发展，尽快将绿色建筑、绿色建造、装配式建筑等低碳科技创新成果转化为标准，推广超低能耗、近零能耗建筑，发展零碳建筑。围绕绿色低碳发展，开展绿色建筑创建行动，提高建筑节能强制性标准，推动城乡建设领域碳减排。城乡建设是推进碳达峰碳中和的一个重要领域，习近平总书记多次对城乡建设领域节能减碳工作作出重要指示批示，住房城乡建设部提出了工程建设标准为推动实现城乡建设领域碳达峰碳中和目标提供保障的工作要求，为绿色建筑标准化工作指明了方向，提供了根本遵循。积极贯彻落实《国家标准化发展纲要》要求，以工程建设标准化为抓手，转变"大量建设、大量消耗、大量排放"的建设方式，推动农业农村工程建设绿色转型，新时期农业农村工程标准化绿色化需求明显提升。

从农业农村工程标准化专项研究来看。当前综合性、系统性农业农村工程标准体系尚未建立，从工程标准化提取的对象与方法出发进行相关文献的研究与借鉴，并对当前工程领域中标准化的对象提取进行了系统梳理。农村工程标准化对象研究最多的是农村用水和污水处理工程，从水利部农村水利水电司、胡孟、曲钧浦撰写的《推进农村供水工程标准化建设和管理》，到省级如浙江省对小型农村供水工程标准化管理模式的研究，再到地方对《农村自来水规范化、标准化、精细化管理》的实践案例的研究总结。其次就是对村镇住宅建筑的标准化研究，村镇燃气和沼气工程产品标准体系的构建研究。

从农业农村工程现有相关国家标准来看。我国城市建设的成就巨大，工程建设标准与工程建设标准体系发展较好，基本覆盖城市建设的各领域。2003 年建设部颁布了《工程建设标准体系》（城乡规划、城镇建设与房屋建筑部分），包括了城乡规划、城镇建设和房屋建筑等 17 个专业的标准现状、发展趋势及所需要的标准项目，是这三个领域以后一定时期内标准制定、修订和管理工作的基本依据，也是研究该领域技术应用的重要参考。现有的城乡建设技术标准主要适用于城市建设，适用于村镇建设的标准数量很少，主要有《镇规划标准》（GB 50188—2007）、《镇（乡）建筑抗震技术规程》（JGJ 161—2008）等。我国现有的农业工程标准比农村工程标准相对丰富与完善一些，涉及的领域较多，工程建设标准体系（农业工程部分）将其分为农田建设专业标准、设施园艺专业标准、畜牧工程专业标准、渔业工程专业标准、农产品产后处理工程专业标准以及农村能源与生态环境专业标准等六类。在当前农业农村工程标准化体系尚不健全、标准相对滞后的情况下，邝兵在博士论文《标准化战略的理论与实践研究》中指出我国标准化战略的主要措施，即大力实施六大工程——标准化战略引领工程、标准化水平提升工程、国际标准化突破工程、标准化项目示范工程、标准化人才培养工程和标准化基础强化工程，对农业农村工程标准化工作的建设与推进具有一定指导意义。

从相关国家政策文件和战略行动中看农业农村工程标准化的任务。为推动实施乡村振兴战略，充分发挥标准化在推进农业农村现代化中的基础作用，国家市场监督管理总局、农业农村部联合发布了《关于加强农业农村标准化工作的指导意见》（国办函（2019）120 号），文件从优化农业农村标准体系、提高农业农村标准化水平、着力推进农业高质量发展的角度出发，提出农业全产业链、农业农村绿色发展、农业农村文化建设、乡村治理和农村民生领域、精准扶贫和农产品品牌等方面标准化工作的主要任务。并从对标国际标准，深入推动农业农村互联互通角度给出了农业农村工程标准化。这个文件为农业农村工程标准化对象的选取给出了全面的政策指引。2022 年 5月 24 日中共中央办公厅、国务院办公厅印发的《乡村建设行动实施方案》以普惠性、基础性、兜底性民生建设为重点，提出加强乡村规划建设管理，实施农村道路、防汛抗旱和供水、清洁能源、农产品仓储保鲜冷链物流设施、数字乡村、村级综合服务设施、农房质量安全、农村人居环境等八大工程，健全农村基本公共服务、基层组织建设、精神文明建设三个体系等重点任务，对扎实推进乡村建设，提升乡村宜居宜业水平作出具体部署安排，也更进一步明晰了农业农村工程标准化的重点内容。

　　从地方政策文件和标准化指导意见看农业农村工程标准化的任务。各地为贯彻落实《国家标准化发展纲要》，指导标准的制定与实施，促进标准化工作有计划、有重点、科学合理地开展，一些省市县相继出台了推进农业农村工程标准化工作的政策文件。如上海市为充分发挥标准化在推进农业农村现代化、促进农业高质量发展和推动乡村振兴战略、实现城乡融合发展中的基础性、引领性作用，上海市市场监督管理局、上海市农业农村委于2022年2月18日印发了《关于进一步加强本市农业农村标准化建设的指导意见》。一是明确了数字技术与农业农村经济深度融合的标准化建设主要是围绕农业智慧化生产基地、农业物联网集成应用和植物工厂生产模式的标准化建设，探索建立数字农村标准体系，形成数字乡村建设指南标准规范，发挥标准对促进乡村建设转型升级的引领和带动作用。二是对于延伸农业产业链、拓展农业多种功能、发展农业农村新型业态方面需要规范完善的建设工程进一步做了明确，如游客中心、停车场、厕所、垃圾处理等配套公共服务设施建设和乡村民俗产业的发展，都急需通过有关标准和规范的出台，科学引导行业有序发展和土地高效率配置，为农业农村转型升级过程中的发展建设提供基本依据和遵循。三是在基础设施建设方面，以农村环境监测与评价、村容村貌提升、农房建设、农村道路、农村生活垃圾与污水治理、农村卫生厕所建设改造、公共基础设施建设等为重点，持续推进农村人居环境改善标准化工作，助力全面提升农村人居环境。四是在绿色化和机械化发展方面，提出建设一批农产品绿色生产基地，以生产全程机械化和绿色高效设施装备应用为关键，推动实施蔬菜"机器换人"和粮食生产全程机械化标准试点。五是在乡村社区综合服务设施标准化建设方面，明确乡村社区综合服务设施的功能属性、配置标准、提升乡村社区综合服务设施运营标准化水平。上海市农业农村标准化建设必将随着指导意见的逐步落实，为我国农业农村标准化工作的推进探索出有益的地方经验。

从农业农村工程活动特征来看农业农村工程标准化的需求。农业工程和农村工程标准化的对象均可以从两个方面选取。从农业工程单项活动目标看，标准化的对象可以按照产业发展类别和相应生产环节涉及相关工程建设为系列开展，包括一二三产的建设内容；从提升区域或综合农业工程目标出发，可以以农业现代化发展的平台载体为依托进行标准化对象选取，如现代农业产业园、农业科技园区、农业高新技术产业示范区、田园综合体等载体为对象进行标准化的研究与编制。对于农村工程，标准化的对象依然需要从两个方面进行开展与逐渐健全。如对农村范围内的民房建设、饮水工程、乡村文化设施、综合服务中心等单体工程为标准化研究对象；同时，对农村领域的乡村风貌建设、乡村道路系统建设、乡村配套设施建设等进行研究与探索其标准化的问题。

（三）标准化对象选取的案例分析

通过从上述八个角度对农业农村工程标准化内容选取的分析，我们对农业农村工程领域标准化任务与对象有了一个总体概念，但是每一项农业农村工程从标准化工作的角度又需要进行若干环节的分解细化，如何把环节分解好、便于模块化管控，是标准化工作的基本准则，这是一项系统工程。因此，正确选取对象、恰当进行标准化模块分解、制定好工程建设标准，是深入推进标准化工作、提升标准化水平，高质量建设和美乡村的重要环节，下面选取两个典型领域进行案例剖析。

1. 高标准农田建设工程标准化对象分析

高标准农田建设是关系我国粮食安全、确保饭碗牢牢端在中国人手中的国家战略和民生工程，也是农业农村领域中覆盖面最广的农业工程，是解决我国人多地少、提升农田质量、提高单位面积耕地生产能力的重要举措。

（1）我国农田建设标准化体系的现状。我国高标准农田建设起步较晚，总体存在建设标准不高、亩均建设投资不足、建设质量参差不齐、建后管护机制不明、农田使用寿命偏短等问题。在国家对新一轮机构改革之前，农田建设分属多部门管理，在项目建设上由农业农村部、发改委、国家农业综合开发办、国土资源部分别组织实施了商品粮棉油基地建设、千亿斤粮食田间工程、农业综合开发土地治理等多种项目，各有关部门也陆续制定了相关农田建设标准，为农村土地整治、中低产田改造、高标准农田建设提供技术支撑。截至 2022 年 6 月，我国共发布农田建设工程国家标准 50 多项，行业标准 100 多项，地方标准 900 多项，初步形成了科学统一、层次分明、结构合理的高标准农田建设标准体系，有力地支撑了各地区高标准农田建设工作。2022 年出台了新版《高标准农田建设通则》，为我们新时期高标准农田建设提供了顶层设计和具体指引。同时，《全国高标准农田建设规划（2021—2030 年)》提出，要建立健全科学统一、层次分明、结构合理的高标准农田建设标准体系。如何建立和管理农田建设标准体系仍是亟待研究的课题。

（2）国际农田建设标准化的先进经验。农田建设及其标准体系构建和管理方面，美国、日本、欧洲等国家和地区具有成熟的经验，其中日本与中国一样都是以政府为主导。众所周知自二战以后，日本因为粮食供给不足、农业人口老龄化等突出问题，政府通过建立推进体系、制定建设标准、完善政治程序和加大财政投入等措施，70 多年来日本形成了较为完备的农田建设体系，积累了丰富的建设经验，其农田建设质量和使用寿命享誉世界。这些成就的取得，离不开完善的标准体系的支撑和标准化的管理。日本农田建设工程标准可分为国家级标准、专业团体标准和企业标准，其中国家级标准是主体。农田方面的国家级标准有《日本土地改良工程规划设计规范》、《日本土地改良工程规划设计指南》、《日本土木工程施工管理标准》、《日本农田灌排工程标准设计图集》等。日本的标准一般涵盖多项技术，如《日本土地改良工程规划设计规范》包括渠首工程、泵站、渠道工程、暗渠排水、管道工程设计和旱地灌溉规划等多项内容。目前，日本的农田建设基本实现现代化，其农业交通和通信设施、农业气象服务设施、农业生产动力设施、农田灌溉和防洪等设施完备，技术先进。

（3）农田建设工程标准体系建议。根据《全国高标准农田建设规划（2021—2030 年)》和《高标准农田建设通则》（GB/T 30600—2022）总体目标要求，参照国际农田建设标准化的先进经验，以当前我国农田建设发展现状和实际需求为出发点，按照标准体系构建原则和要求，探索构建内容科学、结构合理的农田建设工程标准体系框架（图 5-4），并确定其标准体系主要建设内容。

综合通用标准。主要包括相关术语与符号、分类与编码、规划设计、投

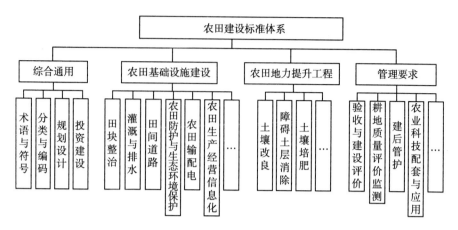

图 5-4　农田建设工程标准体系框架示意图

资建设等方面标准的制修订工作。

农田基础设施建设标准。结合各地实际，按照不同区域特点，开展田块整治、灌溉与排水、田间道路、农田防护与生态环境保护、农田输配电、农田生产经营信息化等标准的制修订工作。

农田地力提升标准。按照工程类型、特征及内部联系，开展土壤改良、障碍土层消除、土壤培肥等标准的制修订工作。

管理要求标准。结合农田"建设、运行维护、监管"等实施环节要求，主要开展农田验收与建设评价、耕地质量评价监测、建后管护、农业科技配套与应用等标准的制修订工作。

2. 人居环境提升工程标准化对象分析

"人居环境"的概念可以追溯到希腊学者道萨迪亚斯最早提出的"人类聚居学"理论。吴良镛将人居环境定义为"是人类聚居生活的地方，是与人类生存活动密切相关的地表空间，它是人类在大自然中赖以生存的基地，是人类利用自然、改造自然的主要场所"。自党的十九大提出乡村振兴战略以来，针对农村人居环境改善，中共中央出台《农村人居环境整治三年行动方案》、《农村人居环境整治提升五年行动方案（2021—2025 年)》等系列方针政策，各地方也制定了相应配套落实方案，为农村人居环境整治提供了制度保障与政策指导。

（1）我国人居环境建设标准化体系的现状。2021 年 1 月 19 日，市场监管总局、生态环境部、住房城乡建设部、水利部、农业农村部、国家卫生健康委、林草局等七部门印发《关于推动农村人居环境标准体系建设的指导意见》（以下简称《指导意见》），要求加快建立健全以农村厕所建设改造、农村生活垃圾和生活污水处理、农村村容村貌提升为重点的农村人居环境标准体系。《指导意见》根据农村人居环境发展现状和实际需求，构建出一套三个层级的农村人居环境标准体系，其中第一层级涵盖综合通用、农村厕所、农村生活垃圾、农村生活污水、农村村容村貌等内容。同时，通过对人居环境现行国家标准、行业标准以及地方标准进行分类检索（查询关键词：农房、户厕、生活垃圾、生活污水、美丽乡村、农村环卫等），据不完全统计，目前专门针对农房、农村厕所、农村生活污水、农村生活垃圾和农村村容村貌领域的国家标准与行业标准有42项、地方标准有219项。

（2）欧盟人居环境建设标准化的现状。欧盟农村人居环境建设坚持"尊重自然、顺其自然"的原则，保护自然生态环境的完整性和持续性，实现人居环境要素的有机统一。乡村建设兼顾农业经济发展与环境保护效益，营造农村地区绿色开放空间，打造欧盟乡村社区绿色网络。同时，普及集中化雨水排放系统、家庭化粪池和污水处理系统，农村住宅多以木结构为主，道路用沙石材料铺设，可保护植物生长环境，营造一个宜居、协调的农村人居环境。在建设标准上，欧盟人居环境建设的标准不仅涉及人工的建筑环境，还把视作本底的乡村自然生态系统并入人居环境建筑之中加以综合研究。其关注点也不仅着眼于物质空间形态，而是涵盖了自然、环境、经济、社会等诸多方面。在营造良好的人居环境之余，致力于提供更好的增加乡村居民经济收入的方式、减少对生态负面影响的实用技术、保护和发扬源远流长的地方传统文化和聚落文明。

（3）人居环境提升工程标准体系建议。根据《乡村建设行动实施方案》、《农村人居环境整治提升五年行动方案（2021—2025年）》等文件要求，本书的人居环境提升工程包括农房、农村厕所、农村生活污水、农村生活垃圾、农村村容村貌等建设内容。按照标准体系构建原则和要求，构建内容科学、结构合理的人居环境工程标准体系框架（图5-5）。体系分为两个层级，第一层级包括综合通用、农房、农村厕所、农村生活污水、农村生活垃圾、农村村容村貌标准子体系，第二层级由第一层级展开。

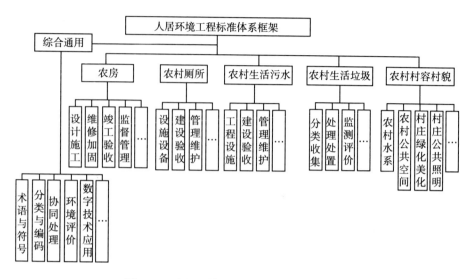

图 5-5　人居环境工程标准体系框架示意图

综合通用标准。开展农村人居环境整治相关术语与符号、分类与编码、协同处理、环境评价、数字技术应用等方面标准的制修订。

农房标准。在设计施工标准上，开展农房设计、建设施工、质量安全等方面标准制修订；在维修加固标准上，开展农房鉴定、维护改造、质量安全等方面标准制修订；在竣工验收标准上，加快编制农房竣工验收技术规范、技术标准等；在监督管理标准上，加快编制农房建设选址、外观风貌等方面技术指南和农房建设监督管理规范性文件等。

农村厕所标准。在设施设备标准上，开展化（贮）粪池、厕屋及附属设施等方面标准制修订；在建设验收标准上，推进农村水冲式卫生厕所、非水冲式卫生厕所、粪污处理中心等方面标准制修订；在管理维护标准上，重点开展农村厕所运行维护、监测评估、粪污处理和资源化利用等方面标准制修订等。

农村生活污水标准。在工程设施标准上，主要开展农村分散式生活污水处理工程设施、农村小型一体化生活污水处理设施等标准制修订；在建设验收标准上，开展农村生活污水处理建设施工、竣工验收等方面的标准制修订；在管理管护标准上，开展农村生活污水资源化利用等方面的标准制修订。

农村生活垃圾标准。在分类收集标准上，开展农村生活垃圾分类收集场所建设、管理等方面标准制修订；在处理处置标准上，开展农村生活垃圾处理设施建设、运行维护、资源化利用等方面标准制修订；在监测评价标准上，开展农村生活垃圾治理监测方法、效果评价等方面标准制修订。

农村村容村貌标准。在农村水系标准上，开展农村河道、坑塘沟渠等的整治、改造、管护等方面标准制修订；在村庄绿化标准上，开展村庄绿化规划设计、养护等方面标准制修订；在村庄公共照明标准上，开展村庄公共照明规划设计、建设施工、管理维护等方面标准制修订；在农村公共空间标准上，开展农村公共活动场所等方面标准制修订。

参考文献

财政部．关于进一步做好国家级田园综合体建设试点工作的通知［A/OL］．（2021－5－8）［2022－10－31］．http://nys.mof.gov.cn/czpjZhengCeFaBu _ 2 _ 2/202105/t20210528 _ 3710512.htm.

财政部．关于做好2017年田园综合体试点工作的意见［A/OL］．（2017－6－1）［2022－10－31］．http://nys.mof.gov.cn/czpjZhengCeFaBu _ 2 _ 2/201706/t20170619 _ 2626547.htm.

曹开．对农村水利工程特点与监督研究［J］．绿色环保建材，2018（8）：229－230.

岑柳霖．农村水利灌溉工程施工技术和应用分析［J］．中国新技术新产品，2020（1）：92－93.

陈文捷，吉洁．基于推拉理论的我国乡村旅游标准化建设研究［J］．安徽行政学院学报，2022（1）：60－64.

陈五湖，蒋乃华．日本农田改良的主要路径、基本经验以及对我国高标准农田建设的启示［J］．农村经济，2022（3）：137－143.

傅泽田，张海瑜，张鹏，马云飞．乡村振兴与农业工程学科创新［J］．中国农业文摘-农业工程，2022，34（2）：3－8.

国家市场监督管理总局．"十四五"推动高质量发展的国家标准体系建设规划［A/OL］．（2021－12－14）［2022－10－31］．https://gkml.samr.gov.cn/nsjg/bzjss/202112/t20211214 _ 338077.html.

国家市场监督管理总局，等．关于推动农村人居环境标准体系建设的指导意见［A/OL］．（2021－12－7）［2022－10－31］．http://www.moa.gov.cn/gk/zcfg/xzfg/202112/t20211207 _ 6383990.htm.

国务院.“十四五”推进农业农村现代化规划［A/OL］.（2021－11－12）［2022－10－31］. http：//www.gov.cn/zhengce/zhengceku/2022－02/11/content_5673082.htm.

韩立业.设施农业工程与农业现代化建设的思考［J］.农业技术与装备，2021（10）：113－114.

韩杨，陈雨生，陈志敏.中国高标准农田建设进展与政策完善建议［J］.农村经济，2022（5）：20－29.

何金坤.农村饮水安全工程建后管理模式研究［D］.合肥：安徽建筑大学，2022.

胡利军.新时期农村饮水安全工程建设管理探索［J］.黄河水利职业技术学院学报，2022，34（1）：33－35.

教育部.普通高等学校本科专业目录（2012年）［EB/OL］.［2022－10－31］. http：//www.moe.gov.cn/srcsite/A08/moe_1034/s3882/201209/t20120918_143152.html.

教育部.普通高等学校本科专业目录（2020年）［EB/OL］.［2022－10－31］. http：//www.moe.gov.cn/srcsite/A08/moe_1034/s4930/202003/W020200303365403079451.pdf.

教育部.学位授予和人才培养学科目录（2011年）［EB/OL］.［2022－10－31］. http：//www.moe.gov.cn/srcsite/A22/moe_833/201103/t20110308_116439.html.

金燕芳.标准化理论体系构建方案探讨［J］.标准化研究，2005（12）：11－12.

邝兵.标准化战略的理论与实践研究［D］.武汉：武汉大学，2011.

李小凤，肖帅，刘希艳，沙品洁，吴文钢.我国农村人居环境标准体系现状［J］.中国标准化，2022（5）：154－158.

李亚军.农村水利工程管理存在的问题及改进措施［J］.农业科技与信息，2020（8）：102－103.

刘朝.农田水利工程在生态农业思路下的设计［J］.工程技术研究，2018（12）：129－130.

刘加平，何知衡.新时期建筑学学科发展的若干问题［J］.西安建筑科技大学学报（自然科学版），2018（2）：1－4.

刘泉，陈宇.我国农村人居环境建设的标准体系研究［J］.城市发展研究，2018，25（11）：30－36.

毛俊杰.农业工程技术在农业现代化中的作用［J］.农业工程技术，2018，38（32）：79.

农业农村部，等.“十四五”全国农业绿色发展规划［A/OL］.（2021－9－9）［2022－10－31］. http：//www.gov.cn/xinwen/2021－09/09/content_5636345.htm.

农业农村部.“十四五”全国畜牧兽医行业发展规划［A/OL］.（2021－12－14）［2022－10－31］. http：//www.gov.cn/zhengce/zhengceku/2021－12/22/content_5663947.htm.

农业农村部."十四五"全国种植业发展规划[A/OL].(2021-12-29)[2022-10-31].
　　http://www.moa.gov.cn/govpublic/ZZYGLS/202201/t20220113_6386808.htm.

农业农村部.全国高标准农田建设规划(2021—2030年)[A/OL].(2021-9-16)[2022-
　　10-31].http://www.ntjss.moa.gov.cn/zcfb/202109/t20210915_6376511.htm.

农业农村部.数字农业农村发展规划(2019—2025年)[A/OL].(2020-1-20)[2022-
　　10-31].http://www.moa.gov.cn/govpublic/FZJHS/202001/t20200120_6336316.htm.

石彦琴,赵跃龙,霍剑波,孙荣.美国农业工程建设标准化概述[J].世界农业,2013
　　(11):137-157.

史豪.农业标准化理论与实践研究[D].武汉:华中农业大学,2004.

史磊,郑珊."乡村振兴"战略下的农村人居环境建设机制:欧盟实践经验及启示[J].
　　环境保护,2018,46(10):66-70.

宋琦,杨国峰.JTG 2111—2019《小交通量农村公路工程技术标准》编制要点研究[J].
　　中外公路,2019,39(4):279-282.

汪玉芳.农村小型水利工程管理策略[J].乡村科技,2021,12(14):123-124.

王明阳.农村农田水利灌溉工程管理中存在的问题及对策[J].江西农业,2019
　　(10):52.

王平.国内外标准化理论研究及对比分析报告[J].中国标准化,2012(5):39-50.

王艳青.济南市现代农业工程建设现状、问题与优化措施[J].农业工程技术,2021,
　　41(20):14-15.

吴良镛.人居环境科学导论[M].北京:中国建筑工业出版社,2001.

吴永伟.简述加快我国设施农业工程建设的措施[J].农业技术与装备,2020(7):57-58.

徐丽丽,赵跃龙,李树君,李纪岳,刘思.美国ASABE农业工程建设标准化管理体制
　　及其对我国的启示[J].农业经济与信息技术,2013,19(11):31-36.

严晓波.农村生活污水处理工程设计浅议[J].城市道桥与防洪,2019(7):171-
　　173,22.

张成.关于农村供水工程可持续运行管理的探讨[J].内蒙古水利,2020(3):74-75.

张峰.发展农村自来水高效现代化节水灌溉工程应注意的问题[J].城市建设理论研究
　　(电子版),2018(2):182-183.

张建强.农村供水工程管理与维护的分析[J].农村实用技术,2021(11):116-117.

张乐吉.浅析设施农业工程技术分类方法[J].南方农业,2021,15(17):189-191.

张晓刚.国际标准化趋势与中国制造高质量发展[J].工程建设标准化,2022(9):10-14.

赵万民,赵民,毛其智.关于"城乡规划学"作为一级学科建设的学术思考[J].城市

规划，2010，34（6）：46-54.

赵跃龙，等．乡村振兴中的农业工程建设标准化［M］．北京：中国农业出版社，2018.

中共中央，国务院．国家标准化发展纲要［A/OL］．（2021-10-10）［2022-10-31］．
http：//www.gov.cn/zhengce/2021-10/10/content_5641727.htm.

中共中央，国务院．乡村振兴战略规划（2018—2022年）［A/OL］．（2018-9-26）
［2022-10-31］．http：//www.gov.cn/zhengce/2018-09/26/content_5325534.htm.

中共中央办公厅，国务院办公厅．农村人居环境整治三年行动方案［A/OL］．（2018-2-5）
［2022-10-31］．http：//www.gov.cn/zhengce/2018-02/05/content_5264056.htm.

中共中央办公厅，国务院办公厅．乡村建设行动实施方案［A/OL］．（2022-5-23）
［2022-10-31］．http：//www.gov.cn/gongbao/content/2022/content_5695035.htm.

中华人民共和国农业农村部．GB/T30600—2022高标准农田建设通则［S］．2022，3.

附表

附表 1 农业农村工程相关国家标准

序号	标准号	标准名称	归口/批准/发布部门	内容	适用领域
1	GB 7959—2012	粪便无害化卫生要求	卫生部	规定了粪便无害化处理卫生质量的监测检验方法；适用于城乡户厕、粪便处理厂（场）和小型粪便无害化处理设施处理效果的监督检测和卫生学评价	农村生活与环境
2	GB 11607—1989	渔业水质标准	农业部渔政渔港监督管理局	规定了渔业水质要求、渔业水质保护、标准实施、水质监测；适用于鱼虾类的产卵场、索饵场、越冬场、洄游通道和水产增养殖区等海、淡水的渔业水域	渔业
3	GB 14881—2013	食品安全国家标准 食品生产通用卫生规范	国家卫生和计划生育委员会	规定了食品生产过程中原料采购、加工、包装、贮存和运输等环节的场所、设施、人员的基本要求和管理准则；适用于各类食品的生产，如确有必要制定某类食品生产的专项卫生规范，应以本标准作为基础	乡村产业
4	GB 18055—2012	村镇规划卫生规范	卫生部	规定了村镇规划和村镇环境卫生基础设施建设的基本要求；适用于村镇的新建、改建、扩建现有村镇规划的卫生学评价	农村生活与环境
5	GB 19379—2012	农村户厕卫生规范	卫生部和全国爱国卫生运动委员会	规定了农村户厕卫生要求及卫生评价方法；农村户厕的规划、设计、建筑、管理和卫生监督、监测	农村生活与环境

（续）

序号	标准号	标准名称	归口/批准/发布部门	内容	适用领域
6	GB 37487—2019	公共场所卫生管理规范	国家卫生健康委员会	规定了公共场所基本卫生要求、卫生管理环节的基本要求和准则；适用于宾馆、招待所、旅店、旅馆、公共浴室、理发店、美容店（室）、舞厅、音乐厅、影剧院、录像场（馆）、游艺厅、展览馆（馆）、候诊室、图书馆、美术馆、商场（店）、书店、候车、博物馆、室与公共交通工具等公共场所可参照使用	乡村产业
7	GB 37488—2019	公共场所卫生指标及限值要求	国家卫生健康委员会	规定了公共场所物理因素、室内空气质量、生活饮用水、游泳池水、沐浴水，集中空调通风系统和公共用品用具的卫生要求；适用于宾馆、招待所、公共浴室、理发店、美容店、舞厅（室）、音乐厅、影剧院、录像场（馆）、游艺厅、展览馆、博物馆、美术馆、图书馆、商场（店）、书店、候诊室、候车（机、船）、室等公共场所，其他公共场所也可参照使用	乡村产业
8	GB 37489.1—2019	公共场所设计规范 第1部分：总则	国家卫生健康委员会	规定了新建、改建、扩建公共场所的基本要求及选址、总体布局与功能分区、单体、暖通空调、给水排水、采光照明、病媒生物防治的通用设计卫生要求；适用于宾馆、旅店、招待所、公共浴室、理发店、美容店、音乐厅（室）、舞厅、影剧院、录像场（店）、游艺厅、体育馆、商场、旅馆、录像馆、展览馆、美术馆、图书馆、游泳场（馆）、候诊室、候车（机、船）、室等公共场所，其他公共场所可参照使用	乡村产业

（续）

序号	标准号	标准名称	归口/批准/发布部门	内容	适用领域
9	GB 37489.2—2019	公共场所设计卫生规范 第2部分：住宿场所	国家卫生健康委员会	规定了新建、扩建、改建住宿场所的基本要求及总体布局与功能分区、单体、通风、采光照明的设计卫生要求；适用于宾馆、旅店、招待所，其他住宿场所可参照使用；不适用于民宿	乡村产业
10	GB 50039—2010	农村防火规范	住房和城乡建设部	为了预防农村火灾的发生、减少火灾危害，保护人身和财产安全而制定；规定了总则、术语、规划布局、建筑物、消防设施、火灾危险源控制；适用于农村消防规划、农村新建、扩建和改建建筑的防火设计、农村既有建筑的防火改造、农村消防安全管理	农村生活与环境
11	GB 50072—2021	冷库设计标准	住房和城乡建设部	为规范和统一冷库设计，指导冷库设计、满足食品冷藏技术和卫生要求，达到经济合理、节能环保、安全可靠的目的而制定；规定了总则、术语、基本规定、建筑、结构、制冷、电气、给水排水、供暖、通风、空调和地面防冻；适用于采用氨、卤代烃及其混合物、二氧化碳为制冷剂的亚临界压缩式制冷系统和采用二氧化碳、盐水等为载冷剂的间接制冷系统的新建、扩建和改建食品冷库	乡村产业
12	GB 50188—2007	镇规划标准	住房和城乡建设部	为了科学地编制镇规划，加强规划建设和组织管理，创造良好的劳动和生活条件，促进城乡经济、社会和环境的协调发展而制定；规定了总则、术语、镇村体系和人口预测、用地分类和计算、规划建设用地标准、居住用地规划、公共设施用地规划、生产设施和仓储用地规划、道路交通规划、公用工程设施规划、防灾减灾规划、环境规划、历史文化保护规划、规划制图；适用于全国县级人民政府驻地以外的镇规划、乡规划可按本标准执行	公用

（续）

序号	标准号	标准名称	归口/批准/发布部门	内容	适用领域
13	GB 50265—2010	泵站设计规范	住房和城乡建设部	为统一泵站设计标准，保证泵站设计质量，使泵站工程技术先进、安全可靠、经济合理、运行管理方便而制定；规定了总则，站址选择，总体布置，水力机械及辅助设备，电气，进出水建筑物，泵房，其它型式泵站，安全监测等；适用于新建、扩建与改建的大、中型供、排水泵站的设计	公用
14	GB 50288—2018	灌溉与排水工程设计标准	住房和城乡建设部	规定了总则，术语，工程等级与设计标准，总体设计，水源工程，灌溉渠（管）道，排水沟（管）道，渠系建筑物，渡槽，倒虹吸，涵洞，跌水与陡坡，排洪建筑物，水闸，隧洞，农桥，田间工程，监测，灌区信息化，管理设施；适用于新建、扩建和改建的灌溉与排水工程设计	种植业
15	GB 50317—2009	猪屠宰与分割车间设计规范	住房和城乡建设部	为加强生猪屠宰与分割车间的管理水平，规范猪屠宰与分割车间而制定；规定了总则，术语，厂址选择和总平面布置，建筑，屠宰与分割工艺，屠宰工艺，分割工艺，给水排水，采暖通风与空气调节，电气，确保猪肉的产品质量，兽医卫生检验，适用于新建、扩建和改建的猪屠宰厂工程的猪屠宰与分割车间设计	畜牧业
16	GB 50320—2014	粮食平房仓设计规范	住房和城乡建设部	为在粮食平房仓设计中贯彻国家技术经济政策，做到符合存粮要求，作业合理，安全可靠，术语和符号，节能环保，节约用地，技术先进，经济合理而制定；规定了总则，工艺，建筑设计，作用与作用组合，结构设计，电气，消防设施，粮情测控系统等；适用于储存原粮及成品粮的平房仓设计	种植业

（续）

序号	标准号	标准名称	归口/批准/发布部门	内容	适用领域
17	GB 50322—2011	粮食钢板筒仓设计规范	住房和城乡建设部	为总结中国粮食钢板仓建设经验，使粮食钢板筒仓设计做到安全可靠、技术先进、经济合理而制定；规定了总则、术语和符号、基本规定、荷载与荷载效应组合、结构设计、构造、工艺设计、电气、消防等；适用于平面形状为圆形、中心对称、卸料的粮食钢板筒仓的设计	种植业
18	GB 50952—2013	农村民居雷电防护工程技术规范	住房和城乡建设部	为使农村居民防雷电设计和施工因地制宜地制定；防止或减少农村居民所发生的人身伤亡和财产损失，做到安全可靠、技术先进、经济合理而制定；规定了总则、基本规定、设计要求、施工要求；适用于新建、扩建和改建农村居民的防雷工程设计和施工	农村生活与环境
19	GB 51018—2014	水土保持工程设计规范	住房和城乡建设部	为统一水土保持工程设计要求，发挥水土保持工程综合效益，保证设计质量和工程安全，水土流失综合治理而制定；规定了总则、术语、基本规定、水土流失综合治理工程总体布局、工程级别划分和设计标准、梯田工程、淤地坝工程、拦砂坝工程、塘坝和滚水坝、支毛沟治理工程、坡面截排水工程、弃渣场及拦挡工程、土地整治工程、支毛沟治理工程、封育工程、林草工程、小型蓄水工程等；适用于水土流失综合治理工程中的梯田、淤地坝、拦沙坝、塘坝、滚水坝、支毛沟治理、小型蓄水工程、引水拦沙造地、沟道滩岸防护、坡面截排水引洪漫地、农业耕作，以及生产建设项目中的弃渣拦挡、土地整治、封育工程、防风固沙、截排水、小型蓄水工程及植被恢复与建设工程设计	种植业

（续）

序号	标准号	标准名称	归口/批准/发布部门	内容	适用领域
20	GB 51219—2017	禽类屠宰与分割车间设计规范	住房和城乡建设部	为提高禽类屠宰与分割车间的设计水平，满足食品加工安全与卫生的要求而制定；规定了总则、术语、厂址选择和总平面布置、建筑、结构、给水排水、屠宰工艺与分割工艺、供暖通风与空气调节、电气、兽医卫生检验、制冷工艺，适用于新建、扩建和改建的鸡、鸭、鹅等家禽类屠宰与分割车间的设计	畜牧业
21	GB 51225—2017	牛羊屠宰与分割车间设计规范	住房和城乡建设部	为提高牛羊屠宰与分割车间的设计水平，满足食品加工安全与卫生的要求而制定；规定了总则、术语、屠宰与分割、平面布置、建筑、结构、给水排水、供暖通风与空气调节、电气、兽医卫生检验、制冷工艺，适用于新建、扩建和改建的牛羊屠宰与分割车间的设计	畜牧业
22	GB 51287—2018	煤炭工业露天矿土地复垦工程设计标准	住房和城乡建设部	为贯彻执行国家土地复垦相关法律、法规和方针、政策，促进煤炭工业节约、集约利用土地与绿色发展而制定；规定了总则、术语、基本规定、规范露天煤矿土地复垦对象与措施、土壤重构工程、配套工程、植被重建工程，适用于新建、改建、扩建露天煤矿土地复垦规划与土地复垦工程设计	生态与自然保护
23	GB 51411—2020	金属矿山土地复垦工程设计标准	住房和城乡建设部	为贯彻执行国家土地复垦相关法律、法规和方针、政策，统一金属矿山土地复垦工程设计，节约、集约利用土地与绿色发展而制定；规定了总则、术语、基本规定、土壤重构工程、植被重建工程、配套工程、监测与管护工程，适用于金属矿山土地复垦项目工程设计，不适用于铀矿	生态与自然保护

序号	标准号	标准名称	归口/批准/发布部门	内容	适用领域
					（续）
24	GB 51440—2021	冷库施工及验收标准	住房和城乡建设部	为使冷库施工及验收技术和卫生水平满足食品冷冻冷藏安全、确保工程质量和安全，提高经济效益而制定。规定了总则、术语、基本规定、土建工程、设备工程、制冷工程；适用于氨、卤代烃及其混合物、二氧化碳为制冷剂的亚临界直接式制冷系统和采用二氧化碳、盐水等为载冷剂的间接式制冷系统的新建、扩建、改建食品冷库施工及验收	乡村产业
25	GB 55027—2022	城乡排水工程项目规范	住房和城乡建设部	为推进生态文明建设和可持续发展，贯彻海绵城市建设理念、改善水环境、保障排水安全、促进水资源利用而制定。规定了总则、基本规定、雨水系统、污水系统；城乡排水工程必须执行	农村生活与环境
26	GB/T 4750—2016	户用沼气池设计规范	全国沼气标准化技术委员会（SCA/TC 515）	规定了户用沼气池的设计规范及必要配套设施的设计要求。适用于混凝土、砖混、工程塑料及玻璃纤维增强塑料等材料户用沼气池的生产	农村能源与资源
27	GB/T 4751—2016	户用沼气池质量检查验收规范	全国沼气标准化技术委员会（SCA/TC 515）	规定了户用沼气池选用混凝土材料建造以及混凝土建筑土预制板、钢筋混凝土现浇、工程塑料及玻璃纤维增强塑料施工的内容、方法及要求。适用于按GB/T4750设计和GB/T4752建设施工的沼气池质量检查验收	农村能源与资源
28	GB/T 4752—2016	户用沼气池施工操作规程	全国沼气标准化技术委员会（SCA/TC 515）	规定了户用沼气池的建池选址、建池材料质量要求，土方工程、施工工艺、沼气密封层施工等技术要求和总体验收。适用于按GB/T 4750设计的各类沼气池的施工	农村能源与资源

（续）

序号	标准号	标准名称	归口/批准/发布部门	内容	适用领域
29	GB/T 7415—2008	农作物种子贮藏	全国农作物种子标准化技术委员会	规定了农作物种子贮藏的技术要求；适用于农作物种子的贮藏，不适用于以块根、芽苗等为繁殖材料的贮藏	种植业
30	GB/T 9981—2012	农村住宅卫生规范	卫生部	规定了农村住宅设计和建设的卫生标准值；适用于农村住宅设计和有关措施；也适用于建造的统一规划设计和新建、改建、扩建设；个人建造的住宅参照执行；也适用于已建成农村住宅的卫生学评价	农村生活与环境
31	GB/T 11730—1989	农村生活饮用水量卫生标准	中国预防医学科学院环境卫生监测所	规定了农村生活饮用水量卫生标准；适用于县镇以下的农村自来水的设计与建设	农村生活与环境
32	GB/T 15695—2014	水电新农村电气化验收规程	水利部	规定了一般规定、验收依据、验收内容与要求、验收程序与方法、验收报告等；适用于水电新农村电气化县（市、区、旗）的验收	公用
33	GB/T 17824.1—2008	规模猪场建设	全国畜牧业标准化技术委员会	规定了规模猪场的饲养工艺、建设面积、场址选择、布局、建设要求、水电供应以及设备等技术要求；适用于规模猪场的新建、改建和扩建，其他类型猪场建设亦可参照执行	畜牧业
34	GB/T 17824.3—2008	规模猪场环境参数及环境管理	全国畜牧业标准化技术委员会	规定了规模猪场的场区环境和猪舍环境的相关参数及管理要求；适用于规模猪场的环境卫生管理，其他类型猪场亦可参照执行	畜牧业

（续）

序号	标准号	标准名称	归口/批准/发布部门	内容	适用领域
35	GB/T 19220—2003	绿色批发市场	国家经济贸易委员会	规定了农副产品绿色批发市场管理使用的术语和应遵循的原则，以及对农副产品绿色批发市场地环境、设施设备、商品质量、商品管理、交易管理、市场管理、市场信用的要求；适用于综合农副产品批发市场和蔬菜、水果、肉禽蛋及水产品等专业农副产品批发市场	乡村产业
36	GB/T 19221—2003	绿色零售市场	国家经济贸易委员会	规定了农副产品绿色零售市场管理使用的术语和遵循的原则，以及对农副产品绿色零售市场地环境、设施设备、商品质量、商品管理、现场食品加工、定牌食品生产、市场信用的要求；适用于经营农副产品的零售场所	乡村产业
37	GB/T 19231—2003	土地基本术语	国土资源部国际合作与科技司	规定了土地科学和土地管理工作中的土地基本术语；适用于土地科学研究、教学和土地管理工作等领域	公用
38	GB/T 19575—2004	农产品批发市场管理技术规范	商务部、农业部	规定了农产品批发市场的经营环境、经营设施设备和经营管理的技术要求；适用于农产品批发市场，也适用于包含农产品批发交易中的其他类型的批发市场，大宗农产品电子交易市场除外	乡村产业
39	GB/T 19791—2005	温室防虫网设计安装规范	全国农业机械标准化技术委员会	规定了温室防虫网的选择、设计安装方法、防虫网用维护，为温室设计者、制造者、供应者和温室使用者提供技术依据；适用于温室防虫网编织网	种植业
40	GB/T 19838—2005	水产品危害分析与关键控制点（HACCP）体系及其应用指南	国家认证认可监督管理委员会	提出了水产品加工企业（以下简称企业）HACCP体系的基本要求，实施和保持方法，适用于水产品加工企业HACCP体系的建立、实施和管理，也可作为外部验证的技术依据	渔业

（续）

序号	标准号	标准名称	归口/批准/发布部门	内容	适用领域
41	GB/T 20014.5—2013	良好农业规范 第5部分：水果和蔬菜控制点与符合性规范	中国国家认证认可监督管理委员会	规定了水果和蔬菜生产良好农业规范的要求；适用于对水果和蔬菜生产良好农业规范的符合性判定	种植业
42	GB/T 20014.6—2013	良好农业规范 第6部分：畜禽基础控制点与符合性规范	中国国家认证认可监督管理委员会	规定了畜禽生产良好农业规范的基础要求；适用于对畜禽生产良好农业规范基础要求的符合性判定	畜牧业
43	GB/T 20014.7—2013	良好农业规范 第7部分：牛羊控制点与符合性规范	中国国家认证认可监督管理委员会	规定了牛羊生产良好农业规范的要求；适用于对养牛羊生产良好农业规范的符合性判定	畜牧业
44	GB/T 20014.8—2013	良好农业规范 第8部分：奶牛控制点与符合性规范	中国国家认证认可监督管理委员会	规定了奶牛生产良好农业规范的要求；适用于对奶牛生产良好农业规范的符合性判定	畜牧业
45	GB/T 20014.9—2013	良好农业规范 第9部分：猪控制点与符合性规范	中国国家认证认可监督管理委员会	规定了养猪生产良好农业规范的要求；适用于对养猪生产良好农业规范的符合性判定	畜牧业
46	GB/T 20014.10—2013	良好农业规范 第10部分：家禽控制点与符合性规范	中国国家认证认可监督管理委员会	规定了家禽生产良好农业规范的要求；适用于对家禽生产良好农业规范的符合性判定	畜牧业

（续）

序号	标准号	标准名称	归口/批准/发布部门	内容	适用领域
47	GB/T 20014.11—2005	良好农业规范 第11部分：畜禽公路运输控制点与符合性规范	中国国家认证认可监督管理委员会	规定了畜禽公路运输良好农业规范的要求；适用于畜禽公路运输良好农业规范的符合性判定	畜牧业
48	GB/T 20014.12—2013	良好农业规范 第12部分：茶叶控制点与符合性规范	中国国家认证认可监督管理委员会	规定了茶叶良好农业规范的要求，包括了茶树种植和茶叶初制加工的全过程控制；适用于对茶叶良好农业规范的符合性判定，适用于所有茶类	种植业
49	GB/T 20014.13—2013	良好农业规范 第13部分：水产养殖基础控制点与符合性规范	中国国家认证认可监督管理委员会	规定了水产养殖良好农业规范的基础要求；适用于对水产养殖良好农业规范基础要求的符合性判定	渔业
50	GB/T 20014.14—2013	良好农业规范 第14部分：水产池塘养殖控制点与符合性规范	中国国家认证认可监督管理委员会	规定了水产池塘养殖良好农业规范的基础要求；适用于对水产池塘养殖良好农业规范基础要求的符合性判定	渔业
51	GB/T 20014.15—2013	良好农业规范 第15部分：水产工厂化养殖控制点与符合性规范	中国国家认证认可监督管理委员会	规定了工厂化养殖良好农业规范的基础要求；适用于对工厂化养殖良好农业规范基础要求的符合性判定	渔业
52	GB/T 20014.16—2013	良好农业规范 第16部分：水产网箱养殖基础控制点与符合性规范	中国国家认证认可监督管理委员会	规定了网箱养殖良好农业规范的基础要求；适用于对水产动物网箱养殖良好农业规范基础要求的符合性判定	渔业

（续）

序号	标准号	标准名称	归口/批准/发布部门	内容	适用领域
53	GB/T 20014.17—2013	良好农业规范 第17部分：水产 围栏养殖基础控制点与符合性规范	中国国家认证认可监督管理委员会	规定了围栏养殖良好农业规范的基础要求；适用于水产品围栏养殖良好农业规范基础要求的符合性判定	渔业
54	GB/T 20014.18—2013	良好农业规范 第18部分：水产 滩涂、吊养、底播 养殖基础控制点与符合性规范	中国国家认证认可监督管理委员会	规定了滩涂、吊养、底播养殖的良好农业规范基础要求；适用于对滩涂、吊养、底播养殖良好农业规范基本要求的符合性判定	渔业
55	GB/T 20014.19—2008	良好农业规范 第19部分：罗非 鱼池塘养殖控制点与符合性规范	中国国家认证认可监督管理委员会	规定了罗非鱼池塘养殖良好农业规范的要求；适用于罗非鱼池塘养殖良好农业规范要求的符合性判定；其他相似鱼类池塘养殖可参照执行	渔业
56	GB/T 20014.20—2008	良好农业规范 第20部分：鳗鲡 池塘养殖控制点与符合性规范	中国国家认证认可监督管理委员会	规定了鳗鲡池塘养殖良好农业规范的要求；适用于对鳗鲡池塘养殖良好农业规范要求的符合性判定	渔业
57	GB/T 20014.21—2008	良好农业规范 第21部分：对虾 池塘养殖控制点与符合性规范	中国国家认证认可监督管理委员会	规定了对虾池塘养殖良好农业规范的要求；适用于对虾池塘养殖良好农业规范要求的符合性判定、其他虾类池塘养殖参照本部分执行	渔业

（续）

序号	标准号	标准名称	归口/批准/发布部门	内容	适用领域
58	GB/T 20014.22—2008	良好农业规范 第22部分：鲆鲽工厂化养殖控制点与符合性规范	中国国家认证认可监督管理委员会	规定了鲆、鲽类工厂化养殖良好农业规范的要求；适用于鲆、鲽工厂化养殖良好农业规范要求的符合性判定，其他相似鱼类可参照执行	渔业
59	GB/T 20014.23—2008	良好农业规范 第23部分：大黄鱼网箱养殖控制点与符合性规范	中国国家认证认可监督管理委员会	规定了大黄鱼网箱养殖良好农业规范的要求；适用于大黄鱼网箱养殖良好农业规范要求的符合性判定	渔业
60	GB/T 20014.24—2008	良好农业规范 第24部分：中华绒螯蟹围拦养殖控制点与符合性规范	中国国家认证认可监督管理委员会	规定了中华绒螯蟹围拦养殖良好农业规范的要求；适用于中华绒螯蟹围拦养殖良好农业规范要求的符合性判定	渔业
61	GB/T 20203—2017	管道输水灌溉工程技术规范	水利部	规定了管道输水灌溉工程的规划、设计、管材与连接件、附属设备及附属建筑物、水泵选型及动力机配套、管道施工与安装、工程质量检验与评定、效益分析与经济评价等技术要求；适用于新建、扩建及改建管道输水灌溉工程的建设与管理	种植业
62	GB/T 20416—2006	自然保护区生态旅游规划技术规程	国家林业局	规定了自然保护区生态旅游规划的基本准则、生态旅游资源调查与评价、环境容量测算、生态旅游基础设施建设技术性指标和原则性要求；适用于中华人民共和国范围内除海洋类型外的自然保护区开展的生态旅游规划	乡村产业

（续）

序号	标准号	标准名称	归口/批准/发布部门	内容	适用领域
63	GB/T 20465—2006	水土保持术语	水利部国际合作与科技司	确立了水土保持科学技术范围的基本术语及定义，包括水土保持基本术语、规划设计与试验研究术语、预防监督与管理术语和综合治理术语等四部分；适用于水土保持生产、科研、教学和管理等有关领域	生态与自然保护
64	GB/T 21031—2007	节水灌溉设备现场验收规程	水利部	规定了节水灌溉设备现场验收的一般原则、管材管件和阀门、喷灌设备、微灌设备和自动控制设备现场验收；适用于水泵机组、水泥制品等设备或设施的现场验收	种植业
65	GB/T 21141—2007	防沙治沙技术规范	国家林业局	规定了术语与定义、沙化土地类型区划分、植物治沙措施、物理治沙措施、化学治沙措施、保护性耕作措施、成效调查、技术归档管理等；适用于各类沙化土地的预防与治理；除指别指明外，规定的内容均指无灌溉条件下的方法和技术要求	生态与自然保护
66	GB/T 21303—2017	灌溉渠道系统量水规范	水利部	规定了灌溉渠道系统量水的主要技术要求、主要量水设施及仪器的使用方法、要求和指标；适用于新建、扩建、改建和续建的灌溉渠道系统量水也适用于排水系统量水	种植业
67	GB/T 22103—2008	城市污水再生回灌农田安全技术规范	农业部	规定了城市再生水用于灌溉农田的水质要求、规划要求、具体使用、控制原则、监测及环境影响评价；适用于以城市再生水为水源的农田灌溉区	种植业
68	GB/T 23393—2009	设施园艺工程术语	农业部	规定了设施园艺工程的通用术语；适用于设施园艺工程及相关领域	种植业

（续）

序号	标准号	标准名称	归口/批准/发布部门	内容	适用领域
69	GB/T 24358—2019	物流中心分类与规划基本要求	全国物流标准化技术委员会（SAC/TC 269）	规定了物流中心分类、总体规划要求、以及仓库、道路、堆场、停车场、铁路专用线、专用码头、信息化平台等设施的规划要求；适用于对物流中心的界定和物流中心的规划设计	乡村产业
70	GB/T 25867—2010	根菜类冷藏和冷藏运输	中国商业联合会	规定了新鲜根菜类蔬菜的冷藏与冷藏运输的技术条件；适用于无茎的根菜类蔬菜在进行长期的冷藏或冷藏运输；不适用于带叶的根菜类蔬菜，其只能做短期贮藏	种植业
71	GB/T 25868—2010	早熟马铃薯预冷冷藏和冷藏运输指南	中国商业联合会	给出了用于直接食用或加工用的早熟马铃薯的预冷和冷藏运输的指南；适用于采后直接销售的早熟马铃薯，一般是在完全成熟前采收，且外皮易剥去	种植业
72	GB/T 25869—2010	洋葱 贮藏指南	中国商业联合会	给出了洋葱在使用或不使用人工制冷条件下的贮藏指南，目的是使其长期贮藏并在新鲜状态下销售；适用的范围参见附录A	种植业
73	GB/T 25870—2010	甜瓜 冷藏和冷藏运输	中国商业联合会	规定了甜瓜在冷藏运输前的处理、以及冷藏和冷藏运输的技术条件；适用于早、中、晚熟甜瓜的栽培品种	种植业
74	GB/T 25871—2010	结球生菜 预冷和冷藏运输指南	中国商业联合会	给出了结球生菜预冷和冷藏运输的指南；适用于结球生菜的预冷和冷藏运输	种植业
75	GB/T 25872—2010	马铃薯 通风库贮藏指南	中国商业联合会	给出了种用、食用或加工用马铃薯在通风贮藏库中的贮藏指南；给出的贮藏方法有利于种用马铃薯的生长潜力和出芽率、以及食用品质的良好、烹饪品质（如特有的香味、油炸不变色等）；贮藏方法适用于温带地区	种植业

（续）

序号	标准号	标准名称	归口/批准/发布部门	内容	适用领域
76	GB/T 25873—2010	结球甘蓝冷藏和冷藏运输指南	中国商业联合会	给出了结球甘蓝在冷藏和冷藏运输前的操作，以及冷藏和冷藏运输的指南；适用于食用的结球甘蓝	种植业
77	GB/T 26622—2011	畜禽粪便农田利用环境影响评价准则	全国畜牧业标准化技术委员会	规定了畜禽粪便农田利用对环境影响的评价程序、评价方法、评价报告的编制等要求；适用于畜禽粪便农田利用的环境影响评价	畜牧业
78	GB/T 26623—2011	畜禽舍纵向通风系统设计规程	全国畜牧业标准化技术委员会	规定了畜禽舍纵向通风系统的术语和定义及设计要求；适用于新建、改建、扩建密闭式或带有窗畜禽舍纵向通风系统的设计	畜牧业
79	GB/T 26624—2011	畜禽养殖污水贮存设施设计要求	全国畜牧业标准化技术委员会	规定了畜禽养殖污水贮存设施选址、技术参数要求等内容；适用于畜禽养殖污水贮存设施的设计	畜牧业
80	GB/T 26632—2011	粮油名词术语 粮油仓储设备与设施	全国粮油标准化技术委员会	规定了粮油仓储设备、设施的名词术语和定义；适用于粮油有关行业生产、教学、科研、加工及管理等领域	种植业
81	GB/T 27622—2011	畜禽粪便贮存设施设计要求	全国畜牧业标准化技术委员会（SAC/TC 274）	规定了畜禽场固体粪便贮存设施的选址、参数设计等方面内容；适用于畜禽场固体粪便贮存设施的设计	畜牧业

（续）

序号	标准号	标准名称	归口/批准/发布部门	内容	适用领域
82	GB/T 28405—2012	农用地定级规程	全国国土资源标准化技术委员会（SAC/TC 93）	规定了农用地定级工作的总则、准备工作、确定定级指数、级别划分与校验、成果验收和应用等；适用于县级行政区内现有农用地和宜农未利用地	公用
83	GB/T 28406—2012	农用地估价规程	全国国土资源标准化技术委员会（SAC/TC 93）	规定了中国农用地估价工作的总则、估价方法、宗地估价方法以及基准地价评估方法等；适用于县级行政区内现有农用地和宜农未利用地	公用
84	GB/T 28407—2012	农用地质量分等规程	全国国土资源标准化技术委员会（SAC/TC 93）	规定了农用地质量分等工作的总则、准备工作与资料整理、外业补充调查、标准耕作制度与基准作物、划分等单元、农用地质量等级评定、建立标准样地体系以及成果编制、验收、更新归档与应用等；适用于县级行政区内现有农用地和宜农未利用地	公用
85	GB/T 28929—2012	休闲农庄服务质量规范	全国休闲标准化技术委员会（SAC/TC 498）	规定了休闲农庄规划、运营、环境、设施与服务的基本要求；适用于休闲为主要功能的各类农业园区	乡村产业
86	GB/T 29342—2012	肉制品生产管理规范	全国肉禽蛋制品标准化技术委员会（SAC/TC 399）	规定了肉制品加工的术语和定义、总则、文件要求、原料、辅料、食品添加剂和包装、厂房和设施、设备、人员的要求及管理、卫生管理、生产过程管理和标识的要求；适用于肉制品加工企业产品生产过程的质量管理	畜牧业
87	GB/T 29404—2012	灌溉用水定额编制导则	水利部	规定了术语、总则、编制流程、基本规定、分区和主要作物、数据收集、分析和校核、灌溉用水定额的确定、编制灌溉用水定额报告等；适用于指导各省（自治区、直辖市）省级以下各级机构编制灌溉用水定额，省级机构编制灌溉用水定额时可参考	种植业

（续）

序号	标准号	标准名称	归口/批准/发布部门	内容	适用领域
88	GB/T 29569—2013	桑蚕原种产地环境要求	全国桑产业标准化技术委员会(SAC/TC 437)	规定了桑蚕原种生产区域的环境要求和检测方法;适用于桑蚕原种生产基地和场所的选址、建设及产地保护	畜牧业
89	GB/T 29890—2013	粮油储藏技术规范	全国粮油标准化技术委员会(SAC/TC 270)	规定了粮油储藏的术语和定义、储存设施与设备的基本要求、粮食与油料储藏的总体要求,仓储储藏期间的粮情与品质检测,粮食与油料储藏、储藏粮有害生物控制技术;适用于粮食、油料储藏	种植业
90	GB/T 30600—2022	高标准农田建设 通则	农业农村部	确立了高标准农田建设的基本原则,规定了建设区域、农田基础设施建设和农田地力提升工程建设内容与技术要求、管理要求等;适用于高标准农田新建和改造提升活动	种植业
91	GB/T 30948—2014	泵站技术管理规程	水利部	规定了总则、技术经济指标、建筑物管理、设备运行管理、安全管理与环境保护、检修管理、信息管理等;适用于大中型泵站及安装有大中型主机组的泵站的技术管理。小型泵站的技术管理可参考	公用
92	GB/T 30949—2014	节水灌溉项目后评价规范	水利部	规定了节水灌溉项目后评价对评价组织、影响评价、目标和对过程评价、经济评价、综合评价和评价报告的内容和要求,评价资料与可持续性评价;适用于政府投资的节水灌溉项目后评价,可参照执行。其他资金来源的节水灌溉项目后评价工作	种植业
93	GB/T 30958—2014	生猪屠宰成套设备技术条件	商务部	规定了生猪屠宰企业生猪屠宰成套设备配置基本要求和三类生猪屠宰企业工艺装备基本配置要求;本标准适用于新建、扩建和技术改造不同类型的生猪屠宰企业	畜牧业

（续）

序号	标准号	标准名称	归口/批准/发布部门	内容	适用领域
94	GB/T 31172—2014	城乡休闲服务一体化导则	全国休闲标准化技术委员会（SAC/TC 498）	规定了城乡休闲服务一体化发展过程中的规划、休闲空间、交通体系、休闲服务、环境卫生、安全保障、标准化引导、服务合作等方面的基本原则和要求；适用于市、县（市）城乡休闲服务一体化规划建设的相关机构	乡村产业
95	GB/T 32000—2015	美丽乡村建设指南	中国标准化研究院	规定了美丽乡村的村庄规划和建设、生态环境、经济发展、公共服务、乡风文明、基层组织、长效管理等建设要求；适用于指导以村为单位的美丽乡村的建设	农村生活与环境/乡村产业
96	GB/T 32148—2015	家禽健康养殖规范	全国畜牧业标准化技术委员会（SAC/TC 274）	规定了家禽健康养殖过程中场址选择与布局、饲养工艺和设施设备、投入品使用、生物安全、转群和运输、废弃物处理等内容；适用于家禽的健康养殖	畜牧业
97	GB/T 32149—2015	规模猪场清洁生产技术规范	全国畜牧业标准化技术委员会（SAC/TC 274）	规定了规模猪场清洁生产的场区规划与生产区分布局、清洁生产工艺设计、舍内设备配置、节能减排及处理要求等内容；适用于规模猪场，其他类型猪场可参照执行	畜牧业
98	GB/T 33130—2016	高标准农田建设评价规范	全国国土资源标准化技术委员会（SAC/TC 93）	规定了高标准农田建设评价的目的、内容、工作程序、评价原则、方法和成果等；适用于各级行政区内高标准农田建设完成后的整体评价的评价工作；项目和地块的评价可参照执行；各部门和地方可根据实际情况制定具体实施细则	种植业
99	GB/T 34751—2017	天然草地利用单元划分	全国畜牧业标准化技术委员会（SAC/TC 274）	规定了草地利用单元划分的指标及方法；适用于天然草地的利用与管理	种植业

（续）

序号	标准号	标准名称	归口/批准/发布部门	内容	适用领域
100	GB/T 34768—2017	果蔬批发市场交易技术规范	全国农产品购销标准化技术委员会（SAC/TC 517）	规定了果蔬批发市场的交易环境、市场设施设备、交易管理、人员管理和记录管理；适用于果蔬批发市场的果蔬交易	乡村产业
101	GB/T 34769—2017	肉类批发市场交易技术规范	全国农产品购销标准化技术委员会（SAC/TC 517）	规定了肉类批发市场的交易环境、交易设施设备、交易管理、人员管理和记录管理；适用于肉类批发市场内的肉类交易	乡村产业
102	GB/T 34770—2017	水产品批发市场交易技术规范	全国农产品购销标准化技术委员会（SAC/TC 517）	规定了水产品批发市场交易环境要求、交易设施设备、交易管理、人员管理要求和记录管理；适用于专业水产品批发市场交易、农产品批发市场中的水产品交易	乡村产业
103	GB/T 34804—2017	农业社会化服务—农业信息服务组织（站点）基本要求	中国标准化研究院	规定了农业信息服务组织（站点）的建设要求、管理要求、服务要求、服务质量要求、运行及管理；适用于农业信息服务组织（站点）的建设、运行及管理	乡村产业
104	GB/T 34805—2017	农业废弃物综合利用 通用要求	中国标准化研究院	规定了农业废弃物分类、能源化和原料利用、以及综合利用总体要求，饲料化、肥料化、能源化等方面的要求；适用于农业废弃物综合利用	农村能源与资源
105	GB/T 36115—2018	精准扶贫 村级光伏电站技术导则	全国微电网与分布式电源并网标准化技术委员会（SAC/TC 564）	规定了村级光伏电站设计、施工安装、调试与验收、运行维护等方面的要求；适用于在建档立卡贫困村建设的500kW及以下的光伏电站	农村能源与资源

（续）

序号	标准号	标准名称	归口/批准/发布部门	内容	适用领域
106	GB/T 36116—2018	村镇光伏发电站集群控制系统功能要求	全国微电网与分布式电源并网标准化技术委员会（SAC/TC 564）	规定了村镇光伏发电站集群控制系统架构、功能设置、通信等方面的技术要求；适用于村镇光伏发电站集群控制系统	农村能源与资源
107	GB/T 36117—2018	村镇光伏发电站集群接入电网规划设计导则	全国微电网与分布式电源并网标准化技术委员会（SAC/TC 564）	规定了村镇光伏发电站集群接入电网规划设计的基本原则，接入系统分析和接入电压等级村镇扶贫光伏发电站集群接入电网的规划及 10 kV 及以下电压等级的规划设计	农村能源与资源
108	GB/T 36195—2018	畜禽粪便无害化处理技术规范	全国畜牧业标准化技术委员会（SAC/TC 274）	规定了畜禽粪便无害化处理的基本要求、粪便处理场选址及布局，粪便收集、贮存和运输，粪便处理及粪便处理后利用等内容；适用于畜禽养殖场所的粪便无害化处理	畜牧业
109	GB/T 36196—2018	蛋鸽饲养管理技术规程	全国畜牧业标准化技术委员会（SAC/TC 274）	规定了蛋鸽养殖的种鸽引进、场地要求、蛋鸽饲养管理、鸽蛋收集、包装、运输和储存、卫生防疫、档案记录等内容；适用于蛋鸽的饲养管理	畜牧业
110	GB/T 36210—2018	农业良种繁育与推广　种植业良种繁育基地建设及评价指南	中国标准化研究院	给出了种植业良种繁育基地的建设原则、选址条件、基地布局，建设内容和基地评价；适用于种植业良种繁育基地的建设及评价	种植业
111	GB/T 36732—2018	生态休闲养生（养老）基地建设和运营服务规范	全国服务标准化技术委员会（SAC/TC 264）	规定了生态休闲养生（养老）基地的布局，机构与人员、设施、服务、安全与质量控制与改进等要求；适用于生态休闲养生（养老）基地的建设、经营与管理等	乡村产业

（续）

序号	标准号	标准名称	归口/批准/发布部门	内容	适用领域
112	GB/T 36867—2018	粮食钢罩棚设计规范	全国粮油标准化技术委员会（SAC/TC 270）	规定了粮食钢罩棚的术语和定义、以及粮食钢罩棚设计的基本原则、内容、方法和要求；适用于临时存放原粮、成品粮的新建粮食钢罩棚设计及项目规划	种植业
113	GB/T 37066—2018	农村生活垃圾处理导则	中国标准化研究院	规定了农村生活垃圾处理的基本要求、分类投放与收集、运输、处理和运行管理；适用于农村居住区生活垃圾可参照和农村其他地区的处理执行	农村生活与环境
114	GB/T 37071—2018	农村生活污水处理导则	中国标准化研究院	规定了农村生活污水的收集、处理、排放及以上过程的运行维护和监督的相关要求；适用于规划保留的自然村、村和农村集中居住区生活污水的处理；农村其他地区可参照执行	农村生活与环境
115	GB/T 37072—2018	美丽乡村建设评价	中国标准化研究院	规定了美丽乡村建设的评价原则、评价内容、评价程序、计算方法；适用于美丽乡村建设的综合评价	农村生活与乡村产业环境
116	GB/T 37458—2019	城郊干道交通安全评价指南	全国道路交通管理标准化技术委员会（SAC/TC 576）	规定了城郊干道交通安全评价的一般规定、以及设计、交工验收、运营等阶段进行交通安全评价的基本要求、评价方法和评价内容等；适用于城郊干道交通安全评价；建设其他道路可参照执行	农村生活与乡村产业环境
117	GB/T 37515—2019	再生资源回收体系建设规范	中华全国供销合作总社	规定了再生资源回收体系建设的基本原则和目标、体系的构成、体系建设要求；适用于从事再生资源回收、加工、利用的企业	农村能源与资源

序号	标准号	标准名称	归口/批准/发布部门	内容	适用领域
118	GB/T 37802—2019	农田信息监测点选址要求和监测规范	农业农村部	规定了农田信息监测点的选址要求和监测规范；适用于以科学研究、生产管理和生产服务为目的的农田监测点的选址、布设以及农田环境信息和作物生长信息的采集等	种植业
119	GB/T 37278—2018	建立非疫产地和非疫生产点的要求	全国植物检疫标准技术委员会（SAC/TC 271）	规定了建立和使用非疫产地和非疫生产点作为风险管理的备选方案的要求；适用于对输入植物、植物产品和其他限定物的植物检疫	种植业
120	GB/T 38353—2019	农村公共厕所建设与管理规范	中国标准化研究院	规定了农村公共厕所的建设、管理维护、服务质量和持续改进要求；适用于农村地区新建及改扩建独立式公共厕所，附属式农村公共厕所可参照使用	农村生活与环境
121	GB/T 38375—2019	食品低温配送中心规划设计指南	全国物流标准化技术委员会（SAC/TC 269）	给出了食品低温配送中心规划设计的总体原则，并就规划设计、主体建筑、核心功能区、道路及动线、作业设备选用、信息化管理等提出了设计和规划参考的标准和方法；适用于食品低温配送中心的新建、改建或扩建	乡村产业
122	GB/T 38549—2020	农村（村庄）河道管理与维护规范	中国标准化研究院	规定了农村（村庄）河道管理与维护（以下简称"管护"）的总则、以及管护范围、管护人员、管护内容及要求、评价与改进、管护以及相关设施的管护。该标准适用于农村（村庄）河道以及相关公共服务中心的建设与管理	农村生活与环境
123	GB/T 38699—2020	村级公共服务中心建设与管理规范	中国标准化研究院	规定了村级公共服务中心的术语和定义、总体原则、建设要求、人员配置要求、管理要求；适用于村级公共服务中心的建设与管理	农村生活与环境

（续）

序号	标准号	标准名称	归口/批准/发布部门	内容	适用领域
124	GB/T 38836—2020	农村三格式户厕建设技术规范	农业农村部	规定了农村三格式户厕建设的基本要求、设计要求、安装与施工要求、工程质量验收要求；适用于农村三格式户厕的新建或改建	农村生活与环境
125	GB/T 38837—2020	农村三格式户厕运行维护规范	农业农村部	规定了农村三格式户厕运行维护的基本要求、使用要求、维护管理、粪污处理要求，应急处置以及管护服务等内容；适用于农村三格式户厕的运行维护	农村生活与环境
126	GB/T 38838—2020	农村集中下水道收集户厕建设技术规范	农业农村部	规定了农村集中下水道收集户厕建造的基本要求、设计要求、施工与工程质量验收要求；适用于已建和拟建污水收集管网和集中处理设施的农村地区的农村户厕；不适用于村办企业、农副产品加工及三年内有搬迁规划的农村户厕建设	农村生活与环境
127	GB/T 39000—2020	乡村民宿服务质量规范	中国标准化研究院	规定了乡村民宿的术语和定义、基本要求、设施设备、安全管理、环境卫生、服务要求、持续改进；适用于乡村民宿的服务与管理	乡村产业
128	GB/T 39049—2020	历史文化名村保护与修复技术指南	中国标准化研究院	提供了历史文化名村保护与修复流程、给出了自然与人文环境、建筑物、历史环境要素、传统文化、基础与公共服务设施等的保护与修复建议；适用于指导历史文化名村保护与修复	生态与自然保护
129	GB/T 39915—2021	动物饲养场防疫准则	全国动物卫生标准化技术委员会（SAC/TC 181）	规定了动物饲养场的防疫基本条件、疫病监测、报告、疫病预防、管理登记、动物标识和养殖档案等方面的防疫准则；适用于动物饲养场实施动物疫病预防、控制扑灭与净化	畜牧业

（续）

序号	标准号	标准名称	归口/批准/发布部门	内容	适用领域
130	GB/T 40198—2021	家庭农场建设指南	中华全国供销合作总社	提供了家庭农场建设的总则，需考虑的因素、经营管理、登记注册等方面的指导；适用于家庭农场的建设	乡村产业
131	GB/T 40201—2021	农村生活污水处理设施运行效果评价技术要求	全国环保产业标准化技术委员会（SAC/TC 275）	规定了农村生活污水处理设施运行效果评价的总则，评价指标与计算方法，评价方法以及评价报告；适用于农村生活污水处理设施（规模≤500m³/d）运行效果评价	农村生活与环境
132	GB/T 40451—2021	草原与牧草术语	全国畜牧业标准化技术委员会（SAC/TC 274）	界定了草原与牧草的常用术语；适用于草原与牧草相关领域的生产、管理和科研	种植业
133	GB/T 40749—2021	海水重力式网箱设计技术规范	全国水产标准化技术委员会（SAC/TC 156）	规定了海水重力式网箱的术语和定义，水文环境调查，设计总则，浮架系统设计，网衣系统设计和锚泊系统设计的要求；适用于高密度聚乙烯管或镀锌钢管作框架并浮于水面的海水重力网箱的结构设计，适用于海水深度小于60m、且周长小于120m的聚乙烯管框架型网箱；其他同类型镀锌钢管框架网箱设计可参照执行	渔业
134	GB/T 40752—2021	沃柑产业扶贫项目运营管理规范	全国果品标准化技术委员会（SAC/TC 501）	规定了沃柑产业扶贫项目的术语和定义，运营、项目管理的要求，项目条件、项目运营规格；并提供了沃柑产业扶贫项目的运营管理	种植业
135	GB/T 40946—2021	海洋牧场建设技术指南	全国水产标准化技术委员会（SAC/TC 156）	给出了海洋牧场建设的基本原则，规划布局、生境营造、增殖放流、设施装备，工程验收的指导意见；适用于海洋牧场的建设	渔业

（续）

序号	标准号	标准名称	归口/批准/发布部门	内容	适用领域
136	GB/T 41085—2021	城乡社区环卫清洁服务要求	全国服务标准化技术委员会（SAC/TC 264）	规定了城乡社区环卫清洁服务总则、服务范围、资源配置、清洁作业、质量监控、服务评价与改进要求；适用于环卫清洁服务组织提供的城乡社区环卫清洁服务	农村生活与环境
137	GB/T 41187—2021	农业物联网应用服务	农业农村部	规定了农业物联网应用服务的服务分类要求及服务发布、服务调用和服务管理；适用于农业物联网应用层的服务设计、提供和使用	乡村产业
138	GB/T 41249—2021	产业帮扶"猪-沼-果（粮、菜）"循环农业项目运营管理指南	中国标准化研究院	给出了"猪-沼-果（粮、菜）"循环农业产业帮扶项目建设的总体原则、项目条件、项目运行、项目管理和项目评价等监督内容；适用于"猪-沼-果（粮、菜）"循环农业产业帮扶项目的运营管理	种植业/畜牧业/农村能源与资源
139	GB/T 41379—2022	产业帮扶蛋鸡产业项目建设管理指南	全国畜牧业标准化技术委员会（SAC/TC 274）	提供了蛋鸡产业帮扶项目的项目组织、建设与管理等方面的指南；适用于蛋鸡产业帮扶项目的建设和管理	畜牧业
140	GB/T 41380—2022	规模化家禽饲养场流感防控设施设备配置要求	全国畜牧业标准化技术委员会（SAC/TC 274）	规定了实施流感防控的规模化家禽饲养场选址、场区布局、隔离设施配置、消毒室设施设备配置、实验室设施设备配置等要求；适用于规模化家禽饲养场流感防控的设施设备配置	畜牧业
141	GB/T 41381—2022	规模化家禽饲养场流感防控环境管理技术规范	全国畜牧业标准化技术委员会（SAC/TC 274）	规定了实施流感防控的规模化家禽饲养场环境管理的总体要求、场内环境管理、舍内环境管理、设备设施管理、疫病处理、档案管理等要求；适用于规模化家禽饲养场流感防控的环境管理	畜牧业

（续）

序号	标准号	标准名称	归口/批准/发布部门	内容	适用领域
142	GB/T 41441.1—2022	规模化畜禽场良好生产环境 第1部分：场地要求	全国畜牧业标准化技术委员会（SAC/TC 274）	规定了规模化畜禽场良好生产环境的选址、场区布局、管理和记录；适用于规模化畜禽养殖场	畜牧业
143	GB/T 41441.2—2022	规模化畜禽场良好生产环境 第2部分：畜舍技术要求	全国畜牧业标准化技术委员会（SAC/TC 274）	规定了畜禽场良好生产环境的建筑与结构、运动场、环境调控、粪便清理、给排水、卫生消毒和管理等要求；适用于规模化畜禽养殖场	畜牧业
144	GB/T 50085—2007	喷灌工程技术规范	建设部	为了统一喷灌工程设计和施工要求，提高工程建设质量，吸收喷灌科学技术发展的成果和经验，促进节水灌溉事业健康发展而制定；规定了总则、术语和符号、设备选择与计算、管道水力计算、喷灌工程设施、工程施工、设备安装、管道水压试验、工程验收；适用于新建、扩建和改建的农业、林业、牧业及园林绿地等喷灌工程的设计、施工、安装及验收	种植业
145	GB/T 50363—2018	节水灌溉工程技术标准	住房和城乡建设部	为了使节水灌溉工程建设和管理技术可行、经济合理、促进水灌溉事业和经济社会可持续发展而制定；规定了总则、术语、规划与设计、灌溉水源、技术要求、灌溉制度和灌溉水量、灌溉水的利用系数、效益评价、管理、节水灌溉面积；适用于新建、扩建或改建的农、林、牧业等节水灌溉工程的规划、设计、施工、验收、管理和评价	种植业

（续）

序号	标准号	标准名称	归口/批准/发布部门	内容	适用领域
146	GB/T 50445—2019	村庄整治技术标准	住房和城乡建设部	为落实乡村振兴战略、规范村庄整治工作技术要求、改善农民的生产生活条件、提升农村的人居环境质量、引导农村现代化生活生产方式、促进农村社会、经济环境的全面协调发展而制定；规定了总则、术语、安全与防灾、道路桥梁及交通安全设施、给水设施、排水设施、垃圾收集与处理、卫生厕所改造、公共环境、乡村绿化、坑塘河道、村庄建筑、历史文化遗产保护与乡土特色传承、能源供应；适用于全国现有村庄的人居环境整治	农村生活与环境
147	GB/T 50485—2020	微灌工程技术标准	住房和城乡建设部	为统一微灌工程技术要求、保证微灌工程建设质量、促进微灌事业健康发展、做到技术先进、经济合理和运行可靠而制定；规定了总则、术语和符号、工程规划、微灌系统水力设计、工程设施配套与设备选择、工程施工与安装、管道水压试验和系统试运行、工程验收、运行管理；适用于新建、扩建或改建的微灌工程规划、设计、施工、安装、验收和运行管理	种植业
148	GB/T 50509—2009	灌区规划规范	住房和城乡建设部	为适应编制灌区规划的需要、明确规划的基本原则、主要内容要求、提高灌区规划水平、促进灌区水土资源合理开发与可持续利用现状而制定；规定了总则、术语、基本资料、水土资源及利用现状分析评价、水土资源平衡分析及移民安置、灌区建设征地与经济评价、投资估算与资金筹措、工程规划、工程管理、灌区布置、总体布置、环境影响评价、分期实施意见等；适用于新建大、中型灌区和已建大、中型灌区的续建配套与节水改造	种植业

（续）

序号	标准号	标准名称	归口/批准/发布部门	内容	适用领域
149	GB/T 50596—2010	雨水集蓄利用工程技术规范	住房和城乡建设部	为提高雨水集蓄利用工程的建设质量和管理水平，保障农村饮水安全，促进节水灌溉和社会经济发展而制定；规定了总则、术语、基本规定、规划、工程布置、工程设计、施工与设备安装、工程验收、工程管理等；适用于地表水和地下水缺乏或开发利用困难、且多年平均降水量大于250mm的半干旱地区和经常发生季节性缺水的湿润、半湿润山丘地区，以及海岛和沿海地区雨水集蓄利用工程的规划、设计、施工、验收和管理；不适用于城市雨水集蓄利用工程	种植业
150	GB/T 50599—2020	灌区改造技术标准	住房和城乡建设部	为规范灌区改造工程建设与管理，增强灌区抗御水旱等自然灾害能力，改善农业生产条件，提高灌溉水利用效率和灌区经济效益，社会效益、生态与环境效益，促进农业现代化和农村经济持续稳定发展而制定；规定了总则、术语、基本规定、灌区评估、水土资源分析与灌区规模论证、工程技术措施、工程施工与验收、工程布置与调整、改造技术措施、工程施工、设计、施工、验收、工程复核与评价；适用于灌区改造规划、设计、施工、验收、验收与管理等	种植业
151	GB/T 50600—2020	渠道防渗衬砌工程技术标准	住房和城乡建设部	为统一渠道防渗衬砌工程建设质量和管理水平，充分发挥工程效益而制定；规定了总则、术语和符号、工程规划、工程材料、工程设计、混凝土预制槽（板）制造、防渗衬砌施工、工程质量控制与验收、工程监测、供水、引水等渠道防渗衬砌工程施工、适用于新建、改建或扩建的农田灌溉、设计、施工、监测和管理	种植业

（续）

序号	标准号	标准名称	归口/批准/发布部门	内容	适用领域
152	GB/T 50769—2012	节水灌溉工程验收规范	住房和城乡建设部	规定了总则、术语、基本规定、建设单位验收、竣工验收、工程移交与遗留问题处理、项目验收；适用于新建、扩建、改建的节水灌溉工程的验收	种植业
153	GB/T 50817—2013	农田防护林工程设计规范	住房和城乡建设部	为规范农田防护林工程设计，保证农田防护林工程建设质量而制定；规定了总则、术语、综合调查、总平面图设计、营造工程设计、森林保护工程设计；适用于新建或改造的农田防护林工程设计	种植业
154	GB/T 50824—2013	农村居住建筑节能设计标准	住房和城乡建设部	为贯彻国家有关节约能源、保护环境的法规和政策，改善农村居住室内热环境，提高能源利用效率而制定；规定了总则、术语、基本规定、围护结构、供暖通风系统、照明、可再生能源利用；适用于农村新建、改建和扩建的居住建筑节能设计	农村生活与环境
155	GB/T 50900—2016	村镇住宅结构施工及验收规范	住房和城乡建设部	为住村镇住宅结构施工和验收中贯彻国家技术经济政策，做到安全适用、经济合理而制定；规定了总则、术语、基本规定、地基和基础、砌体结构、木结构、生土结构、石结构、混凝土结构；适用于农村民自建底层住宅结构的施工及验收	农村生活与环境
156	GB/T 50989—2014	大型螺旋塑料管道输水灌溉工程技术规范	住房和城乡建设部	为保证大型螺旋塑料管道输水灌溉工程技术先进、安全适用、经济合理、质量可靠而制定；规定了总则、术语、工程规划、工程设计、工程施工、工程验收、运行维护；适用于水温不高于40℃、系统设计工作压力不大于0.1MPa，公称直径为DN400～DN2000的聚乙烯钢肋螺旋复合管道输水灌溉工程的规划、设计、施工、安装、验收及运行维护	种植业

（续）

序号	标准号	标准名称	归口/批准/发布部门	内容	适用领域
157	GB/T 51057—2015	种植塑料大棚工程技术规范	住房和城乡建设部	为了提高种植塑料大棚建设的规范化水平，做到因地制宜、技术先进、经济合理、安全适用，术语和符号、基本规定、材料质量要求、规划布局与建筑设计、结构设计、施工安装、验收、运行维护等；适用于各种植用装配式热浸镀锌钢架结构塑料大棚的设计、施工、验收和运行维护	种植业
158	GB/T 51063—2014	大中型沼气工程技术规范	住房和城乡建设部	为规范大中型沼气工程的设计、施工安装、验收及运行维护，保证工程质量和安全生产而制定，术语和符号、基本规定、规定了总则、沼气站、沼气输送及应用、施工安装与验收、运行与维护；适用于采用厌氧消化工艺处理农业有机废弃物、工业高浓度有机废水、工业有机废渣、污泥，以供气为主且沼气产量不小于500m³/d、新建、扩建和改建的沼气工程的设计、施工安装、验收及运行维护	农村能源与资源
159	GB/T 51183—2016	农业温室结构荷载规范	住房和城乡建设部	为规范农业温室结构设计荷载，做到安全适用、技术先进、经济合理、荷载分类和荷载组合，术语和符号、规定了总则、水久荷载、作物荷载、雪荷载、风荷载、其他荷载等；适用于农业温室的结构设计	种植业
160	GB/T 51224—2017	乡村道路工程技术规范	住房和城乡建设部	为适应中国乡村建设和发展的需要、提高乡村道路质量和服务水平、规范乡村道路工程建设而制定，术语和符号、基本规定、规定了总则、纵断面及道路交叉、路基工程、路面工程、桥涵、附属设施；适用于新建和改建乡村道路工程的设计、施工及验收	公用

（续）

序号	标准号	标准名称	归口/批准/发布部门	内容	适用领域
161	GB/T 51347—2019	农村生活污水处理工程技术标准	住房和城乡建设部	为推进农村人居环境改善、规范农村生活污水处理工程的建设、运行、维护及管理而制定；规定了总则、术语、基本规定、设计水量和水质、污水收集、施工与验收、运行维护及管理；适用于农村、自然村以及分散农户新建、扩建和改建的生活污水处理工程与厕所污水处理工程	农村生活与环境
162	GB/T 51424—2022	农业温室结构设计标准	住房和城乡建设部	规定了总则、术语和符号、材料、基本规定、结构形式和布置、结构计算、构建计算与连接构造、玻璃温室种植大棚、日光温室和塑料大棚；适用于主体结构为轻钢结构的农业种植温室和玻璃温室的围护结构设计的塑料大棚；不适用于竹木、悬索和钢筋混凝土结构等非轻钢结构的结构设计和温室日光温室的结构设计	种植业
163	GB/T 51435—2021	农村生活垃圾收运和处理技术标准	住房和城乡建设部	为规范农村生活垃圾收集、分类、运输和处理，资源化和无害化目标，逐步实现农村生活垃圾减量化、资源化而制定；规定了总则、基本规定、分类、收集、运输和处理；适用于农村生活垃圾收集分类、运输、收集、运输和处理，推动农村人居环境改善和管理	农村生活与环境
164	GB/Z 32711—2016	都市农业园区通用要求	中国标准化研究院	规定了都市农业园区资源与环境、生产与管理、效果与发展、分级的要求；适用于都市农业园区的规划、建设、经营和管理	乡村产业
165	GB/Z 35035—2018	蜂产业项目运营管理规范	中国标准化研究院	给出了蜂产业运营管理的项目条件、项目组织与运行、项目预期成效分析、项目评价与管理的内容，并提供了我国主要有蜜源植物与蜂产业精准扶贫（脱低）典型案例的相关信息（参见附录A、附录B）；适用于蜂产业项目运营管理	畜牧业

（续）

序号	标准号	标准名称	归口/批准/发布部门	内容	适用领域
166	GB/Z 35036—2018	辣椒产业项目运营管理规范	中国标准化研究院	给出了辣椒产业项目运营管理的项目条件、职责分工、项目评价成效分析、项目评价管理的标准化典型案例（参见附录A）；适用于辣椒产业项目运营管理	种植业
167	GB/Z 35037—2018	蓝莓产业项目运营管理规范	中国标准化研究院	给出了蓝莓产业项目运行、项目组织与运行、项目预期成效分析、蓝莓产业精准扶贫的标准化典型案例（参见附录A）；适用于蓝莓产业项目运营管理	种植业
168	GB/Z 35038—2018	中药材（三七）产业项目运营管理规范	中国标准化研究院	给出了中药材（三七）产业扶贫项目的项目条件、职责分工、项目组织与运行、项目预期成效分析、脱贫周期、评价与管理的内容，并提供了三七产业精准扶贫的标准化典型案例（参见附录A）；适用于中药材（三七）产业项目运营管理	种植业
169	GB/Z 35039—2018	中药材（川党参）产业项目运营管理规范	中国标准化研究院	给出了中药材（川党参）产业扶贫项目的项目条件、职责分工、项目组织与运行、项目评价成效分析、项目预期周期、项目管理的内容，并提供了川党参产业精准扶贫的标准化典型案例（参见附录A）；适用于中药材（川党参）产业项目运营管理	种植业
170	GB/Z 35040—2018	扶贫车间项目运营管理规范	中国标准化研究院	给出了扶贫车间项目的项目条件、职责分工、项目组织与运行、项目评价成效分析、项目预期管理的内容，并提供了中扶贫车间的精准扶贫典型案例等相关信息；适用于扶贫车间项目的运营管理	乡村产业

（续）

序号	标准号	标准名称	归口/批准/发布部门	内容	适用领域
171	GB/Z 35041—2018	食用菌产业项目运营管理规范	中国标准化研究院	给出了食用菌产业扶贫项目的项目条件、职责分工、项目组织与运行，脱贫预期成效分析，脱贫周期，项目评价与管理内容；提供了我国食用菌生产主要栽培品种分类与特征和兴城市华山街道食用菌产业精准扶贫（脱贫）典型案例；适用于食用菌产业项目运营管理	种植业
172	GB/Z 35042—2018	蛋鸡产业项目运营管理规范	中国标准化研究院	给出了蛋鸡产业扶贫项目的项目条件、职责分工、项目组织与运行，脱贫预期成效分析，脱贫周期，项目评价与管理的内容；提供了蛋鸡产业精准扶贫典型案例；适用于蛋鸡产业项目的运营管理	畜牧业
173	GB/Z 35043—2018	光伏产业项目运营管理规范	中国标准化研究院	给出了光伏产业项目条件、职责分工、项目组织与运行，项目预期成效分析，项目评价与管理的内容，提供了光伏产业精准扶贫典型案例；适用于光伏产业项目的运营管理	乡村产业
174	GB/Z 35044—2018	互联网＋种植服务项目运营管理规范	中国标准化研究院	给出了互联网＋种植服务项目的项目条件、职责分工、项目组织与运行，项目预期成效分析，项目评价与管理的内容，并提供了我国互联网＋种植服务精准扶贫典型案例的相关信息；适用于互联网＋种植服务项目的运营管理	种植业
175	GB/Z 35045—2018	茶产业项目运营管理规范	中国标准化研究院	给出了茶产业扶贫项目的项目条件、职责分工、项目组织与运行，脱贫预期成效分析，脱贫周期，项目评价与管理的内容，并提供了茶产业精准扶贫的标准化典型案例；适用于茶产业项目运营管理	种植业

附表 2　农业农村工程相关行业标准

序号	标准号	标准名称	归口/制定部门	内容	类别
176	AQ 4230—2013	粮食平房仓粉尘防爆安全规范	全国安全生产标准化技术委员会粉尘防爆分技术委员会（SAC/TC 288/SC 5）	规定了粮食平房仓粉尘防爆安全的基本要求；适用于储存原粮、成品粮的粮食平房仓的新建、扩建、改建工程的设计、施工、生产和管理全过程	种植业
177	CJJ 83—2016	城乡建设用地竖向规划规范	住房和城乡建设部	为规范城乡建设用地竖向规划，提高城乡规划编制和管理水平而制定；适用于城市、镇、乡和村庄的规划和建设用地竖向规划	公用
178	CJJ 123—2008	镇（乡）村给水工程技术规程	住房和城乡建设部	为规范中国镇（乡）村给水工程的设计、施工、质量验收和运行管理，保证工程质量，做到技术先进适用、经济合理，管理方便而制定；规定了总则、术语、给水系统、设计水量和水压、水源和取水、泵房、输配水、水厂总体设计、水处理、特殊水处理、分散式给水、施工与质量验收、运行管理；适用于供水规模不大于 5 000m³/d 的镇（乡）村永久性室外给水工程	公用
179	CJJ 124—2008	镇（乡）村排水工程技术规程	住房和城乡建设部	为贯彻落实科学发展观，实现城乡统筹发展，达到保护环境、防止污染，提高人民健康安全保障水平的要求而制定；规定了总则、术语和符号、镇（乡）排水、村排水、施工与质量验收；适用于县城以外且规划服务人口在 50 000 人以下的镇（乡）（以下简称镇）和村的新建、扩建和改建的排水工程	公用
180	CJJ/T 87—2020	乡镇集贸市场规划设计标准	住房和城乡建设部	为实施乡村振兴战略，传承地方特色、方便居民生活，科学合理地进行乡镇集贸市场设计，促进商品流通而制定；适用于镇规划、乡规划、村庄规划、地区商业网点专项规划中的乡镇集贸市场的规划与设计	乡村产业

（续）

序号	标准号	标准名称	归口/制定部门	内容	类别
181	DL/T 5118—2010	农村电力网规划设计导则	电力行业农村电气化标准化技术委员会	规定了农村电力网规划的编制要求、技术要求及相关事宜；适用于农村电力网建设与改造的规划设计	公用
182	GH/T 1079—2012	农业生产资料连锁经营网络配送中心建设与管理规范	中华全国供销合作总社农业生产资料局	规定了农业生产资料连锁经营网络配送中心的相关术语和定义及功能、建设、管理、运营要求等内容；适用于农资连锁经营企业配送中心的建设、管理和运营活动	乡村产业
183	HJ 2.1—2016	建设项目环境影响评价技术导则 总纲	环境保护部	规定了建设项目环境影响评价的一般性原则、通用规定、工作程序、工作内容及相关要求；适用于需编制环境影响报告书和环境影响报告表的建设项目环境影响评价	基础
184	HJ 332—2006	食用农产品产地环境质量评价标准	国家环境保护总局	规定了食用农产品产地土壤环境质量（含量）、灌溉水质量和环境空气质量的各项目及其浓度（含量）限值及评价方法、不适用于温室蔬菜生产用地	种植业
185	HJ 333—2006	温室蔬菜产地环境质量评价标准	国家环境保护总局	规定了以土壤为基质种植的温室蔬菜产地温室内土壤环境质量及其浓度（含量）、灌溉水质量和环境空气质量的各个控制项目及其浓度限值和监测、评价方法	种植业
186	HJ 497—2009	畜禽养殖业污染治理工程技术规范	环境保护部	规定了集约化畜禽养殖场（区）污染治理工程设计、施工、验收和运行维护的技术要求；适用于集约化畜禽养殖场（区）的新建、改建和扩建污染治理工程从设计、施工到验收、运行全过程管理和已建污染治理工程的运行管理，可作为环境影响评价、设计、施工、环境保护验收及建成后运行与管理的技术依据	畜牧业

附　表

序号	标准号	标准名称	归口/制定部门	内容	类别
					（续）
187	HJ 564—2010	生活垃圾填埋场渗滤液处理工程技术规范（试行）	环境保护部科技标准司	规定了生活垃圾填埋场渗滤液处理工程的总体要求、工艺设计、检测控制、施工及验收、运行维护等的技术要求；适用于生活垃圾填埋场渗滤液处理工程，可作为环境影响评价、工程咨询、设计施工、环境保护验收及建成后运行与管理的技术依据	农村生活与环境
188	HJ 568—2010	畜禽养殖产地环境评价规范	环境保护部	规定了各类畜禽养殖产地的水环境质量、土壤环境质量、空气质量和声环境质量评价指标、限值，监测和评价方法；适用于全国畜禽养殖场、放牧区的养殖地环境质量评价与管理；仅适用于法律允许的畜禽养殖小区、畜禽养殖小区和放牧区；不适用于畜禽产品加工生产地的环境质量评价与管理	畜牧业
189	HJ 616—2011	建设项目环境影响评估技术导则	环境保护部科技标准司	规定了对建设项目环境影响评估的一般原则、程序、方法、基本内容、要点和要求；适用于各级环境影响评价机构对建设项目环境影响评价文件进行技术评估；不适用于核设施及其他产生放射性污染、输变电工程及其他产生电磁辐射影响的建设项目环境影响评价文件的技术评估	基础
190	HJ 860.3—2018	排污许可证申请与核发技术规范 农副食品加工工业-屠宰及肉类加工工业	生态环境部	规定了屠宰及肉类加工工业排污许可证申请与核发的基本情况填报要求、实际排放量核算和合规判定的方法、许可排放限值、环境管理台账与排污许可证执行报告等环境管理要求，以及自行监测、环境管理台账要求；提出了屠宰及肉类加工工业排污防治可行技术要求；适用于屠宰及肉类加工工业排污单位排污许可证申请与核发，同时适用于排污许可证核发机关对屠宰及肉类加工工业排污单位申请的排污许可证审核，本标准适用于屠宰及肉类加工工业排污单位排放的大气污染物和水污染物的排污许可管理，屠宰及肉类加工工业排污单位排放的大气污染物含有的危险废物分割、清洗、清废蛋、无害化处理（焚烧、化制）等也适用	畜牧业

（续）

序号	标准号	标准名称	归口/制定部门	内容	类别
191	HJ 2004—2010	屠宰与肉类加工工废水治理工程技术规范	环境保护部	规定了屠宰与肉类加工废水治理工程设计、施工、验收和运行管理的技术要求；适用于配套新建、改建、扩建屠宰场与肉类加工厂的废水治理工程，可作为此类项目环境影响评价、可行性研究、工程设计、施工管理、竣工验收、环境保护验收及运行管理等工作的技术依据	畜牧业
192	HJ 2015—2012	水污染治理工程技术导则	环境保护部	规定了水污染治理工程在设计、施工、验收和运行维护中的通用技术要求；为环境工程技术规范体系中的通用工程（站）式污（废）水处理工程，可作为有相应的工艺技术规范或污染源控制技术规范的工程，应同时执行本标准和相应的工艺技术规范；可作为水污染治理工程环境影响评价、设计、施工、竣工验收及运行维护工作的技术依据	农村生活与环境
193	HJ 2031—2013	农村环境连片整治技术指南	环境保护部	为防治污染、保护环境，指导农村环境整治工作而制定，为指导性文件，可作为农村环境连片整治项目建设与管理的参考依据；适用于农村环境连片整治项目	农村生活与环境
194	HJ 2032—2013	农村饮用水水源地环境保护技术指南	环境保护部	为防治污染、保护环境，指导农村环境整治工作而制定，为指导性文件，可作为农村饮用水水源地环境保护管理的参考依据；适用于农村饮用水水源地环境保护工程的建设与管理	农村生活与环境
195	JB/T 10296—2013	温室电气布线设计规范	全国农业机械标准化技术委员会（SAC/TC 201）	规定了温室内强电与弱电电线与电缆的布线原则、安装要求、检查与验收；适用于各种温室内的电气布线	种植业

（续）

序号	标准号	标准名称	归口/制定部门	内容	类别
196	JB/T 10297—2014	温室加热系统设计规范	全国农业机械标准化技术委员会（SAC/TC 201）	规定了温室加热系统设计原则，热负荷计算和集中供暖系统、热风加热系统、热地板加热系统的设计要求与安装要求；适用于需要加热的温室（包括日光温室、单栋温室和连栋温室）加热系统的设计	种植业
197	JGJ/T 156—2008	镇（乡）村文化中心建筑设计规范	住房和城乡建设部	为满足广大镇（乡）村居民开展文化活动的基本要求，提高镇（乡）村文化中心建设设计的质量而制定；规定了总则、术语、建设场地和环境设计、基本项目配置、建筑物设计、文体活动场地设计、防火疏散、室内声、光、热环境、建筑设备；适用于新建、改建、扩建的县级人民政府驻地以外的镇和乡、村文化中心建筑设计	农村生活与环境
198	JGJ/T 161—2008	镇（乡）村建筑抗震技术规程	住房和城乡建设部	为贯彻执行《中华人民共和国建筑法》和《中华人民共和国防震减灾法》并安行以预防为主的方针，减轻地震破坏、减少人员伤亡及经济损失而制定；规定了总则、术语、符号、抗震基本要求、场地、地基和基础、砌体结构房屋、木结构房屋、石结构房屋；适用于抗震设防烈度为6、7、8和9度地区镇（乡）村建筑的抗震设计与施工	农村生活与环境
199	JGJ/T 358—2015	农村火炕系统通用技术规程	住房和城乡建设部	为规范农村住宅建筑内火炕系统设计、施工和性能检测而制定；规定了总则、术语、火炕系统设计、火炕系统施工、火炕性能检测；适用于农村住宅建筑内新建、改建火炕系统的设计、施工和性能检测	农村生活与环境

（续）

序号	标准号	标准名称	归口/制定部门	内容	类别
200	JGJ/T 363—2014	农村住房危险性鉴定标准	住房和城乡建设部	为规范农村自建住房的危险程度鉴定、及时治理危险住房、保证既有农村住房的安全使用而制定；规定了总则、木语和符号、基本规定、定性鉴定、定量鉴定；适用于农村地区自建的既有一层住房结构的危险性鉴定；不适用于处于高温、高湿、强震、腐蚀等特殊环境的农村住房以及木结构筑物的鉴定	农村生活与环境
201	JGJ/T 426—2018	农村危险房屋加固技术标准	住房和城乡建设部	为指导农村房屋的加固、做到技术可靠、安全适用、经济合理、确保质量而制定；规定了总则、木语、基本规定、材料、地基基础、砌体结构、石砌体结构、混凝土结构、木结构；适用于农村自建的既有二层以下（包括二层）房屋结构的加固设计与施工；不适用于建筑物处于高温、高湿、腐蚀等特殊环境条件下农村房屋的加固	农村生活与环境
202	LS/T 1217—2016	简易仓囤储粮技术规程	全国粮油标准化技术委员会（SAC/TC 270）	规定了简易仓、简易囤、简易囤的木语和定义、要求、日常管理与技术措施和安全生产；适用于简易仓、罩棚、简易囤的粮食储藏	种植业
203	LS/T 8008—2010	粮油仓库工程验收规程	国家粮食局	为了加强粮油仓库工程建设项目质量管理、指导和规范粮油仓库工程建设项目工程质量和安全全面而制定；适用于仓库项目建设工程验收、高仓、浅圆仓、楼房仓、储罐及储油仓房仓、粮食平房仓、油仓及生产、办公生活设施等粮油仓库项目新建、扩建、改建的建设工程验收	种植业
204	LY/T 1936—2011	油茶采穗圃营建技术	全国林木种子标准化技术委员会（SAC/TC 115）	规定了油茶采穗圃营建的基本要求、新造采穗圃营建、大树换冠采穗圃营建、档案建立等方面的要求；适用于油茶采穗圃建设	种植业

（续）

序号	标准号	标准名称	归口/制定部门	内容	类别
205	NY/T 7—1984	农用塑料棚装配式钢管骨架	农牧渔业部	规定了农用塑料棚装配式钢管骨架的术语、代号、型号、规格、技术要求、试验方法、检验与验收规则、包装、标志和证明书，运输与贮存；适用于以壁厚小于4mm的钢管制造、由塑料薄膜覆盖的农用棚装配式骨架	种植业
206	NY/T 309—1996	全国耕地类型区、耕地肥力等级划分	农业部	规定了全国七个耕地类型区、十个耕地地力等级分等指标；适用于确定耕地类型区分布范围和划分耕地地力等级	种植业
207	NY/T 310—1996	全国中低产田类型划分与改良技术规范	农业部	规定了全国八个中低产田类型划分依据和障碍程度；适用于确定中低产田类型、障碍程度和改良技术	种植业
208	NY/T 348—1999	节能烟叶初烤房标准图集	农业部科技教育司（原环保能源司）	规定了三种类型，三种规格的节能烟叶初烤建筑图集；适用于我国农村节能烟叶初烤的需要	种植业
209	NY/T 349—1999	节能烟叶初烤房质量检查验收标准	农业部科技教育司（原环保能源司）	是节能烟叶初烤房质量检查验收方面的基本标准，包括钢筋混凝土工程、土方工程、地基与地基工程、砌筑工程、换热器等各方面的技术要求和烤烟房整体竣工验收及检验方法等方面的内容；规定了节能烟叶初烤房的建造质量和总体性能，并规定了验收标准；适用于我国农村节能烟叶初烤房的验收	种植业
210	NY/T 350—1999	节能烟叶初烤房施工操作规程	农业部科技教育司（原环保能源司）	是节能烟叶初烤房施工操作方面的基本标准，包括施工准备、钢筋混凝土施工、建筑施工、燃烧炉施工、进风道安装等施工的内容；规定了节能烟叶初烤房的施工操作要求；适用于我国农村节能烟叶初烤房的建造	种植业

（续）

序号	标准号	标准名称	归口/制定部门	内容	类别
211	NY/T 388—1999	畜禽场环境质量标准	农业部质量标准办公室	规定了畜禽场必要的空气、生态环境质量标准以及畜禽饮用水质标准；适用于畜禽场的环境质量控制、监测、监督、管理，建设项目的评价及畜禽场环境质量的评估	畜牧业
212	NY/T 443—2016	生物制气供气系统技术条件及验收规范	农业部科技教育司	规定了生物制气供气系统的技术条件，工程施工安装、试验方法及验收规范；适用于以生物质秸秆为原料的气化集中供气系统	农村能源与资源
213	NY/T 610—2016	日光温室质量评价技术规范	全国农业机械化技术委员会农业机械化分技术委员会（SAC/TC 201/SC 2）	规定了日光温室的基本要求、质量要求、检测方法和检验规则；适用于日光温室的质量评定	种植业
214	NY/T 667—2011	沼气工程规模分类	农业部种业管理司	规定了沼气工程规模的分类方法和分类指标；适用于各种类型新建、扩建与改建的农村沼气工程；其他类型沼气工程参照执行；不适用于户用沼气池和生活污水净化沼气池	农村能源与资源
215	NY/T 682—2003	畜禽场场区设计技术规范	农业部	规定了畜禽场的场址选择，总平面布置，场区道路，竖向设计和场区绿化的设计技术要求；适用于新建、改建、扩建的畜禽场区总体设计；鸡、猪、羊、牛的舍内外以放牧为主的畜禽场区总体设计	畜牧业
216	NY/T 846—2004	油菜产地环境技术条件	农业部	规定了油菜产地适宜的气候条件，土壤、灌溉水质量要求及检测方法等；适用于油菜生产	种植业
217	NY/T 847—2004	水稻产地环境技术条件	农业部	规定了水稻产地适宜的气候条件，土壤、灌溉水质量要求及检测方法等；适用于水稻生产	种植业

（续）

序号	标准号	标准名称	归口/制定部门	内容	类别
218	NY/T 848—2004	蔬菜产地环境技术条件	农业部	规定了蔬菜产地选择要求、环境空气质量、灌溉水质量、土壤环境质量，采样及分析方法；适用于陆生蔬菜露地栽培的产地环境要求	种植业
219	NY/T 849—2004	玉米产地环境技术条件	农业部	规定了玉米的产地选择要求、环境空气质量、灌溉水质量、土壤质量的各个项目要求及分析方法；适用于玉米产地	种植业
220	NY/T 850—2004	大豆产地环境技术条件	农业部	规定了大豆产地的选择要求、环境空气质量、灌溉水质量、土壤质量的各个项目要求以及分析方法；适用于大豆产地	种植业
221	NY/T 851—2004	小麦产地环境技术条件	农业部	规定了小麦产地空气环境质量、灌溉水质量、土壤环境质量，采样及分析方法；适用于小麦产地环境要求	种植业
222	NY/T 852—2004	烟草产地环境技术条件	农业部	规定了烟草产地环境空气、灌溉水、土壤环境质量要求及其分析方法；适用于我国烟草产地	种植业
223	NY/T 853—2004	茶叶产地环境技术条件	农业部	规定了茶叶产地的空气环境质量、灌溉水质量、土壤环境质量要求及分析方法；适用于茶叶产地	种植业
224	NY/T 854—2004	京白梨产地环境技术条件	农业部	规定了京白梨产地空气环境质量、土壤环境质量、农灌水质量，采样及分析方法；适用于京白梨产地	种植业
225	NY/T 855—2004	花生产地环境技术条件	农业部	规定了花生产地空气环境质量、灌溉水质量和土壤环境质量，采样及分析方法；适用于花生产地环境要求	种植业
226	NY/T 856—2004	苹果产地环境技术条件	农业部	规定了苹果产地的土壤、灌溉水、空气等环境条件质量要求及其分析方法；适用于苹果的产地环境	种植业

（续）

序号	标准号	标准名称	归口/制定部门	内容	类别
227	NY/T 857—2004	葡萄产地环境技术条件	农业部	规定了葡萄产地环境技术条件的定义，葡萄产地环境空气质量、灌溉水质量、土壤有害物质要求的各项指标的检验方法，葡萄产地选择的气候、土壤等生态条件；适用于我国的葡萄产地，其中土壤、气候等生态条件适用于华北地区	种植业
228	NY/T 1119—2019	耕地质量监测技术规程	农业农村部种植业管理司	规定了国家耕地质量监测涉及的术语和定义、监测点设置、监测内容、样品采集、处理与储存、样品测定与质量控制、监测报告编写等技术要求；适用于国家耕地质量监测，省（区）、市、县耕地质量监测可参照执行	种植业
229	NY/T 1120—2006	耕地质量验收技术规范	农业部	规定了术语和定义、现场勘察、样品采集、样品检测、耕地质量评价、耕地质量验收技术报告格式；适用于土地整理、中低产田改造、补划耕地、新开垦耕地、高标准粮田建设、非农建设占用耕地、商品粮基本建设等耕地质量的验收与评价	种植业
230	NY/T 1167—2006	畜禽场环境质量及卫生控制规范	全国畜牧业标准化技术委员会	规定了畜禽场生态环境质量及卫生指标、土壤环境质量及卫生指标、空气环境质量及卫生指标、饮用水质量及卫生指标和相应的畜禽场环境质量管理及环境卫生控制措施；适用于规模化畜禽场的环境质量管理及环境卫生控制	畜牧业
231	NY/T 1220.1—2019	沼气工程技术规范 第1部分：工程设计	全国沼气标准化技术委员会（SCA/TC 515）	规定了沼气工程的设计原则、设计内容及主要设计参数；适用于新建、扩建与改建的沼气工程，不适用于农村户用沼气池	农村能源与资源

序号	标准号	标准名称	归口/制定部门	内容	类别
232	NY/T 1220.2—2019	沼气工程技术规范 第2部分：输配系统设计	全国沼气标准化技术委员会（SCA/TC 515）	规定了沼气工程中的沼气输配利用的技术要求；适用于新建、扩建或改建的沼气工程输配系统设计	农村能源与资源
233	NY/T 1220.3—2019	沼气工程技术规范 第3部分：施工及验收	全国沼气标准化技术委员会（SCA/TC 515）	规定了沼气工程施工及验收的内容、要求和方法；适用于新建、扩建与改建的沼气工程，不适用于农村户用沼气池	农村能源与资源
234	NY/T 1220.4—2019	沼气工程技术规范 第4部分：运行管理	全国沼气标准化技术委员会（SCA/TC 515）	规定了沼气工程运行管理、维护保养、安全操作的一般原则以及各个建（构）筑物、仪器设备运行管理、维护保养、安全操作的专门要求；适用于已建成并通过验收的沼气工程	农村能源与资源
235	NY/T 1220.5—2019	沼气工程技术规范 第5部分：质量评价	全国沼气标准化技术委员会（SCA/TC 515）	规定了沼气工程质量的基本评价指标和沼气工程质量的划分，并给出了沼气工程质量评价的方法；适用于新建、改建和扩建的沼气工程，不适用于评价农村户用沼气池	农村能源与资源
236	NY/T 1220.6—2014	沼气工程技术规范 第6部分：安全使用	全国沼气标准化技术委员会（SCA/TC 515）	规定了沼气工程安全使用的基本要求、控制沼气安全影响因素的一般要求、安全防护设施、安全管理措施；适用于已建成并验收投入使用的沼气工程	农村能源与资源
237	NY/T 1221—2006	规模化畜禽养殖场沼气工程运行、维护及其安全技术规程	全国沼气标准化技术委员会（SCA/TC 515）	规定了"规模化畜禽养殖沼气工程"运行、维护及其安全技术要求；适用于规模化畜禽养殖场和规模化间养小区的"沼气工程"	农村能源与资源

（续）

序号	标准号	标准名称	归口/制定部门	内容	类别
238	NY/T 1222—2006	规模化畜禽养殖场沼气工程设计规范	全国沼气标准化技术委员会（SCA/TC 515）	规定了规模化畜禽养殖场沼气工程的设计范围、原则以及主要参数选取等；适用于新建、改建和扩建的规模化畜禽养殖场沼气工程的设计；畜禽养殖场沼气工程设计可参照执行	农村能源与资源
239	NY/T 1233—2006	草原资源与生态监测技术规程	农业部	规定了术语和定义、总纲、草原资源面积监测、草原第一性生产力监测、草原退化、沙化、盐渍化监测、草原保护与建设工程效益监测等；适用于全国各级行政区域草原资源与生态监测	种植业
240	NY/T 1237—2006	草原围栏建设技术规程	农业部	规定了术语和定义、围栏工程设计、验收原则；适用于天然草原、人工草地、改良草地以及自然保护区的网围栏和刺刷钢丝围栏建设	种植业
241	NY/T 1259—2007	基本农田环境质量保护技术规范	农业部	规定了基本农田环境质量保护的内容、编制大纲、基本农田环境质量影响评价、基本农田环境污染事故调查与分析、基本农田环境质量现状监测与评价以及基本农田环境质量发展趋势报告书编写等；适用于基本农田环境质量保护	种植业
242	NY/T 1261—2007	农田污染区登记技术规范	农业部	规定了农田污染区的术语和定义、分类和特征以及登记技术流程；适用于农田污染区的调查登记	种植业
243	NY/T 1342—2007	人工草地建设技术规程	农业部	规定了术语和定义、规划设计、围栏建设、土壤处理、播前准备、播种、管理、利用、检查验收等；适用于中华人民共和国境内人工草地的建设	种植业

（续）

序号	标准号	标准名称	归口/制定部门	内容	类别
244	NY/T 1420—2007	温室工程质量验收通则	农业部	规定了温室工程质量验收的内容、程序、一般要求以及竣工验收应提交的文件与竣工后的质量保修与使用管理人员培训要求；适用于生产、科研用温室的工程质量验收。途温室可参照执行	种植业
245	NY/T 1451—2018	温室通风设计规范	全国农业机械标准化技术委员会农业机械化分技术委员会（SAC/TC 201/SC 2）	规定了温室通风设计基本要求、室内空气设计参数、必要通风量计算、自然通风设计、风机通风系统设计、室内空气循环系统年运行调整方案设计等内容	种植业
246	NY/T 1496.4—2014	农村户用沼气输气系统 第4部分：设计与安装规范	全国沼气标准化技术委员会（SAC/TC 515）	规定了农村户用沼气池输气系统的系统组成、系统设计、系统安装、质量验收和运行维护的要求；适用于压力＜10kPa的户用沼气池输气系统的设计与安装	农村能源与资源
247	NY/T 1566—2007	标准化肉鸡养殖场建设规范	全国畜牧业标准化技术委员会	规定了标准化肉鸡养殖场（以下简称养殖场）的建设内容、生产工艺、选址、布局、舍内环境、建筑基本要求、公用工程、防疫设施和环境保护的基本要求；适用于肉种鸡年提供50万只以上商品肉鸡存栏2 000只以上的父母代肉种鸡场，年出雏量5 000只以上的孵化厂，单批饲养5 000只以上肉鸡的建设	畜牧业
248	NY/T 1567—2007	标准化奶牛场建设规范	全国畜牧业标准化技术委员会	规定了奶牛场的选址、场区布局、牛舍、饲料、卫生防疫以及配套工程等方面的要求；适用于规模化奶牛场	畜牧业

（续）

序号	标准号	标准名称	归口/制定部门	内容	类别
249	NY/T 1568—2007	标准化规模养猪场建设规范	全国畜牧业标准化技术委员会	规定了标准化规模养猪场的专业术语、建设规模与项目构成、场址与建设条件、工艺与设备、规划布局、猪舍建筑、配套工程、粪污无害化处理、防疫设施和主要技术经济指标；适用于自繁自养模式、年出栏 300～5 000 头商品猪的标准化规模养猪场、养猪小区和专业户	畜牧业
250	NY/T 1604—2008	人参产地环境技术条件	农业部种植业管理司	规定了人参产地选择要求、环境空气质量、灌溉水质量、土壤环境质量的各个项目要求、采样方法以及试验方法；适用于人参产地环境要求	种植业
251	NY/T 1620—2016	种鸡场动物卫生规范	全国动物卫生标准化技术委员会（SAC/TC 181）	规定了种鸡饲养场的选址和布局、设施设备、动物防疫、投入品控制、内部管理以及鸡只福利等要求；主要适用于种鸡饲养场的动物卫生控制	畜牧业
252	NY/T 1634—2008	耕地地力调查与质量评价技术规程	农业部种植业管理司	规定了耕地地力与地环境质量调查与评价的方法、程序与内容；适用于耕地地力与园地地力与园地环境质量的调查与评价	种植业
253	NY/T 1636—2008	高效预制组装架空炕连灶施工工艺规程	农业部	规定了高效预制组装架空炕连灶及热性能指标；适用于高效预制组装架空炕连灶的施工、其他类型炕连灶参照执行	农村生活与环境
254	NY/T 1639—2008	农村沼气 "一池三改" 的技术规范	农业部科技教育司	规定了农村户用沼气池、圈舍、厕所、厨房的总体布局、技术要求、建设要求、管理方法以及操作和安全规程；适用于农村户用沼气池与圈舍、厕所和厨房的配套建设和改造	农村能源与资源

（续）

序号	标准号	标准名称	归口/制定部门	内容	类别
255	NY/T 1699—2016	玻璃纤维增强塑料户用沼气池技术条件	全国沼气标准化技术委员会（SAC/TC 515）	规定了以玻璃纤维为增强材料、以树脂为基体的玻璃纤维增强塑料户用沼气池（以下简称"玻璃钢户用沼气池"）及拱盖（以下简称"玻璃钢拱盖"）的技术要求、试验方法、检验规则及标志、包装、运输和储存等内容；适用于以片状模塑料生产工艺生产的（SMC）模压成型、缠绕成型、手糊成型和喷射成型以玻璃钢拱盖作为储气间的、容积不大于10m³的户用玻璃钢沼气池和以玻璃钢拱盖作为储气间的沼气池	农村能源与资源
256	NY/T 1702—2009	生活污水净化沼气池技术规范	农业部	适用于小城镇和村镇及排水管网覆盖不到的城市生活污水净化池的建造；规定了净化池的设计、工程质量验收和运行管理的技术要求和方法	农村能源与资源
257	NY/T 1703—2009	民用水暖炉采暖系统安装及验收规范	农业部	规定了民用水暖炉自然循环采暖系统的安装、施工及验收规范；适用于采暖系统最高高度不超过10m，炉具出口水温不高于85℃的民用水暖炉采暖系统	农村生活与环境
258	NY/T 1704—2009	沼气电站技术规范	农业部	规定了沼气发电站的总体布置、基本建设内容、安全运行等要求；适用于装机容量10～10 000kW 的沼气发电站	农村能源与资源
259	NY/T 1715—2009	农业建设项目初步设计文件编制规范	农业部发展计划司	规定了术语和定义、总则、初步设计说明、初步设计图纸、农机具和仪器设备清单、初步设计概算的编制，适用于使用政府投资农业建设项目初步设计文件的编制；使用其他投资建设的农业投资兴建项目可参照执行	基础
260	NY/T 1716—2009	农业建设项目投资估算内容与方法	农业部发展计划司	规定了总则、投资估算文件组成、项目建设项目费用构成、投资估算编制内容和方法、投资估算表、投资估算的编制，以及建设规划、项目建议书可参照本标准执行。适用于使用政府投资农业建设项目投资估算的编制、评审、批复。使用其他投资兴建的农业投资项目投资估算的编制、评审、批复可参照执行	基础

（续）

序号	标准号	标准名称	归口/制定部门	内容	类别
261	NY/T 1717—2009	农业建设项目验收技术规程	农业部发展计划司	规定了术语和定义、总则、农业田间工程中间验收、农业建筑工程中间验收、单项工程验收、农机具和仪器设备验收、农业安装工程验收、农业建设项目竣工验收、农业建设项目初步验收、农业建设项目竣工验收、农业建设项目后建设工作；使用其他投资建设的农业建设项目可参照执行	基础
262	NY/T 1718—2009	农业非经营性建设项目经济评价方法	农业部发展计划司	规定了农业非经营性建设项目的定义和评价方法，以及农业非经营性项目投资细化的评价指标；适用于农业非经营性建设项目的申报、评估与审批	基础
263	NY/T 1719—2009	农业建设项目通用术语	农业部市场与经济信息司	规定了农业建设项目中通用名词术语的定义的内涵和外延；适用于以政府为投资主体的农业建设项目规划、立项、实施、竣工验收和后评价等项目建设和管理，也适用于其他农业建设项目	基础
264	NY/T 1755—2009	畜禽舍通风系统技术规程	全国畜牧业标准化技术委员会	规定了畜禽舍通风系统的术语和定义、自然通风系统技术要求和机械通风系统技术要求；适用于畜禽舍的通风系统设计	畜牧业
265	NY/T 1766—2019	农业机械化统计基础指标	全国农业技术委员会农业机械化分技术委员会（SAC/TC 201/SC 2）	规定了农业机械化统计的基础指标；适用于农业机械化统计工作	基础
266	NY/T 1832—2009	温室钢结构安装与验收规范	农业部	规定了温室钢结构安装与验收的术语和定义、一般要求、材料和成品进场检验及现场堆放与贮存、主体结构安装及检验规则；适用于单栋温室，不适用于大跨度异型钢结构温室。钢结构塑料大棚和日光温室的安装与验收可参照执行	种植业

（续）

序号	标准号	标准名称	归口/制定部门	内容	类别
267	NY/T 1899—2010	草原自然保护区建设技术规范	全国畜牧业标准化技术委员会（SAC/TC 274）	规定了草原自然保护区建设的原则和内容；适用于所有草原自然保护区的建设	种植业
268	NY/T 1914—2010	农村太阳能光伏室外照明装置安装规范	农业部科技教育司	规定了农村太阳能光伏室外照明装置安装时的一般要求、技术准备、照明指标以及安装要求；适用于中国农村乡镇和村庄的道路、庭院、公共场所以及人行道路照明用的太阳能光伏室外照明装置	农村能源与资源
269	NY/T 1936—2010	连栋温室采光性能测试方法	农业部农业机械化管理司	规定了温室采光性能测试的性能参数、测量仪器、测试方法和测试能报告；适用于连栋标准温室采光性能的测试；单跨温室大棚等其他园艺设施的采光性能测试可参照执行	种植业
270	NY/T 1966—2010	温室覆盖材料安装与验收规范塑料薄膜	农业部农业机械化管理司	规定了温室塑料薄膜安装前的准备、安装技术要求、验收程序与方法以及工程质量验收应提交的技术文件；适用于以塑料薄膜作为覆盖材料、以卡槽-卡簧和卡条方式固定薄膜的新建和改扩建温室；日光温室和塑料棚等塑料薄膜安装和更换可参照执行	种植业
271	NY/T 2000—2011	水果气调库贮藏通则	农业部农产品加工局	规定了水果气调库贮藏通则，包括水果气调库类型、气调库检测、维护与维修、气调管理；适用于水果的气调贮藏	种植业
272	NY/T 2077—2011	种公猪站建设技术规范	全国畜牧业标准化技术委员会（SAC/TC 274）	规定了种公猪站的选址、布局、防疫、基础设施、种公猪、仪器设备、人员要求、规程和管理制度；适用于种公猪站建设	畜牧业

（续）

序号	标准号	标准名称	归口/制定部门	内容	类别
273	NY/T 2078—2011	标准化养猪小区项目建设规范	全国畜牧业标准化技术委员会（SAC/TC 274）	规定了标准化养猪小区的建设规模与项目构成、场址与建设条件、工艺与设备、规划布局、猪场建筑、配套工程、粪污无害化处理、防疫设施和主要技术经济指标；适用于年出栏 500～10 000 头商品猪，采用自繁自养模式的标准化养猪小区	畜牧业
274	NY/T 2079—2011	标准化奶牛养殖小区项目建设规范	全国畜牧业标准化技术委员会（SAC/TC 274）	规定了奶牛养殖小区建设项目选址、工艺设备、规划布局、建筑、配套工程、防疫设施及主要技术经济指标；适用于年成母牛存栏 200～800 头的奶牛养殖小区建设	畜牧业
275	NY/T 2080—2011	旱作节水农业工程项目建设规范	农业部发展计划司	规定了旱作节水农业工程项目的建设原则、选址与规划、工程建设内容与标准等；适用于旱作节水农业项目的新建、改造和项目管理	种植业
276	NY/T 2081—2011	农业工程项目建设标准编制规范	农业部农产品质量安全监管局	规定了农业工程项目建设标准的编写原则和编制要求；适用于农业工程项目建设标准的编写、修订和审定；渔港工程建设标准的编写、修订及审定也可参考	基础
277	NY/T 2132—2012	温室灌溉系统设计规范	农业部农业机械化管理司	规定了温室滴灌、微喷灌、移动式喷灌和潮汐灌溉系统设计的技术要求；适用于温室滴灌、移动式喷灌和塑料棚膜灌溉系统的设计	种植业
278	NY/T 2133—2012	温室湿帘-风机降温系统设计规范	农业部农业机械化管理司	规定了温室湿帘-风机降温系统设计用室内外计算参数的确定、温室冷负荷计算、湿帘-风机系统进风风量与湿帘面积计算、湿帘与通风机布局、通风机选型和湿帘配水系统设置的要求和方法；适用于温室湿帘-风机降温系统设计	种植业

（续）

序号	标准号	标准名称	归口/制定部门	内容	类别
279	NY/T 2134—2012	日光温室主体结构施工与安装验收规程	农业部农业机械化管理司	规定了日光温室主体结构的施工与安装验收的一般要求、材料堆放和贮存、现场堆码和要求、施工程序和要求以及验收方法；适用于无立柱钢骨架日光温室（不含后屋面）的施工与安装验收；其他形式的日光温室可参照执行	种植业
280	NY/T 2136—2012	标准果园建设规范 苹果	全国果品标准化技术委员会（SAC/TC 510）	规定了苹果果园地要求、栽培管理、采后处理、质量控制等内容；适用于苹果标准园建设	种植业
281	NY/T 2141—2012	秸秆沼气工程施工操作规程	全国沼气标准化技术委员会（SAC/TC 515）	规定了秸秆沼气工程施工操作的一般原则、以及主要建（构）筑物的施工、电气设备仪表安装的施工、消防设施的施工、附属建筑物的施工及给排水及供热工程的施工基本操作规程；适用于农作物秸秆为主要原料的沼气工程施工，不适用于农村户用秸秆沼气	农村能源与资源
282	NY/T 2142—2012	秸秆沼气工程工艺设计规范	全国沼气标准化技术委员会（SAC/TC 515）	规定了秸秆沼气工程工艺设计的一般规定、设计内容、主要技术参数和工程设计参数；适用于以农作物秸秆为主要原料（发酵原料中秸秆干物质含量大于50%）沼气工程的工艺设计，不适用于农村户用沼气	农村能源与资源
283	NY/T 2148—2012	高标准农田建设标准	农业部发展计划司	规定了高标准农田建设术语、区域划分、农田综合生产能力、高标准农田建设内容、田间工程、选址条件及项目的规划等方面的内容；适用于高标准农田项目的评估、建设、可行性研究报告和初步设计等文件编制以及项目目的规划、建设、检查和验收	种植业

（续）

序号	标准号	标准名称	归口/制定部门	内容	类别
284	NY/T 2164—2012	马铃薯脱毒种薯繁育基地建设标准	农业部发展计划司	规定了马铃薯脱毒种薯繁育基地的基地规模与项目构成、选址与建设条件、生产工艺与配套设施、功能分区与规划布局、资质与管理和主要技术指标；适用于新建、改建及扩建的马铃薯脱毒种薯繁育基地	种植业
285	NY/T 2165—2012	鱼、虾遗传育种中心建设标准	农业部发展计划司	规定了鱼、虾遗传育种中心建设项目的选址与建设条件、建设规模与项目构成、工艺与设备、建设用地与规划布局、人员建设和主建筑工程及配套设施、环境保护、虾遗传育种中心建设项目要求和同步设计和监督、编制、评估审批；也适用于审查和设计和监督、检查项目建设过程	渔业
286	NY/T 2166—2012	橡胶树苗木繁育基地建设标准	农业部发展计划司	规定了橡胶树苗木繁育基地建设的基本要求、更新重建项目的新建、更新重建；应结合当地情县级以上橡胶树苗木繁育基生产建设项目况，灵活投资的橡胶树苗木繁育类苗木建设项目建设；其他执行本标准的橡胶树苗木，适用于我国可参照本标准；不适用于科研、试验性质的橡胶树育苗场地建设	种植业
287	NY/T 2167—2012	橡胶树种植基地建设标准	农业部发展计划司	规定了橡胶树种植基地建设的基本要求、更新重建、扩建项目建设；适用于我国县级以上橡胶树种植基地的新建、更新重建；可结合当地情况灵活境外投资的橡胶树种植基地项目建设；在执行本标准的橡胶种植项目建设可以参照本标准；其他类型的橡胶树种植本标准；不适用于科研、试验为主要目的的橡胶树种植项目建设	种植业

（续）

序号	标准号	标准名称	归口/制定部门	内容	类别
288	NY/T 2168—2012	草原防火物资储备库建设标准	农业部发展计划司	规定了草原防火物资储备库建设选址、建设规模与项目构成、规划布局，建筑与结构、配套工程，储备物资装备及主要技术经济指标；适用于省、市、县级草原防火物资储备库（站）新建、改建或扩建项目可参照	种植业
289	NY/T 2169—2012	种羊场建设标准	农业部发展计划司	规定了种羊场的场址选择、场区布局，配套工程、工艺和设备，建筑和结构，防疫设施和主要技术经济指标；适用于农区、半农半牧区、牧区羊场的新建、改建及扩建种羊场（包括绵羊场和山羊场）；种母羊存栏300～3 000只的新建、改建及其他类型羊场建设亦可参照执行	畜牧业
290	NY/T 2170—2012	水产良种场建设标准	农业部发展计划司	规定了水产良种场建设的原则，项目规划布局及工程建设内容与要求；水产良种场资质评估及考核管理等四大家鱼国家级主要淡水养殖品种水产良种场建设项目评估、设施设计、设备配置，竣工验收及水产良种场产后管理的评估、考核管理	渔业
291	NY/T 2171—2012	蔬菜标准园建设规范	农业部种植业管理司	规定了蔬菜标准园建园的园地要求，栽培管理、采后处理，产品要求、质量管理；适用于全国蔬菜标准园建设	种植业
292	NY/T 2172—2012	标准茶园建设规范	农业部种植业管理司	规定了标准茶园的建设规模与规划、园地要求，栽培管理、加工要求，产品要求和管理体系等；适用于标准茶园的建设及管理	种植业
293	NY/T 2173—2012	耕地质量预警规范	农业部种植业管理司	规定了耕地质量预警涉及的术语和定义及预警原则、体系构建，预警流程与方法，结果发布与预警的要求；适用于耕地质量预警	种植业

（续）

序号	标准号	标准名称	归口/制定部门	内容	类别
294	NY/T 2194—2012	农业机械田间行走道路技术规范	全国农业机械标准化技术分技术委员会农业机械化分技术委员会（SAC/TC 201/SC 2）	规定了农业机械田间行走道路的术语和定义、技术要求、检验方法和评定规则；适用于硬化路面和砂石路面的农业机械田间行走道路（以下简称田间道路）的建设	种植业
295	NY/T 2240—2012	国家农作物品种试验站建设标准	农业部发展计划司	规定了国家农作物品种试验站建设的基本要求；适用于国家级农作物品种试验站建设的新建、改建、扩建；不适用于品质等特性鉴定的专用性农作物品种试验站建设可参照本标准执行；省级农作物品种试验站建设可作为编制农作物品种试验站建设项目建议书、可行性研究报告和初步设计的依据	种植业
296	NY/T 2241—2012	种猪性能测定中心建设标准	农业部发展计划司	规定了种猪性能测定中心的建设规模与项目构成、场址与建设用地、工艺与设备、建筑工程与附属设施、防疫设施，环境保护和主要技术经济指标等；适用于每年度测定种200头以上的种猪性能测定中心建设；测定能力在200头种猪以下同时测定可参照执行	畜牧业
297	NY/T 2242—2012	农业部农产品质量安全监督检验检测中心建设标准	农业部	规定了农业部农产品质量安全监督检验检测中心（简称部级质检中心）的新建工程以及建设和扩建工程的基本要求；适用于编制部级质检中心建设项目建议书、可行性研究报告和初步设计的依据	种植业/畜牧业/渔业
298	NY/T 2243—2012	省级农产品质量安全监督检验检测中心建设标准	农业部	规定了省级农产品质量安全监督检验检测中心（简称省级质检中心）的新建工程以及建设和扩建工程的基本要求；适用于省级质检中心建设项目建议书、可行性研究报告和初步设计的依据	种植业/畜牧业/渔业

附　表

（续）

序号	标准号	标准名称	归口/制定部门	内容	类别
299	NY/T 2244—2012	地市级农产品质量安全监督检验检测机构建设标准	农业部	规定了地市级农产品质量安全监督检验检测机构（简称地市级质检机构）建设的基本要求；适用于地市级质检机构的新建工程以及改建和扩建工程，可作为编制地市级质检机构建设项目的可行性研究报告和初步设计的依据	种植业/畜牧业/渔业
300	NY/T 2245—2012	县级农产品质量安全监督检测机构建设标准	农业部	规定了县级农产品质量安全监督检测机构（县级质检机构）建设的基本要求；适用于县级质检机构的新建工程以及改建和扩建工程，可作为编制县级质检机构建设项目的可行性研究报告和初步设计的依据	种植业/畜牧业/渔业
301	NY/T 2246—2012	农作物生产基地建设标准 油菜	全国蔬菜标准化技术委员会（SAC/TC 467）	规定了国家农作物——油菜生产基地的建设标准；适用于新建、改建、扩建国家农作物（油菜）生产基地，可作为编制农作物生产基地（油菜）规划方案、项目建议书、可行性研究报告、初步设计的依据	种植业
302	NY/T 2247—2012	农田建设规划编制规程	农业部发展计划司	规定了农田建设规划编制的要求、内容、编制准备工作、成果的提交和规划报批；适用于全国地、市、县、乡各级行政单位的农田建设规划的编制	种植业
303	NY/T 2256—2012	热带水果非疫区及非疫生产点建设规范	农业部热带作物及制品标准化技术委员会	规定了热带水果非疫区及非疫生产点建立、保持、撤销和恢复的要求和程序；适用于我国热带水果非疫区及非疫生产点的建设	种植业
304	NY/T 2365—2013	农业科技园区建设规范	农业部乡镇企业局	规定了农业科技园区的建设内容、基础设施建设、环境、科技研发与推广，组织管理和综合效益；适用于地市级及以上农业科技园区核心区的规划、设计、施工、验收、管理和评价；县级农业科技园区建设可参照执行	乡村产业

（续）

序号	标准号	标准名称	归口/制定部门	内容	类别
305	NY/T 2366—2013	休闲农庄建设规范	农业部乡镇企业局	规定了休闲农庄的整体环境、功能分区、活动项目、餐饮、住宿、道路、水电、景观等建设内容；适用于休闲农庄的新建、扩建或改建	乡村产业
306	NY/T 2368—2013	农田水资源利用效益观测与评价技术规范 总则	农业部种植业管理司	规定了农田水资源利用效益观测内容、评价指标与评价方法；适用于农田水资源利用效益观测与评价	种植业
307	NY/T 2371—2013	农村沼气集中供气工程技术规范	全国沼气标准化技术委员会（SAC/TC 515）	规定了农村沼气集中供气工程建设和管理等方面的技术要求；适用于新建的农村沼气集中供气工程，不适用于农村户用沼气池、扩建或改建的农村沼气集中供气工程参照执行	农村能源与资源
308	NY/T 2372—2013	秸秆沼气工程运行管理规范	全国沼气标准化技术委员会（SAC/TC 515）	规定了秸秆沼气工程运行管理、维护保养和安全操作等方面的技术要求；适用于新建、扩建或改建的秸秆沼气工程，不适用于农村户用秸秆沼气	农村能源与资源
309	NY/T 2373—2013	秸秆沼气工程质量验收规范	全国沼气标准化技术委员会（SAC/TC 515）	规定了秸秆沼气工程建设质量验收的内容和检验方法；适用于新建、扩建或改建的秸秆沼气工程，不适用于农村户用秸秆沼气	农村能源与资源
310	NY/T 2374—2013	沼气工程沼液沼渣后处理技术规范	全国沼气标准化技术委员会（SAC/TC 515）	规定了从沼气工程厌氧消化器排出的沼液沼渣实现资源化利用或达标处理的技术要求；适用于以畜禽粪便、农作物秸秆等农业有机废弃物为主要发酵原料的沼气工程，以其他有机质为发酵原料的沼气工程参照执行	农村能源与资源
311	NY/T 2442—2013	蔬菜集约化育苗场建设标准	农业部发展计划司	规定了蔬菜集约化育苗场建设的内容和技术要求；适用于蔬菜集约化育苗场新建工程，改建、扩建工程项目可参照执行	种植业

序号	标准号	标准名称	归口/制定部门	内容	类别
312	NY/T 2443—2013	种畜禽性能测定中心建设标准 奶牛	农产品质量安全监管局	规定了奶牛生产性能测定中心建设规模、工作流程与设备、建设内容、选址与布局、建筑工程、项目建设投资指标、项目建设工期和劳动定员等要求；适用于奶牛生产性能测定中心的建设，其他乳用品参数测试实验室可参照执行	畜牧业
313	NY/T 2449—2013	农村能源术语	农业部农业生态与资源保护总站	规定了农村能源术语、定义，适用于农村能源建设中的技术推广、生产经营、管理、科研、教学及其他应用领域	农村能源与资源
314	NY/T 2450—2013	户用沼气池材料技术条件	全国沼气标准化技术委员会（SAC/TC 515）	规定了用混凝土和砖砼结构、用玻璃纤维增强塑料、ABS塑料、PP塑料生产户用沼气池的材料质量、生产工艺和检验方法；适用于厌氧发酵容积8～12m³的用混凝土和砖砼结构、用玻璃纤维增强塑料、ABS塑料、PP塑料生产户用沼气池、不适合混凝土顶制板和塑料软体沼气池	农村能源与资源
315	NY/T 2451—2013	户用沼气池运行维护规范	全国沼气标准化技术委员会（SAC/TC 515）	规定了户用沼气池发酵启动、运行管理和安全维护方法；适用于厌氧发酵容积为8～12m³的户用沼气池发酵启动、运行管理和安全维护	农村能源与资源
316	NY/T 2452—2013	户用农村能源生态工程西北模式施工与使用管理技术规范	全国沼气标准化技术委员会（SAC/TC 515）	规定了户用农村能源生态工程西北模式的设计、施工与使用管理技术要点；适用于新建和改建的户用农村能源生态工程西北模式	农村能源与资源
317	NY/T 2533—2013	温室灌溉系统安装验收规范	农业部农业机械化管理司	规定了温室滴灌、微喷灌、移动式喷灌机和潮汐灌四种灌溉系统安装质量的控制、检验和验收规则；适用于连栋温室、日光温室和塑料大棚采用上述灌溉系统时安装质量的控制、检验和验收	种植业

（续）

序号	标准号	标准名称	归口/制定部门	内容	类别
318	NY/T 2537—2014	农村土地承包经营权调查规程	农业部农村经济体制与经营管理司	规定了农村土地承包经营权调查的任务、内容、步骤、方法、指标、成果和要求；适用于农村土地（耕地等）承包经营权确权登记颁证进行的调查工作	公用
319	NY/T 2597—2014	生活污水净化沼气池标准图集	全国沼气标准化技术委员会（SAC/TC 515）	给出了生活污水净化沼气池建造及配套技术的选用设计；适用于村镇生活污水排水工程	农村能源与资源
320	NY/T 2598—2014	沼气工程储气装置技术条件	全国沼气标准化技术委员会（SAC/TC 515）	规定了设计压力 P≤0.6MPa，有效容积 V 为 50～3 000m³，用于沼气工程的储气装置分类选择及技术条件；适用于新建、改建和扩建的沼气工程作为沼气储存、缓冲、稳压等的储气装置	农村能源与资源
321	NY/T 2599—2014	规模化畜禽养殖场沼气工程验收规范	全国沼气标准化技术委员会（SAC/TC 515）	规定了规模化畜禽养殖场沼气工程验收的内容和要求；适用于新建、扩建与改建的规模化畜禽养殖沼气工程	农村能源与资源
322	NY/T 2600—2014	规模化畜禽养殖场沼气工程设备选型技术规范	全国沼气标准化技术委员会（SAC/TC 515）	规定了规模化畜禽养殖场沼气工程的设备分类及主要参数选取等；适用于新建、改建和扩建的规模化畜禽养殖沼气工程，指导不同工艺类型、不同规模的沼气工程进行工艺及装置及设备选择	农村能源与资源
323	NY/T 2601—2014	生活污水净化沼气池施工规程	全国沼气标准化技术委员会（SAC/TC 515）	规定了生活污水净化沼气池施工的实施程序和技术要求；适用于新建、扩建与改建生活污水净化沼气池，不适用于农村户用沼气池	农村能源与资源

（续）

序号	标准号	标准名称	归口/制定部门	内容	类别
324	NY/T 2602—2014	生活污水净化沼气池运行管理规程	全国沼气标准化技术委员会（SAC/TC 515）	规定了生活污水净化沼气池（以下简称"净化池"）运行管理的要求与方法；适用于分散式处理生活污水而修建的净化池的运行管理	农村能源与资源
325	NY/T 2626—2014	补充耕地质量评定技术规范	农业部种植业管理司	规定了补充耕地质量评定的资料准备、实地踏勘、样品采集、样品检测、综合评价等环节的技术内容、方法和程序	种植业
326	NY/T 2627—2014	标准果园建设规范 柑橘	全国果品标准化技术委员会（SAC/TC 510）	规定了柑橘园地要求、栽培管理、采后处理、产品要求、组织与质量管理等内容；适用于柑橘标准果园建设	种植业
327	NY/T 2628—2014	标准果园建设规范 梨	全国果品标准化技术委员会（SAC/TC 510）	规定了梨园地要求、栽培管理、采后处理、产品要求、质量控制等内容；适用于梨标准果园建设	种植业
328	NY/T 2661—2014	标准化养殖场 生猪	全国畜牧业标准化技术委员会（SAC/TC 274）	规定了标准化生猪养殖场的基本要求、选址与布局、生产设施设备、管理与防疫、废弃物处理和生产水平等；适用于商品肉猪规模养殖场的标准化生产	畜牧业
329	NY/T 2662—2014	标准化养殖场 奶牛	全国畜牧业标准化技术委员会（SAC/TC 274）	规定了奶牛标准化养殖场的基本要求、选址与布局、生产设施设备、管理与防疫、废弃物处理、生产水平和质量安全等；适用于奶牛规模养殖场的标准化生产	畜牧业
330	NY/T 2663—2014	标准化养殖场 肉牛	全国畜牧业标准化技术委员会（SAC/TC 274）	规定了肉牛标准化肥育牛场的基本要求、选址与布局、生产设施设备、管理与防疫、废弃物处理和生产水平；适用于肉牛规模肥育牛场的标准化生产	畜牧业

（续）

序号	标准号	标准名称	归口/制定部门	内容	类别
331	NY/T 2664—2014	标准化养殖场 蛋鸡	全国畜牧业标准化技术委员会（SAC/TC 274）	规定了蛋鸡标准化养殖场的基本要求、选址及布局、生产设施与设备、管理与防疫、废弃物处理及生产水平等；适用于商品蛋鸡规模养殖场的标准化生产	畜牧业
332	NY/T 2665—2014	标准化养殖场 肉羊	全国畜牧业标准化技术委员会（SAC/TC 274）	规定了肉羊标准化肥育场的基本要求、选址与布局、生产设施与设备、管理与防疫、废弃物处理的标准化生产；适用于肉羊规模养殖场的标准化生产	畜牧业
333	NY/T 2666—2014	标准化养殖场 肉鸡	全国畜牧业标准化技术委员会（SAC/TC 274）	规定了肉鸡标准化养殖场的基本要求、选址和布局、生产设施与设备、管理与防疫、废弃物处理和生产水平等；适用于商品肉鸡规模养殖场的标准化生产	畜牧业
334	NY/T 2698—2015	青贮设施建设 技术规范 青贮窖	全国畜牧业标准化技术委员会（SAC/TC 274）	规定了青贮窖建设的基本要求、建设规模、施工设计、材料选择及施工技术要点等；适用于青贮窖建设	种植业
335	NY/T 2708—2015	温室透光覆盖材料安装与验收规范 玻璃	农业部农业机械化管理司	规定了温室透光覆盖材料玻璃安装分项工程的一般规定、材料进场与储存、安装技术要求、验收程序与方法；适用于建温室以铝合金型材镶嵌玻璃为透光覆盖的新建或扩建或改扩建的新建温室玻璃安装分项工程；其他材料镶嵌玻璃或光伏组件作为透光覆盖材料时可参照执行	种植业
336	NY/T 2710—2015	茶树良种繁育基地建设标准	农业部发展计划司	可作为编写茶树良种繁育基地项目规划、建议书、可行性研究报告、初步设计文件的依据；适用于政府投资建设的茶树良种繁育基地项目决策、实施、监督、检查、验收等工作，其他社会投资的同类项目可参照执行	种植业

（续）

序号	标准号	标准名称	归口/制定部门	内容	类别
337	NY/T 2711—2015	草原监测站建设标准	农业部农产品质量安全监管局	规定了草原监测站建设条件、建设内容与规模、主要经济指标等方面的内容；适用于新建、改建草原监测站的规划、建议书、可行性研究报告和设计等文件编制以及项目的评估、立项、实施、检查和验收	种植业
338	NY/T 2712—2015	节水农业示范区建设标准总则	农业部发展计划司	规定了节水农业示范区建设的原则、目标、规模、选址、内容与要求等；适用于指导全国节水农业示范区建设工作	种植业
339	NY/T 2771—2015	农村秸秆青贮氨化设施建设标准	农业部农产品质量安全监管局	为了规范农村秸秆青贮氨化设施建设内容、合理确定农村秸秆青贮氨化设施建设规模、水平和选址，为农村秸秆青贮氨化设施建设和项目投资决策提供依据而制定；适用于新建、改（扩）建农村秸秆青贮氨化设施等文件编制、项目建设的评估、检查和验收。秸秆青贮池、青贮池也可以用于秸秆氨化，适用于秸秆青贮池、氨化池建设，以及农村秸秆青贮氨化设施的初步设计等文件编制；其他秸秆青贮氨化、氨化池、氨化设施可参照	种植业
340	NY/T 2772—2015	农业建设项目可行性研究报告编制规程	农业部	为规范农业建设项目可行性研究报告编制，保证编制的质量和科学性、完整性而制定；适用于农业部门主管的、申请使用中央或地方财政资金支持的新建、改造、扩建农业建设项目可行性研究报告的编制；其他农业项目可参照执行，特殊要求的按其要求编写	基础

（续）

序号	标准号	标准名称	归口/制定部门	内容	类别
341	NY/T 2773—2015	农业机械安全建设标准	农业部发展计划司	规定了农业机械安全技术检验、驾驶操作人员考试、事故现场勘察、安全教育和宣传教育及履行政府及行政道路交通安全法备等装备建设要求；适用于履行《中华人民共和国农业机械化促进法》、《中华人民共和国农业机械安全监督管理条例》及农业部配套规章赋予农业机械安全监督管理职责任务的部、省、地、县级农机安全监理机构	公用
342	NY/T 2774—2015	种兔场建设标准	农业部农产品质量安全监督局	是编制、评估和审批种兔场工程项目可行性研究报告的重要依据，也是有关部门审查项目初步设计和监督、检查项目建设过程的尺度；适用于肉用兔种兔场的新建、改建及扩建工程，毛用兔场、皮用兔场的建设可参照执行	畜牧业
343	NY/T 2775—2015	农作物生产基地建设标准 糖料甘蔗	农业部发展计划司	为加强对糖料甘蔗生产基地建设项目的科学决策和管理，推进技术进步、全面提高项目建设质量和投资效益而制定，编制、评估和审批国家糖料甘蔗建设项目可行性研究报告的重要依据，也是审查建设项目初步设计和监督、检查项目整个建设过程的参考尺度；适用于建设糖料甘蔗生产基地新建工程（扩）建工程可参照执行	种植业
344	NY/T 2776—2015	蔬菜产地批发市场建设标准	农业部农业工程建设服务中心	规定了蔬菜产地批发市场术语与定义、一般规定、建设规模与项目构成、选址与建设条件、工艺与设备、建设用地与规划布局、建筑工程及配套工程、节能节水与环境保护和主要技术经济指标等内容；适用于以经营蔬菜为主的农产品产地批发市场的新建项目和改、扩建项目，是编制、评估蔬菜产地批发市场项目可行性研究报告的依据的依据，评估蔬菜产地批发市场项目建议书，是有关部门评审、批复、监督检查和竣工验收项目目初步设计的参考依据	乡村产业

（续）

序号	标准号	标准名称	归口/制定部门	内容	类别
345	NY/T 2777—2015	玉米良种繁育基地建设标准	农业部发展计划司	规定了玉米良种繁育基地的一般规定、基地规模与项目构成、选址与建设条件、农艺与建设工程等内容，田间工程规划，适用于玉米良种繁育基地建设工程项目规划、可行性研究、初步设计等前期工作，也适用于项目建设管理、实施监督检查和竣工验收	种植业
346	NY/T 2858—2015	农家乐设施与服务规范	农业部农产品加工局（乡镇企业局）	规定了农家乐的术语和定义、基本原则、设施与服务基本要求、等级划分、评定，适用于全国范围内各类农家乐的建设、管理、评定	乡村产业
347	NY/T 2872—2015	耕地质量划分规范	农业部种植业管理司	规定了耕地质量区域划分、指标确定、耕地质量划分等内容，适用于耕地质量划分，也适用于园地质量划分	种植业
348	NY/T 2880—2015	生物质成型燃料工程运行管理规范	农业部发展计划司	规定了生物质成型燃料工程（点、站、场、厂等）的运行管理、维护保养、安全操作的规范，适用于已建成的生物质成型燃料工程	农村能源与资源
349	NY/T 2881—2015	生物质成型燃料工程设计规范	农业部发展计划司	规定了产业化生物质成型燃料工程选址、总体布置、工艺、建筑、电气、给排水、辅助工程等通用设计内容，适用于新建、扩建和改建的生物质成型燃料工程设计	农村能源与资源
350	NY/T 2901—2016	温室工程机械设备安装工程施工及验收通用规范	全国农业机械标准化技术委员会农业机械化分技术委员会（SCA/TC 201/SC 2）	规定了温室工程中机械设备安装工程施工的总则、施工条件、安装、试运转及验收等通用技术要求，适用于温室内或温室结构上安装的机械设备安装工程施工及验收	种植业

（续）

序号	标准号	标准名称	归口/制定部门	内容	类别
351	NY/T 2908—2016	生物质气化集中供气运行与管理规范	农业部科技教育司	规定了生物质气化集中供气站的启动、运行管理和设备维护；适用于以生物质为原料的气化集中供气站的运行管理与维护	农村能源与资源
352	NY/T 2949—2016	高标准农田建设技术规范	农业部种植业管理司	规定了高标准农田建设选址条件、规划、设计、施工、验收、管理、监测和评价等技术要求；适用于全国范围内高标准农田建设活动	种植业
353	NY/T 2967—2016	种牛场建设标准	农业部发展计划司	规定了种牛场建设的建设规模与项目构成、选址与建设条件、工艺与设备、场区规划布局、建筑与结构、配套工程、粪污无害化处理、防疫设施和主要技术经济指标；适用于新建、改（扩）建设的肉牛场、种牛场（站）的建设	畜牧业
354	NY/T 2968—2016	种猪场建设标准	农业部发展计划司	是编制、评估和审批种猪场工程项目可行性研究报告的重要依据，也是有关部门审查种猪场工程项目建设过程的尺度；适用于种猪场新建工程、改（扩）建工程可参照执行；不适用于无特定病原体（SPF）猪场	畜牧业
355	NY/T 2969—2016	集约化养鸡场建设标准	农业部发展计划司	是编制、评估和审批集约化养鸡场工程项目可行性研究报告的重要依据，也是有关部门审查鸡场工程项目建设过程的尺度；适用于集约化商品代肉鸡场和蛋鸡场新建工程、改（扩）建的工程可参照执行	畜牧业
356	NY/T 2970—2016	连栋温室建设标准	农业部发展计划司	是编制、评估、审批、审查连栋温室工程项目初步设计和监督检查项目建设的尺度；适用于以生产果蔬、苗木和花卉为主的连栋玻璃温室、连栋塑料温室、科研教学温室等新建工程项目。改（扩）建工程、展销温室、植物检疫隔离温室、光伏温室和单栋温室可参照执行。本标准不适用于日光温室和单栋塑料大棚工程项目	种植业

（续）

序号	标准号	标准名称	归口/制定部门	内容	类别
357	NY/T 2971—2016	家畜资源保护区建设标准	农业部发展计划司	规定了家畜资源保护区建设的一般规定、建设规模与项目构成，场址选择与建设条件、工艺与设备、防疫设施、无害化处理和主要技术经济指标；是编制、评估和审批家畜资源保护区审查工程项目初步设计和监督、检查项目整个建设过程的重要依据，也是有关部门认定的尺度；适用于已由国家级或省级畜牧兽医行政主管部门认定的猪、牛、羊、马、驴、驼等家畜资源保护区的新建、改建及扩建工程	畜牧业
358	NY/T 2972—2016	县级农村土地承包经营纠纷仲裁基础设施建设标准	农业部发展计划司	规定了县级农村土地承包经营纠纷调解仲裁基础设施（以下简称农村土地承包仲裁基础设施）建设水平；适用于农村土地承包仲裁基础设施的新建工程。改建、扩建工程参照执行；可作为编写农村土地承包仲裁基础设施可行性研究报告、初步设计和对项目监督检查和竣工验收的依据	公用
359	NY/T 3023—2016	畜禽粪污处理场建设标准	农业部发展计划司	规定了以畜禽养殖场（含养殖小区）类污处理场建设的基本要求。包括畜禽养殖规模与项目构成、选址与建设条件、工艺与设备、建筑工程及附属设施、建设用地与环境保护、安全与卫生、投资估算与劳动定员等；适用于不少于50头猪单位畜禽养殖场（含养殖小区）新建、扩建或改建粪污处理场的建设	畜牧业
360	NY/T 3024—2016	日光温室建设标准	农业部发展计划司	是编制、评估、审批日光温室建设工程项目可行性研究报告的重要依据，也是有关部门审查日光温室建设工程项目初步设计和监督检查项目建设的参考尺度；适用于北纬32°~48°地区以生产果蔬和花卉为主的日光温室新建工程项目，改（扩）建工程项目可参照执行	种植业

（续）

序号	标准号	标准名称	归口/制定部门	内容	类别
361	NY/T 3069—2016	农业野生植物自然保护区建设标准	农业部发展计划司	规定了农业野生植物自然保护区的术语和定义、建设条件、土地规划和工程建设内容及规格；适用于国家农业野生植物自然保护区建设	生态与自然保护
362	NY/T 3070—2016	大豆良种繁育基地建设标准	农业部发展计划司	规定了大豆良种繁育基地的建设规模与项目构成、工艺（农艺）与设备、功能分区与总体布局，田间工程与农业建筑工程、环保与节能等方面的内容和要求。是开展大豆良种繁育基地建设工程项目规划、项目建议书、可行性研究、初步设计等前期工作的依据，也是项目建设管理、监督检查和竣工验收的依据	种植业
363	NY/T 3071—2016	家畜性能测定中心建设标准 鸡	农业部发展计划司	为加强对家禽性能测定中心（鸡）建设项目决策和建设的科学管理，正确确定建设规范、合理确定建设水平、推动技术进步、全面提高投资效益而制定；是编制、评估和审批家禽性能测定中心（鸡）建设项目可行性研究报告的重要依据，也是有关部门审查工程项目初步设计和监督、检查项目整个建设过程的参考尺度。规定了家禽性能测定中心（鸡）的建设规模与项目构成，建设工艺与设备，项目选址与规划布局，饲养测定工艺与设施、防疫隔离设施、废弃物处理，环境保护及附属设施，品系或配套系测定鸡品种，品系指标等；适用于每年测定鸡品种、品系能力小于50个以上的家禽性能测定中心的建设，年测定能力小于50个鸡品种、品系或配套系的测定机构建设可参照执行	畜牧业

序号	标准号	标准名称	归口/制定部门	内容	类别
364	NY/T 3097—2017	北方水稻集中育秧设施建设标准	农业部发展计划司	规定了我国北方水稻集中育秧设施建设的总则、建设规模与项目构成、选址与建设条件、工艺与设备、生产设施、辅助生产及公用配套设施、节能节水、环境保护与安全生产和主要技术及经济指标等方面的内容	种植业
365	NY/T 3178—2018	水稻良种繁育基地建设标准	农业部发展计划司	规定了水稻良种繁育基地建设一般规定、建设规模与项目构成、选址与建设条件、良种生产作业的农艺与农机、田间工程、种子加工工艺与设备、建设工程等内容；适用于水稻良种繁育基地建设项目规划、可行性研究报告、初步设计编制等前期工作，也适用于水稻良种繁育基地的新建、改建和扩建工程的项目评估、建设管理、实施监督和竣工验收；适用于水稻良种繁育基地的新建、改建和扩建工程项目	种植业
366	NY/T 3189—2018	猪饲养场兽医卫生规范	全国动物卫生标准化技术委员会（SAC/TC 181）	规定了猪饲养场基本条件、疫病预防、饲养管理、检疫申报、疫情报告与处理、无害化处理、档案记录等方面的要求；适用于规模猪饲养场的兽医卫生管理	畜牧业
367	NY/T 3202—2018	标准化剑麻园建设规范	农业部热带作物及制品标准化技术委员会	规定了标准化剑麻园建设的术语和定义、园地要求、适用于剑麻园建设、麻园管理和质量控制等要求；其他剑麻品种的麻园建设可参照执行H.11648的园地品种	种植业
368	NY/T 3206—2018	温室工程催芽室性能测试方法	全国农业技术委员会农业机械化分技术委员会（SCA/TC 201/SC 2）	规定了温室工程催芽室的术语和定义、测试条件和测试方法；适用于温室工程催芽室。类似作物生长用途气候环境调控室可参照执行	种植业

（续）

序号	标准号	标准名称	归口/制定部门	内容	类别
369	NY/T 3211—2018	农业通风机节能选用规范	全国农业机械标准化技术委员会农业机械化分技术委员会（SCA/TC 201/SC 2）	规定了农业通风机节能选用的术语和定义、适用原则、工况点的风机总静效率范围，节能风机运行节能经济效益计算等内容；适用于农业通风机的节能选用	种植业/畜牧业
370	NY/T 3223—2018	日光温室设计规范	农业部发展计划司	规定了日光温室建设选址以及场区、建筑、结构、通风与降温、采暖、卷帘用电动机与卷被轴的选型和电气的设计方法；适用于日光温室单体设计和日光温室群的场区规划设计	种植业
371	NY/T 3239—2018	沼气工程远程监测技术规范	全国沼气标准化技术委员会（SAC/TC 515）	规定了沼气工程远程监测的适用范围、监测参数、设备和数据传输要求；适用于新建、扩建与改建的特大型、大型沼气工程，本标准不适用于户用沼气池和生活污水净化沼气池，不限制系统扩展其他用途的信息内容，在扩展内容时不应与本标准中所使用或保留的控制命令相冲突	农村能源与资源
372	NY/T 3240—2018	动物防疫应急物资储备库建设标准	农业农村部发展计划司	规定了动物防疫应急物资储备库的建设规模与项目构成、项目选址与总平面设计、工艺与设备、建筑工程、节水节能与环境保护和主要技术经济指标，是编制、评估和审批动物防疫应急物资储备库工程项目可行性研究报告的重要依据，检查项目建设过程有关部门审查工程项目初步设计和监督、竣工验收的尺度；适用于省、市、县三级动物防疫应急物资储备库执行。改建和扩建动物防疫应急物资储备库可参照执行新建项目	畜牧业

（续）

序号	标准号	标准名称	归口/制定部门	内容	类别
373	NY/T 3305—2018	草原生态牧场管理技术规范	农业农村部畜牧兽医局	规定了草原生态牧场的环境质量、基础设施、牧场管理、废弃物处理和信息化管理的基本要求；适用于以天然草原放牧为主的牧场	生态与自然保护
374	NY/T 3337—2018	生物质气集中供气气站建设标准	农业农村部发展规划司	规定了生物质气化集中供气气站建设要求工艺与设备、建筑与建设用地、配套工程和环境保护和主要技术经济指标等；适用于供气能力为500~5 000m³/d的新建和改扩建生物质气化集中供气站建设	农村能源与资源
375	NY/T 3348—2018（由 SB/T 10396—2011调整而来）	生猪定点屠宰厂（场）资质等级要求	农业农村部（原归口：商务部）	规定了生猪定点屠宰厂（场）的资质等级划分及要求；适用于生猪定点屠宰厂（场）的资质等级划分	畜牧业
376	NY/T 3402—2018（由 SB/T 10918—2012调整而来）	屠宰企业实验室建设规范	农业农村部（原归口：商务部）	规定了屠宰企业实验室的基本要求、检测能力、设施设备、人员、管理和安全等；适用于屠宰企业实验室的建设和管理	畜牧业
377	NY/T 3408—2018（由 SB/T 10718—2012调整而来）	鲜（冻）畜禽产品专卖店管理规范	农业农村部（原归口：商务部）	规定了鲜（冻）畜禽产品专卖店的设施设备、管理制度、卫生管理、采购与验收、销售、产品追溯和召回、人员管理和标识管理等；适用于鲜（冻）畜禽产品专卖店	畜牧业
378	NY/T 3437—2019	沼气工程安全管理规范	全国沼气标准化技术委员会（SAC/TC 515）	规定了沼气工程相关主体在沼气工程全生命周期内明确安全管理责任、履行安全管理义务，引导沼气工程安全管理的基本要求；适用于新建、扩建、改建和已建的沼气工程	农村能源与资源

（续）

序号	标准号	标准名称	归口/制定部门	内容	类别
379	NY/T 3438.1—2019	村级沼气集中供气站技术规范 第1部分：设计	全国沼气标准化技术委员会（SAC/TC 515）	规定了村级沼气集中供气站的设计原则、设计内容及主要设计参数等；适用于采用沼气发酵工艺处理农业废弃物，以单个行政村为单元，为村民提供日常生活用沼气的新建、改建或扩建的村级沼气集中供气站	农村能源与资源
380	NY/T 3438.2—2019	村级沼气集中供气站技术规范 第2部分：施工与验收	全国沼气标准化技术委员会（SAC/TC 515）	规定了村级沼气集中供气站工程施工及验收的内容、要求和方法等；适用于新建、改建或扩建的村级沼气集中供气站	农村能源与资源
381	NY/T 3439—2019	沼气工程钢制焊接发酵罐技术条件	全国沼气标准化技术委员会（SAC/TC 515）	规定了沼气工程钢制焊接发酵罐（下称发酵罐）的设计、制造与检验标准等方面的通用技术要求；适用于沼气工程的沼气发酵罐	农村能源与资源
382	NY/T 3440—2019	生活污水净化沼气池质量验收规范	全国沼气标准化技术委员会（SAC/TC 515）	规定了分散处理居民住宅、旅游景点、乡村学校、企业及其他公共设施生活污水净化沼气池工程质量验收的内容和要求；适用于新建、改建与扩建的生活污水净化沼气池工程；不适用于农村户用沼气池	农村能源与资源
383	NY/T 3461—2019	草原建设经济生态效益评价技术规程	全国畜牧业标准化技术委员会（SAC/TC 274）	规定了草原建设工程生态和经济效益评价的指标与方法；适用于草原建设工程的综合评价	生态与自然保护
384	NY/T 3467—2019	牛羊饲养场兽医卫生规范	全国动物卫生标准化技术委员会（SAC/TC 181）	规定了牛羊饲养场的选址布局、基本设施、设备、人员要求、兽医卫生措施、投入品管理、质量管理体系建设方面应遵循的准则；适用于规模化奶牛、肉牛和肉羊饲养场	畜牧业

（续）

序号	标准号	标准名称	归口/制定部门	内容	类别
385	NY/T 3499—2019	受污染耕地治理与修复导则	农业农村部科技教育司	规定了受污染耕地治理与修复的基本原则、目标、范围、流程、总体技术性要求及受污染耕地治理与修复方案的编制提纲与要点。适用于对种植用类受污染耕地开展治理与修复，且治理与修复前后均种植同类农产品	种植业
386	NY/T 3612—2020	序批式厌氧干发酵沼池工程建设计规范	农业农村部计划财务司	规定了序批式厌氧干发酵沼气工程选址、总体布置、工艺、建筑、电气、给排水、消防、安全等设计内容。适用于以农作物秸秆、畜禽粪便等农业废弃物为原料的序批式厌氧干发酵沼气工程设计以及农业废弃物或原料废弃物有机废弃物的沼气工程可以参考	农村能源与资源
387	NY/T 3613—2020	农村外来入侵物种监测评估中心建设规范	农业农村部工程建设服务中心	规定了农业外来入侵物种监测评估中心的建设规模与项目构成、选址与建设条件、工艺与设备、规划布局、建筑工程与公共设施、农业防疫隔离设施、环境保护中心建设技术指标。适用于农业外来入侵物种监测评估中心建设项目建议书、可行性研究报告和初步设计编制与评估，也可为政府主管部门项目审批、项目监管工作提供参考	生态与自然保护
388	NY/T 3614—2020	能源化利用秸秆收储站建设规范	农业农村部工程建设服务中心	规定了能源化利用秸秆收储站建设规模、选址与建筑布局、配套设施与电气、消防与环境保护、自然安全与卫生等内容。适用于打捆处理的干燥秸秆或其他能源化利用方式的秸秆收储站。收储规模 1 000t 以上的秸秆收储站也可参考	农村能源与资源
389	NY/T 3615—2020	种蜂场建设规范	农业农村部计划财务司	规定了蜜蜂种蜂场建设规模、选址与场条件、规划布局、生产与配套设施、生产建筑与辅助设施、卫生与防疫要求等。适用于新建及改建、扩建的蜜蜂种蜂场建设	畜牧业

序号	标准号	标准名称	归口/制定部门	内容	类别
					（续）
390	NY/T 3616—2020	水产养殖场建设规范	农业农村部计划财务司	规定了陆地水产养殖场建设规模与项目构成、选址与建设条件、工艺与设备、建设用地与规划布局、池塘及配套设施、防病防灾环境保护与水产养殖场的新建、改（扩）建项目建设用地，适用于陆地水产养殖场初步设计等文件的编制；也可作为项目评估、监督检查及政府投资报告及政府投资主管部门项目管理参考	渔业
391	NY/T 3617—2020	牧区性畜暖棚建设规范	农业农村部计划财务司	为规范牧区性畜暖棚建设制定。适用于牧区牛用和羊用暖棚的建设，可规范和指导牧区性畜暖棚建设	畜牧业
392	NY/T 3667—2020	生态农场评价技术规范	农业农村部科技教育司	从农场环境、种植和养殖过程、管理体系规定了生态农场评价的基本要求，并给出了生态农场的评价方法；适用于生态农场评价	种植业/畜牧业
393	NY/T 3670—2020	密集养殖区畜禽粪便收集站建设技术规范	农业农村部科技教育司	规定了密集养殖区畜禽粪便收集站的设计、建设和运行管理相关技术要求；适用于密集养殖区畜禽粪便收集站建设与运行管理	畜牧业
394	NY/T 3696—2020	设施蔬菜水肥一体化技术规范	农业农村部种植业管理司	规定了设施蔬菜水肥一体化的术语和定义、基本原则、系统建设、水分管理、养分管理、水肥耦合、系统维护保养等要求；适用于连栋温室、日光温室、塑料大棚、中小拱棚等设施蔬菜水肥一体化应用	种植业
395	NY/T 3701—2020	耕地质量长期定位监测点布设规范	农业农村部种植业管理司	规定了耕地质量长期定位监测点术语和定义、主要技术及经济指标、任务和功能、规划与设计、建设内容、监测点建设及新建改造等方面的内容；适用于耕地质量长期监测点建设规划、可行性研究、立项、实施、检查和验收。可作为耕地质量长期监测点编制文件的依据，可用于相关项目相关项目	种植业

（续）

序号	标准号	标准名称	归口/制定部门	内容	类别
396	NY/T 3703—2020	柑橘无病毒容器育苗设施建设规范	农业农村部种植业管理司	规定了柑橘无病毒苗木繁育设施的规格、一般要求、设施单体工程和场区公用工程设施的建设；适用于所有柑橘产区的无病毒容器苗木繁育设施建设和验收	种植业
397	NY/T 3744—2020	日光温室全产业链管理技术规范 番茄	农业农村部农产品质量安全监管司	规定了日光温室番茄产地环境、日光温室、土壤管理、投入品管理、生产技术、病虫害防治、采后初加工、储藏运输、产品质量要求、秸秆循环利用和种植服务等全产业链管理的技术要求；适用于北纬32°以北地区日光温室早春茬和秋冬茬大果型普通番茄全产业链管理，其他种植茬口、其他类型番茄可参照执行	种植业
398	NY/T 3745—2020	日光温室全产业链管理技术规范 黄瓜	农业农村部农产品质量安全监管司	规定了日光温室黄瓜产地环境、日光温室、土壤管理、投入品管理、生产技术、病虫害防治、采后初加工、储藏运输、产品质量要求、秸秆循环利用和种植服务等全产业链管理的技术要求；适用于北纬32°以北地区日光温室早春茬和秋冬茬华北型黄瓜全产业链管理，其他种植茬口、其他类型黄瓜可参照执行	种植业
399	NY/T 3821.1—2020	农业面源污染综合防控技术规范 第1部分：平原水网区	农业农村部科技教育司	规定了平原水网区农业面源污染综合防控的基本原则、防控与策略、基础调研、分区防控、分区协同防控、分区污染综合防控技术要求等；适用于平原水网区农业面源污染的综合防控及管理	生态与自然保护
400	NY/T 3821.2—2020	农业面源污染综合防控技术规范 第2部分：丘陵山区	农业农村部科技教育司	规定了丘陵山区农业面源污染综合防控的基本原则、防控与策略、基础调研、分区防控、分区协同防控、分区污染综合防控技术要求等；适用于丘陵山区农业面源污染的综合防控及管理	生态与自然保护

（续）

序号	标准号	标准名称	归口/制定部门	内容	类别
401	NY/T 3821.3—2020	农业面源污染综合防控技术规范 第3部分：云贵高原	农业农村部科技教育司	规定了云贵高原农业面源污染综合防控的基本原则、防控要求与策略、基础调研、分区与协同防控、分区防控技术要求等；适用于云贵高原农业面源污染的综合防控及管理	生态与自然保护
402	NY/T 3894—2021	连栋温室能耗测试方法	全国农业机械标准化技术委员会农业机械化分技术委员会（SCA/TC 201/SC 2）	规定了连栋温室能耗测试的术语和定义、总体要求、边界划分、温室能源利用、报告期类别、计量器具、环境参数观测、能耗测量与计算、测试报告；适用于连栋温室能耗测试	种植业
403	NY/T 3895—2021	规模化养鸡场机械装备配置规范	全国农业机械标准化技术委员会农业机械化分技术委员会（SCA/TC 201/SC 2）	规定了规模化养鸡场机械装备配置的术语和定义、鸡群饲养工艺与机械装备配置范围、不同规模养鸡场机械装备配置；适用于含养鸡场的机械装备配置选型	畜牧业
404	NY/T 3896—2021	生物天然气工程技术规范	全国沼气标准化技术委员会（SCA/TC 515）	规定了生物天然气工程的一般规定、工程选址和总平面布置、原料储存、沼气产生区、生物天然气生产区、沼渣沼液加工区、工程装备、安全与环境保护、运行与维护、扩建和改建；适用于日产生物天然气5 000 m³及以上的新建、建设、安装、运行管理维护及环境保护应符合规范	农村能源与资源
405	NY/T 3897—2021	农村沼气安全处置技术规程	全国沼气标准化技术委员会（SCA/TC 515）	规定了农村沼气设施的拆除、填埋等安全处置技术要求；农村沼气的改造及安全处置技术要求；适用于农村户用沼气及各类沼气工程，农村沼气工程沼气相关设施安全处置可参照执行	农村能源与资源
406	NY/T 3898—2021	生物质热解燃气质量评价	农业农村部科技教育司	规定了生物质热解燃气等级划分与质量评价、输送和安全要求；适用于以农林剩余物为主要原料生产的生物质热解燃气	农村能源与资源

（续）

序号	标准号	标准名称	归口/制定部门	内容	类别
407	NY/T 3919—2021	动物检疫隔离场建设标准	农业农村部计划财务司	规定了动物检疫隔离建设规模与构成、选址与建设条件、工艺与设备、场区布局、建筑工程及附属设施、环境保护、主要技术经济指标等；适用于新建、改（扩）建动物检疫隔离项目投资决策提供依据；为国家和地方建设动物检疫隔离场提供决策依据；其他动物检疫隔离场建设可参考	畜牧业
408	NY/T 3920—2021	马铃薯种薯储藏窖建设标准	农业农村部计划财务司	规定了马铃薯种薯储藏窖建设的术语和定义、一般规定、建设规模与项目构成、选址与建设条件、工艺与设备、建设用地与规划布局、建筑工程及公用工程、节能与环境保护、改（扩）建工程可参照主要技术经济指标；适用于马铃薯种薯储藏窖新建工程、改（扩）建工程可参照执行	种植业
409	NY/T 3952—2021	日光温室全产业链管理通用技术要求 辣椒	农业农村部农产品质量安全中心	规定了日光温室辣椒产地环境、土壤管理、投入品管理、生产技术、病虫害防治、日光温室、采后初加工、储藏运输、秸秆循环利用和种植服务等全产业链管理的技术要求；适用于北纬32°以北地区日光温室早春茬、秋冬茬鲜食羊（牛）角辣椒以及灯笼辣椒全产业链管理、其他种植辣椒可参照执行	种植业
410	NY/T 3953—2021	日光温室全产业链管理通用技术要求 茄子	农业农村部农产品质量安全中心	规定了日光温室茄子产地环境、土壤管理、投入品管理、生产技术、病虫害防治、日光温室、采后初加工、储藏运输、秸秆循环利用和种植服务等全产业链管理的技术要求；适用于北纬32°以北地区日光温室早春茬、秋冬茬大茄圆茄、长茄全产业链管理，其他类型茄子可参照执行	种植业

（续）

序号	标准号	标准名称	归口/制定部门	内容	类别
411	NY/T 3954—2021	日光温室全产业链管理通用技术要求 西葫芦	农业农村部农村产品质量安全监管司	规定了日光温室西葫芦产地环境、日光温室、土壤管理、投入品管理、生产技术、病虫害防治、采后初加工、贮藏运输、产品质量要求、秸秆利用和种植服务等全产业链管理的技术要求；适用于北纬32°以北地区日光温室冬春茬、秋冬茬和越冬茬茬茬采用长简（长棒）形西葫芦全产业链种植。其它类型西葫芦可参照执行	种植业
412	NY/T 3990—2021	数字果园建设规范 苹果	农业农村部农业信息化标准化技术委员会	规定了数字苹果园建设的术语和定义、数据标准体系及采集、数字苹果园自动监测点的布设、存储等内容；适用于数字苹果园的建设和改造方案设计系统开发和管理	种植业
413	NY/T 4040—2021	肉禽饲养场兽医卫生规范	全国动物卫生标准化技术委员会（SAC/TC 181）	规定了肉禽饲养场的选址布局、设施设备、人员配备、管理制度、投入品使用管理、防疫管理、档案管理记录等要求；适用于鸡、鸭、鹅等肉禽饲养场的兽医卫生管理，其他肉禽饲养场可参照执行	畜牧业
414	NY/T 4056—2021	大田作物物联网数据监测规范	农业农村部农业信息化标准化技术委员会	规定了大田作物物联网数据监测的数据采集、存储、传输、交换、通信格式、异常数据处理以及数据监测点选址与布设、监测点监测以及数据采集等要求；适用于开展大田作物生产管理和信息服务的物联网数据监测与管理工作	种植业
415	NY/T 4061—2021	农业大数据核心元数据	农业农村部农业信息化标准化技术委员会	规定了农业大数据的元数据元素构成、核心元数据和核心元数据扩展要求、元数据属性、核心元数据内容等要求；本文件适用于农业大数据采集、存储、处理以及信息共享和发布活动中的数据管理	乡村产业

（续）

序号	标准号	标准名称	归口/制定部门	内容	类别
416	NY/T 4062—2021	农业物联网硬件接口要求　第1部分　总则	农业农村部农业信息标准化技术委员会	规定了农业物联网通信参考体系结构、接口描述和接口要求；适用于农业物联网硬件接口的设计、开发与应用	乡村产业
417	NY/T 4063—2021	农业信息系统接口要求	农业农村部农业信息标准化技术委员会	规定了农业信息系统的参考体系结构、接口描述、接口要求、安全机制和接口调用流程；适用于各类农业信息系统模块间接口的设计、开发与应用	乡村产业
418	NY/T 4064—2021	沼气工程干法脱硫塔	全国沼气标准化技术委员会（SCA/TC 515）	规定了沼气工程干法脱硫塔的术语和定义、型号及参数、技术要求、试验方法、安装使用、检验规则、标志、包装、运输、储存等内容；适用于以氧化铁为主要脱硫剂的干法脱硫塔	农村能源与资源
419	NYJ/T 02—2005	种鸡场建设标准	农业部发展计划司	为加强对种鸡工程项目决策和建设的科学管理，正确掌握建设规范、合理确定建设水平、推动技术进步、全面提高投资效益而制定；规定了总则、术语、建设规模与项目构成、选址与建设条件、工艺与设备、建筑与建设用地、配套工程、防疫设施、环境保护、劳动定员和主要技术经济指标；是编制、评估和审批种鸡场工程项目可行性研究报告的重要依据，也是有关部门审查工程项目初步设计和监督、检查项目整个建设过程的尺度；适用于种鸡场新建工程、改（扩）建工程，可参照执行；不适用于无特定病原体（SPF）鸡场	畜牧业

361

（续）

序号	标准号	标准名称	归口/制定部门	内容	类别
420	NYJ/T 04—2005	集约化养猪场建设标准	农业部发展计划司	为加强对集约化养猪场工程项目决策和建设的科学管理，正确掌握建设规范，合理确定建设水平，推动技术进步，全面提升投资效益而制定；规定了总则、术语、建设规模与项目构成、选址与建设条件、工艺设备、劳动定员和主要技术经济指标；是编制、评估和审批集约化养猪场工程项目可行性研究报告的重要依据，也是有关部门审查工程项目初步设计和监督、检查项目整个建设过程的尺度；适用于新建工程，改（扩）建工程可参照执行	畜牧业
421	NYJ/T 08—2005	种子贮藏库建设标准	农业部发展计划司	为加强种子贮藏库工程项目决策和建设的科学管理，正确掌握建设规范，合理确定建设水平，推进技术进步，全面提高投资效益而制定；规定了总则、术语、建设规模与项目构成、选址与建设条件、工艺设备与配套、建筑与种子贮藏库工程，是编制、评估和审批种子贮藏库工程项目可行性研究报告的重要依据，也是有关部门审查项目初步设计和监督、检查项目整个建设过程的重要依据；适用于种子贮藏库新建工程，改（扩）建工程可参照执行	种植业
422	SB/T 10384—2013	中央储备肉活畜储备基地场资质条件	商务部	规定了中央储备肉活畜储备基地场的质量管理要求、建设、防疫、饲养管理、记录、饲料饲草质量与检验及资信等基本要求；适用于中央储备肉活畜储备基地场的确立和管理	畜牧业
423	SB/T 10393—2005	农家店建设与改造规范	商务部	规定了农村村级农家店和农村乡级农家店经营管理的基本特征、经营设施设备和经营管理的基本要求；适用于农村乡级农家店及其经营管理，改扩建及其经营管理	乡村产业

（续）

序号	标准号	标准名称	归口/制定部门	内容	类别
424	SB/T 10447—2007	水果和蔬菜气调贮藏原则与技术	商务部	规定了水果和蔬菜的气调贮藏原则与技术；适用于各种水果和蔬菜（尤其是苹果、梨和香蕉）	种植业
425	SB/T 10559—2010	主食加工配送中心建设规范	商务部	规定了主食加工配送中心在建设中所应满足的基本要求及具体功能要求；适用于以大众化餐饮为主的加工配送企业，包括中式主食工厂、团餐企业、早餐企业、中式快餐企业等的加工配送中心	乡村产业
426	SB/T 10870.1—2012	农产品产地集配中心建设规范	商务部	规定了农产品产地集配中心的场地环境要求、设施设备要求和管理评价，设施设备要求；适用于以果蔬为主的农产品产地集配中心建设与评价，其他农产品产地集配中心可参照执行	乡村产业
427	SB/T 10871—2012	农产品销地交易配送专区建设规范	商务部	规定了农产品销地交易配送专区的设施设备要求和管理要求；适用于以果蔬为主的农产品销地交易配送与评价，其他农产品销地交易配送专区可参照执行	乡村产业
428	SB/T 10873—2012	生鲜农产品配送中心管理规范	商务部	规定了生鲜农产品配送中心的基本要求、场地环境要求、经营设施设备要求，供应商管理要求和经营管理要求；适用于生鲜农产品配送中心的运营管理	乡村产业
429	SB/T 10874—2012	肉蛋制品加工厂水要求	商务部	规定了肉蛋制品加工厂水要求的术语和定义、总则、设施和设备、管理、废水的再利用等要求；适用于各类肉蛋制品加工厂节水的指导	畜牧业

（续）

序号	标准号	标准名称	归口/制定部门	内容	类别
430	SB/T 10918—2012	屠宰企业实验室建设规范	商务部	规定了屠宰企业实验室的基本要求、检测能力、设施设备、人员、管理和安全要求；适用于屠宰企业实验室的建设和管理	畜牧业
431	SB/T 11061—2013	茶叶交易市场建设和经营管理规范	商务部	规定了茶叶交易市场的市场建设要求、市场管理要求、市场经营管理以及消防治安应急管理；适用于茶叶交易市场的建设与经营管理及相关培训，茶叶电子交易市场的经营与管理也可参照本标准	乡村产业
432	SB/T 11033—2013	农业机械交易市场建设管理规范	商务部	规定了农业机械交易市场建设要求和管理要求；适用于新建、改建、扩建的农业机械交易市场	乡村产业
433	SB/T 11097—2014	农产品批发市场信息中心建设与管理技术规范	全国农产品购销标准化技术委员会（SAC/TC 517）	规定了农产品批发市场信息中心建设的术语和定义、基本要求、硬件设施设备、信息系统建设和管理要求；适用于正式运营中的农产品批发市场	乡村产业
434	SBJ 02—1999	猪屠宰与分割车间设计规范	国家国内贸易局	规范了猪屠宰与分割车间的设计标准，适用于新建和改建的猪屠宰与分割车间设计	畜牧业
435	SBJ 05—1993	饲料厂工程设计规范	商业部/农业部	适用于新建、扩建和改建的配合饲料厂工程设计；对于浓缩饲料厂、特种饲料厂也可参照本规范有关条文执行	种植业
436	SBJ 08—2007	牛羊屠宰与分割车间设计规范	商务部	规定了总则、术语、厂址选择和总平面、建筑、屠宰与分割、兽医卫生检验、制冷工艺、给水排水、采暖通风与空气调节、电气；适用于新建、扩建和改建的牛羊屠宰车间与分割车间的工程设计	畜牧业

（续）

序号	标准号	标准名称	归口/制定部门	内容	类别
437	SBJ 15—2008	禽类屠宰与分割车间设计规范	商务部	规定了总则、术语、厂址选择和总平面布置、建筑、屠宰工艺与分割工艺、兽医检疫及设备器具卫生、制冷工艺、给水排水、采暖通风与空气调节、电气；适用于新建、扩建和改建的禽类屠宰与分割车间设计	畜牧业
438	SBJ 16—2009	气调冷藏库设计规范	商务部	为规范气调冷藏库的工程设计、保证水果蔬菜类气调冷藏库的设计与建造质量而制定；规定了总则、术语、基本规定、建筑、结构、气调、加湿、制冷、氢氟烃、氢氯氟烃及电气；适用于以氨或其混合制冷剂的制冷系统（简称氟制冷系统）及公称体积大于或等于 500m³ 的土建和装配式气调冷藏库；公称体积小于 500m³ 的气调冷藏库可参照	乡村产业
439	SBJ 17—2009	室外装配冷库设计规范	商务部	为规范室外装配冷库的工程设计、保证室外装配冷库的设计、建造质量而制定；规定了总则、术语符号、基本规定、建筑、结构、制冷、电气、给水和排水采暖通风和地面防冻；适用于冷藏间工程容积 500m³ 及以上、以氟氯烃为制冷剂的压缩式制冷系统并储存食品的单层室外装配冷库，不适用于其他室外装配式的冷库	乡村产业
440	SC/T 2088—2018	扇贝工厂化繁育技术规范	全国水产标准化技术委员会海水养殖分技术委员会（SAC/TC 156/SC 2）	规定了扇贝工厂化繁育的环境及设施、亲贝培育、受精、孵化、幼虫培育、保苗和中间培育的技术要求；适用于栉孔扇贝、华贵栉孔扇贝、虾夷扇贝和海湾扇贝的工厂化繁育	渔业

（续）

序号	标准号	标准名称	归口/制定部门	内容	类别
441	SC/T 5106—2017	观赏鱼养殖场条件 小型热带鱼	农业部渔业渔政管理局	规定了小型热带观赏鱼养殖场的场址选择、养殖系统、温控系统、隔离设施及水处理设施等；适用于小型热带观赏鱼养殖场	渔业
442	SC/T 5107—2017	观赏鱼养殖场条件 大型热带淡水鱼	农业部渔业渔政管理局	规定了大型热带淡水观赏鱼养殖场的场址选择、养殖系统、温控系统、隔离设施、防逃逸设施及水处理设施；配套设施，适用于大型热带淡水观赏鱼养殖场	渔业
443	SC/T 6056—2015	水产养殖设施名词术语	全国水产标准化技术委员会渔业机械仪器分技术委员会（SAC/TC 156/SC 6）	规定了水产养殖设施的基本名词术语及定义；适用于水产养殖设施的科学研究、设计制造、教学和生产管理等	渔业
444	SC/T 6093—2019	工厂化循环水养殖车间设计规范	全国水产标准化技术委员会渔业机械仪器分技术委员会（SAC/TC 156/SC 6）	规定了工厂化循环水养殖车间的术语和定义、选址、车间建筑、养殖系统、养殖生产设备等方面的工艺设计要求；适用于新建、扩建和改建的鱼类工厂化循环水养殖车间工艺设计；其他水产养殖品种的工厂化养殖车间工艺设计可参照执行	渔业
445	SC/T 9010—2000	渔港总体设计规范	中国水产科学研究院	确定了中国渔港总体设计的基本技术要求，规定和计算方法；适用于新建、改建和扩建的海岸和受潮汐影响的河口地区渔港建设工程	渔业
446	SC/T 9111—2017	海洋牧场分类	全国水产标准化技术委员会渔业资源分技术委员会（SAC/TC 156/SC 10）	规定了海洋牧场的术语和定义、分类、类型界定；适用于海洋牧场的规划、建设、利用、管理、监测和评价	渔业

（续）

序号	标准号	标准名称	归口/制定部门	内容	类别
447	SC/T 9406—2012	盐碱地水产养殖用水水质	全国水产标准化技术委员会渔业资源分技术委员会（SAC/TC 156/SC 10）	规定了盐碱地水产养殖用水水质要求；适用于不同类型盐碱地水产养殖用水水质检测与判定	渔业
448	SC/T 9416—2014	人工鱼礁建设技术规范	全国水产标准化技术委员会渔业资源分技术委员会（SAC/TC 156/SC 10）	规定了海洋人工鱼礁建设的选址、设计、制作、设置、效果调查与评价、维护与管理；适用于海洋人工鱼礁建设	渔业
449	SC/T 9428—2016	水产种质资源保护区划定与评审规范	全国水产标准化技术委员会渔业资源分技术委员会（SAC/TC 156/SC 10）	规定了水产种质资源保护区划定条件、分级、功能区划、评审要求和判定原则；适用于水产种质资源保护区划定和评审	渔业
450	SDJ/T 231—87	泵站、机井、喷灌和滴灌工程术语	水利电力部	编制目的在于使泵站、机井、喷灌和滴灌工程方面的术语达到统一、简化、准确，以便于国内外学术交流；规定了泵站工程术语、机井工程术语、喷灌工程术语、滴灌工程术语	种植业
451	SL/T 4—2020	农田排水工程技术规范	水利部	为合理建设和管理好农田排水工程，保证工程质量，节省工程和运行费用，提高工程效益，促进现代农业可持续发展而制定；规定了总则、规划、设计、施工与验收、运行与维护等；适用于新建、扩建和改建农田排水工程的规划、设计、施工、验收和管理	种植业

（续）

序号	标准号	标准名称	归口/制定部门	内容	类别
452	SL/T 13—2015	灌溉试验规范	水利部	为提高灌溉试验的科学技术水平、保证试验成果的准确性、可靠性、先进性和实用性，满足灌溉与排水工程规划、设计、改造及管理要求，为灌溉试验站网规划及高效利用建设提供指导，为农业用水总量控制、定额管理、定额编制提供依据而制定。规定了术语、灌溉试验要求、灌溉试验设计、作物需水量试验、作物蒸发蒸腾量试验、灌溉制度及灌溉效益试验、灌水方法及灌水技术试验、灌溉试验资料整编和管理等。适用于农田及林、草、气象及水分条件观测、作物肥生产函数试验、土壤、作物、草灌发蒸腾量观测试验、作物及林、草灌溉制度试验、作物劣态试验和灌溉效益试验、草灌溉试验观测试验、作物及林、草灌溉制度试验、作物劣态试验和灌溉效益试验，不属于这4类的试验，则这部分内容应符合本标准的要求。方法及灌水技术中做了规定，若其他内容符合本标准中做了规定	种植业
453	SL 23—2006	渠系工程抗冻胀设计规范	水利部	为了统一渠系工程受地基土季节性冻胀作用下的抗冻胀设计而制定。规定了主要术语和符号、基本参数的确定、抗冻胀计算、抗冻胀结构及工程措施；适用于冻土深大于10cm地区的渠道衬砌和冻土深大于30cm地区的渠系建筑物抗冻胀设计	种植业
454	SL 56—2013	农村水利技术术语	水利部	规定了以下领域的术语：灌溉、农田排水、村镇供水与环境、泵站工程、灌溉排水、牧区水利、农村水土环境生态、灌区管理、中国古代农田水利等有关技术语；适用于农田水利工程和农村饮水安全工程规划、设计、施工、管理与试验研究、农村水土环境保护与改善等	种植业

序号	标准号	标准名称	归口/制定部门	内容	类别
455	SL 109—2015	农田排水试验规范	水利部	为了统一农田排水试验技术要求，提高农田排水技术水平，确保试验成果准确、可靠、先进和实用而制定；规定了总则，排水试验，田间排水工程技术试验，确定作物耐渍与耐盐碱设计参数测定及作物，环境因素观测，排水系统规划布局，水管理等而开展的试验	种植业
456	SL 190—2007	土壤侵蚀分类分级标准	水利部	为了统一水土流失调查，开展水土保持工作而制定；规定了总则，术语，土壤侵蚀类型分区，土壤侵蚀强度分级，土壤侵蚀程度分级等；适用于全国土壤侵蚀的分类与分级	生态与自然保护
457	SL/T 246—2019	灌溉与排水工程技术管理规程	水利部	为加强灌溉与排水工程运行管理，发挥工程效益，做到工程安全运行，节约用水，降低能耗，有利于生态环境保护和现代化农业发展而制定；规定了总则，工程管理、设备管理，用水，节水与排水管理，信息化管理，水土资源保护，工程监测与评价等；适用于大中型灌溉与排水工程的技术管理，小型灌溉与排水工程可适当简化相关规定与技术要求	种植业
458	SL/T 310—2019	村镇供水工程技术规范	水利部	为规范中国村镇供水工程的规划、设计、施工、验收和运行管理，提高工程建设质量和管理水平，充分发挥工程效益，保障工程供水安全而制定；规定了总则，术语，供水规划，集中供水工程设计，施工与验收，集中供水工程运行管理；适用于县（市、区）城以下镇（乡）、村（社区）等居民区及分散住户供水工程的规划、设计，施工与验收以及运行管理	公用

（续）

序号	标准号	标准名称	归口/制定部门	内容	类别
459	SL 315—2005	农村水电站工程环境影响评价规程	水利部	为了规范中国农村水电站工程环境影响评价技术管理，明确评价范围，评价标准，评价内容，评价方法，统一技术要求而制定；规定了总则，工程概况与工程分析，环境现状调查与评价，环境影响识别和筛选，环境影响预测和评价，环境保护对策措施，环境监测，环境管理，公众参与，环保投资估算，环境影响的经济损益简要分析，评价结论论等；适用于装机容量1～50MW的农村水电站的环境影响评价，不适用于综合利用工程中的小水电	公用
460	SL 316—2015	泵站安全鉴定规程	水利部	为保证泵站运行安全可靠，高效经济，适应更新改造的需要，规范泵站安全鉴定工作而制定；规定了总则，工作程序及内容，现状调查等；适用于灌溉，排水，调（引）水及工业，城镇供排水大中型泵站及安装有大中型泵站的安全鉴定，安全类别评定等；适用于灌溉，排水，调（引）水及工业，城镇供排水大中型泵站及安装有大中型泵站的安全鉴定可参照执行；其他小型泵站的安全鉴定可参照执行	公用
461	SL 317—2015	泵站设备安装及验收规范	水利部	为规范泵站设备安装及验收行为，统一其技术要求，做到优质，安全，经济，立式机组的安装，卧式与斜式机组的安装，灯泡贯流式机组的安装，潜水泵的安装及试验，进出水管道的安装，电气设备的安装，辅助设备的安装及验收，泵站设备安装工程验收等；适用于新建，扩建或改造的灌溉，排水，调（引）水及工业，城镇供排水的大中型泵站的设备安装及验收，小型泵站的设备安装及验收	公用

（续）

序号	标准号	标准名称	归口/制定部门	内容	类别
462	SL 334—2016	牧区草地灌溉与排水技术规范	水利部	为规范牧区草地灌溉与排水工程技术要求，提高工程建设质量和管理水平，充分发挥工程效益而制定；规定了总则、术语、工程规划、工程设计、工程施工与验收、工程管理、效益分析等；适用于牧区与半牧区草地灌溉与排水工程建设规划、设计、施工、验收、工程管理、效益分析	种植业
463	SL 335—2014	水土保持规划编制规范	水利部	为贯彻《中华人民共和国水土保持法》等法律法规，适应经济社会发展对水土保持的要求，规范水土保持规划编制而制定；规定了总则、术语、基本规定、基本资料、现状评价与需求分析、规划目标、任务和规模、总体布局、预防规划、治理规划、监测规划、综合监管规划、实施进度及投资匡算、实施效果分析、实施保障措施等；适用于水土保持综合规划和专项规划的编制；其他相关行业规划可参照执行	生态与自然保护
464	SL 342—2006	水土保持监测设施通用技术条件	水利部农村水利司	依据《中华人民共和国水土保持法》《中华人民共和国水土保持法实施条例》和水利部令第12号《水土保持生态环境监测网络管理办法》规定，为保证水土保持监测成果科学性和可比性而制定的技术通用性；实现监测设备、风蚀监测设施、滑坡监测设施、冻融侵蚀监测设施、水土保持措施监测设备，规定了总则、术语和定义、水蚀监测设施、风蚀、滑坡、泥石流、冻融侵蚀、冻融流、适用于水土保持措施监测等	生态与自然保护

（续）

序号	标准号	标准名称	归口/制定部门	内容	类别
465	SL 343—2006	风力提水工程技术规程	水利部农村水利司	为了提高风力提水工程建设与管理水平，指导风力提水工程走向规范化、标准化而制定。规定了术语、风力提水工程的组成、用途和规模、风力提水机组的型号、分类、风力提水工程的规划、风力提水工程设计、风力提水机组现场试验方法、风力提水工程的验收、风力提水工程的运行管理与维护；适用于单机功率 0.1~20kW、总功率 500kW 以下风力提水工程的规划、设计、施工、验收及管理	公用
466	SL 350—2006	沙棘生态建设工程技术规程	水利部	为了贯彻《中华人民共和国水土保持法》、《中华人民共和国防沙治沙法》及其他相关的法律法规，适应中国生态建设的需要，依据沙棘的生态属性，规范沙棘生态工程建设而制定，充分发挥其生态、经济和社会效益而制定；规定了术语、资源普查、设计、采种育苗、造林技术、经营管理、监测、检查验收等；适用于中国东北、西北和西南地区的沙棘生态建设，也可供其他地区参考	种植业/生态与自然保护
467	SL 357—2006	农村水电站可行性研究报告编制规程	水利部	为适应中国农村水电站建设发展的需要，统一农村水电站可行性研究报告编制的原则内容和深度要求，提高可行性研究报告的质量而制定；规定了总则、综合说明、水文、工程地质、工程任务和规模、工程选址及工程施工、建设征地及移民安置规划、机电及金属结构、水土保持、工程管理、工程投资估算、经济环境影响评价；适用于单机容量 5~50MW 的农村水电站；改建、扩建、装机容量小于 5MW 的农村水电站可参照作这可参照执行	公用

（续）

序号	标准号	标准名称	归口/制定部门	内容	类别
468	SL 364—2015	土壤墒情监测规范	水利部	规定了术语和定义、总则、站网布设、监测站布设、土壤墒情监测一般规定、土壤含水量监测步骤与要求、土壤墒情自动测报系统综合建设要求、资料整编等；适用于水利行业土壤墒情监测工作	种植业
469	SL 372—2006	节水灌溉设备现场验收规程	水利部农村水利司	规定了节水灌溉设备现场验收的一般原则、管材管件和阀门、喷灌设备、微灌设备和自动控制设备的现场验收方法；适用于管道输水灌溉、喷灌和微灌、喷灌保护设施的现场验收；不适用于水泵机组等设备或设施品等设施的现场验收	种植业
470	SL 419—2007	水土保持试验规程	水利部	为统一水土保持试验方法和技术要求、保证水土保持试验资料共享资源而制定试验成果的质量、实现水土保持资料资源共享而制定；规定了总则、术语、水力侵蚀试验、泥石流、滑坡试验、崩岗试验、开发建设项目水土保持林草措施及其效果试验、水土保持工程措施及其效果试验、水土保持试验、水土保持耕作措施及其效果试验、水土保持技术措施综合配置试验、土壤质量试验、水土保持数据管理等；适用于水土保持试验站（所）的水土保持试验、小流域水土保持试验站等，也可供其他单位从事水土保持研究时参考	生态与自然保护
471	SL 462—2012	农田水利规划导则	水利部	规定了总则、农田水利规划基本资料、农田水利规划工作要点、水资源评价及开发利用、分区农田水利规划、防洪规划、灌溉规划、排涝规划、治渍规划、盐碱地防治规划、环境影响评价和经济评价、农田水利规划的实施与工程管理；适用于县（市、区）级农田水利规划；地区（市）或乡（镇）农田水利规划可参照执行	种植业

（续）

序号	标准号	标准名称	归口/制定部门	内容	类别
472	SL 482—2011	灌溉与排水渠系建筑物设计规范	水利部	为了适应水利工程建设需要、统一灌溉与排水渠系建筑物设计标准而制定；规定了总则、术语和符号、建筑物级别划分和洪水标准、基本规定、水闸、隧洞、跌水与陡坡、排洪建筑物、渡槽、倒虹吸管、涵洞、农桥、量水设施、安全监测设计等；适用于干枝航运通航道上新建、扩建的渠系建筑物设计可参考使用	种植业
473	SL 510—2011	灌排泵站机电设备报废标准	水利部	为了规范灌排泵站机电设备报废更新工作，保证泵站安全、高效、经济运行而制定；规定了总则、基本规定、主机组、电气设备、计算机监控系统、辅助设备、报废程序等；适用于大中型排灌泵站机电设备的报废	种植业
474	SL 529—2011	农村水电站技术管理规程	水利部	为加强农村水电站技术管理，维护公共安全，保障水电站安全、可靠运行而制定；规定了总则、检修管理、安全管理、岗位培训管理、文明生产管理、档案管理；适用于单站装机容量50MW（含50MW）以下水电站的技术管理	公用
475	SL 533—2021	灌溉排水工程项目初步设计报告编制规程	水利部	为规范灌溉排水工程初步设计报告的编制原则、工作内容和深度要求；规定了总则、综合说明、水文、工程地质、工程建设任务和规模、工程布置及建筑物、机电及金属结构设计、工程施工组织设计、工程建设征地与移民安置、水土保持设计、环境保护设计、工程管理设计、节能设计、设计概算、工程效益分析与综合评价、结论与建议、设计图等；适用于改建、扩建的大中型灌溉排水工程和新建的小型灌溉排水工程初步设计报告编制	种植业

（续）

序号	标准号	标准名称	归口/制定部门	内容	类别
476	SL 556—2011	节水灌溉工程规划设计通用图形符号标准	水利部	规定了术语和定义、图纸、图形符号；适用于水灌溉工程各个阶段的工程图样绘制	种植业
477	SL 558—2011	地面灌溉工程技术管理规程	水利部	为规范地面灌溉工程管理中的技术要求、提高地面灌溉技术水平、节约用水、保护水土资源、充分发挥工程效益而制定；规定了术语和定义、地面灌溉工程技术管理、用水管理、灌水质量评价、地面灌溉工程效益分析等；适用于地面灌溉的工程管理、灌水技术管理及用水管理	种植业
478	SL 559—2011	农村饮水安全工程实施方案编制规程	水利部	为规范农村饮水安全工程实施方案编制的内容和深度、加强对编制工作的管理、提高实施方案编制的质量而制定；规定了总则、术语、基本规定、综合说明、工程背景与设计依据、工程设计、工程管理、环境保护与水土流失防治措施、概算与资金筹措、经济评价、结论与建议、实施方案编制；适用于供水工程；供水规模为 1 000～5 000m³/d 的新建、改扩建集中式供水工程和分散式供水工程。实施方案可根据本标准作适当简化	公用
479	SL 560—2012	灌溉排水工程项目可行性研究报告编制规程	水利部	为规范灌溉排水工程项目可行性研究报告的编制原则、基本内容和深度要求、保证可研报告的编制质量而制定；规定了总则、综合说明、项目区概况、项目建设的必要性与建设任务、水土资源平衡与建设规模、工程布置与建筑物设计、机电及金属结构、施工组织设计、工程管理、节能设计、投资估算、水土保持、环境影响评价、工程建设征地与移民安置、经济评价、结论与建议；适用于新建、改建和扩建的大中型灌溉排水工程项目可研报告的编制，小型灌溉排水工程项目可研报告的编制可根据具体情况内容有所取舍	种植业

（续）

序号	标准号	标准名称	归口/制定部门	内容	类别
480	SL 571—2013	节水灌溉设备水力基本参数测试方法	水利部	规定了术语和定义、基本规定、供水系统、压力测量、流量测量等主要节水灌溉设备的水力性能基本参数的测试	种植业
481	SL 703—2015	灌溉与排水工程施工质量评定规程	水利部	为使灌溉与排水工程施工质量检验与评定工作标准化、规范化而制定；规定了总则、术语、项目划分、单元工程质量评定标准，施工质量检验、施工质量评定等；适用于灌溉与排水工程及符合下列条件的小型节水灌溉工程施工质量评定	种植业
482	SL/T 769—2020	农田灌溉建设项目水资源论证导则	水利部	为规范农田灌溉建设项目水资源论证内容、程序和技术要求，指导农田灌溉建设项目水资源论证报告书编制与审查而制定；规定了术语、水资源论证工作等级、范围及基本资料、建设项目概况分析，水资源论证、取水水源论证、取水及其开发利用状况分析，节水评价和用水量核定；适用于农田灌溉建设项目水资源论证及其影响论证；适用于采取灌溉、排等工程措施，改善农业生产用水条件的农田灌溉建设项目水资源论证报告书的编制、设施种植类、林（果）地、草地等灌溉项目可参照执行	种植业
483	SN/T 2032—2021	进境种猪定隔离检疫场建设规范	海关总署	规定了进境种猪定隔离检疫场选址、设施与其他配套设施及管理制度的规范；适用于进境种猪指定隔离检疫场的建设	畜牧业
484	SN/T 2523—2021	进境水生动物指定隔离检疫场建设规范	海关总署	规定了进境水生动物定隔离检疫场的建设要求；适用于进境种用、养殖、观赏水生动物指定隔离检疫场的建设；进境龟、鳖指定隔离检疫场的建设参照使用	渔业

（续）

序号	标准号	标准名称	归口/制定部门	内容	类别
485	SN/T 2699—2010	出境淡水鱼养殖场建设要求	国家认证认可监督管理委员会	规定了出境淡水鱼养殖场选址、建设要求、设施布局、设备等方面的建设要求；适用于出境淡水鱼养殖场建设亦可参照执行其他水生动物养殖场建设	渔业
486	SN/T 3201—2012	出境水生动物中转包装场建设要求	国家认证认可监督管理委员会	规定了出境水生动物中转包装场建设及规章制度要求；适用于出境水生动物中转包装场的建设	渔业
487	SN/T 3501—2013	出口家禽及其产品生物安全区域化建设规范	国家认证认可监督管理委员会	规定了出口家禽及其产品生物安全区域化建设的条件；适用于出口家禽及其产品生物安全区域化建设、评估和监管	畜牧业
488	SN/T 4233—2021	进境牛羊指定隔离检疫场建设规范	海关总署	规定了进境牛羊指定隔离检疫场选址、设施与配套设施及管理制度的规范；适用于进境牛羊指定隔离检疫场的建设	畜牧业
489	SN/T 4883—2017	进出境宠物犬、猫检疫隔离场建设规范	国家认证认可监督管理委员会	规定了进境宠物犬、猫检疫隔离场建设的要求；适用于进出境旅客携带宠物犬、猫检疫隔离场的建设	畜牧业
490	SN/T 4992—2017	植物消毒处理设施设备基本要求	国家认证认可监督管理委员会		种植业

（续）

序号	标准号	标准名称	归口/制定部门	内容	类别
491	TD/T 1004—2003	农用地分等规程	国土资源部	规定了术语和定义、总则、准备工作与资料整理、外业补充调查、确定标准耕作制度、划分分等单元、计算农用地自然质量分、计算农用地自然质量等指数（R_i）、计算土地经济系数、计算农用地经济系数、农用地等别划分与校验、建立标准样地体系、成果编绘、成果验收、成果归档与更新、成果归档与应用等；适用于县级行政区内现有农用地和宜农未利用地，不适用于自然保护区和土地利用总体规划中的林地、牧草地及其他农用地	公用
492	TD/T 1005—2003	农用地定级规程	国土资源部	规定了术语和定义、总则、准备工作、成果验收、成果编绘、确定分别划分级别、确定定级指数、级别应用等；适用于县级行政区内现有农用地和宜农未利用地，不适用于自然保护区和土地利用总体规划中的林地、牧草地及其他农用地	公用
493	TD/T 1006—2003	农用地估价规程	国土资源部	规定了术语、总则、农用地估价、农用地宗地估价、不同利用类型的农用地估价、不同估价目的的农用地估价、农用地基准地价、农用地征用价格评估、农用地和其他农用地的价格评估、中华人民共和国国境内的农用地和其他农用地的价格评估	公用
494	TD/T 1007—2003	耕地后备资源调查与评价技术规程	国土资源部	规定了术语、总则、农用地估价、农用地宗地估价、不同利用类型的农用地估价、不同估价目的的农用地估价、农用地基准地价、农用地征用价格评估、地（市）级耕地后备资源调查评价、县级耕地后备资源调查评价成果汇总	种植业

（续）

序号	标准号	标准名称	归口/制定部门	内容	类别
495	TD/T 1008—2007	土地勘测定界规程	全国国土资源标准化技术委员会	规定了术语和定义、勘测定界一般工作程序、实地调绘、平面控制测量、界址点的放样测量、界址点测量、面积计算和汇总、勘测定界图、成果资料的检查与验收等；适用于县各类项目用地的勘测定界工作	公用
496	TD/T 1010—2015	土地利用动态遥感监测规程	全国国土资源标准化技术委员会（SAC/TC 93）	规定了术语和定义、总则、技术要求、DOM制作、变化信息监测、外业调查、成果整理、成果、监测成果、质量控制等；适用于采用航天遥感技术对土地利用变化状况的监测；采用其他类型的遥感数据数据源时，可参照相关内容执行	公用
497	TD/T 1011—2000	土地开发整理规划编制规程	国土资源部	规定了基本规定、准备工作、土地开发整理潜力分析、土地开发整理区的划定、土地开发整理的内容与要求、规划方案拟定与可行性分析、实施规划措施、规划成果、规划评审与修改等；适用于全国县级以上行政单位（县、区、市、旗）土地开发整理规划的编制。地、市和乡级政区的土地开发整理规划、城市郊区的土地整理规划和流域土地开发整理规划可以参照本标准编制	公用
498	TD/T 1012—2013	土地整治项目规划设计规范	全国国土资源标准化技术委员会（SAC/TC 93）	规定了术语和定义、总则、规划、规划设计标准、项目规划、工程设计、土地权属调整、项目效益分析等；适用于农用地整理、土地复垦和宜耕后备土地资源开发等土地整治项目的规划设计	公用
499	TD/T 1013—2013	土地整治项目验收规程	国土资源部	规定了术语和定义、总则、验收依据、验收成果、验收方法、验收条件、验收组织、验收程序、验收结论、项目档案等；适用于农用地整理、土地复垦、未利用地开发和自然灾损毁土地复垦等项目的验收工作。其他土地整治项目的验收可参照执行	公用

（续）

序号	标准号	标准名称	归口/制定部门	内容	类别
500	TD/T 1014—2007	第二次全国土地调查技术规程	国土资源部	规定了缩略语、总则、准备工作、调查底图制作、农村土地调查、城镇土地调查、基本农田调查系统建设、统一时点变更、土地调查数据库及管理系统建设、统计汇总、主要成果、检查验收等；适用于第二次全国土地调查	公用
501	TD/T 1016—2007	土地利用数据库标准	国土资源部信息化工作办公室	规定了术语和定义、数据库内容和要素分类编码、数据库结构定义、数据交换文件命名规则、数据交换内容与格式、元数据；适用于土地利用数据库建设与数据交换	公用
502	TD/T 1017—2008	第二次全国土地调查基本农田调查技术规程	国土资源部	规定了术语与定义、总则、资料收集与整理、调查上图、基本农田认定、图件编制与数据汇总、基本农田调查成果检查验收等；适用于第二次全国土地调查基本农田调查	公用
503	TD/T 1019—2009	基本农田数据库标准	全国国土资源标准化技术委员会	规定了术语和定义、缩略语、数据交换文件要素分类编码、数据交换内容和数据库结构定义、数据交换文件命名规则、数据格式、元数据；适用于基本农田数据库建设及数据交换	种植业
504	TD/T 1020—2009	市（地）级土地利用总体规划制图规范	国土资源部标准化中心	规定了总则、一般规定、土地利用总体规划图、基本农田保护规划图、土地利用现状图、建设用地管制分区图、土地整治规划图、重点建设项目用地布局图、中心城区土地利用规划图等；适用于全国市级行政区域（市、地、州、盟）土地利用总体规划图件的制作	公用
505	TD/T 1021—2009	县级土地利用总体规划制图规范	国土资源部标准化中心	规定了总则、一般规定、土地利用总体规划图、基本农田保护规划图、土地利用现状图、建设用地管制分区图、土地整治规划图、重点建设项目用地布局图、中心城区土地利用规划图等；适用于全国县级行政区域（县、区、市、旗）土地利用总体规划图件的制作	公用

（续）

序号	标准号	标准名称	归口/制定部门	内容	类别
506	TD/T 1022—2009	乡（镇）土地利用总体规划制图规范	国土资源部标准化中心	规定了总则、一般规定、土地利用现状图、土地利用总体规划图、土地利用总体规划图、土地用地管制和基本农田保护图、土地整治规划图等；适用于全国乡（镇）土地利用总体规划图件的制作	公用
507	TD/T 1032—2011	基本农田划定技术规程	全国国土资源标准化技术委员会	规定了术语和定义、总则、技术方法与要求、基本农田划定、基本农田补划、基本农田数据库、图件编制、成果汇总与表册编制、成果检验、数据汇总、附则等；适用于土地利用总体规划实施过程中、依法批准基本农田建设占用基本农田或总体规划认定成果减少的基本农田或总体规划依法认定成果造成基本农田减少的其他情况开展的高标准基本农田补划工作	种植业
508	TD/T 1033—2012	高标准基本农田建设标准	国土资源部	规定了高标准基本农田建设的基本原则、建设目标、建设条件、建设内容与技术标准、建设程序、公众参与、土地权属调整、信息化建设与档案管理、绩效评价等；适用于全国范围内开展的高标准基本农田建设活动	种植业
509	TD/T 1034—2013	市（地）级土地整治规划编制规程	国土资源标准化技术委员会	规定了术语与定义、总则、准备工作、调查研究、方案编制、成果要求、成果批报等；适用于全国市（地）级行政区土地整治规划的编制	公用
510	TD/T 1035—2013	县级土地整治规划编制规程	国土资源标准化技术委员会	规定了术语与定义、总则、准备工作、调查评价、方案编制、成果要求、成果批报等；适用于全国县级行政区土地整治规划的编制	公用

（续）

序号	标准号	标准名称	归口/制定部门	内容	类别
511	TD/T 1036—2013	土地复垦质量控制标准	国土资源标准化技术委员会	规定了术语与定义、总则，土地损毁类型与复垦类型区分、损毁土地复垦质量要求、耕地复垦质量控制标准、园地复垦质量控制标准、草地复垦质量控制标准、林地复垦质量控制标准、其他复垦用途的土地复垦质量方案编制，土地复垦工程规划设计以及验收等活动	公用
512	TD/T 1037—2013	土地整治重大项目可行性研究报告编制规程	国土资源部	规定了术语和定义、总则，项目背景与编制依据、建设区概况、建设条件分析、规划方案与建设内容、土地权属调整、投资估算、实施计划、实施管理、后期管护、效益分析、可行性研究结论、《可行性研究报告》附件，附图和附表等；适用于土地整治项目设计报告的编制	公用
513	TD/T 1038—2013	土地整治项目设计报告编制规程	国土资源部	规定了总则、综合说明，项目建设条件分析、工程总体布置、工新增耕地分析、水土资源平衡分析、工程设计、土地权属调整、工程施工、实施组织设计、工程管理与后期管护、投资预算、效益分析、附件等；适用于土地整治项目设计报告的编制	公用
514	TD/T 1039—2013	土地整治项目工程量计算规则	国土资源部	规定了总则、土方工程、石方工程、砌体工程、混凝土工程、农田水井工程、道路工程、安装工程、农田防护工程、输配电工程、其他工程等；适用于土地整治项目设计阶段的工程量计算；招投标阶段和验收阶段的工程量计算可参照执行	公用
515	TD/T 1040—2013	土地整治项目制图规范	国土资源部	规定了术语和定义、总则，一般规定、土地整治项目规划图、工程设计图、土地整治项目现状图，工程设计图等；适用于土地整治项目的制图。土地整治项目现状图、规划图、工程设计图、竣工图的编制	公用

（续）

序号	标准号	标准名称	归口/制定部门	内容	类别
516	TD/T 1041—2013	土地整治工程质量检验与评定规程	国土资源部	规定了术语和定义、总则、工程项目划分、工程质量检验、工程质量评定等；适用于农用地整治、未利用地开发和自然灾害损毁土地复垦等项目的工程质量检验与评定。对土地整治项目中房屋、输配电、石方爆破等工程的质量检验与评定，执行工业与民用的工程质量检验与评定标准	公用
517	TD/T 1042—2013	土地整治工程施工监理规范	国土资源部	规定了术语和定义、总则、监理准备阶段的监理工作、施工阶段的监理工作、合同管理、质量控制、进度控制、安全生产监督管理、造价控制、资料管理、保修期的监理工作、工地会议等；适用于农用地整治、未利用地开发和自然灾害损毁土地复垦等项目的工程施工监理。其他土地整治项目的工程施工监理可参照执行	公用
518	TD/T 1043.1—2013	暗管改良盐碱地技术规程　第1部分：土壤调查	国土资源部	为暗管改良盐碱地工程的规划设计、施工管理、监测评价及其后期维护管理提供土壤调查参数指标和各参数的测定方法。规定了暗管改良区域土壤调查的一般程序，土壤环境、理化性质、水文特征等指标，提供了各调查指标的测定方法以及土壤调查报告的编写规范；适用于中国北方地区盐土或盐化土壤的改良工作，也适用于暗管排水工程进行防涝除渍等内容；在改善土壤渗透性条件下，可指导碱化土壤应用暗管改碱技术的改良利用	生态与自然保护

（续）

序号	标准号	标准名称	归口/制定部门	内容	类别
519	TD/T 1043.2—2013	暗管改良盐碱地技术规程 第2部分：规划设计与施工	国土资源部	规定了暗管改良盐碱地工程规划、工程设计、施工、管理、监测的内容、程序和工程技术标准以及技术参数的确定方法。适用于中国北方地区盐土或盐碱土壤以暗管改良盐碱地为目的的规划设计、施工与验收等；施工与验收等，也适用于农田暗管排水工程进行防劳除渍等；在改善土壤渗透性条件下，可指导盐碱土壤应用暗管改碱技术的改良利用	生态与自然保护
520	TD/T 1053—2017	农用地质量分等数据库标准	全国国土资源标准化技术委员会（SAC/T 93）	规定了术语和定义、数据库内容和要素分类编码、数据库结构定义、数据质量分等数据交换文件命名、农用地质量元数据、分等交换数据内容和格式、农用地质量分等数据库建设和数据交换。适用于农用地质量分等数据库建设和数据交换	公用
521	YC/T 337—2010	基本烟田水利设施建设工程质量评定与验收规程	全国烟草标准化技术委员会农业分技术委员会（TC144/SC2）	规定了烟草行业基本烟田水利设施建设工程质量评定与验收的程序和要求；适用于单位工程的行业投资在50万元及以上的基本烟田水利设施建设工程项目的质量评定与验收，50万元以下的可参照执行	种植业
522	建标160—2012	乡镇综合文化站建设标准	住房和城乡建设部	为加强和规范乡镇综合文化站的设施建设，提高乡镇综合文化站建设项目的决策科学性和管理水平，满足农民群众基本文化需求，促进社会主义新农村建设，依据有关法律、法规及国家现行政策而制定，是乡镇综合文化站建设项目科学决策、合理确定建设和投资水平的全国性统一标准，是编制、评估和审批乡镇综合文化站建设项目建议书和可行性研究报告的重要依据，也是有关部门审查乡镇综合文化站建设项目初步设计和对整个建设过程监督检查的尺度。规定了总则、建设规模、项目构成与选址、建筑面积指标、建筑标准、主要设备。新建、改建和扩建的乡镇一级行政单位建的乡镇综合文化站可参照执行；街道综合文化站和其他文化站的建设可参照执行	农村生活与环境

（续）

序号	标准号	标准名称	归口/制定部门	内容	类别
523	建标195—2018	自然保护区工程项目建设标准	住房和城乡建设部	为规范自然保护区工程项目建设，合理确定项目建设内容和规模，提高自然保护区工程项目决策的科学性和投资效益而制定；规定了总则、建设规模与项目构成、选址与规划布局、防灾减灾系统、管护系统、巡护系统、科研监测系统、公众教育系统、主要技术经济指标；是编制、评估和审批自然保护区工程项目建议书，可行性研究报告、初步设计以及检查和评价自然保护区工程项目全过程建设效益的依据；适用于国家级自然保护区的新建、改建和扩建工程项目；省级、市级和县级自然保护区工程项目建设可参照执行	生态与自然保护
524	建标196—2018	湿地保护工程项目建设标准	住房和城乡建设部	为规范湿地保护建设工程，提升工程建设管理水平，提高湿地保护项目决策的科学性和投资效益而制定；是编制和审批湿地保护工程项目建议书，可行性研究报告、初步设计，以及检查和评价自然保护区工程项目全过程建设效益的依据；规定了总则、建设规模与项目构成、工程选址、宣教科普工程、湿地保育工程、湿地修复工程、科研监测工程、国家重要湿地、主要技术经济指标；适用于国际重要湿地、湿地公园、湿地自然保护区、重要生态保护价值区域的湿地保护工程项目的新建、改建和扩建	生态与自然保护

附表 3　农业农村工程相关地方标准

序号	标准号	标准名称	归口或提出部门	内容	类别
525	DB 11/T 341—2006	村镇供水工程自动控制系统设计规范	北京市水务局	规定了村镇供水工程自动控制系统设计的术语和定义、计算机监控系统设计、过程检测仪表设置和设计文件组成等；适用于北京市辖区内村镇供水工程自动化控制系统的设计	公用
526	DB 11/T 425—2018	牛场场舍区、场区、缓冲区环境质量要求	北京市农业局	规定了牛场舍区、场区、缓冲区的空气环境质量、物理环境质量及饮用水质量等技术要求和监测、控制和管理	畜牧业
527	DB 11/T 428—2018	种羊场舍区、场区、缓冲区环境质量要求	北京市农业局	规定了种羊场舍区、场区、缓冲区的空气环境质量、物理环境质量及饮用水质量等技术要求和监测方法；适用于种羊场的环境质量监测、控制和管理	畜牧业
528	DB 11/T 429—2018	种猪场舍区、场区、缓冲区环境质量要求	北京市农业局	规定了种猪场舍区、场区、缓冲区的空气环境质量、物理环境质量及饮用水质量等技术要求和监测方法；适用于种猪场的环境质量监测、控制和管理	畜牧业
529	DB 11/T 430—2018	种鸡场舍区、场区、缓冲区环境质量要求	北京市农业局	规定了种鸡场舍区、场区、缓冲区的空气环境质量、物理环境质量及饮用水质量等技术要求和监测方法；适用于种鸡场的环境质量监测、控制和管理	畜牧业
530	DB 11/T 574—2008	种猪场建设规范	北京市农业标准化技术委员会养殖业分会	规定了种猪场建设的建设规模、选址、布局、工艺与设施、卫生防疫和环境保护等要求；适用于新建及改扩建的种猪场	畜牧业

续 表

（续）

序号	标准号	标准名称	归口或提出部门	内容	类别
531	DB 11/T 557—2008	设施农业节水灌溉工程技术规程	北京市水务局	规定了设施农业节水灌溉工程的设计、施工安装与运行管理技术要求；适用于设施农业中的新建、扩建和改建节水灌溉工程	种植业
532	DB 11/T 558—2008	节水灌溉工程施工质量验收规范	北京市水务局	规定了节水灌溉工程施工质量验收的基本要求、材料与设备要求及水源工程、管道工程、渠道工程、田间工程和雨水集蓄利用工程的施工质量验收和项目竣工验收的节水灌溉工程施工质量验收；适用于新建、扩建和改建的节水灌溉工程施工质量验收	种植业
533	DB 11/T 722—2010	节水灌溉工程自动控制系统设计规范	北京市水务局	规定了节水灌溉工程自动控制系统的总体要求、软硬件设计、辅助设计以及设计文件组成等；适用于设施农业等节水灌溉工程自动控制系统的设计	种植业
534	DB 12/T 745—2017	蛋鸡标准化规模场建设与管理规程	天津市畜牧兽医局	规定了蛋鸡标准化规模场规划的基本要求、选址与布局、鸡场建筑、设施设备、饲养管理、环境管理、废弃物处理、疫病防控管理、投入品管理、经营管理等要求；适用于天津市存栏1万只以上蛋鸡标准化规模场的新建、改建和扩建	畜牧业
535	DB 13/T 909—2007	奶牛标准化养殖小区建设规范	张家口市质量技术监督局	规定了奶牛标准化养殖小区建设的总体要求、规划布局、建筑设施要求、配套设施建设及小区绿化；适用于奶牛标准化养殖小区的规划、设计和建设	畜牧业
536	DB 13/T 926—2008	规模化生态放养鸡技术规程	邯郸市质量技术监督局	规定了规模化生态放养鸡的术语和定义、品种选择、设施建设、育雏、放养、生产模式、环境卫生、检疫、无害化处理等；适用于规模化生态放养鸡养殖	畜牧业

（续）

序号	标准号	标准名称	归口或提出部门	内容	类别
537	DB 13/T 930—2008	沿海苇田湿地鱼虾蟹生态养殖技术规程	唐山市质量技术监督局	规定了沿海苇田湿地地区开展水产养殖的技术要求，包括苇田和苇田管理、苗种放养、养殖管理、收获等；适用于河北省沿海苇田湿地开展水产生态养殖	渔业
538	DB 13/T 941—2008	葡萄防雹防鸟网架设技术规程	河北省林业局	规定了葡萄防雹网的术语、定义、应用地区及范围、材料选择、架设技术、架设要求、防鸟网的防雹网与防鸟网的架设；适用于河北省内葡萄园的防雹网与防鸟园的架设	种植业
539	DB 13/T 951—2008	蔬菜设施类型的界定	河北省农业厅	规定了温室、大拱棚、中拱棚和小拱棚的结构和规格；适用于河北省（坝上地区除外）的蔬菜生产设施	种植业
540	DB 13/T 961—2008	鸡定点屠宰厂建厂要求	河北省商务厅	规定了鸡定点屠宰厂建厂的术语和定义、厂址选择和总平面布局、建筑、给排水、采暖通风及空气调节、电气等技术要求；适用于省内新建、扩建和改建的鸡屠宰厂分割车间的建造要求	畜牧业
541	DB 13/T 992—2008	水貂厂建设技术规范	河北省畜牧兽医局	规定了水貂场的场址选择、区域规划与布局、建筑要求和设备配置；适用于水貂场（饲养量500只以上）的规划、设计和建造	畜牧业
542	DB 13/T 993—2008	猪、沼、厕"三位一体"生态养猪技术规程	河北省畜牧兽医局	规定了猪、沼、厕"三位一体"生态养猪的圈舍建造与饲养管理技术要求、沼气池的建造质量要求与启动、维护技术及人用厕所的建造要求；适用于"三位一体"生态养猪户	畜牧业
543	DB 13/T 995.2—2008	设施桃综合标准 第2部分：建园	唐山市质量技术监督局	规定了设施桃的园地选择、规划设计、设施种类、设施建造、定植栽培；适用于河北省范围内设施桃的建园	种植业

序号	标准号	标准名称	归口或提出部门	内容	类别
544	DB 13/T 996.1—2008	京东板栗综合标准 第1部分：建园	唐山市质量技术监督局	规定了京东板栗园地选择、规划设计、整地、栽植、栽后管理；适用于京东板栗的建园	种植业
545	DB 13/T 1135—2009	河北省省级水产原种场和良种场建设规范	河北省水产局	规定了河北省级水产原种场和良种场的资质条件、环境条件、规模、生产能力、生产设施、人员配置、制度建设等；适用于河北省级水产原种场和良种场的建设	渔业
546	DB 13/T 1186—2010	貉饲养场建设技术规范	唐山市质量技术监督局	规定了貉饲养场的选址、布局、建筑和设备配置的技术要求；适用于河北省行政区域内新建或改建貉饲养场的建设	畜牧业
547	DB 13/T 1211—2010	商品兔场建设规范	河北省畜牧兽医局	规定了商品兔场建设场址选择、规划布局、兔舍建筑、设施设备、场区绿化等；适用于商品兔场的新建和改扩建	畜牧业
548	DB15/T 1971—2020	羊场建设技术规程	内蒙古自治区畜牧业标准化技术委员会	规定了羊场选址与布局、羊舍建设、辅助设施、工程质量验收等要求；适用于内蒙古地区各类型羊场建设	畜牧业
549	DB 22/T 1875—2013	工厂化猪场废弃物处理与利用技术规范	吉林省畜牧业管理局	规范了工厂化猪场的废弃物处理与利用原则、废弃物处理地点、粪污处理、其他废弃物处理与利用，适用于工厂化猪场废弃物处理与利用	畜牧业
550	DB 22/T 3096—2020	稻蟹联合种养田间工程建设技术规程	吉林省水利厅	规定了稻蟹联合种养田间工程建设技术的一般规定、田块选择、田块修整、田硬改造、田间沟修建、暂养池建设、防逃墙安装和灌溉排水系统设置；适用于采用水稻、河蟹联合种养模式的田间工程建设	种植业/渔业

（续）

序号	标准号	标准名称	归口或提出部门	内容	类别
551	DB 31/T 469—2009	粮田和菜地水利基础设施建设技术规范	上海市水务局、上海市农委	规定了粮田和菜地水利基础设施建设基本要求、规划设计、工程施工与设备安装、工程验收和运行管理的要求；适用于本市粮田和菜地水利枢纽、田间灌溉与排水等渠（沟、管）系建筑物的新建、扩建或改建工程	种植业
552	DB 31/2008—2012	食品安全地方标准 中央厨房卫生规范	上海市食品药品监督管理局	规定了术语和定义、选址和厂区环境、厂房和生产场所、设备、工具和容器、卫生管理原料与包装材料的要求、生产过程的食品安全控制、检验、产品的贮存与运输、产品追溯与召回、管理机构和人员、记录和文件的管理、管理制度；适用于中央厨房	乡村产业
553	DB 31/2019—2013	食品安全地方标准 食品生产加工小作坊卫生规范	上海市食品药品监督管理局	规定了术语和定义、选址及加工场所环境、加工场所、设备、工具和容器、卫生管理、食品原料、食品添加剂和食品相关产品、生产过程的食品安全控制、包装和标签、检验、食品的贮存与运输、产品召回和管理、培训、记录管理；适用于《上海市实施〈中华人民共和国食品安全法〉办法》规定的列入品种目录管理的各类食品生产加工小作坊	乡村产业
554	DB 32/T 1589—2013	苏式日光温室（钢骨架）通用技术要求	江苏省农委	规定了苏北钢骨架日光温室的规格、建设施工、建设要求、运输架日光温室的检测方法、检验规则、标识和说明书、运输架日光温室的包装、运输架日光温室的建造、安装和验收；适用于江苏北部地区（北纬32°~34.8°）钢骨架日光温室的建造、安装和验收	种植业
555	DB 32/T 1666—2016	乡村旅游区等级划分与评定	江苏省旅游局	规定了乡村旅游区等级划分与评定的术语和定义、总则、等级划分与评定、等级评定内容与标准、等级评定管理；适用于江苏省境内的观光农业园区、旅游特色村、休闲农庄等乡村旅游区	乡村产业

序号	标准号	标准名称	归口或提出部门	内容	类别
					（续）
556	DB 32/T 1708—2011	泥鳅养殖技术规范	江苏省海洋与渔业局	规定了泥鳅池塘养殖的环境条件、养殖设施、放养前准备、苗种放养、投喂管理、水质管理、常见疾病及防治技术、捕捞、蓄养及运输；适用于泥鳅池塘养殖模式可以参照执行	渔业
557	DB 32/T 2949—2016	农田水利高效节水监控系统技术规范	江苏省水利厅	规定了农田水利高效节水监控系统技术的术语和定义、信息系统的组成、设备的接口标准和技术要求；适用于农田水利高效节水监控系统建设工程	种植业
558	DB 32/T 2950—2016	水稻节水灌溉技术规范	江苏省水利厅	规定了水稻节水灌溉技术的术语和定义、水稻灌溉分区和适宜节水灌溉模式、水稻节水灌溉技术操作要点；适用于农田灌排工程体系较为完备的移栽水稻灌溉，不适用于直播稻育苗期	种植业
559	DB 3201/T 126—2008	肉鸭高床养殖技术规程	南京市农林局	规定了肉鸭高床养殖的术语与定义、育雏总则、鸭舍与设备、饲料、育雏期饲养管理、育成期饲养管理、卫生管理、疾病预防、废弃物处理、生产记录、检疫、运输、本标准适用于肉鸭的高床养殖	畜牧业
560	DB 3205/T 168—2008	中小规模猪场粪便的综合处理技术规范	苏州市农林局	规定了猪场粪便治理的术语和定义、总体要求、综合处理技术及资源化利用；适用于中、小规模猪场粪便的综合处理	畜牧业
561	DB 33/T 711—2008	循环水工厂化养鱼技术规范	浙江省水产标准化技术委员会	规定了循环水工厂化养鱼术语和定义、选址、设施设备及工艺流程、养殖管理、病害防治和收获；适用于海水鲆鲽类工厂化养殖，其它海水鱼类亦可参照执行	渔业

（续）

序号	标准号	标准名称	归口或提出部门	内容	类别
562	DB 3302/T 089—2010	桔园改造和高接换种技术规程	宁波市林业标准化技术委员会	规定了对宁波市密植衰老低产桔园进行间伐疏改造和通过高接换种进行品种改良的园地选择、时间选择和技术要求；适用于宁波市计划密植桔行郁闭桔园、低产衰老桔园的改造，以及桔园通过高接换种的品种改良	种植业
563	DB 3302/T 105—2010	滩涂埋栖型双壳贝类工厂化繁育通用技术规范	宁波市水产标准化技术委员会	规定了滩涂埋栖型双壳贝类工厂化繁育的育苗场地、亲贝处理、催产和孵化、幼虫培育、附苗和稚贝培养、饲料培养、池塘大规格苗种培育、苗种收获、包装和运输、缢蛏、文蛤、青蛤等滩涂埋栖型双壳贝类室内工厂化繁育；室外池塘大规格苗种培育可参照执行	渔业
564	DB 3311/T 175—2021	红色乡村建设指南	丽水市农业农村局	本文件给出了开展红色乡村建设的总则，需考虑的因素，并从红色元素发现、红色资源整理、红色文化保护、红色价值转换、红色精神传承、红色乡村经营等方面提出了建议；旨在为红色乡村建设提供指南	乡村产业
565	DB 34/T 320—2003	安徽省奶牛场环境卫生标准	安徽省农业标准化技术委员会	规定了奶牛场和牛舍环境卫生标准及奶牛用地环境选择、奶牛、牛舍卫生监督、监测的要求；适用于集约化、规模化新建的奶牛场、农户家庭建造的奶牛含可参照本标准执行，也适用于已建成的牛场、牛舍的卫生评估	畜牧业
566	DB 34/T 646—2006	农家乐餐馆厨房规范现行	安徽菜标准化技术委员会	规定了农家乐餐馆厨房的术语和定义，厨房设备和厨房质量管理要求等；适用于新建、改建和扩建的农家乐餐馆厨房	乡村产业
567	DB 34/T 777—2008	安徽省种猪场建设标准	安徽省农业标准化委员会	规定了种猪场建设规模、选址、场区规划与布局、工艺、设备、猪舍建筑、配套设施、防疫与环境保护等要求；适用于新建及改建、扩建的种猪场	畜牧业

序号	标准号	标准名称	归口或提出部门	内容	类别
568	DB 34/T 995—2009	池塘蟹鳜鳜生态养殖技术操作规程	安徽省农业标准化技术委员会	规定了池塘蟹鳜鳜生态养殖技术中池塘生态环境条件、蟹鳜投放、饲养管理、病害防治的具体要求；本标准适用于池塘蟹鳜鳜生态养殖	渔业
569	DB 34/T 996—2009	克氏原螯虾网箱生态养殖技术规程	安徽省农业标准化技术委员会	规定了克氏原螯虾网箱生态养殖技术要求，包括：克氏原螯虾的来源与规格、网箱结构、水域选择与水质条件、苗种质量、放养密度、饲料与投喂、日常管理、病害防治；适用克氏原螯虾商品虾的网箱生态养殖	渔业
570	DB 34/T 1607—2012	蛋用鹌鹑饲养管理规程	安徽省农业标准化委员会	规定了蛋用型鹌鹑的场舍环境要求、引种、饲料、育雏育成期饲养管理、产蛋期管理、卫生管理、档案管理，适用于蛋用型鹌鹑规模养殖场（户）各环节的控制	畜牧业
571	DB 34/T 1608—2012	肉用鹌鹑饲养管理规程	安徽省农业标准化委员会	规定了肉用型鹌鹑的场舍环境要求、引种、饲料、育雏期饲养管理、育肥期饲养管理、卫生防疫、档案管理；适用于肉用型鹌鹑规模养殖场（户）各环节控制	畜牧业
572	DB 34/T 3329—2019	稻鳖共作田间工程建设技术规程	安徽省农业标准化技术委员会	规定了稻鳖共作的稻田选择、环境条件、田间工程、附属生产设施技术要求；适用于安徽省稻鳖共作区域的稻田整理与改造等	种植业/渔业
573	DB 3401/T 22—2007	食品小作坊质量安全卫生基本条件	合肥市质量技术监督局	规定了食品生产加工小作坊原辅料管理、生产加工场所、生产加工设施及工具、生产加工卫生管理、产品包装与贮运的食品质量安全基本条件；适用于安徽省合肥市行政区域内的食品生产加工小作坊	乡村产业

序号	标准号	标准名称	归口或提出部门	内容	类别
574	DB 36/T 470—2005	奶牛养殖小区建设技术规范	江西省农业厅	规定了奶牛养殖小区定义、饲养环境、环境污染控制等生产技术，模式肉牛养殖小区的建设与规定；适用于200头以上规	畜牧业
575	DB 36/T 471—2005	肉牛养殖小区建设技术规范	江西省农业厅	规定了肉牛养殖小区定义、饲养环境、环境污染控制等生产技术，模式肉牛养殖小区的建设与规定；适用于500头以上规	畜牧业
576	DB 43/T 287—2006	柑橘建园技术规范	湖南省农业厅	规定了柑橘建园的术语和定义、园地选择、园地规划、原地建设与苗木定植；适用于柑橘类果树建园	种植业
577	DB 43/T 305—2006	生猪养殖小区技术规范	湖南省畜牧水产局	规定了生猪养殖小区的术语和定义、建设与环境、技术管理、组织管理等；适用于生猪养殖小区的建设、生产、管理及其验收	畜牧业
578	DB 51/T 652—2007	种畜禽场建设布局规范	四川省畜牧食品局	规定了种畜禽场及其建筑物和设施建设位置与安全距离的基本要求；适用于新建、改（扩）建的种畜禽场。其它商品畜禽场可参考本规范	畜牧业
579	DB 51/T 770—2008	农村户用沼气池配套安装规范	四川省农村能源办公室	规定了农村户用沼气池（以下简称沼气池）配套产品要求和安装方法；适用于发酵间容积不大于10m³的农村户用沼气池	农村能源与资源

序号	标准号	标准名称	归口或提出部门	内容	类别
					（续）
580	DB 51/T 922—2009	县级土壤肥料化验室建设规范	四川省农业厅	规定了四川省县级土壤肥料化验室建设的选址、建筑公用设施、仪器和设备、人员、布局、检测能力、质量控制、质量体系建立与运行；适用于四川省县级土壤肥料化验室的建设	种植业
581	DB 51/T 1057—2010	出口茶基地建设技术规程	四川省农业厅	规定了出口茶基地环境和建设、茶树品种、栽培管理、鲜叶采摘、追溯管理等方面的技术要求；适用于四川省出口茶基地	种植业
582	DB 61/T 377.10—2006	汉中绿茶低产茶园改造技术规程	陕西省农业农村厅	适用于茶树树龄过大、树势衰退或采有形成有效采摘面或采茶篷过于高大、不便采摘管理，且亩产量低于25kg的投产茶园	种植业
583	DB 61/T 1241.1—2019	冬枣绿色生产 第1部分：产地环境条件	陕西省农业农村厅	规定了冬枣绿色生产的气候条件、空气质量、土壤环境质量、灌溉水质量要求；本部分适用于陕西省冬枣绿色生产产地选择	种植业
584	DB 61/T 1241.2—2019	冬枣绿色生产 第2部分：苗木繁育技术规程	陕西省农业农村厅	规定了冬枣苗木繁育的苗圃地选择、繁育、出圃、包装、运输和假植等技术；适用于陕西省冬枣苗木繁育	种植业
585	DB 61/T 1241.3—2019	冬枣绿色生产 第3部分：露地栽培技术规程	陕西省农业农村厅	规定了冬枣绿色生产地环境的气候条件、空气质量、土壤环境质量、灌溉水质量要求；适用于陕西省冬枣绿色生产产地选择	种植业

（续）

序号	标准号	标准名称	归口或提出部门	内容	类别
586	DB 61/T 1241.4—2019	冬枣绿色生产 标准综合体 第4部分：设施栽培技术规程	陕西省农业农村厅	规定了设施冬枣园地建造、设施类型、温湿度调整、整形修剪及土肥水管理等生产技术；适用于陕西省冬枣设施栽培	种植业
587	DB 61/T 1241.7—2019	冬枣绿色生产 标准综合体 第7部分：10米跨度简易型日光温室建造技术规程	陕西省农业农村厅	规定了冬枣日光温室的术语和定义、场地选择及规划、建筑结构设计、施工程序、建造与管理；适用于陕西省冬枣日光温室的设计与建造，同纬度地区日光温室生产可参考使用	种植业
588	DB 61/T 1241.8—2019	冬枣绿色生产 标准综合体 第8部分：12m跨度塑料钢骨架简易大棚建造技术规程	陕西省农业农村厅	规定了冬枣塑料大棚建造技术规范的术语和定义、场地选择、设计参数、基本要求、建棚材料、施工程序；适用于陕西省冬枣塑料大棚建造	种植业
589	DB 65/T 2724—2007	塔里木马鹿鹿场场区设计规范	新疆维吾尔自治区畜牧厅	规定了塔里木马鹿鹿场的厂址选择、场区内的区域划分、鹿舍的建筑、场区的绿化设计、场区的道路技术要求；适用于新建、改建、扩建的鹿场场区的总体设计	畜牧业
590	DB 65/T 4433—2021	农产品冷链物流集散中心建设与管理规范	新疆维吾尔自治区商务厅	规定了农产品冷链物流集散中心的标识、追溯、设施与设备、管理、包装与运输要求；适用于农产品冷链物流集散中心建设和突发事件应急处理的管理，农产品产地集配中心和农产品批发市场冷链物流改造升级也可参照	乡村产业

（续）

序号	标准号	标准名称	归口或提出部门	内容	类别
591	DBN 6528/T 049—2016	山区羊舍设计技术规范	巴音郭楞蒙古自治州畜牧兽医局	规定了山区羊舍选址、羊舍建筑的一般要求和羊舍内的主要设备；适用于山区饲养放牧羊的单位和农牧户	畜牧业
592	DBN 6528/T 051—2006	羊配种站设计规范	巴音郭楞蒙古自治州畜牧局	规定了适用于羊的配种站的选址、设置、建筑质量基本要求和内部设备的配备；适用于高寒牧区设立的以人工授精为配种方式的绵羊配种站	畜牧业
593	SZDB/Z 89—2014	动物种质资源库建设与管理规范	深圳市经济贸易和信息化委员会	规定了动物种质资源库建设相关的设备、设施及环境的要求，动物种质的信息采集、样本处理和长期贮存及管理的操作规范；适用于需要建立动物种质资源库并用于动物研究或动物遗传资源保护的机构，开展动物种质的信息采集、样本处理和贮存及管理使用	畜牧业

附表 4 农业农村工程相关团体标准

序号	标准号	标准名称	归属部门	内容	类别
594	T/APM 006—2020	蛋鸡养殖管理系统 功能规范	青岛市农产品营销协会	规定了蛋鸡养殖资源管理平台从雏鸡饲养、饲料添加、蛋鸡生长、蛋鸡产蛋整个蛋管理的所有功能要求;适用于对蛋鸡生长全过程生命周期管理,及在供应链过程中的追踪追溯查询	畜牧业
595	T/APM 007—2020	蛋鸡养殖管理系统 数据元 数据	青岛市农产品营销协会	规定了蛋鸡养殖管理系统数据元内容框架、数据集核心数据、数据集参考元数据;适用于作为蛋鸡养殖管理系统数据集数据属性的统一规范化描述,也可用于蛋鸡养殖管理系统数据集元数据标准制定专用元数据标准的依据	畜牧业
596	T/APM 008—2020	蛋鸡养殖管理系统 数据元	青岛市农产品营销协会	规定了蛋鸡养殖管理系统数据元术语和定义、总则、系统基础数据元和业务数据元扩展数据元描述;适用于系统进行蛋鸡养殖数据元和业务数据元扩展数据元,蛋鸡养殖合作社的信息管理系统的开发和建设	畜牧业
597	T/BIOT 01—2021	设施园艺智能水肥一体化系统技术通则	北京物联网智能技术应用协会	规定了设施园艺智能水肥一体化系统的术语和定义、各分部构成、方案设计、关键选型要求、安装与验收及水肥综合管理等内容;适用于塑料大棚、日光温室和现代化连栋温室等设施蔬菜、水果土壤栽培智能水肥一体化系统的设计、实施和管理	种植业
598	T/BLTJBX 22—2021	柏塘山茶标准体系建设指南	博罗县特种设备和计量标准化协会	规定了柏塘山茶标准体系建设的术语和定义、构建原则、标准体系的组成及标准体系构建的要求	种植业
599	T/BLTJBX 27—2021	生态茶园建设与管理规范	博罗县特种设备和计量标准化协会	规定了生态茶园建设与质量控制的基本要求,包括术语生产、义、选址与基础规划、生态位配置、茶树管理与茶叶生产、水土保持管理、土壤管理、病虫害防控、自然灾害防护等	种植业

（续）

序号	标准号	标准名称	归属部门	内容	类别
600	T/BLTJBX 29—2021	低效茶园改造技术规程	博罗县特种设备和计量标准化协会	规定了低效茶园改造的技术要求，包括低效茶园的定义、茶园改造、茶树管理和改植换种	种植业
601	T/BZFS 005—2021	短枝冬枣无毒采穗圃建设管理技术规范	滨州市林学会	规定了冬枣郁闭园改造技术术语和定义，枣园郁闭度标准、郁闭枣园改造方法、郁闭枣园改造后的管理规程；适用于滨州市范围内短枝冬枣无毒采穗圃的建设和管理	种植业
602	T/CAAA 040—2020	种鸽场建设规程	中国畜牧业协会	规定了种鸽场建设的场址选择、规划与布局，生产区和隔离区的建筑；适用于种鸽场建设	畜牧业
603	T/CACM 1334.1—2020	药用植物园建设规范 第1部分：总则	中华中医药学会	规定了药用植物园建设的基本原则，功能要求、分类、建设要求等内容。本部分适用于药用植物园的新建、改建、扩建和修建	种植业
604	T/CACM 1334.2—2020	药用植物园建设规范 第2部分：规划设计	中华中医药学会	规定了药用植物园规划设计的基本要求、规划设计、总体布局，常规设施，药用植物设计，建（构）筑物设计、导览标识牌设计等内容；适用于新建、改建、扩建和修建的药用植物园的规划设计	种植业
605	T/CAMD 0003—2017	智慧大农业工程建设标准规范	中国市场学会	规定了智慧大农业工程建设的术语定义、技术要求，适用于智慧大农业工程所涉及的建设企业	基础
606	T/CAMDA 6—2019	粮食烘干中心验收技术规范	中国农业机械流通协会	规定了粮食烘干中心验收技术规范的术语定义、技术要求，试验方法，验收规则和标志，包装、运输及贮存；适用于玉米、稻谷、小麦的连续式和循环式粮食烘干中心设备性能和质量检测验收	种植业

（续）

序号	标准号	标准名称	归属部门	内容	类别
607	T/CCPEF 001—2016	中国生态城镇评定规范	中国林业与环境促进会	规定了生态城镇的术语和定义、社会和谐、生态绿化、环境质量、科学规划、人文资源、旅游服务、绿色运营、科技创新、产业特色等相关因子；适用于中国生态城镇评定、建设和评审；可作为中国生态城镇评定的依据	生态与自然保护
608	T/CCPEF 002—2016	全国生态养生示范村建设技术规程	中国林业与环境促进会	旨在解决生态养生的系统性、科学性、立足良好的生态环境，充分利用生态资源建立自我保健、调整一种和谐的个体-社会-环境之间的稳定关系、创造良好的生存和生活环境，放松身心、适当锻炼、有效养生、提高免疫系统，从而达到保健和治疗的作用；是生态养生示范村建设规划纲要和指导性文件；是生命名评定工作的依据	生态与自然保护
609	T/CI 016—2021	中医农业生态产业园建设技术规程	中国国际科技促进会	规定了中医生态农业种植产业园建设过程中的产业园建设条件、产业园技术要求、管理规程、施肥、灌溉、饲喂、病虫害防治、运营管养等技术要求；适用于中医农业生态产业园建设	种植业
610	T/CNSC 004—2021	矿山生态修复植物营管建设规程	中国治沙暨沙业学会	规定了植物材料选择、采样与分析、土壤质量评价与等级划分、模式配置、复垦与整地、土壤改良、配套基础设施建设、矿山生态修复植物营管建档案管护等植物技术；适用于全国范围内矿山生态修复中植物营管建设与管护	生态与自然保护
611	T/CPPC 1012—2020	生猪健康管理及智能化疾病诊治系统建设规程	中国生产力促进中心协会	规定了生猪养殖过程中喂料、饮水、疾病诊断等涉及生猪健康管理及智能化疾病诊治系统建设应遵循的准则；适用于生猪养殖场，也可供其他养殖场参照执行	畜牧业

（续）

序号	标准号	标准名称	归属部门	内容	类别
612	T/CPPC 1013—2020	生猪智能化养殖云平台技术规程	中国生产力促进中心协会	规定了生猪智能化养殖云平台中的系统架构、方案设计、平台功能、建设实施和运维管理等要求；适用于生猪智能化养殖云平台的建设规划、架构组成、方案设计、功能要求、运行维护以及与之相关的云平台建设质量控制	畜牧业
613	T/CPPC 1014—2020	养殖智能设备物联网实施规程	中国生产力促进中心协会	规定了养殖智能设备物联网实施标准的术语和定义、通信要求、功能要求、设备要求和控制要求；适用于应用物联网技术进行养殖智能设备的设计、建设和维护	畜牧业
614	T/CPPC 1015—2020	猪场数据智能采集规程	中国生产力促进中心协会	规定了后备登记数据、分娩数据、断奶数据、生长性能测定数据、后备进群数据、配种数据、妊检数据、流产登记数据、转群数据、种猪死亡淘汰数据、销售数据以及种猪盘点的数据采集；适用于猪场数据智能化采集	畜牧业
615	T/CPPC 1016—2020	规模化猪场智能环境控制系统建设规程	中国生产力促进中心协会	规定了综合布线、监控系统、温湿度系统、通风系统、照明系统、粪污处理系统和噪声系统等涉及智能环境控制系统的建设应遵循的准则；适用于规模化猪场智能环境控制系统的建设	畜牧业
616	T/CPPC 1017—2020	生猪数字化精准饲喂管理系统建设规程	中国生产力促进中心协会	规定了生猪数字化精准饲喂管理系统中功能要求、设备要求及控制要求等；适用于生猪养殖场的精准管理，也可供其他养殖场参照执行	畜牧业
617	T/CPPC 1019—2020	智能猪场建设和评定规程	中国生产力促进中心协会	规定了智能猪场的术语和定义、饲养工艺、主要指标、厂址选择、布局结构、粪污自动无害化处理和评定；适用于智能化精准化猪场建设和评定	畜牧业

（续）

序号	标准号	标准名称	归属部门	内容	类别
618	T/CROAKER 003—2020	海水鱼类养殖塑胶渔排技术规范	宁德市渔业协会	规定了主要构件由高密度聚乙烯（HDPE）建造的海水鱼类养殖塑胶渔排的结构规格、技术要求、检验方法以及组装工艺要求；适用于宁德市内湾海水鱼类养殖塑胶渔排的建造	渔业
619	T/CROAKER 004—2020	鲍（参）养殖塑胶渔排技术规范	宁德市渔业协会	规定了主要结构件由高密度聚乙烯（HDPE）制造、浮在海面用于鲍、刺参养殖的塑胶渔排的结构规格、技术要求、检验方法以及组装工艺要求等；适用于宁德市内湾海域鲍（参）养殖塑胶渔排的建造	渔业
620	T/DACS 001.1—2020	现代奶业评价 奶牛场定级与评价	中国奶业协会	规定了现代奶业评价体系中对奶牛场的评价要求、定级和评分计算方法；适用于中国规模化奶牛场	畜牧业
621	T/DE 5—2021	数字乡村（村域）建设评价规范	浙江省数字经济学会	以数字乡村产业发展联盟为编制技术依托，以"全面性"、"科学性"、"适用性"、"客观性"和"前瞻性"五大原则为编制总牵引，系统、精准地构建了涵盖能力、发展成效类、建设评价体系；适用于类共计46项指标的数字乡村（村域）以行政村为单位的数字乡村建设评价工作	基础
622	T/DFLX 002—2021	东丰县梅花鹿标准化养殖场建设标准	东丰县梅花鹿产业发展协会	规定了梅花鹿场的选址、鹿场各功能区域布局、鹿舍建筑等方面的要求；适用于东丰县梅花鹿标准化养殖场的建设	畜牧业
623	T/GDNB 25—2021	从化荔枝标准化种植示范园建设规范	广东省农业标准化协会	规定了从化地区荔枝标准化种植示范园建设的标准，主要包括术语和定义、园地选择、园地建设、种植、生产辅助设施与设备、生产管理措施和技术规范；适用于广州从化地区荔枝标准化种植示范园建设	种植业

附　表

（续）

序号	标准号	标准名称	归属部门	内容	类别
624	T/GDNB 60—2021	英德红茶产区茶园生态建设技术规范	广东省农业标准化协会	规定了英德红茶产区茶园生态建设与质量控制的基本要求，包括茶园定义、建园、土壤管理、茶树管理与茶叶生产、病虫害管理、自然灾害防护、水土保持管理、茶园档案记录等；适用于指导英德红茶产区茶园生态建设	种植业
625	T/GDNB 77—2021	密闭荔枝园改造技术规程	广东省农业标准化协会	规定了密闭荔枝园改造技术的术语和定义、总体思路和原则、技术模式、回缩修剪管理等要求；适用于广东省荔枝产区的密闭荔枝园改造	种植业
626	T/GDNB 78—2021	广东荔枝"五化"果园建设	广东省农业标准化协会	规定了荔枝"五化"果园建设的术语和定义、果园选址、果园建设具体内容、生产管理关键技术、质量安全、产品检测、质量追溯等的技术规范；适用于指导广东省荔枝高标准果园建设，不适用于果园的种苗生产、大棚种植、温室栽培和果园禽畜养殖管理等	种植业
627	T/GDNB 83—2022	荔枝果园宜机化改造技术指引	广东省农业标准化协会	规定了荔枝果园"宜机化"改造的选取原则、改造目的、改造内容、整理标准等技术要求；适用于广东省内有机械化需求的荔枝梯地果园改造，便于改造梯地条件较好、便于改造的荔枝梯地果园	种植业
628	T/GZAAV 001—2020	可移动羊舍建设技术规范	贵州省畜牧兽医学会	规定了肉羊可移动羊舍建设的术语和定义、建设要求、建筑材料及施工技术要点等技术规范；适用于广东省内放牧和半放牧用羊舍建设	畜牧业
629	T/GZBC 28—2020	县域农业规划制图规范	广州市标准化促进会	规定了县域农业规划制图的总则、基本要求、图件类型与制图技术等规范；适用于县域农业规划制图的编制	基础

· 403 ·

（续）

序号	标准号	标准名称	归属部门	内容	类别
630	T/HNAGS 005—2018	湖南粮食产后服务中心建设技术规范 第1部分：清理和烘干	湖南省粮食行业协会	规范规定了湖南粮食产后服务中心建设技术规范的术语与定义、选址要求、分级及建设内容、技术要求、人员要求、环保要求、安全要求、编号规则等范围；适用于湖南省内粮食产后服务中心清理和烘干系统的建设	种植业
631	T/HNTI 029—2020	茶树种质资源圃建设与管理规范	湖南省茶叶学会	确立了湖南省茶树种质资源圃的术语和定义、圃址选择、规划与布局、绘制平面图、种植与管理、档案管理、保管管理；适用于湖南省茶树种质资源圃的建设和管理	种植业
632	T/HNTI 033—2020	低产茶园改造技术规程	湖南省茶叶学会	确立了湖南省低产茶园改造的术语和定义、低产茶园类型、提质改造、配套管理。适用于湖南省低产茶园的改造	种植业
633	T/HNTI 037.2—2021	碣滩茶 第2部分：茶园建设技术规程	湖南省茶叶学会	规定了园地选址、规划和开垦、茶树品种和种苗、茶树定植、田间管理、生产档案管理	种植业
634	T/HSHXH 01—2021	和硕西梅生产标准体系总则	和硕县华祥特色林果种植协会	规定了和硕西梅生产标准体系的编制要求、体系内容及体系结构图、标准明细表和标准统计表；适用于和硕西梅生产。标准体系涵盖了和硕西梅生产所涉及的产地环境、投入品、生产栽培技术、产品质量安全、包装、运输、贮藏五个方面标准	种植业
635	T/HSEA 003—2018	黑山褐壳鸡蛋产地环境评价准则	黑山县禽蛋协会	规定了黑山褐壳鸡蛋产地环境评价的原则、程序、方法和报告编制；适用于黑山褐壳鸡蛋产品产地环境质量评价	畜牧业

（续）

序号	标准号	标准名称	归属部门	内容	类别
636	T/HSEA 004—2018	黑山褐壳鸡蛋蛋鸡场环境质量标准	黑山县县禽蛋协会	规定了黑山褐壳鸡蛋蛋鸡养殖场必要的空气、生态环境质量标准以及畜禽饮用水的水质要求；适用于黑山褐壳鸡蛋蛋鸡养殖场的环境质量控制、管理、监督、建设项目的评价及黑山褐壳蛋鸡场环境质量的评估	畜牧业
637	T/HSHXH 04—2021	西梅园等级划分	和硕县华祥特色林果种植协会	规定了连片面积 1hm² 以上西梅园的等级划分、评定要求和判定规则；适用于和硕县西梅园的等级划分和评分	种植业
638	T/HSPX 01—2021	和硕葡萄酒产区原料葡萄生产标准体系总则	和硕县葡萄酒行业协会	规定了和硕葡萄酒产区原料葡萄生产标准体系的编制要求、适用于和硕葡萄酒产区原料葡萄生产标准体系的编制和实施。标准体系涵盖了和硕葡萄酒产区原料葡萄生产所涉及的产地环境、投入品、生产栽培技术、产品质量安全、包装、运输技术要求及管理方面的要求	种植业
639	T/HSPX 03—2021	和硕葡萄酒产区原料葡萄产地环境要求	和硕县葡萄酒行业协会	规定了和硕葡萄酒产区原料葡萄的产地选择及空气、灌溉水、土壤的环境要求、以及检测方法、检验规则；适用于和硕葡萄酒产区酿酒葡萄种植的产地环境质量要求	种植业
640	T/HXCY 011—2020	藏北高寒牧区暖棚建设技术规范	北京华夏草业技术创新战略联盟	规定了高寒牧区暖棚建造的选址原则、主要参数、配套设施建设；适用于藏北高寒牧区（海拔 4 500m 以上）暖棚建造	畜牧业
641	T/HZAS 24—2021	家庭农场建设与管理规范	杭州市标准化学会	规定了家庭农场的术语和定义、建设要求、管理要求；适用于以种植业为主的家庭农场的建设和管理	乡村产业

（续）

序号	标准号	标准名称	归属部门	内容	类别
642	T/HZXH 02—2020	有机产品且末红枣枣园规划与建立技术规程	且末县红枣协会	规定了有机产品且末红枣枣园的园地选择与规划建园；适用于且末商品苗木的建园；不适用于大树移栽建园	种植业
643	T/IMQBPA 0004—2021	地理标志产品武川土豆种植区划规范	内蒙古质量与品牌促进会	规定了地理标志保护产品武川土豆种植区划基本原则，依据及分区等原则性和技术性要求；适用于地理标志保护产品武川土豆种植分区、规划、基地建设与管理等	种植业
644	T/JAASS 1.1—2019	养殖场沼液农田利用工程技术规范 第1部分：养殖场沼液在稻麦农田利用工程技术规范	江苏省农学会	规定了以猪、牛规模养殖场粪污为主要发酵原料经厌氧发酵产生的沼液在稻麦农田利用的工程技术要点，田间工程设施施用以及技术操作要点；适用于长江中下游种养结合区稻麦农田施用养殖场沼液的生产操作	农村能源与资源/种植业
645	T/JAASS 1.2—2019	养殖场沼液农田利用工程技术规范 第2部分：养殖场沼液在蔬菜地利用工程技术规范	江苏省农学会	规定了以猪、牛规模养殖场粪污为主要发酵原料经厌氧发酵产生的沼液在蔬菜地利用的工程技术要点，田间工程设施施用以及技术操作要点；适用于长江中下游种养结合区蔬菜地施用养殖场沼液的生产操作，包括辣椒、黄瓜、大白菜、小白菜、萝卜等蔬菜	农村能源与资源/种植业
646	T/JAASS 1.3—2019	养殖场沼液农田利用工程技术规范 第3部分：养殖场沼液在果园利用工程技术规范	江苏省农学会	规定了以猪、牛规模养殖场粪污为主要发酵原料经厌氧发酵产生的沼液在果园利用的工程技术要点，田间工程设施施用量，包括适宜施用量及技术操作要求；适用于长江中下游种养结合区果园施用养殖场沼液的生产操作	农村能源与资源/种植业

（续）

序号	标准号	标准名称	归属部门	内容	类别
647	T/JAASS 1.4—2019	养殖场沼液农田利用工程技术规范 第4部分：养殖场沼液在茶园利用工程技术规范	江苏省农学会	规定了江苏茶园中通过喷灌施用沼液替代化肥的技术规范，包括对适宜用茶园的设施施用时间、茶树要求、沼液施用方法和沼液喷灌施设和沼液贮存条件的量等；适用于江苏省具备喷灌设施条件的茶叶生产基地	农村能源与资源/种植业
648	T/JAASS 1.5—2019	养殖场沼液农田利用工程技术规范 第5部分：养殖场沼液桑园利用工程技术规范	江苏省农学会	规定了江苏东南沿海地区桑园施用沼液替代化肥的技术规范，包括桑园工程建设要求和沼液施用；适用于江苏东南沿海地区桑园夏秋季全量施用沼液作桑树夏肥的生产操作	农村能源与资源/种植业
649	T/JAASS 1.6—2019	养殖场沼液农田利用工程技术规范 第6部分：桑园间作榨菜全量施用沼液技术规程	江苏省农学会	规定了江苏东南沿海地区桑园间作榨菜施用沼液化肥的技术规范，包括桑园配套管理、沼液施用和桑园间作榨菜全量施用沼液的生产操作；适用于江苏东南沿海地区桑园间作榨菜的生产操作	农村能源与资源/种植业
650	T/JAASS 23—2021	乡村研学旅游基地建设与评估规范	江苏省农学会	规定了乡村研学旅游基地的术语和定义、乡村研学旅游基地评定的原则、基本条件，乡村研学旅游课程服务、基地评估及管理内容；适用于乡村研学旅游基地的评价与管理	乡村产业

（续）

序号	标准号	标准名称	归属部门	内容	类别
651	T/JATEA 002—2022	农用大跨度装配式钢架大棚建设规范	江苏省农业技术推广协会	规定了大跨度装配式钢架大棚组成、技术要求、结构参数与材料、加工制作、大棚安装和定型、包装、标准、贮存和运输等要求、描述了相应的检验方法和检验规则等	种植业
652	T/JFAEA 1—2021	BW系列玻璃温室建造技术规范	江苏省设施农业装备行业协会	规定了农业种植用BW系列玻璃温室的术语和定义、要求、安装、检测方法、检验与判定规则、标志	种植业
653	T/JFAEA 2—2021	LSW84系列连栋塑料薄膜温室通用技术规范	江苏省设施农业装备行业协会	农业种植用LSW84系列连栋塑料薄膜温室的术语和定义、要求、安装、检测方法、检验与判定规则	种植业
654	T/JSNYXH 001—2018	大中型秸秆沼气工程建设与运行规范	江苏省农村能源环境保护行业协会	从工艺设计、供气设计、施工及验收等方面规范了适应不同发酵原料的沼气工程相关技术要求，但对于秸秆这一类本质纤维类原料，无论从物料流动性还是运行工况，势必存在与其他沼气发酵原料不一样的技术要求；秸秆沼气工程施工操作规程（NY/T 2042—2012），仅从工艺设计、秸秆沼气工程施工角度规范了秸秆沼气工程的相关技术要求，但未针对业主或客户就大中型秸秆沼气工程建设方就大中型秸秆沼气工程建设的布局，围绕工艺上的各处理环节进行相关约定	农村能源与资源
655	T/JXAS 017—2021	农村人居环境全域秀美建设要求	嘉兴市标准化协会	规定了农村人居环境全域秀美建设的基本要求、村容村貌建设、生活垃圾处理、厕所治理、生活污水治理、生活设施建设等内容；适用于嘉兴市农村人居环境全域秀美建设工作的管理	农村生活与环境

序号	标准号	标准名称	归属部门	内容	类别
656	T/LPSXM 004—2019	水城黑山羊养殖选址与布局	六盘水市畜牧兽医学会	规定了水城黑山羊养殖场规划选址、分区管理、养殖区环境质量要求、评价原则及其他要求；适用于水城黑山羊养殖场选址与布局	畜牧业
657	T/LPTRA 1.4—2018	茶船古道六堡茶 第4部分：茶园建设技术规程	梧州六堡茶研究会	规定了茶船古道六堡茶茶园建设过程中园地选择、规划和建设、茶树种植、土壤管理、施肥和灌溉、病虫草害防治、茶树修剪、鲜叶采摘、投入品管理、生产管理与档案记录等	种植业
658	T/LSSGB 0012—2021	甜桔柚生产基地建设规范	丽水市生态农业协会	规定了甜桔柚生产基地的术语和定义、生产主体、规模与布局、基础设施、基地选择、种植及管理体系等的要求；适用于甜桔柚规模化种植基地的建设和管理	种植业
659	T/MTTIA 02—2021	墨脱茶叶生态茶园建设技术规范	墨脱县茶叶产业协会	规定了墨脱茶叶生态茶园建设的术语和定义、园地规划、茶苗种植、幼龄期管理、土壤管理、有害生物绿色防控和档案记录；适用于墨脱茶叶生态茶园的建设	种植业
660	T/MYXGY 012—2020	蒙阴县果品基地标准化建设及生产技术规范	蒙阴县果业协会	规定了蒙阴县果品基地标准化建设规范和生产技术规范；适用于蒙阴县果品基地的标准化建设	种植业
661	T/NJXH 0001—2020	新型日光温室、冷棚和养殖舍用装配式骨架结构	内蒙古农牧业机械工业协会	规定了新型日光温室、冷棚和养殖舍用装配式骨架结构（以下简称骨架结构）的基本参数、技术要求、试验方法、检验规则、标志、运输及贮存等要求；适用于新型日光温室、冷棚和养殖舍用装配式骨架结构	种植业/畜牧业

（续）

序号	标准号	标准名称	归属部门	内容	类别
662	T/OTOP 1003—2021	中国一乡一品示范基地建设及评定指南	中国民族贸易促进会	规定了"中国一乡一品"示范基地的定义、申请办资质、生产体系、质量管理体系、生产设施要求和示范基地的监督管理；适用于申请办和评定办开展"中国一乡一品"示范基地的建设和评定。示范基地的监督管理技术规范另行要求	乡村产业
663	T/QDAS 027—2019	盆（盘）栽绿叶蔬菜工厂化生产技术规程	青岛市标准化协会	规定了盆（盘）栽绿叶蔬菜工厂化生产的产地环境要求、设备设施要求、生产技术要求、病虫害防控、档案管理；适用于盆（盘）为栽种载体的绿叶蔬菜工厂化生产	种植业
664	T/QYPG 2—2021	苹果矮化自根砧苗木建园技术规范	千阳县西农苹果试验示范技术协会	规定了苹果矮化自根砧建园的园地选择与规划、土壤要求、环境条件与栽植技术；适用于苹果矮化自根砧苗木建园	种植业
665	T/SAASS 22—2021	连栋温室番茄工厂化生产导则	山东农学会	规定了连栋温室番茄工厂化生产的选址、环境要求、设施设备、育苗、栽培、采后的要求；适用于连栋温室番茄工厂化生产	种植业
666	T/SCFA 0001—2020	渔光一体建设通用技术规范	中国渔业协会	规定了总体要求、类型、场址、规划与布局、设计建设、验收；适用于封闭型和开放型水域渔光一体的新建、扩建或改建	渔业
667	T/SDAA 002—2019	817肉鸡制种场	山东省畜牧协会	规定了817肉鸡制种场的基本要求、选址、规划与布局、环境保护和消防、生物安全设施、生产设施、人才配备规划建设、验收管理；适用于817肉鸡制种场	畜牧业

（续）

序号	标准号	标准名称	归属部门	内容	类别
668	T/SDAA 010—2021	肉鸡智能孵化场建设规范	山东省畜牧协会	规定了孵化场建设要求、孵化厅设施设备配置、数字化中心	畜牧业
669	T/SDAA 0033—2021	多层笼养肉鸡养殖环境控制技术规程	山东省畜牧协会	规定了选址规划、鸡舍建筑与规格、环境控制设施、肉鸡舍环境参数标准、空气质量要求	畜牧业
670	T/SDAA 0042—2021	规模化鹿场生物安全技术规范	山东省畜牧协会	规定了鹿场建设、场区布局、隔离消毒、人员管理、饲料与饮水、生物防控、疫病监测、重大疫病报告制度、无害化处理	畜牧业
671	T/SDAS 43—2018	梨建园技术规程	山东标准化协会	规定了梨园地选择与规划、栽培管理等内容；适用于山东省梨产区梨建园管理	种植业
672	T/SDAS 174—2020	郁闭梨园改造技术规程	山东标准化协会	规定了郁闭梨园改造的术语和定义、郁闭程度等级、目标参数、改造方法和配套措施等技术内容；适用于郁闭梨园的改造	种植业
673	T/SDAS 211—2021	李建园技术规程	山东标准化协会	规定了李子园地选择与规划、品种选择、定植前准备、栽植及栽培管理等内容；适用于我国北方李主产区李园	种植业
674	T/SDAS 215—2021	杏建园技术规程	山东标准化协会	规定了杏园园址选择与规划、品种选择、定植前准备、栽植及栽后管理等内容；适用于山东省杏园，相似区域可参考执行	种植业

（续）

序号	标准号	标准名称	归属部门	内容	类别
675	T/SDAS 273—2021	石榴大苗建园技术规程	山东标准化协会	规定了石榴大苗建园的品种选择、大苗培育、建园、栽后管理、病虫害防治、档案管理的要求；适用于石榴适生地区石榴大苗建园	种植业
676	T/SDNJX 3—2020	"阳光玫瑰"葡萄塑料大棚促早栽培生产技术规程	山东农村专业技术协会	规定了"阳光玫瑰"葡萄塑料大棚栽培的产地环境、建园、棚室管理与环境调控、土肥水管理、整形修剪、花果管理、病虫害管理和采收的技术要求；适用于"阳光玫瑰"葡萄塑料大棚促早栽培的生产	种植业
677	T/SDSC 002—2020	粤港澳大湾区蔬菜生产基地 良好农业规范 番茄	山东省蔬菜协会	规定了粤港澳大湾区番茄生产基地的产地要求、土壤管理、投入品管理、生产管理、病虫害防治、采后初加工、储藏运输、产品质量要求和追溯管理；适用于山东省粤港澳大湾区"菜篮子"生产基地设施番茄早春茬、秋冬茬和冬春茬生产的良好农业规范，其它种植茬口可参照执行	种植业
678	T/SDSC 003—2020	粤港澳大湾区蔬菜生产基地 良好农业规范 黄瓜	山东省蔬菜协会	规定了粤港澳大湾区黄瓜生产基地的产地要求、土壤管理、投入品管理、生产管理、病虫害防治、采后初加工、储藏运输、产品质量要求和追溯管理；适用于山东省粤港澳大湾区"菜篮子"生产基地设施黄瓜早春茬、秋冬茬和冬春茬生产的良好农业规范，其它种植茬口可参照执行	种植业
679	T/SDSC 004—2020	粤港澳大湾区蔬菜生产基地 良好农业规范 辣椒	山东省蔬菜协会	规定了粤港澳大湾区辣椒生产基地的产地要求、土壤管理、投入品管理、生产管理、病虫害防治、采后初加工、储藏运输、产品质量要求和追溯管理；适用于山东省粤港澳大湾区辣椒（牛）角形、灯笼形彩色辣椒早春茬、秋冬茬和越冬一大茬生产良好农业操作，其它种植茬口可参照执行	种植业

附　表

（续）

序号	标准号	标准名称	归属部门	内容	类别
680	T/SDSC 005—2020	粤港澳大湾区蔬菜生产基地良好农业规范　茄子	山东省蔬菜协会	规定了粤港澳大湾区茄子生产基地的产地要求、土壤管理、投入品管理、生产管理、病虫害防治、采后初加工、储藏运输、产品质量要求和追溯管理；适用于山东省粤港澳大湾区"菜篮子"生产基地设施茄子早春茬，秋冬茬和越冬一大茬生产良好农业操作，其它种植茄子可参照执行	种植业
681	T/SDSC 006—2020	粤港澳大湾区蔬菜生产基地良好农业规范　西葫芦	山东省蔬菜协会	规定了粤港澳大湾区西葫芦生产基地的产地要求、土壤管理、投入品管理、生产管理、病虫害防治、采后初加工、储藏运输、产品质量要求和追溯管理；适用于山东省粤港澳大湾区"菜篮子"生产基地设施西葫芦早春茬，秋冬茬和冬春茬生产的良好农业规范，其它种植西葫芦可参照执行	种植业
682	T/SDSC 007—2020	粤港澳大湾区蔬菜生产基地良好农业规范　菜豆	山东省蔬菜协会	规定了粤港澳大湾区菜豆生产基地的产地要求、土壤管理、投入品管理、生产管理、病虫害防治、采后初加工、储藏运输、产品质量要求和追溯管理；适用于山东省粤港澳大湾区"菜篮子"生产基地设施菜豆早春茬，秋冬茬和冬春茬生产的良好农业规范，其它种植菜豆可参照执行	种植业
683	T/SDYY 105—2022	困难立地葡萄限根栽培建园技术规程	山东园艺学会	规定了困难立地条件下建园品种和砧木选择、园地规划、盐碱地、风沙土和山岭薄地限根方法、苗木定植；适用于困难立地葡萄栽培	种植业
684	T/SFAEA 010002—2019	GSW84系列连栋塑料薄膜温室	上海市设施农业装备行业协会	风荷载≥0.55kN/m²；雪荷载≥0.20kN/m²	种植业
685	T/SFAEA 010003—2019	VSWQ124系列屋面全开式塑料薄膜温室	上海市设施农业装备行业协会	风荷载≥0.55kN/m²；雪荷载≥0.20kN/m²	种植业

（续）

序号	标准号	标准名称	归属部门	内容	类别
686	T/SFAEA 010004—2019	VBWJ124系列玻璃温室	上海市设施农业装备行业协会	风荷载≥0.60kN/m²，雪荷载≥0.30kN/m²	种植业
687	T/SHZSAQS 027—2020	肉鸽规模化养殖鸽场建设技术规程	石河子市质量标准化协会	对肉鸽养殖鸽场环境、规划布局、防疫和笼具等作了规定和要求；适用于肉鸽生产	畜牧业
688	T/SOFIDPA 0003—2022	丘陵山区多年生植物水肥药一体化技术规范	四川省有机肥料产业发展促进会	规定了丘陵山区多年生植物水肥药一体化技术的术语和定义、总体要求、首部系统要求、田间系统要求、水肥药使用要求；适用于各类果（菜）园及其他多年生植物的种植管理，尤其是种植面积大、范围分布广、海拔高差大、水资源利用率低、面源污染严重、信息采集残缺不及时的地区	种植业
689	T/SXAEPI 2—2021	农村农业废弃物处理与资源化利用指南	山西省环境保护产业协会	规定了农村农业废弃物处理与资源化利用的术语和定义、总体要求、处理模式选择、处理方法的基本要求；适用于山西省行政区域内规划保留的行政村、自然村和农村集中居住区发弃物的处理。其他区域或部门可参照执行	农村能源与资源
690	T/SZFAA 03—2019	人工光型植物工厂建设规范	深圳市设施农业行业协会	从植物工厂选址、厂房建设、设备制造、种植工艺、安全生产、蔬菜品质检验、蔬菜包装与运输、产品质量保证期等制定了系统性的规范；有助于植物工厂健康的发展，也符合安全与营养品质的可溯源性：有助于含有营养成分、生化指标以及重金属、农药残留等严格要求的种植厂房建设参考	种植业

（续）

序号	标准号	标准名称	归属部门	内容	类别
691	T/UPSC 0001—2018	小城镇空间特色塑造指南	中国城市规划学会标准化工作委员会	为进一步指导小城镇空间特色塑造，提升小城镇的城镇功能和品质而编制；适用于全国范围内的建制镇和乡集镇	基础
692	T/UPSC 0004—2021	特色田园乡村建设指南	中国城市规划学会标准化工作委员会	确立了特色田园乡村建设的原则，对其相关建设内容给出了指导性意见；适用于各地特色田园乡村建设，其他类型的乡村建设可参照使用	基础
693	T/WCYM 001—2020	出口杨梅生产基地建设规范	文成县文成杨梅协会	规定了出口杨梅生产的基地选择、建设规范、生产操作规范、质量安全管理、生产记录和档案管理以及评价标准；适用于出口杨梅生产的基地建设规范管理	种植业
694	T/WQSSG 005—2021	万顷沙阳光玫瑰葡萄栽培技术规范	广州市南沙区万顷沙水果产业协会	规定了万顷沙阳光玫瑰葡萄栽培的园地选择与规划、定植、肥水管理、整形修剪、花果管理、果实留树保鲜、病虫害防治、采收、整理和贮存、生产记录等技术要求	种植业
695	T/YLNK 6—2020	FDCSDP—17—5.5型双层保温大棚建造规程	杨凌农科品牌建设联合会	规定了"杨凌农科"农业科技创新品牌 FDCSDP—17—5.5型双层保温大棚的术语与定义、技术要求、安装建造及其他；适用于"杨凌农科"农业科技创新品牌单株跨度为17 m 的 FDCSDP—17—5.5 型双层保温大棚的建设、安装建设和质量验收	种植业
696	T/YLNK 7—2020	FDCSDP—18—6.0型双层保温大棚建造规程	杨凌农科品牌建设联合会	规定了"杨凌农科"农业科技创新品牌 FDCSDP—18—6.0型双层保温大棚的术语和定义、技术要求、安装建设和其他；适用于"杨凌农科"农业科技创新品牌单株跨度为18m 的 FDCSDP—18—6.0 型双层保温大棚的建设、安装建设和质量验收	种植业

（续）

序号	标准号	标准名称	归属部门	内容	类别
697	T/YLSS 1—2017	FDCSDP—17—5.5 型双层保温大棚建造规程	杨凌设施农业协会	主要规范建造骨架为热镀锌结构的装配式塑料大棚的选址、方位、基础、采光、骨架结构、结构尺寸、施工工艺等；适用于单栋跨度为 17m 的 FDCSDP—17—5.5 型双层镀锌钢骨架装配式大棚装配式大棚保温大跨度保温大棚的建设、安装和质量验收	种植业
698	T/YLSS 2—2017	FDCGP—18—6.0 型拱棚建造规程	杨凌设施农业协会	主要规范建造骨架为热镀锌钢结构的装配式塑料大棚的选址、方位、基础、采光、骨架结构、结构尺寸、施工工艺等；适用于单栋跨度为 18m 的 FDCGP—18—6.0 型镀锌钢骨架装配式大棚保温大跨度保温大棚的建设、安装和质量验收	种植业
699	T/YLSS 3—2017	FDCSDP—18—6.0 型双层保温大棚建造规程	杨凌设施农业协会	主要规范建造骨架为热镀锌钢结构的装配式塑料大棚的选址、方位、基础、采光、骨架结构、结构尺寸、施工工艺等；适用于单栋跨度为 18m 的 FDCSDP—18—6.0 型镀锌钢骨架装配式大棚保温大跨度保温大棚的建设、安装和质量验收	种植业
700	T/YLSS 4—2017	DCSDP—18—5.0 型双层保温大棚建造规程	杨凌设施农业协会	规范建造骨架为热镀锌钢结构的装配式塑料大棚的选址、方位、基础、采光、骨架结构、结构尺寸、施工工艺等；适用于单栋跨度为 18m 的 DCSDP—18—5.0 型镀锌钢骨架装配式大棚保温大跨度保温大棚的建设、安装和质量验收	种植业
701	T/YLSS 5—2017	FDCSDP—20—6.0 型双层保温大棚建造规程	杨凌设施农业协会	主要规范建造骨架为热镀锌钢结构的装配式塑料大棚的选址、方位、基础、采光、骨架结构、结构尺寸、施工工艺等；适用于单栋跨度为 20m 的 FDCSDP—20—6.0 型镀锌钢骨架装配式大棚保温大跨度保温大棚的建设、安装和质量验收	种植业

（续）

序号	标准号	标准名称	归属部门	内容	类别
702	T/YNYY 1—2020	连栋塑料温室通用技术规范	云南省园艺学会	规定了云南省连栋塑料温室的术语和定义、产品技术要求、安装、验收方法；适用于云南省连栋塑料温室安装及验收	种植业
703	T/YNYY 2—2020	玻璃温室通用技术规范	云南省园艺学会	规定了云南省玻璃温室的术语和定义、产品技术要求、安装、验收方法；适用于云南省玻璃温室安装及验收	种植业
704	T/YPTX 3—2021	玉屏黄桃标准园建设规范	玉屏侗族自治县皇桃种植协会	规定了玉屏黄桃标准园建设的园地要求、园区规划、建园及栽培管理；适用于玉屏黄桃标准园的建设	种植业
705	T/YPTX 4—2021	玉屏黄桃低效果园改造技术规程	玉屏侗族自治县皇桃种植协会	规定了玉屏黄桃低效果园改造的原则、调查内容和方法、改造技术及技术档案；适用于玉屏黄桃低效果园的改造和管理	种植业
706	T/ZGXK 002—2021	乡村振兴示范村评价标准指南	中国小康建设研究会	规定了乡村振兴示范村的基本要求、类型、评价方法等。从一级指标产业指标、生态维度、乡风维度、治理维度、生活维度；二级指标基础建设、产业发展、科技创新、人居环境、生态环境、时代新风、传统文化、公共文化、组织建设、乡村治理、营商环境、服务供给、成果巩固、居民收入等细化乡村振兴评价指标；规定了乡村振兴示范村的评价指标、评价内容、要求、评价指标与权重、评价流程等。通过产业兴旺、生态宜居、乡村文明、治理有效、生活富裕进行综合性分类评价等内容；适用于乡村振兴、乡村建设领域内为政策者和建设者明确努力方向和奋斗目标，并提高对乡村振兴战略的前瞻性认识	基础

（续）

序号	标准号	标准名称	归属部门	内容	类别
707	T/ZJNJ 001—2018	玻璃温室技术规范	浙江省农业机械学会	规定了玻璃温室的术语和定义、产品技术要求、安装、试验方法、验收检验、标志、包装、运输和贮存；适用于玻璃温室生产、安装、验收检验、检验，其改进型产品可参照执行	种植业
708	T/ZJNJ 002—2018	果树钢架网罩设施技术规范	浙江省农业机械学会	规定了果树钢架网罩设施的术语和定义、产品技术要求、安装、试验方法、验收检验、包装、运输和贮存；适用于果树钢架网罩设施的生产、安装、检验、验收，其改进型产品可参照执行	种植业
709	T/ZJNJ 003—2018	农用单体钢架大棚设施技术规范	浙江省农业机械学会	规定了农用单体钢架大棚的术语和定义、产品技术要求、安装、试验方法、验收检验、标志、包装、运输和贮存；适用于农用单体钢架大棚设施生产、安装、检验、验收，其改进型产品可参照执行	种植业
710	T/ZJNJ 004—2018	农用连栋钢架大棚设施技术规范	浙江省农业机械学会	规定了农用连栋钢架大棚的术语和定义、产品技术要求、安装、试验方法、验收检验、标志、包装、运输、适用于农用连栋钢架大棚设施生产、安装、检验、验收，其改进型产品可参照执行	种植业
711	T/ZLX 009—2021	精品绿色农产品基地建设指南	浙江省绿色农产品协会	规定了精品绿色农产品基地的基本原则、创建内容、评价方法的规范化要求；适用于浙江省精品绿色农产品基地的创建工作	乡村产业
712	T/ZLX 010—2021	绿色食品原料标准化生产基地建设指南	浙江省绿色农产品协会	规定了绿色食品原料标准化生产基地的术语和定义、总体要求、建设要求、管理要求和绩效评价等；适用于指导绿色食品原料标准化生产基地建设	乡村产业

（续）

序号	标准号	标准名称	归属部门	内容	类别
713	T/ZNZ 028—2020	农产品质量安全与营养健康科普基地建设规范	浙江省农产品质量安全学会	规定了农产品质量安全与营养健康科普基地的术语和定义、建设主体、建设要求、场地、人员、活动和质量安全要求；适用于指导大棚芦笋农产品质量安全与营养健康科普基地的建设	乡村产业
714	T/ZNZ 039—2020	大棚芦笋生产基地建设规范	浙江省农产品质量安全学会	规定了大棚芦笋生产基地的布局选址、建设和质量安全管理等要求；适用于大棚芦笋生产基地建设与管理	种植业
715	T/ZNZ 066—2021	黄桃生产基地建设与管理规范	浙江省农产品质量安全学会	规定了黄桃生产基地的园地建设、投入品管理、栽培管理、废弃物管理、生产制度管理、评价标准等要求；适用于黄桃生产基地的建设与管理	种植业
716	T/ZNZ 072—2021	大型规模化猪场污水处理与利用技术规范	浙江省农产品质量安全学会	规定了大型规模化猪场污水处理和利用的术语和定义、基本要求、设施建设、污水收集和贮存、污水处理工艺和污水处理技术内容；适用于年出栏生猪10 000头以上的大型规模化猪场的污水处理和利用	畜牧业
717	T/ZS 0178—2021	屋顶农业技术规程	浙江省产品与工程标准化协会	规定了术语、基本规定、设计、施工、养护与管理、设施维护及应急管理；适用于新建建筑屋顶农业种植、新建建筑及既有建筑屋顶农业工程设计和种植、屋顶农业景观设计和种植、养护、管理	种植业
718	T/YTCA 001—2020	烟台大樱桃产地环境	烟台市大樱桃协会	规定了烟台大樱桃种植地环境空气质量、灌溉水质量、土壤环境质量的各个项目及其浓度限值、采样方法和检测方法；适用于烟台市行政区域内的大樱桃生产	种植业

（续）

序号	标准号	标准名称	归属部门	内容	类别
719	T/YTCA 005—2020	烟台大樱桃老果园改造技术规程	烟台市大樱桃协会	规定了烟台大樱桃老果园改造技术的适用对象、技术指标、改造方法、改造参数等内容的技术要求；适用于烟台大樱桃老果园的改造	种植业
720	T/YTCA 008—2020	烟台大樱桃设施栽培建园技术规程	烟台市大樱桃协会	规定了大樱桃设施栽培建园的技术内容和要求；适用于烟台市范围内的大樱桃设施栽培建园	种植业
721	T/YTCA 009—2020	烟台大樱桃露地栽培建园技术规程	烟台市大樱桃协会	规定了烟台大樱桃露地栽培建园技术中的术语和定义、园地选择、授粉树配置、栽植密度、土壤管理、整形修剪树形等；适用于烟台市大樱桃露地栽培建园	种植业